固体力学问题的自然单元法

章　青　江　涛　丁道红　夏晓舟　著

科　学　出　版　社

北　京

内 容 简 介

自然单元法是一种求解偏微分方程的无网格数值方法。与大多数其他的无网格方法不同，自然单元法形函数具有严格的插值性能，满足单位分解条件和线性完备性，可以方便地直接施加本质边界条件。自然单元法在理论和应用方面的成功吸引了国内外众多研究者的注意。

本书在前人工作的基础上，围绕固体力学的若干领域，对自然单元法在其中的模型和数值计算方法进行了研究。内容涉及自然单元法的形函数构造、试函数的单位分解增强、控制方程等效弱形式及其离散化、数值积分方案的选择、自适应方案等，并应用于平衡问题、动力学问题、材料非线性问题、几何非线性问题、断裂力学问题、中厚板弯曲问题以及不确定性问题等。通过算例分析和比较，验证了自然单元法所建立模型的正确性，展示了自然单元法的广阔应用前景。

本书可作为高等院校和科研院所相关专业研究生的教学参考书，也可供有关科研、设计和工程部门特别是从事数值计算研究的科技工作者参考。

图书在版编目(CIP)数据

固体力学问题的自然单元法/章青等著. —北京：科学出版社，2015.11
ISBN 978-7-03-046361-6
Ⅰ.①固…　Ⅱ.①章…　Ⅲ.①固体力学—自然—有限元法　Ⅳ.①O34

中国版本图书馆 CIP 数据核字(2015) 第 269994 号

责任编辑：惠 雪 曾佳佳／责任校对：何艳萍
责任印制：赵 博／封面设计：许 瑞

科学出版社 出版
北京东黄城根北街 16 号
邮政编码：100717
http://www.sciencep.com

北京科印技术咨询服务有限公司数码印刷分部印刷
科学出版社发行　各地新华书店经销
*
2015 年 11 月第 一 版　开本：720 × 1000 1/16
2025 年 3 月第四次印刷　印张：17 1/4
字数：340 000

定价：89.00 元

(如有印装质量问题，我社负责调换)

前　言

20 世纪 60 年代初问世的有限单元法因其理论基础严密、物理概念清晰，加上其方便性、实用性和有效性，得到了快速发展，迅速从结构的强度分析计算扩展到几乎所有的科学技术领域，成为一种丰富多彩、应用广泛并且实用高效的数值分析方法，业已成为解决科学和工程技术领域力学问题最强有力的工具。

随着问题研究的不断深入，有限单元法也逐渐暴露出一些弱点。例如：有限单元法的离散和插值是基于网格的，需要较大的前处理工作量；对于无限域问题，有限单元法通常只能取有限域进行计算，存在区域的截断误差，如果是波动问题，还需要对截断边界进行特殊处理；通常的有限单元法的应力精度较低，对于应力集中问题存在网格尺寸效应；对于大变形问题，网格还会产生畸变；对于裂纹扩展模拟和冲击爆炸等破坏分析问题，则涉及网格的重构，给问题的研究带来很大的不便。

鉴于上述情况，国内外学者一直在探索新的数值方法，目的就是改造传统有限单元法的内部结构，摆脱网格的束缚，使其更加灵活和有效，从而适合处理上述问题。近年来，相继提出了各种无网格数值方法，本书所涉及的自然单元法在本质上也是一种求解偏微分方程的无网格数值方法。

自然单元法既具有无网格方法和经典有限元方法的优点，又克服了两者的一些缺陷，与其他大多数无网格方法不同，自然单元法形函数具有严格的插值性能，满足单位分解条件和线性完备性，可以方便地直接施加本质边界条件。自然单元法最早的文献可追溯到 Braun 和 Sambridge 于 1995 年在著名期刊*Nature*上发表的*A numerical method for solving partial differential equations on highly irregular evolving grids*一文，该文首先将基于 Sibson 插值的自然单元法应用于求解高度不规则网格的偏微分方程，并指出自然单元法可用于有限单元法的应用领域。从此这种以 Voronoi 图为几何基础的数值方法得到了学术界极大的关注，被广泛地应用于包括弹塑性大变形、断裂力学、板壳力学、流体力学、电磁场和其他物理现象分析的众多领域。

本书是第一著者和他所指导的博士研究生丁道红、夏晓舟以及安徽工业大学江涛博士多年来在自然单元法方面集体研究的成果。全书共分为 11 章，内容包括：自然单元法的形函数构造、试函数的单位分解增强、控制方程等效弱形式及其离散化、数值积分方案的选择、自适应方案等，并将自然单元法应用于材料边界、板壳问题、材料非线性分析、几何非线性分析、动力分析、断裂力学问题以及区间分析等固体力学领域。

本书的研究工作得到了国家重点基础研究发展计划课题（2007CB714104）、国家自然科学基金重点项目（11132003）和面上项目（10972072）的支持，第一著者指导的硕士研究生赵旸和胡海霞也参加了相关的研究工作，硕士研究生郁杨天对书中的插图进行了编排和处理，河海大学力学学科对本书的出版给予了经费资助，在此表示衷心的感谢。同时，对在写作过程中参考的国内外文献作者们一并表示感谢。

限于作者的学识和水平，书中难免存在诸多不足甚至错误，恳请读者不吝指出。

章　青

2015 年 8 月

目　　录

第1章　绪　　论

1.1　引　　言

科学和工程中的很多问题，如固体力学中的位移场和应力场分析、电磁学中的电磁场分析、振动特性分析、传热学中的温度场分析、流体力学中的流场分析等，都可归结为在给定边界条件下求解常微分或偏微分控制方程的问题。但能用解析方法求出精确解的只是方程性质比较简单且几何边界相当规则的少数问题，对于大多数工程技术问题，由于定解问题的复杂性难以得到解析解。这类问题的解决途径之一是引入简化假设，将方程和边界条件简化为能够处理的情形，从而得到其在简化状态下的解，但这种方法只在有限的情况下是可行的，因为过多的简化可能导致不正确的结果。因此，人们在广泛吸收现代数学、力学理论的基础上，发展了以计算机技术为基础的各种数值模拟方法，并成为求解科学和工程问题非常重要和有效的途径。目前在工程技术领域内常用的数值模拟方法有：有限差分法 (finite difference method, FDM)、有限单元法 (finite element method, FEM)、边界元法 (boundary element method, BEM) 和离散单元法 (discrete element method, DEM) 等，但就实用性和应用的广泛性而言，有限单元法产生的影响最为深远。

有限差分法用差分方程代替微分方程，从数学上进行近似，把求解微分方程的问题改换成为求解代数方程的问题。由于计算精度和求解适用性等原因，有限差分法在固体力学领域已较少应用。有限单元法基于里茨法和分片近似的思想，将原结构划分为许多小块 (单元)，用这些离散单元的集合体代替原结构，用近似函数表示单元内的真实场变量，从而给出离散模型的数值解。由于是分片近似，可采用较简单的函数作为近似函数，有限单元法具有较好的灵活性、适用性与通用性。边界元法是继有限单元法之后的一种数值方法，该法在所求解区域的边界上划分单元，用有限个边界结点值代替无限多个边界点上的值，在域内采用奇异解 (或称为基本解)，将有限个奇异解叠加并在边界结点上满足边界条件，据此求出奇异解中的待定量。边界元法具有半解析和降维等优点，但建立边界积分方程需要基本解，且难以处理复杂问题对应的边界积分方程中的奇异积分。离散单元法最早是由 Cundall 在 20 世纪 70 年代提出的一种数值计算方法[1]，特别适用于节理岩体的大位移、大变形分析。该法以受节理裂隙切割或分离的块体为出发点，将研究区域划分为单元，单元受节理不连续面控制。在运动过程中，单元结点之间可以分离，单元之间的作用力可以根据力和位移的关系得到，而单元的运动则根据其所受的不平衡力和不平衡力矩的大小，按牛顿定律求出。离散单元法最初的单元形式是刚体块体模型，适合于求解岩体应力水平较低且可以不考虑岩石弹性变形的情况。

有限单元法问世以来，经历了产生、发展和不断完善的阶段，有限元理论与计算机科学的完美结合成为现代力学的重要标志。特别是 20 世纪 70 年代以后，随着计算机和软件技术的发展, 有限元方法进入了发展的鼎盛时期，其应用范围几乎扩展到了工程科学的各个领域，从结构静力分析发展到动力问题、稳定性问题，从平面问题发展到空间问题、板壳问题。研究的对象从线弹性材料扩展到塑性、黏弹塑性和复合材料等，从小变形的弹性问题发展到大变形的非线性问题，由结构计算分析扩展到结构优化设计问题，由固体力学扩展到流体力学继而又渗透到热传导、电磁场等非力学领域，使得有限单元法成为 20 世纪数值计算方法乃至力学领域中最重要的研究成果。

尽管有限单元方法、边界元方法等传统的数值方法取得了巨大的进展，但随着研究问题的不断深入，传统的基于网格的数值方法面临着许多需要解决的问题。对于传统的有限单元法而言，面临的主要问题包括：

(1) 用有限单元法求解问题时，需要对问题域进行网格划分，而划分网格是一件费时的工作，许多人力都花费在了划分网格上，真正用于有限单元计算分析的时间并不太多。

(2) 由于有限单元法采用了分片连续的形函数，常用形函数的阶次较低，使得有限单元法所求得的应力精度较低，且应力是非连续的，因此在有限元中需要复杂和费时的后处理过程。

(3) 当用有限单元法来处理大变形问题时，由于网格产生畸变而导致计算结果失真。

(4) 因为需要不断地增减网格，使得有限单元法难以模拟裂纹沿任意复杂路径的动态扩展。

(5) 有限单元法是基于连续介质力学理论建立计算模型，这使得它难以模拟爆炸冲击等破坏力学问题。

(6) 有限单元法在处理上述的问题时若网格发生畸变扭曲，重新划分网格是一个难题，特别是对复杂的三维有限元网格划分，至今仍然是一个富有挑战性的问题。

鉴于上述情况，国内外学者一直在探索新的数值方法，目的就是改造传统有限元方法的内部结构，摆脱网格的束缚，使其更加灵活和有效，从而适合处理上述问题。在此背景下，近年来各种无网格数值方法相继提出。无网格法是通过一组离散的点来构造逼近函数，而这些点是相互独立的，不需要单元或者其他类型的网格来定义它们之间的联系，这使得无网格方法在解决大变形分析、裂纹扩展、弹塑性力学分析、冲击爆炸破坏等问题时显示出巨大的优势。同时在前、后处理方面，无网格法也较有限元法更为方便、容易，大大地减少了工作量。

自然单元法 (natural element method，NEM) 在本质上也是一种求解偏微分方程的无网格方法，为系统起见，本书先概述无网格法的发展历程。

1.2 无网格法的发展概述

无网格法的研究可以追溯到 1977 年 Lucy[2] 提出的光滑质点流体动力学 (smoothed particle hydrodynamics, SPH) 方法。1992 年，Nayroles 等 [3] 将移动最小二乘近似引入伽辽金 (Galerkin) 法中，提出了弥散单元法 (diffuse element method, DEM)，Belytschko 等[4] 对 DEM 进行改进，提出了无单元伽辽金 (the element-free Galerkin, EFG) 法，掀起了无网格法的研究热潮。EFG 采用移动最小二乘方法进行场变量的近似表达，场量的拟合不具有插值的性质，使得对狄利克雷 (Dirichlet) 边界条件的处理较为麻烦。Belytschko 等利用 EFG 对固体力学中的许多问题进行了分析，研究了 EFG 与有限元的耦合方法[5,6]，以发挥各自的优势。Belytschko 等[7-10] 还对 EFG 法中的数值积分方案以及近似函数的计算方法进行了深入研究，并将 EFG 方法应用于动态裂纹扩展的数值模拟[11,12]，克服了有限元方法在模拟裂纹扩展时需要不断进行网格重新划分的缺点。文 [13] 对 EFG 及其他无网格法的发展和应用进行了综述。此外 Krysl 等[14,15] 将 EFG 用于板壳分析中。Ponthot 和 Du 等[16,17] 将 EFG 用于三维撞击和流体晃动分析中。Cordes 等[18] 将 EFG 方法用于相变问题的研究。Krysl 和 Belytschko 对三维动态裂纹扩展作了分析[19]，对 EFG 的研究和应用起了积极的推动作用。

自无网格法出现以来，已经发展形成了 20 多种不同名称的无网格方法，除了上面提到的以外，主要的无网格方法有：再生核质点方法 (reproducing kernel particle method，RKPM)、小波质点方法 (wavelet particle method，WPM)、单位分解法 (the partition of unity method，PUM)、h-p 云法 (h-p clouds method，HPCM)、h-p 无网格云团法 (h-p-meshless clouds method，HPMCM)、有限点方法 (the finite point method，FPM)、局部边界方程法 (local boundary integral equation method，LBIEM)、无网格局部 Petrov-Galerkin 法 (meshless local Petrov-Galerkin method，MLPGM)、点插值法 (point interpolation method，PIM) 等。

1995 年，美籍华裔计算力学学者 Liu 教授利用积分再生函数思想，提出了再生核质点方法 (reproducing kernel particle method, RKPM)[20]。并利用 “小波” 分析的伸缩尺度平移、多分辨率等特点，提出了多尺度再生核质点方法 (multiple-scale reproducing kernel particle method, MSRKPM)[21] 和小波质点方法 (wavelet particle method, WPM)[22] 等，实现了该类方法的自适应分析。这种方法引入了柔性可调窗函数进行积分变换，适合于对局部进行细致的数值分析。Liu 教授成功地在他的方法里运用小波思想，对固体力学、流体力学和结构声学等领域中的大量问题进行了数值分析[23-27]。

1995 年，美国 Texas 大学的著名学者 Oden 和他的学生 Duarte 提出了 h-p 无网格云团方法[28-30]，该方法利用移动最小二乘原理建立单位分解函数来进行场量的近似表达，然后通过 Galerkin 过程建立离散模型。这种方法特别适合于进行自适应分析。Oden 等对这种方法进行了严格的数学分析，并利用 Lagrange 乘子法对 Dirichlet 边界条件进行了处理。

1995 年，Braun 和 Sambridge 基于自然邻域插值[31,32] 构造试函数与权函数，提出了一种求解偏微分方程的自然单元法[33]。1998 年，Sukumar 等[34,35] 将 NEM 用于分析固体力学问题。2001 年，Sukumar 等[36] 又基于非 Sibson 插值[37,38] 提出了自然邻点伽辽金法 (natural neighbor Galerkin method, NNGM)，用于求解线弹性力学中的椭圆型偏微分方程。

1996 年，美国计算数学知名学者 Babuška 和他的学生 Melenk 提出了单位分解法[39,40]。在这种方法里，Babuška 教授利用现代数学 "单位分解" 的重要概念，对单位分解方法进行了严格的数学论证。

1996 年，西班牙数值分析中心的 Oñate 和 Idelsohn 等提出了有限点方法[41-43]，这是一种不需要背景单元的真正无网格方法，采用最小二乘原理来构造形函数，主要用于流体动力学领域[44,45]。

此外，波兰学者 Liszka 等提出了 "h-p-meshless clouds method"[46]，这种方法与 Oden 等的 "h-p clouds method" 的不同点在于它采用的是配点形式，也不需背景单元作为积分域，是一种纯粹的无网格方法。日本学者 Yagawa 教授基于点积分的概念，提出了自由网格法 (free mesh method, FMM)[47]，该法在计算过程中实时对每个场点自动形成局部的三角形网格，然后进行结点积分，其特点是便于实施并行计算。FMM 被成功地应用于三维固体及流体力学问题的计算中[48]。1998 年，著名计算力学学者 Atluri 等提出了两种方法：局部边界方程法 (local boundary integral equation method, LBIEM) 和无网格局部 Petrov-Galerkin 法 (meshless local Petrov-Galerkin method, MLPGM)[49-51]。这两种方法都是基于移动最小二乘近似来建立场函数的近似表达，在积分时不需要背景网格，是完全的无网格方法。

2001 年，Liu 等针对用移动最小二乘 (MLS) 近似的 Galerkin 法和局部 Petrov-Galerkin 法无法直接施加本质边界条件的问题，采用多项式基函数和径向基函数实施点插值，提出了无网格点插值法[52,53]，并很好地分析了带孔无限板、桥墩、地基固结、坝体等问题。

2003 年，Liu 和 Gu[54,55] 提出了无网格弱-强式 (meshless weak-strong, MWS) 方法，并用于求解平面弹性力学问题。在 MWS 中，对于位于问题域内或本质边界条件上的结点用配点法建立系统方程，对于位于 Neumann 边界上的结点用积分弱形式建立系统方程，最后基于结点把这两种方程组合起来，得到最后的系统方程。

受无网格法思想的影响，还有很多学者研究了无网格法的近似方案和数值离散方案，随后出现了多种新型的或改进的无网格法，如多象限法 (multiquadrics method, MQM)[56]、逐点法或点到点法 (node-by-node method, NNM)[57]、有限覆盖法 (finite cover method, FCM)[58]、有限球法 (finite spheres method, FSM)[59]、边界无网格法 (boundary element-free method, BEFM)[60] 等，这里不再细述。

国内学者对无网格方法也作了大量的研究和应用。曹国金等[61] 和顾元通等[62] 对无网格法的研究进展进行了综述。Chen 等[63-65] 将径向基函数与边界元法相结合，提出了基于径向基函数的边界结点法 (boundary knot method, BKM) 和边界粒子法 (boundary partical method, BPM)，所采用的方法只需对求解域的边界进行离散。继清华大学张雄[66] 的研究团队出版了《无网格法》一书后，西北工业大学的刘更等[67] 也出版了《无网格法及其应用》，同时有越来越多的研究人员投入到这个领域的研究之中。其中清华大学的陆明万教授和张雄教授及其研究小组[68,69] 对无网格数值方法进行了深入和系统的研究，将紧支函数应用于配点法，建立了相应的无网格法[70,71]，用于求解固体力学问题。基于伽辽金法的无网格法的精度较高，但需要进行数值积分，计算量大，还需要引入积分网格。基于配点的无网格法计算效率高，但其稳定性差，精度低。于是张雄等将两种方法结合起来，提出了最小二乘配点无网格法[72] 和加权最小二乘无网格法[73]，兼顾了两者的优点，为无网格法的发展开拓出新的方向。湖南大学龙述尧等[74-76] 对 MLPGM 进行了系统的研究，并分别用于求解弹性力学问题、地基梁问题、弹性板、各向异性板、弹塑性和断裂力学等问题。同济大学蔡永昌等[77] 提出了基于 Voronoi 结构和采用自然单元法 (NEM) 近似位移函数的 MLPGM，可以有效地减少计算所需的时间和提高求解结果的精度。南京航空航天大学的刘欣博士对基于流形覆盖思想的无网格数值方法、自适应无网格方法、单位分解有限元和半解析无网格数值方法进行了比较系统的研究[78-80]。史宝军等[81,82] 基于核重构思想构造近似函数，将配点法和最小二乘原理相结合对微分方程进行离散，建立了 Helmholtz 方程的最小二乘配点格式，分别研究了 Helmholtz 方程的波传播问题和边界层问题。Cheng 等建立了三维弹性力学、弹性动力学等问题的边界无单元法[83] 和基于径向基函数的局部边界积分方程方法等[84]。此外，还有很多其他的研究内容和成果，限于篇幅，本书不再逐一介绍。

1.3 典型无网格方法的近似方案

不同无网格方法之间的主要差别在于所采用的近似函数和微分方程的等效形

式不同，但都可以看做是紧支试函数加权余量法的某种具体形式。只要紧支试函数是利用离散点来建立的，且离散点之间并无明确的网格连接，由紧支试函数加权余量法[66] 导出的所有方法都可以统称为无网格法。

目前在无网格法中使用的近似函数主要有：移动最小二乘近似、核函数近似、重构核近似、单位分解函数、点插值函数、径向基函数和自然邻点插值函数等。可以根据加权余量计算时权函数的不同选择，将无网格方法进行分类。与常用的无网格方法对应的加权余量法有：配点法、伽辽金法、局部彼得罗夫-伽辽金法和加权最小二乘法，相应的无网格方法称为配点型、伽辽金型、局部彼得罗夫-伽辽金型和最小二乘型无网格法。变分原理是另一种表达连续介质力学问题的积分形式，用变分原理求解连续介质力学问题时要求某个关于未知函数的泛函取驻值，在存在相应的泛函时，伽辽金法与变分法会得到相同的结果。下面着重对典型无网格法中使用的近似函数的构造方法进行介绍。

1.3.1 光滑质点流体动力学 (SPH) 方法

SPH 方法是计算力学中最早出现的无网格粒子方法，由 Lucy 和 Gingold 等[2,85] 在 1977 年分别独立提出。在这种方法提出后的最初几年里，其应用范围主要局限在与天体物理学相关的领域[86-88]，例如恒星或星系的形成与发展等。这是因为当时对 SPH 方法的一些特殊性质和优点的认识还不充分。

SPH 方法的核心和精髓主要包含在 “光滑”、“粒子” 和 “流体动力学” 这三个术语中。“光滑” 指的是通过对邻近粒子进行加权平均而得到稳定的光滑近似；“粒子” 是指在 SPH 方法中，系统的状态是用一系列的粒子来描述的，这些粒子包含着独立的材料性质，而且按照守恒法则控制着相关粒子的运动方程；“流体动力学” 是指该方法主要应用于流体动力学问题。SPH 方法的基本思想是将连续的流体用相互作用的质点组来描述，各个物质点上承载着各种物理量，包括质量、速度等，通过求解质点组的动力学方程和跟踪每个质点的运动轨迹，求得整个系统的力学行为。SPH 的优点在于它是一种纯粹的 Lagrange 方法，可以避免 Euler 方法描述中处理欧拉网格与材料的界面等问题，特别适合于求解高速碰撞等动态问题和大变形问题。

SPH 方法的出发点是用一个作用在近程范围内的核函数描述空间的粒子与其邻近粒子的相互关系，设 $F(x)$ 为一个场函数，其近似函数可表示为

$$\boldsymbol{u}^h(\boldsymbol{x}) = \int_\Omega \boldsymbol{u}(\bar{x}) w(\boldsymbol{x} - \bar{\boldsymbol{x}}, h) \mathrm{d}\Omega_{\bar{\boldsymbol{x}}} \tag{1-1}$$

其中，$w(\boldsymbol{x} - \bar{\boldsymbol{x}}, h)$ 是核函数；h 是核函数的影响半径。将上式进行离散化处理可得

$$\boldsymbol{u}^h(\boldsymbol{x}) = \sum_{J=1}^{N} w(\boldsymbol{x} - \boldsymbol{x}_J)\boldsymbol{u}_J \Delta V_J \tag{1-2}$$

其中，ΔV_J 为结点 $\boldsymbol{x}_J$ 所对应的体积。在 SPH 中将结点视为质点或粒子，各结点所对应的体积为 $\Delta V_J = m_J/\rho_J$，则式 (1-2) 可写为

$$\boldsymbol{u}^h(\boldsymbol{x}) = \sum_{J=1}^{N} w(\boldsymbol{x} - \boldsymbol{x}_J)\frac{m_J}{\rho_J}\boldsymbol{u}_J \tag{1-3}$$

向量函数 $\boldsymbol{u}(\boldsymbol{x})$ 散度的离散近似为

$$\nabla \cdot \boldsymbol{u}^h(\boldsymbol{x}) = \sum_{J=1}^{N} \frac{m_J}{\rho_J}\nabla w(\boldsymbol{x} - \boldsymbol{x}_J) \cdot \boldsymbol{u}_J \tag{1-4}$$

若式 (1-2) 中的场函数为密度场 $\rho(\boldsymbol{x})$，则密度场的离散近似为

$$\rho(\boldsymbol{x}) = \sum_{J=1}^{N} w(\boldsymbol{x} - \boldsymbol{x}_J)m_J \tag{1-5}$$

因此，结点 I 处的密度可由对它有影响的质点的质量经光滑化而得到

$$\rho(\boldsymbol{x}_I) = \sum_{J=1}^{N} w(\boldsymbol{x}_I - \boldsymbol{x}_J)m_J \tag{1-6}$$

一般来说，流体动力学的控制方程可以表达为一组 Lagrange 形式的偏微分方程，如著名的 Navier-Stokes 方程组，其中包括动量方程、连续方程和能量方程，分别表示了动量守恒、质量守恒和能量守恒定律，还包括描述质点运动的方程。无体积力作用时，描述流体的运动和状态的流体动力学方程组为

$$\begin{cases} \nabla \cdot \boldsymbol{\sigma} = \rho \dot{\boldsymbol{v}} \\ \dot{\rho} + \rho \nabla \cdot \boldsymbol{v} = 0 \\ \rho \dot{E} = \boldsymbol{\sigma} \cdot \dot{\boldsymbol{\varepsilon}} + \dot{E}_Q \\ \dot{\boldsymbol{x}} = \boldsymbol{v} \end{cases} \tag{1-7}$$

其中，E 为单位密度的能量; $\dot{E}_Q$ 表示黏性应力对内能的贡献; $\boldsymbol{\sigma}$、$\dot{\boldsymbol{\varepsilon}}$ 分别表示应力和应变率张量。

采用离散形式进行数值计算时，令式 (1-7) 在离散结点上得到满足，并将应力对空间坐标的散度用核近似表示，可得运动方程的离散形式:

$$\dot{\boldsymbol{v}}_I = \frac{1}{\rho_I}\sum_{J=1}^{N} \frac{m_J}{\rho_J}\boldsymbol{\sigma}_J \nabla w(\boldsymbol{x} - \boldsymbol{x}_J)|_{x=x_I} \tag{1-8}$$

根据上式，可由 t^n 时刻的应力求得 t^n 时刻的加速度，进而由蛙跳差分格式得到 $t^{n+1/2}$ 时刻的速度和 t^{n+1} 时刻的坐标:

$$\boldsymbol{v}_I^{n+1/2} = \boldsymbol{v}_I^{n-1/2} + \frac{1}{2}(\Delta t^{n+1/2} + \Delta t^{n-1/2})\dot{\boldsymbol{v}}_I^n \tag{1-9}$$

$$\boldsymbol{x}_I^{n+1} = \boldsymbol{x}_I^n + \Delta t^{n+1/2}\boldsymbol{v}_I^{n+1/2} \tag{1-10}$$

利用式 (1-4) 可得 $t^{n+1/2}$ 时刻的速度张量为

$$\nabla \boldsymbol{v}_I^{n+1/2} = \sum_{J=1}^{N} \frac{m_J}{\rho_J} \boldsymbol{v}_J^{n+1/2}\ \nabla w(\boldsymbol{x}-\boldsymbol{x}_J)\big|_{x=x_I} \tag{1-11}$$

进而可得 $t^{n+1/2}$ 时刻的应变率张量为

$$\boldsymbol{\varepsilon}_I^{n+1/2} = \frac{1}{2}\left(\nabla \boldsymbol{v} + \nabla \boldsymbol{v}^{\mathrm{T}}\right)\Big|_I^{n+1/2} \tag{1-12}$$

$t^{n+1/2}$ 时刻的速度散度可表示为

$$\nabla \cdot \boldsymbol{v}_I^{n+1/2} = -\sum_{J=1}^{N} m_J(\boldsymbol{v}_I^{n+1/2} - \boldsymbol{v}_J^{n+1/2}) \cdot \nabla w(\boldsymbol{x}-\boldsymbol{x}_J)\big|_{x=x_I} \tag{1-13}$$

则由连续方程利用中心差分格式可得 t^{n+1} 时刻的密度为

$$\rho_I^{n+1} = \rho_I^n + \Delta t^{n+1/2}\left\{\sum_{J=1}^{N} m_J(\boldsymbol{v}_I^{n+1/2} - \boldsymbol{v}_J^{n+1/2}) \cdot \nabla w(\boldsymbol{x}-\boldsymbol{x}_J)\big|_{x=x_I}\right\} \tag{1-14}$$

再结合流体的本构方程和能量方程，可得 t^{n+1} 时刻的应力 $\boldsymbol{\sigma}_I^{n+1}$ 和内能 E_I^{n+1}。

由上面的过程可以看出，光滑质点流体动力学 (SPH) 方法采用的是核近似的配点型无网格方法。

1.3.2　再生核质点法 (RKPM) 及多尺度再生核质点法 (MSRKPM)

从数学上来说，偏微分方程的解可以表示为[89]

$$\boldsymbol{u}^R(\boldsymbol{x}) = \int_{-\infty}^{+\infty} \boldsymbol{u}(\boldsymbol{y})\phi(\boldsymbol{x}-\boldsymbol{y})\mathrm{d}\boldsymbol{y} \tag{1-15}$$

其中，ϕ 是核函数或窗函数，其作用相当于一个投影算子，$\boldsymbol{u}^R(\boldsymbol{x})$ 是 $\boldsymbol{u}(\boldsymbol{x})$ 的再生解，这一类构造近似函数的方法 (如 SPH 方法和小波方法) 即称为核重构方法 (reproducing kernel method)。这种方法的一个主要缺点是对于有限区域问题需要进行特别的边界处理，如对称边界处理法、虚拟粒子边界处理法、镜像粒子方法等[90]，这是由于上述近似方案不满足一致性要求所致。Liu 等[20] 通过构建适当的边界修正函数，通过再生条件构造满足一致性要求的重构核近似，解决了 SPH 方法和小波方法中需要人工边界的问题，并提高了离散解的精度。

对于有限的区域，可将再生解表示为

$$\boldsymbol{u}^R(\boldsymbol{x}) = \int_{\Omega} \boldsymbol{u}(\boldsymbol{y})\bar{\phi}(\boldsymbol{x};\boldsymbol{x}-\boldsymbol{y})\mathrm{d}\boldsymbol{y} \tag{1-16}$$

其中，$\bar{\phi}(\boldsymbol{x};\boldsymbol{x}-\boldsymbol{y})=C(\boldsymbol{x};\boldsymbol{x}-\boldsymbol{y})\phi(\boldsymbol{x}-\boldsymbol{y})$ 为修正的核函数; $C(\boldsymbol{x};\boldsymbol{x}-\boldsymbol{y})$ 为边界修正函数。

由于再生解的积分一般不能用分析的方法得出，需要将其离散化，在 RKPM 中，近似函数空间 V^h 可以通过一个窗函数的系列 $\phi_j(\boldsymbol{x}-\boldsymbol{x}_j)$ 经过再生变换的方法得到

$$V_\phi^h=\{\phi_1,\cdots,\phi_j\cdots,\phi_{np}\},\quad j\in[1,np] \tag{1-17}$$

其中，np 为质点总数。由于任意选择的窗函数经变换张成的空间可能不满足完备性的要求，因此需对修正的窗函数附加一些条件以满足完备性的要求：

$$\bar{\phi}(\boldsymbol{x};\boldsymbol{x}-\boldsymbol{y})=C(\boldsymbol{x};\boldsymbol{x}-\boldsymbol{y})\phi(\boldsymbol{x}-\boldsymbol{y})=\sum_{k=0}^{n}\beta_k(\boldsymbol{x})(\boldsymbol{x}-\boldsymbol{y})^k\phi(\boldsymbol{x}-\boldsymbol{y}) \tag{1-18}$$

为满足完备性要求，需要窗函数的 k 阶离散矩满足下列条件：

$$\begin{aligned}&\bar{m}_0(\boldsymbol{x})=1\\&\bar{m}_k(\boldsymbol{x})=0,\quad k=1,2,\cdots,n\end{aligned} \tag{1-19}$$

其中，

$$\bar{m}_k(\boldsymbol{x})=\sum_{j=1}^{np}(\boldsymbol{x}-\boldsymbol{x}_j)^k\phi(\boldsymbol{x}-\boldsymbol{x}_j)\Delta\boldsymbol{x}_j \tag{1-20}$$

将对 0 到 n 阶离散矩的要求施加于修正的窗函数可得关于 $+\beta_k(\boldsymbol{x})$ 的 $n+1$ 个线性方程，通过这种方法可以得到满足 n 阶完备性的修正函数及相应的修正核函数。

修正的重构核近似的离散形式为

$$\boldsymbol{u}^{R_h}(\boldsymbol{x})=\sum_{j=1}^{np}N^{\mathrm{RKPM}}(\boldsymbol{x},\boldsymbol{x}_j)\boldsymbol{u}(\boldsymbol{x}_j) \tag{1-21}$$

其中，$N^{\mathrm{RKPM}}=C(\boldsymbol{x}-\boldsymbol{x}_j)\phi(\boldsymbol{x}-\boldsymbol{x}_j)\Delta\boldsymbol{x}_j$ 为形函数。

Liu 等在文 [22] 中将小波分析方法引入重构核近似中，建立了多尺度再生核质点法 (multiple-scale reproducing kernel particle method, MSRKPM)，多尺度分析的逼近空间由一系列的嵌套子空间组成：

$$\{0\}=V_\infty\subset\cdots\subset V_1\subset V_0\subset V_{-1}\subset\cdots\subset V_{-\infty}=\mathrm{L}^2(\mathrm{R}) \tag{1-22}$$

生成这些子空间的基函数是相应的尺度函数，尺度函数可由窗函数的平移和膨胀得到

$$\phi_{mn}(x)=2^{-m/2}\phi\left(\frac{x}{2^m}-n\right),\quad m,n\in\mathit{\Gamma}=[\cdots,-1,0,1,\cdots] \tag{1-23}$$

m、n 两个参数实现了对窗函数的平移和膨胀，结合多尺度分解可实现多分辨率和自适应分析。

设 V_m 对于 V_{m-1} 的补空间为 W_m，即 $V_{m-1}=V_m+W_m$，则平方可积函数空间可分解为小波空间：

$$\mathrm{L}^2(\mathrm{R})=\cdots+(V_{-2}-V_{-1})+(V_{-2}-V_{-1})+(V_{-2}-V_{-1})+\cdots=\cdots+W_{-1}+W_0+W_1+\cdots \tag{1-24}$$

对于任意给定的函数 $u\in\mathrm{L}^2(\mathrm{R})$ 在 V_m 空间中的解可表示为

$$u_m=u_{m+1}+w_{m+1}=w_{m+1}+w_{m+2}+\cdots \tag{1-25}$$

其中，$u_{m+1}\in V_{m+1}, w_{m+1}\in W_{m+1}$。

采用上述多尺度小波分析方法的思想，并利用 RKPM 中核函数的可伸缩性，可建立多尺度再生核质点法的分解格式。再生核质点法的近似函数为

$$u^R(\boldsymbol{x})=\int_\Omega C(a_0,\boldsymbol{x},\boldsymbol{y})\phi\left(\frac{\boldsymbol{x}-\boldsymbol{y}}{a_0}\right)u(\boldsymbol{y})\mathrm{d}\Omega_y \tag{1-26}$$

所对应的离散形式为

$$u^h(\boldsymbol{x})=\sum_{i=1}^{np}\left[C(a_0,\boldsymbol{x},\boldsymbol{x}_i)\phi\left(\frac{\boldsymbol{x}-\boldsymbol{x}_i}{a_0}\right)\Delta\boldsymbol{x}_i\right]u(\boldsymbol{x}_i) \tag{1-27}$$

多尺度 RKPM 法定义了一系列的核函数：

$$\phi_m(\boldsymbol{x})=\phi\left(\frac{\boldsymbol{x}}{2^m a_0}\right),\quad m=0,1,2,\cdots \tag{1-28}$$

引入与这些核函数相应的小波函数：$\psi_{m+1}(\boldsymbol{x})=\phi_m(\boldsymbol{x})-\phi_{m+1}(\boldsymbol{x})$。

将上式代入到离散近似表达式中直到需要的分解水平，可得多尺度的分解格式为

$$\begin{aligned}u^h(\boldsymbol{x})&=u_0(\boldsymbol{x}) &&\text{(最精细尺度)}\\&=w_1(\boldsymbol{x})+u_1(\boldsymbol{x}) &&\text{(二级分解)}\\&=w_1(\boldsymbol{x})+w_2(\boldsymbol{x})+u_2(\boldsymbol{x}) &&\text{(三级分解)}\\&=\cdots &&\text{(任意级分解)}\end{aligned} \tag{1-29}$$

其中，

$$u_m(\boldsymbol{x})=\int_\Omega C(2^m a_0,\boldsymbol{x},\boldsymbol{y})\phi_m(\boldsymbol{x}-\boldsymbol{y})u(\boldsymbol{y})\mathrm{d}\Omega_y \tag{1-30}$$

$$w_m(\boldsymbol{x})=\int_\Omega \psi_m(\boldsymbol{x}-\boldsymbol{y})u(\boldsymbol{y})\mathrm{d}\Omega_y \tag{1-31}$$

$$\psi_m(\boldsymbol{x}-\boldsymbol{y})=C(2^{m-1}a_0,\boldsymbol{x},\boldsymbol{y})\phi_{m-1}(\boldsymbol{x}-\boldsymbol{y})-C(2^m a_0,\boldsymbol{x},\boldsymbol{y})\phi_m(\boldsymbol{x}-\boldsymbol{y}) \tag{1-32}$$

Liu 等在文 [89] 中还开发了 RKPM 与 FEM 的耦合方法，在边界区域采用有限元形函数，以弥补 RKPM 在准确施加本质边界条件方面的不足，而 RKPM 则作为一种增强以提高计算精度。这种多场耦合的方法可以看做是对场函数的两尺度分解，同时构造了在有限元网格中加入 RKPM 质点的自适应细化过程，并提出了相应的细化准则。

1.3.3 无单元伽辽金法 (EFG)

无单元伽辽金法采用移动最小二乘近似方法构造试函数与近似函数，并通过伽辽金方法进行方程离散化。Nayroles 等最早将移动最小二乘近似引入伽辽金过程，并称之为弥散单元法 (diffuse element method，DEM)[3]，Belytschko 等对 DEM 进行了细化和修正，采用 Lagrange 乘子法施加本质边界条件，以更加精确的方法计算了形函数的导数，并称其方法为无单元伽辽金法 (element-free Galerkin method，EFG)。

设有区域 Ω，区域内有 n 个离散结点，在移动最小二乘近似方法中，场函数的全局近似可表示为

$$u^h(\boldsymbol{x})=\sum_{i=1}^{m}p_i(\boldsymbol{x})a_i(\boldsymbol{x})\equiv\boldsymbol{p}^{\mathrm{T}}(\boldsymbol{x})\boldsymbol{a}(\boldsymbol{x}) \tag{1-33}$$

$p_i(\boldsymbol{x})$ 是基函数，可以取单项式或其他形式的函数作为基函数，$a_i(\boldsymbol{x})$ 是相应的系数，式 (1-33) 可以看做是将近似函数按基函数进行展开。移动最小二乘法与通常的加权最小二乘法的区别在于对于不同的计算点 $\boldsymbol{x}$，相应的系数 $\boldsymbol{a}(\boldsymbol{x})$ 是不同的。

对于某个具体的计算点 $\boldsymbol{x}$，在其邻域内的局部近似可以表示为

$$u^h(\boldsymbol{x},\bar{\boldsymbol{x}})=\sum_{i=1}^{m}p_i(\bar{\boldsymbol{x}})a_i(\boldsymbol{x})\equiv\boldsymbol{p}^{\mathrm{T}}(\bar{\boldsymbol{x}})\boldsymbol{a}(\boldsymbol{x}) \tag{1-34}$$

其中，$\bar{x}$ 为计算点 $\boldsymbol{x}$ 的邻近区域内的任意一点。为求出系数 $\boldsymbol{a}(\boldsymbol{x})$，需要采用加权最小二乘法，使得在加权意义上近似函数在结点处的误差平方和为最小，即选择 $a_i(\boldsymbol{x})$ 使得式 (1-35) 取最小值：

$$J=\sum_{I=1}^{n}w(\boldsymbol{x}-\boldsymbol{x}_I)[u^h(\boldsymbol{x},\boldsymbol{x}_I)-u(\boldsymbol{x}_I)]^2=\sum_{I=1}^{n}w(\boldsymbol{x}-\boldsymbol{x}_I)\left[\sum_{i=1}^{m}p_i(\boldsymbol{x})a_i(\boldsymbol{x})-u(\boldsymbol{x}_I)\right]^2 \tag{1-35}$$

其中，n 为总的结点个数，由于权函数是在每个结点处定义的，在结点 $\boldsymbol{x}_I$ 的影响域之外权函数 $w(\boldsymbol{x}-\boldsymbol{x}_I)=0$，因此 n 实际上是取为对计算点 $\boldsymbol{x}$ 有影响的结点的个数。

将上式写成矩阵形式：

$$\boldsymbol{J}=(\boldsymbol{Pa}-\boldsymbol{u})^{\mathrm{T}}\boldsymbol{W}(\boldsymbol{x})(\boldsymbol{Pa}-\boldsymbol{u}) \tag{1-36}$$

其中，$\boldsymbol{u}^{\mathrm{T}}=(u_1,u_2,\cdots,u_n)$ 为函数在结点处的值。

$$\boldsymbol{P}=\begin{bmatrix} p_1(\boldsymbol{x}_1) & p_2(\boldsymbol{x}_1) & \cdots & p_m(\boldsymbol{x}_1) \\ p_1(\boldsymbol{x}_2) & p_2(\boldsymbol{x}_2) & \cdots & p_m(\boldsymbol{x}_2) \\ \vdots & \vdots & & \vdots \\ p_1(\boldsymbol{x}_n) & p_2(\boldsymbol{x}_n) & \cdots & p_m(\boldsymbol{x}_n) \end{bmatrix} \tag{1-37}$$

$$\boldsymbol{W}(\boldsymbol{x})=\begin{bmatrix} w(\boldsymbol{x}-\boldsymbol{x}_1) & 0 & \cdots & 0 \\ 0 & w(\boldsymbol{x}-\boldsymbol{x}_2) & \cdots & 0 \\ \vdots & \vdots & & \vdots \\ 0 & 0 & \cdots & w(\boldsymbol{x}-\boldsymbol{x}_n) \end{bmatrix} \tag{1-38}$$

由 $\boldsymbol{J}$ 取极值的条件可得

$$\frac{\partial \boldsymbol{J}}{\partial \boldsymbol{a}}=\frac{\partial[\boldsymbol{a}^{\mathrm{T}}(\boldsymbol{P}^{\mathrm{T}}\boldsymbol{W}\boldsymbol{P})\boldsymbol{a}-2(\boldsymbol{P}^{\mathrm{T}}\boldsymbol{W}\boldsymbol{u})\boldsymbol{a}+\boldsymbol{u}^{\mathrm{T}}\boldsymbol{W}\boldsymbol{u}]}{\partial \boldsymbol{a}}=2(\boldsymbol{P}^{\mathrm{T}}\boldsymbol{W}\boldsymbol{P})\boldsymbol{a}-2(\boldsymbol{P}^{\mathrm{T}}\boldsymbol{W})\boldsymbol{u}=0 \tag{1-39}$$

令 $\boldsymbol{A}=\boldsymbol{P}^{\mathrm{T}}\boldsymbol{W}(\boldsymbol{x})\boldsymbol{P}$，$\boldsymbol{B}=\boldsymbol{P}^{\mathrm{T}}\boldsymbol{W}(\boldsymbol{x})$，则有 $\boldsymbol{a}(\boldsymbol{x})=\boldsymbol{A}^{-1}(\boldsymbol{x})\boldsymbol{B}(\boldsymbol{x})\boldsymbol{u}$，代入到计算点 $\boldsymbol{x}$ 邻域内的局部近似表达式中可得

$$u^h(\boldsymbol{x},\bar{\boldsymbol{x}})=\boldsymbol{p}^{\mathrm{T}}(\bar{\boldsymbol{x}})\boldsymbol{a}(\boldsymbol{x})=\boldsymbol{p}^{\mathrm{T}}(\bar{\boldsymbol{x}})\boldsymbol{A}^{-1}(\boldsymbol{x})\boldsymbol{B}(\boldsymbol{x})\boldsymbol{u} \tag{1-40}$$

由上式可得计算点 $\boldsymbol{x}$ 处的近似值为

$$u^h(\boldsymbol{x})=u^h(\boldsymbol{x},\boldsymbol{x})=\boldsymbol{p}^{\mathrm{T}}(\boldsymbol{x})\boldsymbol{a}(\boldsymbol{x})=\boldsymbol{p}^{\mathrm{T}}(\boldsymbol{x})\boldsymbol{A}^{-1}(\boldsymbol{x})\boldsymbol{B}(\boldsymbol{x})\boldsymbol{u}=\boldsymbol{\phi}(\boldsymbol{x})\boldsymbol{u} \tag{1-41}$$

则形函数 $\phi_I(\boldsymbol{x})$ 定义为

$$\phi_I(\boldsymbol{x})=\sum_{j=1}^{m}p_j(\boldsymbol{x})(\boldsymbol{A}^{-1}(\boldsymbol{x})\boldsymbol{B}(\boldsymbol{x}))_{jI} \tag{1-42}$$

其中，jI 表示第 j 行第 I 列，形函数 $\phi_I(\boldsymbol{x})$ 的导数为

$$\phi_{I,i}(\boldsymbol{x})=\sum_{j=1}^{m}\left[p_{j,i}(\boldsymbol{A}^{-1}\boldsymbol{B})_{jI}+p_j(\boldsymbol{A}_{,i}^{-1}\boldsymbol{B}+\boldsymbol{A}^{-1}\boldsymbol{B}_{,i})_{jI}\right] \tag{1-43}$$

其中，$\boldsymbol{A}_{,i}^{-1}=(\boldsymbol{A}^{-1})_{,i}$ 表示 $\boldsymbol{A}$ 的逆矩阵的偏导数，$\boldsymbol{A}_{,i}^{-1}=-\boldsymbol{A}^{-1}\boldsymbol{A}_{,i}\boldsymbol{A}^{-1}$。

由于移动最小二乘法的系数 $\boldsymbol{a}(\boldsymbol{x})$ 不是常数，因此形函数导数中 $p_j(\boldsymbol{A}_{,i}^{-1}\boldsymbol{B}+\boldsymbol{A}^{-1}\boldsymbol{B}_{,i})_{jI}$ 不应被忽略。

1.3.4 单位分解法 (PUM)

传统有限元法的局部近似函数是多项式，试函数空间由分片插值的多项式构成，应具有较好的近似性，并且要求保证分片多项式在单元边界上的协调性。提高近似性的方法通常有 h 方法和 p 方法：h 方法中多项式的阶次是固定的，近似性的提高是通过减少网格尺寸来实现的；p 方法中网格尺寸是固定的，通过增加多项式的阶次提高近似性。但局部多项近似并不能有效反映某些特定问题的场函数特点，如裂纹尖端的奇异性，板壳问题要求的试函数 C^1 连续性等。理想的有限单元法近似函数应该具有较好的局部近似性和单元间高阶的连续性，虽然对于具体问题有可能构建非多项式的局部近似函数空间，但一般难以使其满足协调性要求。

为解决局部近似与单元间协调性的问题，Melenk 和 Babuška[39,40] 提出了单位分解有限元法 (PUFEM) 和单位分解方法 (PUM)，PUFEM 中采用有限元形函数作为单位分解函数。PUM 将单元间的连续性和单元内的局部近似性这两个重要的问题进行了分离，在构造适合于具体问题的近似函数时，可以将关注的重点集中于寻找合适的局部近似空间。PUM 方法是无网格方法，可以方便地在不降低近似性的前提下构建协调的近似函数空间，全局近似性可由局部近似性来体现，全局协调性则由单位分解函数的光滑性来决定，可以视为对传统的h 方法、p 方法、h-p有限单元法的推广。

设求解区域 $\Omega \subset \mathbf{R}^n$ 为一个有限的开集，$\{\Omega_i\}$ 是一些相互重叠的子域，每个子域与一个函数 φ_i 相连系，且 φ_i 仅在 Ω_i 上不为 0，并满足：

$$\sum_i \varphi_i \equiv 1 \quad 在\Omega中 \tag{1-44}$$

若覆盖区域 Ω 内任一点 $\boldsymbol{x}$ 的子域数小于一个正整数 M，则 $\{\Omega_i\}$ 构成对 Ω 的有限开覆盖，$\{\varphi_i\}$ 称为附属于覆盖 $\{\Omega_i\}$ 的单位分解。若 $\{\varphi_i\}$ 进一步满足：

$$\|\varphi_i\|_{L^\infty(\mathbf{R}^n)} \leqslant C_\infty, \quad \|\nabla\varphi_i\|_{L^\infty(\mathbf{R}^n)} \leqslant \frac{C_G}{\mathrm{diam}\Omega_i} \tag{1-45}$$

则称 $\{\varphi_i\}$ 为附属于覆盖 $\{\Omega_i\}$ 的 (M, C_∞, C_G) 单位分解。如果 $\{\varphi_i\} \subset C^m(\mathbf{R}^n)$，则称 $\{\varphi_i\}$ 是 m 阶的。

$$V := \sum_i \varphi_i V_i = \left\{\sum_i \varphi_i v_i \,|v_i \in V_i\right\} \subset H^1(\Omega), \quad V_i \subset H^1(\Omega_i \cap \Omega) \tag{1-46}$$

空间 V 称为 PUM 空间或 PUFEM 空间，如果 $V \subset C^m(\Omega)$ 则称为 m 阶的。

Melenk 和 Babuška[39] 给出了收敛性和误差范数的相关证明。(M, C_∞, C_G) 条件中，正整数 M 为有限覆盖条件，C_∞ 控制着场函数的收敛性，C_G 控制着场函数导数的收敛性。对三角形单元，$M=3, C_\infty=1$，存在有限的 C_G (需对三角形的最小内角提出要求)；对双线性单元，$M=4, C_\infty=1$。

作为一般的数据拟合方法的推广，单位分解方法最根本的出发点是，如果给定结点处的函数值和导数值，则拟合函数可表示为

$$F(x)=\sum_i \varPhi_i(x)L_i(x) \tag{1-47}$$

其中，$\varPhi_i(x)$ 为单位分解函数；$L_i(x)$ 为任意的局部近似函数，如点 x_i 处的泰勒展开多项式或裂纹尖端渐近场函数。而通常的数据拟合方法中的 $L_i(x)$ 为函数在结点处的值。

单位分解方法也可视为对其他无网格法的推广。通常的无网格方法如 EFG 法事实上是通过某种方式实现局部的多项式拟合，其近似性由拟合多项式决定，如果单位分解方法中的局部近似空间取为多项式，则单位分解法与其他无网格法的近似空间是非常相似的。如果采用 EFGM 的形函数作为单位分解函数，则 h-p 云法可以看做是 EFGM 和 PUM 的混合物，其最简单的形式是采用多项式作为局部近似函数。

单位分解法的全局近似空间 V 继承了局部空间 V_i 的近似性，也继承了单位分解函数 (以及空间 V_i) 的连续性。成功地应用单位分解方法需要解决与无网格法相似的三个问题：即形函数的积分、寻找基函数并控制整体刚度矩阵的条件数以及本质边界条件的施加。单位分解方法可以根据所求解问题的特性构造试函数和检验函数，采用单位分解方法能够方便地构造具有高阶连续性的试函数。

1.3.5 h-p 云法和 h-p 无网格云团法

Duarte 和 Oden 基于单位分解的概念提出了 h-p 云法 (h-p clouds method, HPCM)[28,29]，h-p 云法在实现自适应算法时不需要传统有限元法中的网格，是一种伽辽金形式的真正无网格方法。为了提高解的精度，可采用相应的 h-p 增强方案，h 增强是指增加结点的布置密度，p 增强是指增加与附加函数相应的结点参数，由于附加函数的选择具有很大的自由度，因此与有限元法相比，实现 p 增强要容易得多。h-p 云法的基本思想是用多项式或其他函数乘单位分解函数，所得到的函数称为 h-p 云函数。通过 h-p 云方法中采用的基函数构造线性独立的 h-p 云函数，所构造的函数具有紧支性和多项式重构性，且可以是任意光滑的，构造过程中不需要对求解域进行子域划分。

设 $\varOmega$ 是 n 维空间中的有限开区域，$Q_N=\{\boldsymbol{x}_1,\boldsymbol{x}_2,\cdots,\boldsymbol{x}_N\}, \boldsymbol{x}_\alpha\in\bar{\varOmega}$ 为任选的点集，对每个结点确定一个子域 ω_α，每个子域称为一个云，要求这 N 个云的集合

$\Gamma_N := \{\omega_\alpha\}_{\alpha=1}^N$ 对 Ω 构成一个开的覆盖：

$$\omega_\alpha := \{\boldsymbol{y} \in \mathbf{R}^n : \|\boldsymbol{x}_\alpha - \boldsymbol{y}\|_{\mathbf{R}^n} < h_\alpha\}, \quad \bar{\Omega} \subset \bigcup_{\alpha=1}^{N} \omega_\alpha \tag{1-48}$$

如果函数系列 $\{\varphi_\alpha\}_{\alpha=1}^N$ 满足下列条件：

$$(1)\ \varphi_\alpha \in C_0^\infty(\omega_\alpha), 1 \leqslant \alpha \leqslant N; \quad (2)\ \sum_{\alpha=1}^{N} \varphi_\alpha(\boldsymbol{x}) = 1, \forall \boldsymbol{x} \in \Omega \tag{1-49}$$

则该函数系列称为附属于 Γ_N 的单位分解，其中的 $\varphi_\alpha(\boldsymbol{x})$ 可以是负的，但至少具有 0 阶连续性，且仅在子域内非 0。如果采用有限单元法形函数作为单位分解函数，则结点云是与结点连接的单元的并集。

对应每一个结点 α，定义一个权函数 $W_\alpha(\boldsymbol{y} - \boldsymbol{x}_\alpha)$，$W_\alpha$ 在半径为 h_α 的圆形紧支域上属于 $C_0^q(\omega_\alpha)$ 函数空间，$q \geqslant 0$。另设有函数集合 (相当于基函数)：

$$\boldsymbol{P} = \{P_1, P_2, \cdots, P_m\}, P_i : \Omega \to \mathbf{R}, P_i \in C^l(\Omega), l \geqslant 0 \tag{1-50}$$

并要求 $\boldsymbol{P}$ 中的函数满足一定的独立性要求，则单位分解函数可按式 (1-51) 构造[28]：

$$\varphi_\alpha(\boldsymbol{x}) := \boldsymbol{P}^{\mathrm{T}}(\boldsymbol{x})\boldsymbol{A}^{-1}(\boldsymbol{x})\boldsymbol{B}_\alpha(\boldsymbol{x}) \tag{1-51}$$

其中

$$\begin{aligned}
&\boldsymbol{P}(\boldsymbol{x}) = \{P_1(\boldsymbol{x}), P_2(\boldsymbol{x}), \cdots, P_m(\boldsymbol{x})\}^{\mathrm{T}}\\
&A_{ij}(\boldsymbol{x}) = (P_i, P_j)_{\boldsymbol{x}} = \sum_{\alpha=1}^{N} W_\alpha(\boldsymbol{x} - \boldsymbol{x}_\alpha) P_i(\boldsymbol{x}_\alpha) P_j(\boldsymbol{x}_\alpha), P_i, P_j \in \boldsymbol{P}\\
&\boldsymbol{B}_\alpha(\boldsymbol{x}) = W_\alpha(\boldsymbol{x} - \boldsymbol{x}_\alpha)\boldsymbol{P}(\boldsymbol{x}_\alpha)
\end{aligned}$$

如此构造的函数 $\varphi_\alpha(\boldsymbol{x}) \in C_0^{\min(l,q)}(\omega_\alpha)$ 满足单位分解条件和与基函数相应的重构条件。如果采用完备多项式作为基函数，则可以看出，上面构造的单位分解函数实际上就是 EFG 中采用的 MLS 形函数；如果取 $\boldsymbol{P} = \{1\}$，则可得到 Shepard 形函数。

设 ℓ_p 为三维空间 $\mathbf{R}^3$ 上的一族 p 阶张量积完备多项式 L_{ijm}，

$$L_{ijm}(\boldsymbol{x}) = L_i(x_1)L_j(x_2)L_m(x_3), \quad 0 \leqslant i, j, m \leqslant p \tag{1-52}$$

其中，L_i 是 $\mathbf{R}$ 上的 i 阶多项式。

用 $\Phi_N^k = \{\varphi_\alpha^k\}_{\alpha=1}^N$ 表示对应于点集 Q_N 的单位分解，其中，k 代表单位分解。Φ_N^k 能够通过线性组合来表示多项式的阶数。

设 ℓ_k 为一族 k 阶张量积完备多项式，则有

$$L_{ijm}(\boldsymbol{x})=\sum_{\alpha=1}^{N}L_{ijm}(\boldsymbol{x}_\alpha)\varphi_\alpha^k(\boldsymbol{x}),\quad L_{ijm}\in\ell_k \tag{1-53}$$

定义函数族为

$$F_N^{k,p}=\left\{\left\{\varphi_\alpha^k(\boldsymbol{x})\right\}\cup\left\{\varphi_\alpha^k L_{ijm}(\boldsymbol{x})\right\},\quad 1\leqslant\alpha\leqslant N;0\leqslant i,j,m\leqslant p;\ p\geqslant k\right\} \tag{1-54}$$

其中，i,j,m 中至少有一个大于 k。

可以看出，通过在单位分解 $\Phi_N^k=\left\{\varphi_\alpha^k\right\}_{\alpha=1}^N$ 中增加适当的元素 $\varphi_\alpha^k L_{ijm}(\boldsymbol{x})$，所得的函数族 $F_N^{k,p}$ 可以将重构阶数由 k 提高到 p，$\ell_p\subset\operatorname{span}\left\{F_N^{k,p}\right\}$。可以证明，所需增加的元素 $L_{ijm}(\boldsymbol{x})$ 恰为 ℓ_k 与 ℓ_p 相比所缺少的项。如果单位分解函数 $\Phi_N^k=\left\{\varphi_\alpha^k\right\}_{\alpha=1}^N$ 是线性独立的，则函数族 $F_N^{k,p}$ 也是线性独立的，函数族 $F_N^{k,p}$ 中的元素也称为 h-p 云形函数。需要注意的是，它并不满足 Kronecker-δ 性质，因此不能通过直接指定云参数的方法施加本质边界条件。此外，即使是对于相邻的结点，不同结点的云形函数也可以具有不同的重构阶次。

Liszka 等[46] 采用移动最小二乘近似和配点法来离散边值问题方程，提出了 h-p 无网格云团法 (h-p-meshless cloud method，HPMCM)，这是一种不需要背景积分网格的无网格方法。这种方法的 h 增强通过加密结点实现，通过增加 MLS 局部近似的阶次来实现 p 增强。该方法在概念上与不规则格栅上的有限差分法[91] 是类似的，不同的是对权函数和邻近点的选择进行了改进。对于 Neumann 类型的边界条件的离散化，可以通过引入频谱或导数自由度 (spectral degrees of freedom) 来改善接近边界处的二阶近似的精度，并使 Neumann 边界条件可以采用与 Dirichlet 边界条件同样的方法施加。

构造可以重构三阶以上多项式 MLS 近似所花费的计算代价是很高的，需要在每个积分点对 10×10 矩阵求逆，结点的支撑域和刚度矩阵的带宽也较有限元法大得多。而 h-p 云法中构建高阶重构近似对单位分解函数并不需要提出过高的要求，甚至可以采用 Shepard 形函数作为单位分解函数以避免对矩阵的求逆计算，并且 h-p 云函数的支撑域也不必随着近似阶次的提高而扩大。Garcia 等[92] 将 h-p 云法运用于求解 Mindlin 厚板问题，与有限元法中采用高于 3 阶的单元以克服剪切自锁现象相类似，采用高阶的 h-p 云法近似，可有效地控制剪切自锁现象的发生。

1.3.6 无网格局部彼得罗夫-伽辽金法 (MLPGM)

无网格法中一般采用配点法、伽辽金 (Galerkin) 法和局部彼得罗夫-伽辽金 (Petrov-Galerkin) 法对控制方程进行离散，配点型无网格法的基本思想是要求控制方程在结点上得到满足，伽辽金型无网格法中系统微分方程的建立是基于微

分方程的全局等效弱形式。本节介绍 Atluri 等[50,51] 提出的无网格局部 Petrov-Galerkin(MLPG) 法，该法基于微分方程的局部弱形式对控制方程进行离散化。

无网格局部 Petrov-Galerkin(MLPG) 方法以移动最小二乘 (MLS) 近似函数和局部对称弱形式 (LSWF) 为基础，试函数和检验函数取自不同的函数空间，所有的区域、边界积分都能很容易地在规则的子域及其边界上求得，对应力和应变的计算不需要进行光滑化的后处理过程。

以弹性静力学问题为例，设求解域 $\varOmega$ 的边界为 $\varGamma$，平衡方程为

$$\sigma_{ij,j}+b_i=0 \quad \boldsymbol{x}\in\varOmega \tag{1-55}$$

其中，σ_{ij} 是应力张量的分量；b_i 为体力分量。本质边界条件和自然边界条件为

$$u_i=\bar{u}_i\,(\boldsymbol{x}\in\varGamma_u),\quad t_i\equiv\sigma_{ij}n_j=\bar{t}_i\,(\boldsymbol{x}\in\varGamma_t) \tag{1-56}$$

其中，$\bar{t}_i$ 为给定边界 $\varGamma_t$ 上的已知面力分量; n_j 为边界 $\varGamma_t$ 处的单位外法线向量的分量。

通常的数值求解是应用全局 Galerkin 法得到离散系统变量的线性方程组。局部 Petrov-Galerkin 法在一系列局部子域 $\varOmega_s$ 上建立平衡方程和应力边界条件的等效积分形式，局部子域 $\varOmega_s$ 可以取为球形 (三维) 或圆形 (二维) 的区域，但必须是完全位于求解域内的部分。以结点为中心的局部子域并不需要与结点的支撑域保持一致。局部子域上的等效积分形式为

$$\int_{\varOmega_s}(\sigma_{ij,j}+b_i)v_i\mathrm{d}\varOmega-\alpha\int_{\varGamma_{su}}(u_i-\bar{u}_i)v_i\mathrm{d}\varGamma=0 \tag{1-57}$$

其中，u_i 和 v_i 是试函数和检验函数，子域的边界可分为两部分 $\partial\varOmega_s=\varGamma_s\cup L_s$，$\varGamma_s=\partial\varOmega_s\cap\varGamma$ 是局部边界与整体边界重合的部分，L_s 是局部边界的其余部分。如果局部区域完全位于求解域内，则不存在施加本质边界条件的边界积分项。

计算点 $\boldsymbol{x}$ 的定义域 $\varOmega_{\boldsymbol{x}}$ 是指计算点 $\boldsymbol{x}$ 的邻域，该区域内的结点所对应的权函数在计算点 $\boldsymbol{x}$ 处不为 0，定义域的本意是可用计算点处的局部近似函数来表达近似值的点。由于各结点 $\boldsymbol{x}_I$ 的支撑域半径可以不同，因此，对于二维问题，$\varOmega_{\boldsymbol{x}}$ 不一定是一个圆形区域。

结点 $\boldsymbol{x}_I$ 的支撑域 $\varOmega_I$ 是指计算 MLS 近似函数时定义在结点处的权函数取非 0 值的区域，对于二维问题，通常取为以 $\boldsymbol{x}_I$ 为圆心、半径为 r_I 的圆内区域，这可以保证 MLS 近似函数的局部特征。

结点 $\boldsymbol{x}_I$ 的影响域是指一个子域，子域中的任何一个结点在系统总体刚度矩阵中与结点 $\boldsymbol{x}_I$ 的耦合项不为 0，也就是结点 $\boldsymbol{x}_I$ 的支撑域中所有点的定义域的并集。

图 1-1 给出了二维问题局部子域、结点的支撑域和影响域以及计算点的定义域的示意图。

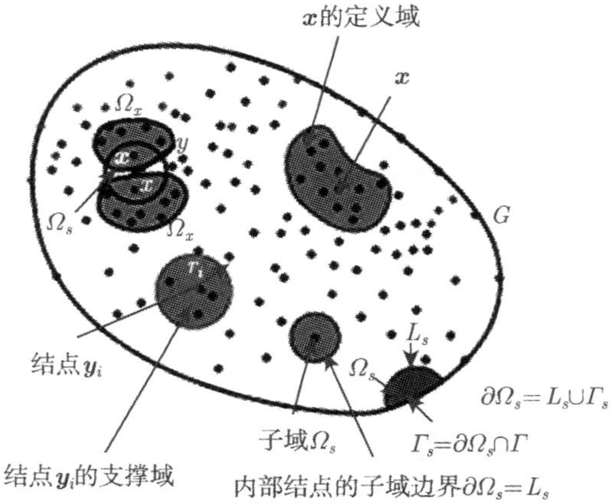

图 1-1　局部子域、结点的支撑域和影响域以及计算点的定义域的示意图[50]

对式 (1-57) 进行分部积分，得到

$$\int_{\partial\Omega_s}\sigma_{ij}n_jv_i\mathrm{d}\Gamma-\int_{\Omega_s}(\sigma_{ij}v_{i,j}-b_iv_i)\mathrm{d}\Omega-\alpha\int_{\Gamma_{su}}(u_i-\bar{u}_i)v_i\mathrm{d}\Gamma=0 \tag{1-58}$$

子域的边界由三部分组成，即面力给定边界 Γ_{st}、位移给定边界 Γ_{su} 和内部局部子域边界 L_s，考虑到 $t_i\equiv\sigma_{ij}n_j$，式 (1-58) 可表示为

$$\int_{L_s}t_iv_i\mathrm{d}\Gamma+\int_{\Gamma_{su}}t_iv_i\mathrm{d}\Gamma+\int_{\Gamma_{st}}\bar{t}_iv_i\mathrm{d}\Gamma-\int_{\Omega_s}(\sigma_{ij}v_{i,j}-b_iv_i)\mathrm{d}\Omega-\alpha\int_{\Gamma_{su}}(u_i-\bar{u}_i)v_i\mathrm{d}\Gamma=0 \tag{1-59}$$

式 (1-59) 对任意形状和尺寸的子域 Ω_s 都是成立的。局部 Petrov-Galerkin 法中的检验函数可以与试函数取自不同的函数空间，可选择在 L_s 上为 0 的函数作为检验函数，如支撑域半径为子域半径 r_0 的 MLS 权函数，则可得局部对称弱形式 (LSWF) 如下：

$$\int_{\Omega_s}\sigma_{ij}v_{i,j}\mathrm{d}\Omega+\alpha\int_{\Gamma_{su}}u_iv_i\mathrm{d}\Gamma-\int_{\Gamma_{su}}t_iv_i\mathrm{d}\Gamma=\int_{\Gamma_{st}}\bar{t}_iv_i\mathrm{d}\Gamma+\alpha\int_{\Gamma_{su}}\bar{u}_iv_i\mathrm{d}\Gamma+\int_{\Omega_s}b_iv_i\mathrm{d}\Omega \tag{1-60}$$

为获得足够的方程，对于二维问题需要有两套检验函数，记为 $\boldsymbol{v}^1=(v_x^1,v_y^1)$ 和 $\boldsymbol{v}^2=(v_x^2,v_y^2)$，相应的应变表示为 $\boldsymbol{\varepsilon}_v^1=(\varepsilon_x^1,\varepsilon_y^1,\gamma_{xy}^1)$ 和 $\boldsymbol{\varepsilon}_v^2=(\varepsilon_x^2,\varepsilon_y^2,\gamma_{xy}^2)$，代入式

(1-60) 后用矢量形式表示为

$$\begin{cases}\displaystyle\int_{\Omega_s}\boldsymbol{\varepsilon}_v^1\boldsymbol{\sigma}\mathrm{d}\Omega+\alpha\int_{\Gamma_{su}}\boldsymbol{v}^1\boldsymbol{u}\mathrm{d}\Gamma-\int_{\Gamma_{su}}\boldsymbol{v}^1\boldsymbol{t}\mathrm{d}\Gamma=\int_{\Gamma_{st}}\boldsymbol{v}^1\bar{\boldsymbol{t}}\mathrm{d}\Gamma+\alpha\int_{\Gamma_{su}}\boldsymbol{v}^1\bar{\boldsymbol{u}}\mathrm{d}\Gamma+\int_{\Omega_s}\boldsymbol{v}^1\boldsymbol{b}\mathrm{d}\Omega\\ \displaystyle\int_{\Omega_s}\boldsymbol{\varepsilon}_v^2\boldsymbol{\sigma}\mathrm{d}\Omega+\alpha\int_{\Gamma_{su}}\boldsymbol{v}^2\boldsymbol{u}\mathrm{d}\Gamma-\int_{\Gamma_{su}}\boldsymbol{v}^2\boldsymbol{t}\mathrm{d}\Gamma=\int_{\Gamma_{st}}\boldsymbol{v}^2\bar{\boldsymbol{t}}\mathrm{d}\Gamma+\alpha\int_{\Gamma_{su}}\boldsymbol{v}^2\bar{\boldsymbol{u}}\mathrm{d}\Gamma+\int_{\Omega_s}\boldsymbol{v}^2\boldsymbol{b}\mathrm{d}\Omega\end{cases} \tag{1-61}$$

记：$\boldsymbol{v}=\begin{bmatrix}\boldsymbol{v}^1\\ \boldsymbol{v}^2\end{bmatrix}$，$\boldsymbol{\varepsilon}_v=\begin{bmatrix}\boldsymbol{\varepsilon}_v^1\\ \boldsymbol{\varepsilon}_v^2\end{bmatrix}$，式 (1-61) 可表示为

$$\int_{\Omega_s}\boldsymbol{\varepsilon}_v\boldsymbol{\sigma}\mathrm{d}\Omega+\alpha\int_{\Gamma_{su}}\boldsymbol{v}\boldsymbol{u}\mathrm{d}\Gamma-\int_{\Gamma_{su}}\boldsymbol{v}\boldsymbol{t}\mathrm{d}\Gamma=\int_{\Gamma_{st}}\boldsymbol{v}\bar{\boldsymbol{t}}\mathrm{d}\Gamma+\alpha\int_{\Gamma_{su}}\boldsymbol{v}\bar{\boldsymbol{u}}\mathrm{d}\Gamma+\int_{\Omega_s}\boldsymbol{v}\boldsymbol{b}\mathrm{d}\Omega \tag{1-62}$$

两套检验函数必须是独立的，最简单的方法是选取 $\boldsymbol{v}^1=(v,0)$ 和 $\boldsymbol{v}^2=(0,v)$，其中 v 是支撑域半径为 r_0 的权函数。为获得足够数量的方程来求解离散的未知变量，局部子域的总数应与总的结点数相同。对于二维问题，局部子域 Ω_s 可以取为以结点为中心的圆。

对每个结点子域，将 MLS 近似函数 $\boldsymbol{u}^h(\boldsymbol{x})=\sum\limits_{i=1}^{n}\phi_i(\boldsymbol{x})\hat{\boldsymbol{u}}_i$ 代入式 (1-62)，可得离散系统线性方程：

$$\sum_{j=1}^{N}\boldsymbol{K}_{ij}\hat{\boldsymbol{u}}_j=\boldsymbol{f}_i,\quad i=1,2,\cdots,N \tag{1-63}$$

其中，$\boldsymbol{K}_{ij}=\displaystyle\int_{\Omega_s}\varepsilon_v(\boldsymbol{x},\boldsymbol{x}_i)\boldsymbol{D}\boldsymbol{B}_j\mathrm{d}\Omega+\alpha\int_{\Gamma_{su}}\boldsymbol{v}(\boldsymbol{x},\boldsymbol{x}_i)\phi_j\mathrm{d}\Gamma-\int_{\Gamma_{su}}\boldsymbol{v}(\boldsymbol{x},\boldsymbol{x}_i)\boldsymbol{N}\boldsymbol{D}\boldsymbol{B}_j\mathrm{d}\Gamma$，

$\boldsymbol{f}_i=\displaystyle\int_{\Gamma_{st}}\boldsymbol{v}(\boldsymbol{x},\boldsymbol{x}_i)\bar{\boldsymbol{t}}\mathrm{d}\Gamma+\alpha\int_{\Gamma_{su}}\boldsymbol{v}(\boldsymbol{x},\boldsymbol{x}_i)\bar{\boldsymbol{u}}\mathrm{d}\Gamma+\int_{\Omega_s}\boldsymbol{v}(\boldsymbol{x},\boldsymbol{x}_i)\boldsymbol{b}\mathrm{d}\Omega$，$\boldsymbol{N}=\begin{bmatrix}n_x&0&n_y\\0&n_y&n_x\end{bmatrix}$，

$\boldsymbol{B}_j(\boldsymbol{x})=\begin{bmatrix}\phi_{j,x}(\boldsymbol{x})&0\\0&\phi_{j,y}(\boldsymbol{x})\\\phi_{j,y}(\boldsymbol{x})&\phi_{j,x}(\boldsymbol{x})\end{bmatrix}$。$N$ 为总的结点个数，i 代表中心在结点 $\boldsymbol{x}_i$ 的局部子域，若结点 $\boldsymbol{x}_i$ 的子域中的所有积分点 $\boldsymbol{B}_j(\boldsymbol{x})$ 和 $\phi_j(\boldsymbol{x})$ 都为 0，则相应的方程中将不包含 $\hat{\boldsymbol{u}}_j$ 项。由于检验函数可以与试函数选自不同的空间，因此系统刚度矩阵不是对称的，但因为检验函数和试函数都是紧支函数，因此系统刚度矩阵仍然是稀疏和带状的。

1.3.7 自然单元法 (NEM)

自然单元法的形函数是建立在计算点的二阶 Voronoi 图基础上的自然邻点坐标[31]，按插值基函数的不同，自然邻点插值可分为 Sibson 插值和 Laplace 插值 (也称为 non-Sibson 插值)。

对于 Sibson 插值，如图 1-2 所示，计算点 $\boldsymbol{x}$ 对于结点 I (4) 的自然邻点坐标定义为 $\boldsymbol{x}$ 和结点 I 的二阶 Voronoi 单胞的面积与 $\boldsymbol{x}$ 的一阶 Voronoi 单胞的面积之比：

$$\phi_I(\boldsymbol{x}) = \frac{A_{abfe}}{A_{abcd}} \tag{1-64}$$

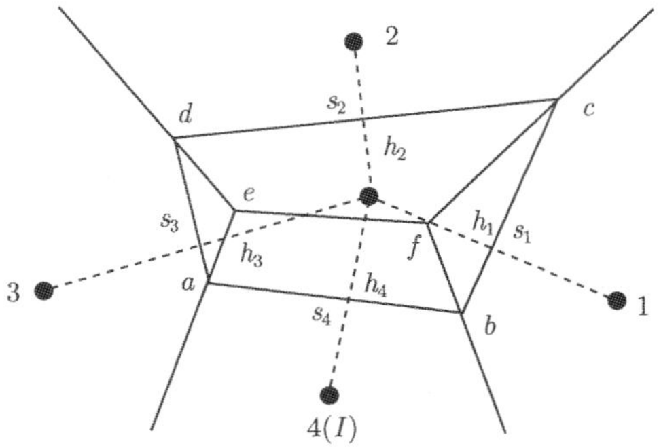

图 1-2　$\boldsymbol{x}$ 的一阶和二阶 Voronoi 单胞

而 non-Sibson 插值形函数定义为

$$\phi_I(\boldsymbol{x}) = \frac{\alpha_I(\boldsymbol{x})}{\sum\limits_{J=1}^{n} \alpha_J(\boldsymbol{x})}, \quad \alpha_I(\boldsymbol{x}) = \frac{s_I(\boldsymbol{x})}{h_I(\boldsymbol{x})} \tag{1-65}$$

其中，$s_I(\boldsymbol{x})$ 为 ab 的长度; $h_I(\boldsymbol{x})$ 为 $\boldsymbol{x}$ 到结点 I 的距离。

自然邻点形函数满足正定性、插值性、单位分解条件和线性一致性。

未知变量的插值近似可表示为式 (1-66) 的形式：

$$\boldsymbol{u}^h(\boldsymbol{x}) = \sum_{I=1}^{n} \phi_I(\boldsymbol{x}) \boldsymbol{u}_I \tag{1-66}$$

其中，$\boldsymbol{u}_I$ 为变量在结点处的值; n 为结点个数。

对于具体的弹性力学问题，可由虚功原理建立系统平衡方程的弱形式，采用通常的 Galerkin 过程可以得到自然单元法平衡方程的离散形式，进而求得任一点的位移、应力和应变。

关于自然单元法形函数的计算以及自然单元法的具体数值实施和应用，详见本书后续的相关章节。

1.4　无网格法的特点与存在的问题

各种无网格方法的区别主要体现在控制方程的离散方式和近似函数的构造。从离散方式的角度来看，基于配点型的无网格法将域内任意结点处的未知函数用一定数量的相关结点的函数值来表示，直接在离散点上满足微分方程或边界条件。这类方法的特点是计算工作量小，但求解精度和稳定性较低。基于 Galerkin 型的无网格法，从微分方程的变分弱形式出发得到离散方程。这类方法的特点是求解精度较高，数值计算稳定，但计算工作量大，需要“背景网格”进行数值积分。基于局部 Petrov-Galerkin 型的无网格法通过局部子域上等效积分弱形式来得到离散方程，具有无网格 Galerkin 积分法的优点，且不需要背景网格来进行数值积分，但系统刚度矩阵不是对称的。从近似函数的构造方式来看，各种无网格法的近似函数各具特色，但也有某些共同的性质，如各种方法的形函数都可统一于单位分解的框架内，即构成对求解域的具体有限覆盖的单位分解。无网格法的优越性主要表现在：

(1) 无网格法的近似函数没有网格依赖性，减少了因网格畸变而引起的困难，适用于处理高速碰撞、动态裂纹、塑性流动、流固耦合等涉及大变形和需要动态调整结点位置的各类应用问题。

(2) 无网格法的基函数可以包含能够反映待求问题特性的函数系列，适用于分析各类具有高梯度、奇异性等特殊性质的应用问题。

(3) 采用紧支函数的无网格法和有限元法一样具有带状稀疏系数矩阵的特点，适用于求解大型科学与工程问题。

(4) 无网格法的自适应能力很强，在 h 自适应分析中不需要重新划分网格，且极易实现 p 自适应分析，若引进小波函数，还具有多尺度分析功能。

(5) 无网格法的前处理只需要结点位置信息，不需要网格信息，容易进行复杂三维问题的计算分析。

(6) 无网格法计算的结果是光滑连续的，可以不进行应力光滑化等后处理过程。

虽然已经发展了一系列的无网格法，但还没能像有限元法那样广泛地应用于工程实际问题。概括起来，目前无网格法存在的主要问题包括：

(1) 缺少坚实的理论基础和严格的数学证明，尽管有限元法中的一些理论也适用于无网格法，但仍需要更多的适合于无网格法的理论分析和数学证明，如有关其收敛性、一致性和误差分析等方面的进一步研究。

(2) 无网格法近似函数构造过程中需要判断点对间的邻接关系，形函数的计算较有限元法复杂，计算量较大，计算 MLS 近似的形函数时还需要在每个积分点处计算矩阵的逆，一般来说总刚中的带宽也较有限元法大得多，因此计算效率较有限元法低。

(3) 虽然无网格法近似函数的构造不需要明确的网格划分，但常常也引入了一些需要确定的参数，如支撑域的大小、权函数中相关参数的选择等，如何方便精确地施加本质边界条件也需进一步研究。

(4) 无网格法在解决复杂工程问题的方面研究还不够丰富，尚没有成熟的无网格法商用软件包，这在很大程度上限制了无网格法的实际应用和推广。

1.5 自然单元法的研究现状

1995 年，Braun 和 Sambridge[33] 在*Nature*发表了*A numerical method for solving partial differential equations on highly irregular evolving grids*一文，首先将基于 Sibson 插值的自然单元法应用于求解高度不规则网格的偏微分方程，并指出自然单元法可用于有限单元法的应用领域，从此这种以 Voronoi 图为几何基础的数值方法得到了极大的关注。自然单元法已被广泛运用于包括弹塑性大变形、断裂力学、板壳力学、流体力学、电磁场和其他物理现象分析的众多领域。

Sukumar 等[35] 将 Sibson 插值格式的自然单元法应用于二维弹性力学问题的研究，给出了形函数及其导数的计算方法和大量的算例，并对材料不连续问题和裂纹体中自然单元法的应用方式进行了详细的讨论，拓展了自然单元法的应用领域。Sukumar 和 Moran[93] 还通过将 Sibson 自然邻点坐标嵌入 Bernstein-Bezier 多项式，构造出具有 C^1 连续性的自然邻点插值，进而应用于求解四阶偏微分方程。文 [36] 利用 Laplace 插值格式的 Galerkin 过程求解弹性力学问题的椭圆形偏微分方程。Bueche 等[94] 将 NEM 应用于求解悬臂梁的振动及波的弥散分析。Cueto 等[95-97] 研究了自然单元法中本质边界条件的施加方法，给出了其在固体力学和流体力学中应用的算例， 并对自然单元法的研究和进展作了回顾 [98]。 Idelsohn 等[99] 采用 Laplace 插值对有限元法进行改造，提出了无网格有限元法 (meshless finite element method,MFEM)。González 等[100] 对自然单元法数值积分方案进行了研究，随后对自然单元法中的体积闭锁问题进行了研究[101]。Yoo 等[102] 采用基于稳定协调结点积分的自然单元法分析了大变形和高梯度问题。Yvonnet 等[103] 基于约束 Delaunay 结构对 NEM 做了扩展，彻底解决了非凸边界上不满足线性插值的问题，并对自然单元法的误差估计进行了研究[104]。Calvo 等[105] 采用自然单元法和 TL 格式分析了大应变超弹性问题。Cho 等[106] 对二维接近不可压物体的大变形问题进行了分析。

Martinez 等[107,108] 将自然单元法应用于分析自由表面流动等流体力学问题。Dialami 等[109] 将自然单元法应用于膨胀管的挠度分析。Daneshmand 等[110] 将自然单元法应用于流体系统结构的振动分析。Daneshmand 等[111] 用自然单元法分析了闸门重力流问题，所提出的方法具有迭代次数少、收敛快等优点。

Marechal 等[112] 将自然单元法应用于电磁场问题中麦克斯韦方程的分析计算，克服了有限元分析中由于网格变换引起的数值噪声对转矩计算的不利影响，通过电动机磁流分布算例验证了方法的有效性。Illoul 等[113] 应用自然单元法进行移动电机设计，Bruyère 等[114] 进行了静态磁场的误差估计。Marechal 等[115] 通过电磁场问题的数值模拟，对 NEM 和 FEM 的计算效率进行了比较，表明对于给定的计算精度，NEM 的计算效率要明显高于低阶有限元法 (三角形单元)。

Calvo 和 Zhu 等 [116,117] 先后将自然单元法应用于固体大变形分析。Peña 等[118] 采用黏性超弹性耦合损伤模型模拟生物韧带软组织结构，这类问题通常对应力梯度十分敏感，数值算例验证了自然单元法分析局部损伤大变形问题的有效性。Doblaré等[119] 将自然单元法应用于生物组织行为。Doweidar 等[120] 通过对超弹性准静态纤维、人类膝盖关节侧面韧带模拟等算例分析，比较了自然单元法大变形分析的显式和隐式方案各自的特点、优势和适用性。Alfaro 等[121-123] 采用基于 α-shape 的自然单元法对刚塑性模型的三维铝挤压成型过程进行了分析，克服了有限元分析中对焊缝线演变模拟的不足。

Somireddy 等[124] 运用自然单元法对复合板进行弯曲和动力分析。Cho 等[125] 在前期工作的基础上[126-128]，基于 Reissner-Mindlin 板理论，采用混合模式自然单元法对板进行分析，成功避免了在薄板类结构分析时的剪切自锁现象。Dinis 等[129] 提出了自然径向点插值法 (NNRPIM)，采用自然邻近结点连接和径向点插值技术构建插值函数，对基于 Reissner-Mindlin 理论的层压厚板[130] 和基于三阶剪切变形板理论的功能梯度板[131] 进行了计算分析，并运用于固体动力学[132] 和大变形[133] 问题。

Wang 等提出的自然邻近彼得诺夫-伽辽金法 (NNPG) [134] 将 NEM 与 MLPGM 进行结合，以发挥各自的优势。Li 等[135] 将 NNPG 应用于求解厚板的静力和动力问题，分别采用三结点有限元形函数和自然邻点插值作为试函数和检验函数形成局部形式的离散系统方程，与传统 MLPGM 相比，具有局部域简单和便于施加本质边界条件的优点。

最近，Belinha 等[136] 提出自然径向单元法 (NREM)，并运用于分析厚板[137] 和层压复合板[138]。文 [139] 也采用 NREM 分析了厚板，算例表明，NREM 方法所得到的位移场和应力场是光滑的，进行薄板分析时可以有效地避免剪切自锁现象，且具有形函数计算花费较少、计算精度高等特点，具有很大的应用前景。

Illoul 等[140] 就金属成型大变形三维分析中所涉及的约束自然单元法形函数计算等问题进行了详细讨论，用 5 种方法计算了 Sibson 插值形函数，并比较了计算效率。特别是对于三维非凸边界形函数计算的两种方法进行了改进，提出了一种针对高度非凸区域的离散方案。研究表明，自然单元法的形函数更加合理，通常与距结点的距离成正比，而有限元法的形函数在单元边界附近的计算点只受该单元结点的影响，自然单元法对于挤压、铸模、切削和剪切等制造过程的数值模拟具有一定的优势。

Alfaro 等对自然单元法的计算精度和计算效率问题进行了较为深入的研究[141]，

指出包括自然单元法在内的无网格方法，由于近似函数的构造方法比较复杂，且在形函数计算过程中需要通过某种准则建立计算点与结点之间的关系，因此计算耗费较有限元法要大得多。从计算效率方面考虑，无网格方法应该用于采用有限单元法计算时会遇到困难的问题，如需要进行网格重构的大变形问题和裂纹扩展问题等。

国内学者在自然单元法研究和应用方面也做了很多工作，朱怀球、吴江航等[142] 对 Sibson 插值基函数的性质进行了研究，给出了基函数一阶导数的一种数学表达式及其数学性质，并将其应用于计算流体力学问题。蔡永昌等[77] 采用局部 Petrov-Galerkin 法建立系统平衡方程，以减少自然单元法的计算时间，提高该方法的计算效率，并称为无网格局部自然单元法。朱合华等[143] 将自然单元法应用于求解弹塑性问题。戴斌等[144] 对自然单元法三维算法进行了初步研究。王兆清与冯伟[145] 对自然单元法的发展概况及进展进行了综述。张英新等[146] 将无网格自然单元法用于弹塑性分析中，并编制了基于自然单元法的弹塑性数值分析程序。卢波等[147-150] 对自然单元法数值积分方案进行了研究，进行了自适应自然单元法误差估计，提出了 h 型自适应自然单元法的实施方案，在 Z-Z 误差分析的基础上实现了结点的自动加密，还对有限单元法、EFG 及自然单元法进行了比较分析。余天堂[151] 用自然单元法对加锚体进行了分析计算。李武等[152] 分析了自然单元法数值积分产生误差的各种可能的原因，并提出使用蒙特卡罗方法以提高数值积分的精度和效率。

王建华等[153] 给出了三维弹塑性自然单元法的算法实现。曾祥勇等[154-156] 应用自然单元法对 Winkler 地基上的薄板和厚板以及双参数地基上 Kirchhoff 板问题进行了分析，得出了有益的结论。褚衍标等[157] 将自然单元法应用于二维 Biot 固结方程的求解。王卫东、盖珊珊、张敦福等[158-160] 先后将自然单元法应用于偶应力理论、线弹性断裂力学和刚塑性理论方面。聂志峰、周慎杰、王凯等[161-167] 将自然单元法应用于应变梯度理论、偶应力理论、形状优化、曲面拟合和显微组织等方面。张勇等[168-172] 将自然单元法应用于辐射热传导及耦合换热等问题的分析，扩展了自然单元法的应用领域。陈莘莘等[173-175] 将自然单元法应用于压电结构的动力分析和弹塑性分析。周书涛等[176,177] 对基于自然单元法的极限上限分析进行了研究，给出了极限状态下结构塑性耗散功的分布云图，并对板进行了极限上限分析。琚宏昌等[178] 对自然单元法和有限元法以及无单元法的计算特点进行了比较。董轶等[179] 为了解决自然单元法无法直接求解结点应力以及应力精度不高的问题, 将应力杂交的思想引入自然单元法中，提出了弹性力学问题的杂交自然单元法，算例表明，杂交自然单元法具有较高的应力计算精度，并可以直接求解出结点的应力。

本书作者及其研究小组在自然单元法相关研究中也进行了卓有成效的工作，在自然单元法形函数计算、数值积分和自适应分析、中厚板弯曲问题、裂纹和材料边界问题、应力强度因子计算以及弹塑性力学问题、动力学问题、大变形分析、区间分析等方面取得了相应的研究成果[180-190]。

总体来看，基于自然邻接插值构造的无网格方法的最大优势是，在边界条件和不连续面处理上不存在任何困难；点的影响区域由其自然邻接点决定，当给定离散点的布置后即可得到，不需要人为设置。虽然自然邻点插值近似函数的计算是基于离散结点的 Voronoi 图及其对偶的 Delaunay 三角剖分，但这种几何结构只是用于确定计算点的影响域 (事实上，其他的无网格方法也要通过某种方法确定计算点的影响域)。与其他无网格方法相比，目前自然单元法的研究成果相对较少，应用领域也不如前面介绍的 EFG、RKPM 等无网格方法广泛，但随着对自然单元法研究的不断深入，将会越来越突显出自然单元法的独特优势。

1.6 本书的主要内容

自然单元法可以看做是介于有限元法和无网格法之间的数值方法，具有无网格方法和经典有限元方法的优点，又克服了两者的一些缺陷，在裂纹扩展、板壳问题、接触问题、弹塑性大变形问题等固体力学领域具有广阔的应用前景。本书内容将涉及自然单元法的形函数构造、试函数的单位分解增强、平衡方程等效弱形式及其离散化、数值积分方案的选择、自适应方案等内容，并就自然单元法在材料边界、板壳问题、材料非线性分析、几何非线性分析、动力分析、断裂力学问题以及区间分析等方面的应用进行研究。本书的主要内容如下：

(1) 阐述了自然单元法的基本原理和数值实施方法。详细介绍了自然单元法形函数的构造方法和特点，给出了二维情形下 Sibson 插值和 non-Sibson 插值形函数的具体计算方法，推导了自然单元法离散系统总体刚度矩阵和荷载列阵的计算列式，通过算例验证了自然单元法求解弹性力学问题的可行性。

(2) 基于 Laserre 提出的凸多面体的体积算法，对二维自然单元法 Sibson 插值和 non-Sibson 插值形函数及其导数的计算方法进行研究。给出具体的计算列式，对计算过程中可能导致计算失败的情形进行细致的分析和几何解释，并提出相应的处理方法和对策，为自然单元法的进一步应用提供坚实的基础。

(3) 分析非凸边界上自然单元法形函数的计算特点，提出一种实用的非凸边界上自然单元法形函数的计算方法。通过对边界结点及其相邻关系的简单描述，在区域三角化和形函数计算时对涉及的自然邻点关系进行修正，实现了近似函数在任意边界上的线性变化。所提出的方法具有普遍的适用性，对结点布置和区域边界的凹凸程度并无限制，因而可方便地处理包括裂纹边界和材料边界在内的各种非凸边界问题。并采用复合函数的链式求导法则，获得了三维自然单元法 non-Sibson

形函数导数的显式格式。

(4) 对自然单元法的数值积分方案进行研究。分析引起数值积分误差的主要因素，揭示其共同本质，结合自然单元法形函数的特点，采用基于 Voronoi 单胞分解的背景网格积分方案和平均应变结点积分方案，检验其可行性。基于 Z-Z 后验误差估计方法对自然单元法的误差估计和自适应细化进行研究，开发出能根据恢复应力进行自适应分析的自然单元法程序，通过算例验证方法的有效性。

(5) 基于考虑剪切变形的 Reissner-Mindlin 板弯曲理论，通过变分原理导出总体刚度矩阵和荷载列阵的计算列式，将自然单元法应用于中厚板的弯曲问题计算。由于对板的挠度和中面法线转角采用相同的插值形式，对于厚跨比较小的薄板可能会夸大虚假的剪切变形影响，对剪切自锁现象进行分析，为进一步开发厚薄板通用的自然单元法计算程序提供依据。

(6) 将自然单元法应用于断裂力学问题。在单位分解框架下将裂纹缝尖渐近位移场函数嵌入到自然单元法的位移模式中，以反映裂纹尖端的奇异性质。为避免对积分子域进行子划分，通过边界结点方法定义裂纹面，以实现裂纹边界上位移的不连续性。推导刚度矩阵和荷载列阵的相关列式，并应用相互作用能量积分方法计算混合模式裂纹问题的应力强度因子。

(7) 对自然单元法在弹塑性问题中的应用进行研究，给出线性强化模型下的相关计算公式和实施方法。采用增量切线刚度法对非线性控制方程进行迭代求解计算。采用应力折算法确定弹塑性过渡状态下的比例因子和执行一致性条件，编制相应的计算程序并通过算例验证所提出方法的有效性，为实际工程的应用奠定了基础。

(8) 进行了结构动力学问题的自然单元法研究。从结构动力学的相关基本理论出发，应用伽辽金方法建立了无阻尼动态自然单元法模型和有阻尼动态自然单元法模型，并采用中心差分法、Newmark 法、Wilson-θ 法三种直接积分方法进行求解，分别结合这三种方法对相关问题进行了分析和研究。通过算例分析和比较，展示了动态自然单元法在对结构动力学问题进行分析和研究中的可行性和合理性。

(9) 探讨和建立了几何非线性问题的自然单元法模型，包括小变形几何非线性问题和大变形几何非线性问题。对于小变形几何非线性分析问题，在格林应变关系的基础上建立了相应的自然单元法模型，给出了求解过程和计算格式。在大变形几何非线性分析中，考虑变形过程中的位形变化，给出了基于 TLD 描述方法的相关方程，通过伽辽金方法建立了相应的自然单元法模型，并给出了具体的求解格式。在上述研究工作的基础上，研究了基于小变形基础上的材料-几何双重非线性问题。通过算例表明了所建立模型的正确性、可行性和合理性。

(10) 区间分析方法是研究不确定性问题的一种有效方法，本书提出并建立了区间分析的自然单元法模型。主要针对材料参数、边界条件以及几何参数等为区间值的三种情况进行了分析和研究，对各项参数分别研究了涉及区间值时的处理技术，探讨了计算中的扩张问题和区间方程组的解法，通过算例分析，验证了区间自然单元法的有效性。

参 考 文 献

[1] Cundall P A. A computer model for simulating progressive, large scale movements in block rock systems//Proceedings of Symp. Int. Society of Rock Mechanics[C]. Nancy, France: [s.n.], 1971, 11-18.

[2] Lucy L B. A numerical approach to the testing of the fission hypothesis[J]. The Astronomical Journal, 1977, 82(12): 1013-1024.

[3] Nayroles B, Touzot G, Villon P. Generalizing the finite element method: diffuse approximation and diffuse elements[J]. Computational Mechanics, 1992,10:307-318.

[4] Belytschko T, Lu Y Y, Gu L. Element-free Galerkin methods[J]. International Journal for Numerical Methods in Engineering, 1994, 37: 229-256.

[5] Belytschko T, Organ D, Krongauz Y. A coupled finite element and element free Galerkin method[J]. Computational Mechanics, 1995,17:186-195.

[6] Hegen D. Element-free Galerkin methods in combination with finite element approaches[J]. Computer Methods in Applied Mechanics and Engineering, 1996, 135:143-166.

[7] Belytschko T, Krongauz Y, Organ D, et al. Smoothing and accelerated computations in the element free Galerkin method[J]. Journal of Computational and Applied Mathematics, 1996, 74:111-126.

[8] Dolbow J, Belytschko T. Numerical integration of the Galerkin weak form in meshfree methods[J]. Computational Mechanics, 1999, 23: 219-230.

[9] Krongauz Y, Belytschko T. EFG approximation with discontinuous derivatives[J]. International Journal for Numerical Methods in Engineering, 1998, 41:1215-1233.

[10] Xu Y, Saigal S. Element free galerkin study of steady quasi-static crack growth in plane strain tension in elastic-plastic materials[J]. Computational Mechanics, 1998, 22:255-265.

[11] Lu Y Y, Belytschko T, Tabbara M. Element-free Galerkin method for wave propagation and dynamic fracture[J]. Computer Methods in Applied Mechanics and Engineering, 1995, 126: 131-153.

[12] Belytschko T, Lu Y Y, Gu L. Crack propagation by element-free Galerkin methods[J]. Engineering Fracture Mechanics, 1995, 51:295-315.

[13] Belytschko T, Krongauz Y, Organ D, et al. Meshless methods: an overview and recent developments[J]. Computer Methods in Applied Mechanics and Engineering, 1996, 139: 3-47.

[14] Krysl P, Belytschko T. Analysis of thin plates by the element-free Galerkin method[J]. Computational Mechanics,1995, 17:26-35.

[15] Krysl P, Belytschko T. Analysis of thin shells by the element-free Galerkin method[J]. International Journal of Solid and Structures, 1996, 33:3057-3080.

[16] Ponthot J P, Belytschko T. Arbitrary Lagrangian-Eulerian formulation for element-free Galerkin method[J]. Computer Methods in Applied Mechanics and Engineering, 1998, 152:19-46.

[17] Du C. An element-free Galerkin method for simulation of stationary two dimensional shallow water flows in rivers[J]. Computer Methods in Applied Mechanics and Engineering, 2000, 182:89-107.

[18] Cordes L W, Moran B. Treatment of material discontinuity in the element-free Galerkin method[J]. Computer Methods in Applied Mechanics and Engineering, 1996, 139:75-89.

[19] Krysl P, Belytschko T. The element free Galerkin method for dynamic propagation of arbitrary 3-D cracks[J]. International Journal for Numerical Methods in Engineering, 1999,44 (6):767-800.

[20] Liu W K, Jun S, Zhang Y F. Reproducing kernel particle methods[J]. International Journal for Numerical Methods in Fluids, 1995, 20:1081-1106.

[21] Liu W K, Chen Y, Uras R A, et al. Generalized multiple scale reproducing kernel particle methods[J]. Computer Methods in Applied Mechanics and Engineering, 1996, 139:91-157.

[22] Liu W K, Zhang Y. Wavelet and multiple scale reproducing kernel particle method[J]. International Journal for Numerical Methods in Fluids, 1995, 21:901-931.

[23] Liu W K, Chang C T, Chen Y, et al. Multiresolution reproducing kernel particle methods in acoustic problems[J]. Acoust. Vib. Rotating Mach. (ASME DE :Part B), 1995, 84(2):881-900.

[24] Liu W K, Jun S, Li S F, et al. Reproducing kernel particle methods for structural dynamics[J]. International Journal for Numerical Methods in Engineering, 1995, 38:1655-1679.

[25] Liu W K, Jun S, Thomas D, et al. Multiresolution reproducing kernel particle method for computational fluid dynamics[J]. International Journal for Numerical Methods in Fluids, 1997, 24:1391-1415.

[26] Liu W K, Jun S. Multiple-scale reproducing kernel particle methods for large deformation problems[J]. International Journal for Numerical Methods in Engineering, 1998, 41:1339-1362.

[27] Liu W K, Hao S, Belytschko T, et al. Multiple-scale meshfree methods for damage fracture and localization[J]. Computational Materials Science, 1999, 16:197-205.

[28] Duarte C A, Oden J T. An h-p adaptive method using clouds[J]. Computer Methods in Applied Mechanics and Engineering, 1996, 139:237-262.

[29] Duarte C A, Oden J T. Hp clouds: an h-p meshless method[J]. Numerical Methods for Partial Differential Equations, 1996,12:673-705.

[30] Oden J T, Duarte C A, Zienkiewicz O C. A new cloud-based hp finite element method[J]. Computer Methods in Applied Mechanics and Engineering, 1998, 153: 117-126.

[31] Sibson R. A vector identity for the Dirichlet tessellation[J]. Mathematical Proceedings of the Cambridge Philosophical Society, 1980, 87:151-155.

[32] Sibson R. A brief description of natural neighbor interpolation// Barnett V. Interpreting Multivariate Data, Chichester John Wiley, 1981: 21-36.

[33] Braun J, Sambridge M. A numerical method for solving partial differential equations on highly irregular evolving grids[J]. Nature, 1995, 376: 655-660.

[34] Sukumar N. The natural element method in solid mechanics[D]. USA IL Evanston Northwestern University, 1998.

[35] Sukumar N, Moran B, Belytschko T. The natural element method in solid mechanics[J]. International Journal for Numerical Methods in Engineering, 1998, 43: 839-887.

[36] Sukumar N, Moran B, Semenov A Y, et al. Natural neighbour Galerkin methods[J]. International Journal for Numerical Methods in Engineering, 2001, 50:1-27.

[37] Belikov V V, Ivanov V D, Kontorovich V K, et al. The non-Sibsonian interpolation: a new method of interpolation of the values of a function on an arbitrary set of points[J]. Computational Mathematics and Mathematical Physics, 1997, 37(1):9-15.

[38] Belikov V V, Semenov A Y. Non-Sibsonian interpolation on arbitrary system of points in Euclidean space and adaptive isolines generation[J]. Applied Numerical Mathematics, 2000,32(4): 371-387.

[39] Melenk J M, Babuška I. The partition of unity finite element method: basic theory and applications[J]. Computer Methods in Applied Mechanics and Engineering, 1996,139:289-314.

[40] Babuška I, Melenk J M. The patition of unity method[J]. International Journal for Numerical Methods in Engineering, 1997, 40: 727-758.

[41] Oñate E, Idelsohn S, Zienkiewicz O C. A finite point method in computational mechanics: applications to convective transport and fluid flow[J]. International Journal for Numerical Methods in Engineering, 1996, 39:3839-3866.

[42] Oñate E, Idelsohn S, Zienkiewicz O C. A stabilized finite point method for analysis of fluid mechanics problems[J]. Computer Methods in Applied Mechanics and Engineering, 1996, 139:315-346.

[43] Oñate E, Perazzo F, Miquel J. A finite point method for elasticity problems[J]. Computers and Structures, 2001, 79:2151-2163.

[44] Oñate E. Derivation of the stabilization equations for advective-diffusive fluid transport and fluid flow problems[J]. Computer Methods in Applied Mechanics and Engineering, 1998, 151:233-267.

[45] Oñate E, Idelsohn S. A mesh-free finite point method for advective-diffusive transport and fluid flow problems[J]. Computational Mechanics, 1998, 21:283-292.

[46] Liszka T J, Duarte C A, Tworzydlo W W. Hp-meshless cloud method[J]. Computer Methods in Applied Mechanics and Engineering, 1996, 139:263-288.

[47] Yagawa G, Yamada T. Free mesh method: a new meshless finite element method[J]. Computational Mechanics,1996,18(5):383-386.

[48] Yagawa G, Furukawa T. Recent developments of free mesh method[J]. International Journal for Numerical Methods in Engineering, 2000, 47: 1419-1443.

[49] Zhu T, Zhang J D Atluri S N. A local boundary integral equation (LBIE) method in computational mechanics and a meshless discretization approach[J]. Computational Mechanics, 1998,21:223-235.

[50] Atluri S N, Zhu T. A new meshless local Petrov-Galerkin (MLPG) approach in computational mechanics[J]. Computational Mechanics, 1998, 22:117-127.

[51] Atluri S N, Zhu T. The meshless local Petrov-Galerkin (MLPG) approach for solving problems in elasto-statics[J]. Computational Mechanics, 2000, 25:169-179.

[52] Liu G R, Gu Y T. A point interpolation method for two-dimensional solid[J]. International Journal for Numerical Methods in Engineering, 2001,50: 937-951.

[53] Liu G R, Gu Y T. A local radial point interpolation method(LR PIM) for free vibration analyses of 2-D solids[J]. Journal of Sound and Vibration, 2001, 246(1): 29-46.

[54] Liu G R, Gu Y T. A meshfree method: meshfree weak-strong (MWS) form method for 2-D solids[J]. Computational Mechanics, 2003,33(1):2-14.

[55] Gu Y T, Liu G R. A meshfree weak-strong (MWS) form method for time dependent problems[J]. Computational Mechanics, 2005, 35:134-145.

[56] Kansa E. Multiquadrics—a scattered data appraximation scheme with application to computational fluid dynamics[J]. Computers and Mathematics with Applications, 1990, 19: 127-161.

[57] Nagashima T. Node-by-node meshless approach and its applications to structural analyses[J]. International Journal for Numerical Methods in Engineering, 1999,46:341-385.

[58] Suzuki K, Ohtsubo H. Analysis of 3D solid with complicated geometry using finite cover method//Liu G R. Proceeding of the 1st Asian Workshop on Meshfree Methods, Singapore, 2002, 259-261:7-14.

[59] De S, Bathe K J. The method of finite spheres[J]. Computational Mechanics, 2000, 25:329-345.

[60] Kitipornchai S, Liew K M, Cheng Y. A boundary element-free method (BEFM) for three -dimensional elasticity problems[J]. Computational Mechanics, 2005, 36(1):13-20.

[61] 曹国金, 姜弘道. 无单元法研究和应用现状及动态 [J]. 力学进展, 2002,32(4): 526-534.

[62] 顾元通, 丁桦. 无网格法及其最新进展 [J]. 力学进展, 2005,35(3): 323-337.

[63] Chen W. RBF-based meshless boundary knot method and boundary particle method[C], Proc. of China Congress on Comput. Mechanics, Guangzhou,China, 2001: 319 -326.

[64] Chen W. Symmetric boundary knot method[J]. Engineering Analysis with Boundary Elements, 2002, 26(6): 489-494.

[65] Chen W. Meshfree boundary particle method applied to Helmholtz problems[J]. Engineering Analysis with Boundary Elements, 2002, 26(7): 577-581.

[66] 张雄, 刘岩. 无网格法 [M]. 北京：清华大学出版社, 2004.

[67] 刘更, 刘天祥, 谢琴. 无网格法及其应用 [M]. 西安: 西北工业大学出版社，2005.

[68] 宋祖康, 陆明万, 张雄. 固体力学中的无网格方法 [J]. 力学进展，2000, 30(1): 55-65.

[69] 宋祖康. 紧支函数无网格方法研究 [D]. 北京：清华大学，2000.

[70] Zhang X, Song Z K, Lu M W, et al. Meshless methods based on collocation with radial basis functions[J]. Computational Mechanics, 2000, 26(4): 333-343.

[71] Zhang X, Song Z K, Lu M W. Hermite type collocation with radial basis functions[C]// Proceedings of Internal Conference on Computational Engineering and Science. Los Angeles, USA, 2000:20-25.

[72] Zhang X, Liu X H, Song Z K, et al. Least-square collocation meshless method[J]. International Journal for Numerical Methods in Engineering, 2001, 51(9): 1089-1100.

[73] 张雄，胡炜，潘小飞, 等. 加权最小二乘无网格法 [C]. 广州: 中国计算力学大会 2001 论文集. 2001:333-338.

[74] 龙述尧. 弹性力学问题的局部 Petrov-Galerkin 方法 [J]. 力学学报，2001, 33(4): 508-518.

[75] 龙述尧，陈莘莘. 弹塑性力学问题的无单元伽辽金法 [J]. 工程力学，2003，20(2): 66-70.

[76] 龙述尧，刘凯远. 动态断裂力学问题中的局部 Petrov-Galerkin 无网格方法 [J]. 暨南大学学报，2005,26:57-59.

[77] 蔡永昌，朱合华，王建华. 基于 Voronoi 结构的无网格局部 Petrov-Galerkin 方法 [J]. 力学学报，2003,35(2):187-193.

[78] 刘欣. 无网格数值方法研究 [D]. 南京：南京航空航天大学，1998.

[79] 刘欣，朱德懋，陆明万，等. 平面裂纹问题的 h, p, h-p 型自适应无网格方法的研究 [J]. 力学学报, 2000, 32(3):308-318.

[80] 刘欣，朱德懋，陆明万，等. 基于流行覆盖思想的无网格方法研究 [J]. 计算力学学报，2001, 18(1):21-27.

[81] 史宝军，袁明武，李君. 基于核重构思想的最小二乘配点型无网格方法 [J]. 力学学报，2003, 35(6): 697-706.

[82] 史宝军，袁明武，舒东伟. 基于核重构的最小二乘配点法求解 Helmholtz 方程 [J]. 力学学报，2006, 38(1): 125-129.

[83] Cheng Y M, Peng M J. Boundary element-free method for elastodynamics[J]. Science in China Ser.G Physics, Mechanics and Astronomy, 2005,48(6): 641-657.

[84] 戴保东，程玉民. 基于径向基函数的局部边界积分方程方法 [J]. 机械工程学报，2006, 42(11):150-155.

[85] Gingold R A, Monaghan J J. Smoothed particle hydrodynamics: theory and application to non-spherical stars[J]. Monthly Notices of the Royal Astronomical Society,1977,181: 375-389.

[86] Monaghan J J. Why particle methods work[J]. Siam J. Sci. Stat. Comput, 1982, 3(4): 422-433.

[87] Monaghan J J. An introduction to SPH[J]. Computer Physics Communications, 1988, 48: 89-96.

[88] Monaghan J J. Smoothed particle hydrodynamics[J]. Annu. Rev. Astron. Astrophys, 1992, 30: 543-574.

[89] Liu W K，Uras R A, Chen Y. Enrichment of the finite element method with reproduing kernel particle method[J]. Computer Methods in Applied Mechanics and Engineering, 1996, 139:91-157.

[90] 步红兰. SPH 方法的近似发展与应用 [D]. 合肥：中国科学技术大学，2007.

[91] Liszka T, Orkisz J. The finite difference method at arbitrary irregular grids and its application in applied mechanics[J]. Computers and Structures, 1980, 11:83-95.

[92] Garcia O, Fancello E A, Barcellos C S, et al. hp-clouds in Mindlin's thick plate model[J]. International Journal for Numerical Methods in Engineering, 2000, 47:1381-1400.

[93] Sukumar N, Moran B. C^1 natural neighbor interpolant for partial differential equations[J]. Numerical Methods for Partial Differential Equations, 1999, 15(4):417-447.

[94] Bueche D, Sukumar N, Moran B. Dispersive properties of the natural element method[J]. Computational Mechanics, 2000, 25:207-219.

[95] Cueto E, Doblaré M, Gracia L. Imposing essential boundary conditions in the natural element method by means of density-scaled α-shapes [J]. International Journal for Numerical Methods in Engineering, 2000, 49:519-546.

[96] Cueto E, Calvo B, Doblaré M. Modelling three-dimensional piece-wise homogeneous domains using the α-shape-based natural element method[J]. International Journal for Numerical Methods in Engineering, 2002, 54:871-897.

[97] Cueto E, Cegonino J, Calvo B, et al. On the imposition of essential boundary conditions in natural neighbour Galerkin methods[J]. Communications in Numerical Methods in Engineering, 2003, 19:361-376.

[98] Cueto E, Sukumar N, Calvo B, et al. Overview and recenet advances in natural neighbour galerkin methodes[J]. Archives of Computational Methods in Engineering, 2003, 4: 307-384.

[99] Idelsohn S R, Oñate E, Calvo N, et al. The meshless finite element method[J]. International Journal for Numerical Methods in Engineering, 2003, 58: 893-912.

[100] González D, Cueto E, Martinez M A, et al. Numerical integration in natural neighbour galerkin methods[J]. International Journal for Numerical Methods in Engineering, 2004, 60:2077-2104.

[101] González D, Cueto E, Doblaré M. Volumetric locking in natural neighbour galerkin methods[J]. International Journal for Numerical Methods in Engineering, 2004, 61:611-632.

[102] Yoo J W, Moran B, Chen J S. Stabilized conforming nodal integration in the natural element method[J]. International Journal for Numerical Methods in Engineering, 2004, 60:861-890.

[103] Yvonnet J, Ryckelynck D, Lorong P, et al. A new extension of the natural element method for non-convex and discontinuous problems: the constrained natural element method (C-NEM) [J]. International Journal for Numerical Methods in Engineering, 2004, 60:1451-1474.

[104] Yvonnet J, Coffignal G, Ryckelynck D, et al. A simple error indicator for meshfree methods based on natural neighbors[J]. Computers and Structures, 2006, 84:1301-1312.

[105] Calvo B, Martinez M A, Doblaré M. On solving large strain hyperelastic problems with the natural element method[J]. International Journal for Numerical Methods in Engineering, 2005, 62:159-185.

[106] Cho J R, Lee H W. 2-D large deformation analysis of nearly incompressible body by natural element method[J]. Computers and Structures, 2006, 84:293-304.

[107] Martinez M A, Cueto E, Alfaro I, et al. Updated Lagrangian free surface flow simulations with natural neighbour Galerkin methods[J]. International Journal for Numerical Methods in Engineering, 2004, 60(13): 2105-2129.

[108] Martinez M A, Cueto E, Doblaré M, et al. Natural element meshless simulation of flows involving short fiber suspensions[J]. Journal of non-Newtonian Fluid Mechanics, 2003, 115 (1): 51-78.

[109] Dialami N, Daneshmand F. Natural neighbor Galerkin method for deflection analysis of inflatable structures[J]. International Journal for Computer-Aided Engineering and Software, 2009, 26(4): 440-456.

[110] Daneshmand F, Niroomandi S. Natural neighbour Galerkin computation of the vibration modes of fluid-structure systems[J]. Engineering Computations, 2007, 24(3): 269-287.

[111] Daneshmand F, Javanmard S A S, Liaghat T, et al. Numerical solution for two-dimensional flow under sluice gates using the natural element method[J]. Canadian Journal of Civil Engineering, 2010, 37(12): 1550-1559.

[112] Marechal Y, Ramdane B. Natural element method applied to electromagnetic problems[J]. IEEE Transactions on Magnetics, 2013, 49(5): 1713-1716.

[113] Illoul L, Yvonet J, Chinesta F, et al. Application of the natural-element method to model moving electromagnetic devices[J]. IEEE Transactions on Magnetics, 2006, 42(4): 727-730.

[114] Bruyère A, Illoul L, Chinesta F, et al. Comparison between NEM and FEM in 2-D magnetostatics using an error estimator[J]. IEEE Transactions on Magnetics, 2008,

44(6): 1342-1345.

[115] Marechal Y, Ramdane B, Botelho D P. Computational performances of natural element and finite element methods[J]. IEEE Transactions on Magnetics, 2014, 50(2): 405-408.

[116] Calvo B, Martinez M A, Doblaré M. On solving large strain hyperelastic problems with the natural element method[J]. International Journal for Numerical Methods in Engineering, 2005, 62: 159-185.

[117] Zhu H, Liu W, Cai Y, et al. A meshless local natural neighbor interpolation method for two-dimension incompressible large deformation analysis[J]. Engineering Analysis with Boundary Elements, 2007, 31(10): 856-862.

[118] Peña E, Martinez M A, Calvo B, et al. Application of the natural element method to finite deformation inelastic problems in isotropic and fiber-reinforced biological soft tissues[J]. Computer Methods in Applied Mechanics and Engineering, 2008, 197: 1983-1996.

[119] Doblaré M, Cueto E, Calvo B, et al. On the employ of meshless methods in biomechanics[J]. Computer Methods in Applied Mechanics and Engineering, 2005,194:801-821.

[120] Doweidar M H , Calvo B, Alfaro I, et al. A comparison of implicit and explicit natural element methods in large strains problems: application to soft biological tissues modeling[J]. Computer Methods in Applied Mechanics and Engineering, 2010,199:1691-1700.

[121] Alfaro I, Bel D, Cueto E, et al. Three-dimensional simulation of aluminium extrusion by the α-shape based natural element method[J]. Computer Methods in Applied Mechanics and Engineering, 2006, 195:4269-4286.

[122] Alfaro I, Yvonnet J, Cueto E, et al. Meshless methods with application to metal forming[J]. Computer Methods in Applied Mechanics and Engineering, 2006,195(48-49):6661-6675.

[123] Alfaro I, Gagliard F, Oliveral J, et al. Simulation of the extrusion of hollow profiles by natural element methods[J]. International Journal of Material Forming, 2009, 2(1):597-600.

[124] Somireddy M, Rajagopal A. Meshless natural neighbor Galerkin method for the bending and vibration analysis of composite plates[J]. Composite Structures, 2014,111:138-146.

[125] Cho J R, Lee H W, Yoo W S. Natural element approximation of Reissner-Mindlin plate for locking-free numerical analysis of plate-like thin elastic structures[J]. Computer Methods in Applied Mechanics and Engineering, 2013,256:17-28.

[126] Cho J R, Lee H W. 2-D large deformation analysis of nearly incompressible body by natural element method[J]. Computers and Structures, 2006,84:293-304.

[127] Cho J R, Lee H W. 2-D frictionless dynamic contact analysis of large deformable bodies by Petrov-Galerkin natural element method[J]. Computers and Structures, 2006,85:1230-1242.

[128] Cho J R, Lee H W. Polygon-wise constant curvature natural element approximation

of Kirchhoff plate model[J]. International Journal of Solids and Structures, 2007,44: 4860-4871.

[129] Dinis L, Jorge R M N, Belinha J. Analysis of 3D solids using the natural neighbour radial point interpolation method[J]. Computer Methods in Applied Mechanics and Engineering, 2007, 196: 2009-2028.

[130] Dinis L, Jorge R M N, Belinha J. Analysis of plates and laminates using the natural neighbor radial point interpolation method[J]. Engineering Analysis with Boundary Elements, 2008, 32(3):267-279.

[131] Dinis L, Jorge R M N, Belinha J. An unconstrained third order plate theory applied to functionally graded plates using a meshless method[J]. Mechanics of Advanced Materials and Structures, 2010,17(2):108-133.

[132] Dinis L, Jorge R M N, Belinha J. The natural neighbour radial point intepolation method: dynamic applications[J]. Engineering Computations, 2009, 26(8): 911-949.

[133] Dinis L, Jorge R M N, Belinha J. Large deformation applications with the radial natural neighbours interpolators[J]. Computer Modelling in Engineering and Sciences, 2009,44(1):1-34.

[134] Wang K, Zhou S J, Shan G J. The natural neighbour Petrov-Galerkin method for elastostatics[J]. International Journal for Numerical Methods in Engineering, 2005,63:1126-1145.

[135] Li S L, Liu K Y, Long S Y, et al. The natural neighbour Petrov-Galerkin method for thick plates[J]. Engineering Analysis with Boundary Elements, 2011,35:616-622.

[136] Belinha J, Dinis L, Jorge R M N. The natural radial element method[J]. International Journal for Numerical Methods in Engineering, 2013,93(12):1286-1313.

[137] Belinha J, Dinis L, Jorge R M N. Analysis of thick plates by the natural radial element method[J]. International Journal of Mechanical Sciences, 2013,76:33-48.

[138] Belinha J, Dinis L, Jorge R M N. Composite laminated plate analysis using natural radial element method[J]. Composite Structures, 2013,103:50-67.

[139] Belinha J, Dinis L, Jorge R M N. Analysis of thick plates by the natural radial element method[J]. International Journal of Mechanical Sciences, 2013,76:33-48.

[140] Illoul L, Lorong P. On some aspects of the CNEM implementation in 3D in order to simulate high speed machining or shearing[J]. Computers and Structures, 2011,89: 940-958.

[141] Alfaro I, Yvonnet J, Chinesta F, et al. A study on the performance of natural neighbour-based Galerkin methods[J]. International Journal for Numerical Methods in Engineering,2007, 71:1436-1465.

[142] 朱怀球, 吴江航. 一种基于 Voronoi Cells 的 C^{∞} 插值基函数及其在计算流体力学中的若干应用 [J]. 北京大学学报 (自然科学版), 2001, 37(5): 669-678.

[143] 朱合华, 杨宝红, 蔡永昌, 等. 无网格自然单元法在弹塑性分析中的应用[J]. 岩土力学, 2004，25(4)：671-674.

[144] 戴斌，王建华. 自然单元法原理与三维算法实现 [J]. 上海交通大学学报，2004，38(7)：1223-1224.

[145] 王兆清，冯伟. 自然单元法研究进展 [J]. 力学进展, 2004, 34(4): 437-445.

[146] 张英新，王建华，高绍武. 二维弹塑性自然单元法算法实现 [J]. 上海交通大学学报, 2005, 39(5): 727-730.

[147] 卢波, 葛修润, 孔祥礼. 有限元法、无单元法及自然单元法之比较研究 [J]. 岩石力学与工程学报，2005, 24(5): 780-786.

[148] 卢波, 葛修润, 王水林. 自然单元法数值积分方案研究 [J]. 岩石力学与工程学报，2005, 24(11): 1918-1924.

[149] 卢波, 葛修润, 王水林. 自适应自然单元法研究 —— 误差估计 [J]. 岩石力学与工程学报, 2005, 24(22)：4065-4071.

[150] 卢波，丁秀丽，邬爱清. 自适应自然单元法研究 —— 自适应细化 [J]. 岩土力学，2007,28(增刊)：295-299.

[151] 余天堂. 加锚体自然单元法分析与程序设计 [J]. 计算力学学报，2007，24(5):698-703.

[152] 李武，姚文娟，朱合华，等. 蒙特卡罗数值积分在自然单元法中的应用 [J]. 岩土工程学报, 2008,30(5)：698-704.

[153] 王建华，张英新，高绍武. 三维弹塑性自然单元法算法实现 [J]. 计算力学学报, 2006, 23(5): 594-598.

[154] 曾祥勇, 张鹞, 邓安福. 双参数地基上 Kirchhoff 板计算的无网格自然单元法 [J]. 工程力学, 2008, 25(5): 196-201.

[155] 曾祥勇，朱爱军，邓安福. Winkler 地基上厚板分析的自然单元法 [J]. 固体力学学报, 2008,29(2):163-169.

[156] 曾祥勇, 朱爱军, 邓安福. 自然单元法在 Winkler 地基薄板计算中的应用 [J]. 计算力学学报，2008,25(4):547-551.

[157] 褚衍标, 王建华. 二维 Biot 固结方程的自然单元法求解 [J]. 上海交通大学学报, 2008, 42(11): 1880-1883,1887.

[158] 王卫东, 张敦福, 赵国群, 等. 基于偶应力理论的自然单元法研究 [J]. 机械强度, 2009, 31(4): 634-637.

[159] 盖珊珊, 王卫东, 张敦福, 等. 自然单元法在线弹性断裂力学中的应用研究 [J]. 计算力学学报, 2011,28(3):483-487.

[160] 王卫东, 赵国群, 程钢, 等. 基于刚 (粘) 塑性流动理论的自然单元法研究 [J]. 计算力学学报, 2011,28(4):596-600.

[161] 聂志峰, 周慎杰, 王凯, 等. 应变梯度弹性理论 C^1 自然单元法 [J]. 山东大学学报 (工学版), 2009,39(3):99-102.

[162] 聂志峰, 周慎杰, 王凯, 等. 应变梯度弹性理论 C^1 自然邻近迦辽金法 [J]. 工程力学, 2009,26(9):10-15.

[163] 王凯, 周慎杰, 聂志峰, 等. 基于局部自然邻近无网格法的形状优化 [J]. 机械工程学报, 2009,45(10):185-191.

[164] 聂志峰, 周慎杰, 王凯, 等. 基于 C^1 自然邻近插值的曲面拟合 [J]. 工程图学学报, 2010, 31(1): 110-115.

[165] 王凯, 周慎杰, 聂志峰, 等. 偶应力理论的控制域自然邻近伽辽金法 [J]. 机械强度, 2011, 33(2): 235-240.

[166] 王凯, 周慎杰, 聂志峰. 应变梯度理论自然邻近混合伽辽金法 [J]. 计算力学学报, 2013, 30(4): 543-548.

[167] Nie Z F, Zhou S J, Han R J, et al. C^1 natural element method for strain gradient linear elasticity and its application to microstructures[J]. Acta. Mech. Sin., 2012,28(1): 91-103.

[168] 张勇, 易红亮, 谈和平. 求解辐射导热耦合换热的自然单元法 [J]. 工程热物理学报, 2013, 34(5): 918-922.

[169] Zhang Y, Yi H L, Tan H P. Least-squares natural element method for radiative heat transfer in graded index medium with semitransparent surfaces[J]. International Journal of Heat and Mass Transfer, 2013, 66: 349-354.

[170] Zhang Y, Yi H L, Tan H P. Natural element method for radiative heat transfer in two-dimensional semitransparent medium[J]. International Journal of Heat and Mass Transfer, 2013, 56: 411-423.

[171] Zhang Y, Yi H L, Tan H P. Natural element method for radiative heat transfer in a semitransparent medium with irregular geometries[J]. Journal of Computational Physics, 2013, 241: 18-34.

[172] Zhang Y, Ma Y, Yi H L, et al. Natural element method for solving radiative transfer with or without conduction in three-dimensional complex geometries[J]. Journal of Quantitative Spectroscopy and Radiative Transfer, 2013, 129: 118-130.

[173] 陈莘莘, 李庆华, 刘应华, 等. 动力弹塑性分析的无网格自然单元法 [J]. 固体力学学报, 2011, 32(5): 493-499.

[174] 陈莘莘, 李庆华, 刘应华, 等. 压电结构动力分析的无网格自然单元法 [J]. 振动与冲击, 2012,31(19): 53-56.

[175] Chen S S, Li Q H, Liu Y H, et al. A meshless local natural neighbour interpolation method for analysis of two-dimensional piezoelectric structures[J]. Engineering Analysis with Boundary Elements, 2013, 37:273-279.

[176] 周书涛, 刘应华, 陈莘莘. 基于自然单元法的极限上限分析 [J]. 固体力学学报, 2012, 33(1): 39-47.

[177] Zhou S T, Liu Y H, Chen S S. Upper bound limit analysis of plates utilizing the C^1 natural element method[J]. Computational Mechanics, 2012,50:543-561.

[178] 琚宏昌, 刘平伟, 张胜利. 自然单元法与有限元法和无单元法的比较 [J]. 水利水电科技进展, 2012,32(2):37-41.

[179] 董轶, 马永其, 冯伟. 弹性力学的杂交自然单元法 [J]. 力学学报, 2012,44(3):568-575.

[180] 江涛，章青. 非凸边界上自然单元法形函数计算的边界结点法 [C]. 中国力学学会成立 50 周年暨 2007 学术大会论文集, 2007: 640.

[181] 江涛，章青. 基于 Lasserre 算法的自然单元法形函数计算 [J]. 力学与实践，2008,30(4): 79-83.

[182] 江涛，章青. 单位分解增强自然单元法计算应力强度因子 [J]. 工程力学，2009,26(6):52-57.

[183] 江涛，章青. 中厚板弯曲问题的自然单元法 [J]. 固体力学学报，2009,30(4):424-431.

[184] 江涛，章青. 直接增强自然单元法计算应力强度因子 [J]. 计算力学学报，2010,27(2):264-269.

[185] 江涛，章青. 自然单元法计算裂纹和材料边界问题 [J]. 应用力学学报，2009,26(4):690-694.

[186] 江涛，章青. 线性强化材料弹塑性分析的自然单元法 [J]. 力学季刊，2010,31(2):288-296.

[187] 仲健，江涛，章青. 自适应自然单元法研究 [J]. 计算力学学报，2011,28(增刊):10-14.

[188] 夏晓舟，章青，蒋群. 三维自然单元法插值形函数的导数计算 [J]. 计算力学学报, 2014, 31(3): 371-377.

[189] 丁道红，章青. 材料非线性分析的自然单元法 [J]. 工程力学, 2012, 29(增刊 II): 97-100.

[190] 丁道红，章青. 基于 Delaunay 三角网的三维 Voronoi 单胞体积计算 [J]. 河海大学学报, 2012，40(4): 397-400.

第2章　自然单元法的基本原理

自然单元法 (NEM) 由 Braun 和 Sambridge[1] 在 1995 年首次提出并用于求解偏微分方程，自然单元法的数学基础之一是自然邻点插值[2]，它涉及对给定点集的 Delaunay 三角剖分和它的对偶 Voronoi 图[3]，自然邻点插值被广泛应用于计算几何、图像处理和地理信息系统等领域。Sukumar 等[4,5] 对自然单元法的原理和方法做了深入的研究，将基于 Sibson 插值和 Laplace 插值的自然单元法应用于固体力学问题的求解，并在 Farin[6] 工作的基础上将 C^1 连续的自然邻点插值函数[7] 应用于求解四阶椭圆型偏微分方程。本章介绍自然单元法的基本原理，对相关的几何概念及其性质进行归纳，详细分析形函数计算的 Watson[8] 算法的特点和计算过程，最后通过算例验证自然单元法求解弹性力学问题的有效性。

2.1　Voronoi 图和 Delaunay 三角剖分

Voronoi图和Delaunay三角剖分的概念来源于计算几何[9]。将任意两点 $\boldsymbol{p}$ 和 $\boldsymbol{q}$ 之间的欧几里得距离记作 $\mathrm{dist}(\boldsymbol{p},\boldsymbol{q})$，对于平面情形，$\mathrm{dist}(\boldsymbol{p},\boldsymbol{q})=\sqrt{(p_x-q_x)^2+(p_y-q_y)^2}$。设 $\boldsymbol{P}=\{\boldsymbol{x}_1,\cdots,\boldsymbol{x}_n\}$ 为平面上任意 n 个互异的点，所谓与 $\boldsymbol{P}$ 对应的 Voronoi 图，也称为 Dirichlet 镶嵌，是指整个平面被划分为 n 个单胞 (cell) T_I，任一点 $\boldsymbol{x}$ 位于 $\boldsymbol{x}_I$ 所对应的单胞中，当且仅当对于任何的 $\boldsymbol{x}_J\in\boldsymbol{P}, J\neq I$，都有 $\mathrm{dist}(\boldsymbol{x},\boldsymbol{x}_I)\leqslant\mathrm{dist}(\boldsymbol{x},\boldsymbol{x}_J)$。将具有公共边界的 Voronoi 单胞对应的结点连接所得到的三角形称作 Delaunay 三角形，所得到的三角形网格称为 Delaunay 图或 Delaunay 三角剖分。图 2-1 给出了二维点集的 Voronoi 图和 Delaunay 三角剖分的示例。

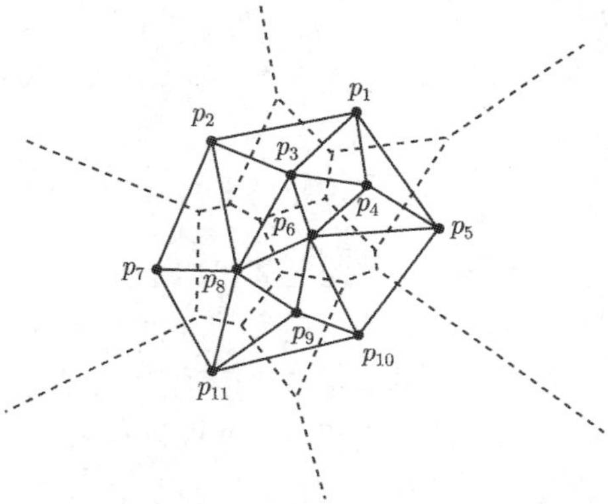

图 2-1　点集的 Voronoi 图和 Delaunay 三角剖分

可以证明关于 Voronoi 图，有如下一些性质[9]：

(1) 若结点数 $n \geqslant 3$，则与平面上 n 个结点相应的 Voronoi 图中，顶点的数目不会超过 $2n-5$ 个，边的数目不会超过 $3n-6$ 个。

(2) Voronoi 图中的每个顶点至少是三条 Voronoi 边的交点。

(3) 若两点 $\boldsymbol{x}_I$ 和 $\boldsymbol{x}_J$ 之间的平分线上存在一点 q，其最大空圆的边界经过 $\boldsymbol{x}_I$ 和 $\boldsymbol{x}_J$，但不经过其他结点，则 $\boldsymbol{x}_I$ 和 $\boldsymbol{x}_J$ 之间的平分线确定一条 Voronoi 边。

还可以证明关于 Delaunay 三角形，存在如下性质：

(1) Delaunay 三角剖分中的各三角形的边不相交于线段的内部，即所形成的三角形互不重叠。

(2) Delaunay 三角形内部不包含任何结点，称为空外接圆准则。

(3) 对平面点集 $\boldsymbol{P}$ 的任一三角剖分，各三角形内角中的最小值称为三角剖分的最小角，则在 $\boldsymbol{P}$ 的所有三角剖分中，Delaunay 三角剖分使最小角达到最大。

点集的 Delaunay 三角剖分是相应 Voronoi 图的直线嵌入对偶图，对于没有四点共圆的一般情形，可以方便地通过其中一个得到另一个。Delaunay 三角化方法对于有限元网格的自动剖分具有重要的意义，常用的算法有增量插入算法 (incremental insertion algorithm)[10]、分治算法 (divide-and-conquer algorithm)[11] 和平面扫描算法 (plane sweep algorithm)[12]，平面扫描算法的优化的时间复杂度[9] 是 $O(n\log n)$，Shewchuk[13] 对上述算法的计算效率进行了比较，文 [14] 中有关于上述算法较为全面的介绍。

2.2 Sibson 插值及其形函数计算

2.2.1 Sibson 插值形函数的定义

自然邻点插值分为 Sibson 插值和 non-Sibson 插值，为了定义自然邻点坐标，需要引入二阶 Voronoi 单胞的概念，结点 I 与结点 J 对应的二阶 Voronoi 单胞定义为

$$T_{IJ} = \{\boldsymbol{x} \in \mathbf{R}^n : d(\boldsymbol{x}, \boldsymbol{x}_I) < d(\boldsymbol{x}, \boldsymbol{x}_J) < d(\boldsymbol{x}, \boldsymbol{x}_K), \forall J \neq I \neq K\} \tag{2-1}$$

即由到结点 I 的距离最近且到结点 J 的距离第二近的那些点所组成的区域。

Sibson[15] 利用二阶 Voronoi 图和二阶 Voronoi 单胞的概念定义了点 $\boldsymbol{x}$ 的自然邻点坐标。一个点的自然邻点是指该点与原点集所形成的 Delaunay 图中与该点同属于一个 Delaunay 三角形的那些结点，或者说该点的 Voronoi 单胞与其邻点的 Voronoi 单胞具有共同的边。可以利用 Delaunay 三角化的空外接圆性质确定计算点 $\boldsymbol{x}$ 的自然邻点。

记 T_x 为点 $\boldsymbol{x}$ 的一阶 Voronoi 单胞，T_{xI} 为点 $\boldsymbol{x}$ 与结点 I 对应的二阶 Voronoi 单胞 T_{xI}，$\kappa(x)$ 和 $\kappa_I(x)$ 分别为 T_x 和 T_{xI} 的 Lebesgue 测度，则 $\boldsymbol{x}$ 对应于结点 I 的自然邻点坐标 (形函数) 定义为

$$\phi_I(x) = \frac{\kappa_I(\boldsymbol{x})}{\kappa(\boldsymbol{x})}$$

对于图 2-2 的二维情形，结点 1 在 $\boldsymbol{x}$ 处的形函数为

$$\phi_1(x) = \frac{A_{abfe}}{A_{abcd}}$$

任意结点 I 在 $\boldsymbol{x}$ 处的形函数为

$$\phi_I(x) = \frac{A_I(\boldsymbol{x})}{A(\boldsymbol{x})}$$

形函数的导数为

$$\phi_{I,j}(x) = \frac{A_{I,j}(\boldsymbol{x}) - \phi_I(x)A_{,j}(\boldsymbol{x})}{A(\boldsymbol{x})}$$

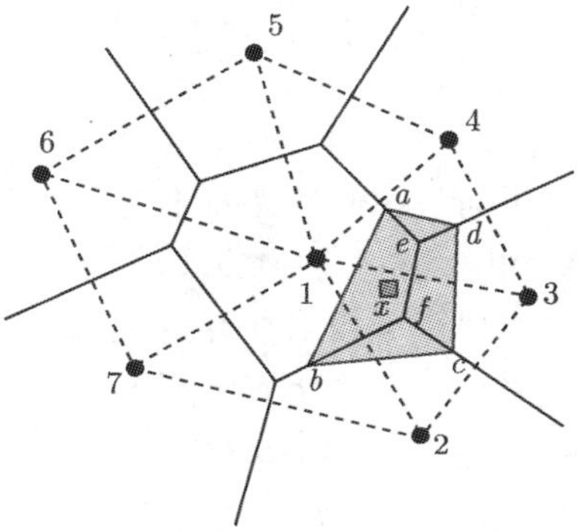

图 2-2　$\boldsymbol{x}$ 的一阶和二阶 Voronoi 单胞

其中，$A_I(\boldsymbol{x})$ 表示点 $\boldsymbol{x}$ 与结点 I 相应的二阶 Voronoi 单胞的面积；$A(\boldsymbol{x})$ 表示点 $\boldsymbol{x}$ 的一阶 Voronoi 单胞的面积。可以证明 Sibson 插值形函数满足正定性、插值性、单位分解条件和线性一致性[16]：

$$0 \leqslant \phi_I \leqslant 1,\ \phi_I(\boldsymbol{x}_J) = \delta_{IJ},\ \sum_{I=1}^{n} \phi_I(\boldsymbol{x}) = 1,\ \boldsymbol{x} = \sum_{I=1}^{n} \phi_I(\boldsymbol{x})\boldsymbol{x}_I \tag{2-2}$$

Sukumar 在文 [4] 中应用 Watson 算法计算了二维 Sibson 插值的形函数，虽然这个算法不易推广到三维情形，且不能计算位于 Delaunay 三角形边上的点，但该算法对于二维问题的计算效率很高，因算法涉及三角形面积、外接圆圆心和半径及其导数等计算，下面具体进行介绍。

2.2.2　三角形外接圆圆心及其导数计算

设有平面上三点 $e(x_e, y_e)$、$f(x_f, y_f)$ 和 $g(x_g, y_g)$，则 $\triangle efg$ 的面积为

$$A = \frac{1}{2}\begin{vmatrix} x_e & y_e & 1 \\ x_f & y_f & 1 \\ x_g & y_g & 1 \end{vmatrix} \tag{2-3}$$

若 e、f、g 的坐标是计算点坐标 $\boldsymbol{x}(x,\ y)$ 的函数，则相应地可计算面积的导数。

三角形外接圆圆心可以通过计算任意两边的垂直平分线的交点得到，也可以利用计算几何中三维凸壳与二维 Delaunay 三角剖分之间的关系得到[14]。

根据空间解析几何中二阶曲面的一般理论[17]，过单位抛物面 $z=x^2+y^2$ 上任一点 $(x_0,y_0,x_0^2+y_0^2)$ 的切平面方程为

$$z=2x_0x+2y_0y-(x_0^2+y_0^2) \tag{2-4}$$

将该平面垂直向上平移 r^2 得平面:

$$z=2x_0x+2y_0y-(x_0^2+y_0^2)+r^2 \tag{2-5}$$

这个平面与单位抛物面的交为一个椭圆，其在 xy 平面上的投影为一个圆，且圆心坐标为 (x_0,y_0)，半径为切平面向上平移的距离 r。

为计算平面上三点 $a(x_1,y_1,0)$、$b(x_2,y_2,0)$ 和 $c(x_3,y_3,0)$ 的外接圆圆心坐标，可将该三点向上垂直映射到单位抛物面上，得到抛物面上的三点 $a'(x_1,y_1,z_1)$、$b'(x_2,y_2,z_2)$ 和 $c'(x_3,y_3,z_3)$，其中 $z_i=x_i^2+y_i^2$，则过该三点的平面方程为 $D_xx+D_yy+D_zz-D=0$，可用下式表示为

$$z=-\frac{D_x}{D_z}x-\frac{D_y}{D_z}y-\left(\left(\frac{D_x}{2D_z}\right)^2+\left(\frac{D_y}{2D_z}\right)^2\right)+\left(\left(\frac{D_x}{2D_z}\right)^2+\left(\frac{D_y}{2D_z}\right)^2\right)+\frac{D}{D_z} \tag{2-6}$$

其中，

$$D=\begin{vmatrix} x_1 & y_1 & z_1 \\ x_2 & y_2 & z_2 \\ x_3 & y_3 & z_3 \end{vmatrix},D_x=\begin{vmatrix} 1 & y_1 & z_1 \\ 1 & y_2 & z_2 \\ 1 & y_3 & z_3 \end{vmatrix},D_y=\begin{vmatrix} x_1 & 1 & z_1 \\ x_2 & 1 & z_2 \\ x_3 & 1 & z_3 \end{vmatrix},D_z=\begin{vmatrix} x_1 & y_1 & 1 \\ x_2 & y_2 & 1 \\ x_3 & y_3 & 1 \end{vmatrix}$$

D_x、D_y、D_z 分别是 $\triangle a'b'c'$ 的两倍面积 D 在各坐标轴上的投影。

由式 (2-6) 可得原平面上三点 $a(x_1,y_1,0)$、$b(x_2,y_2,0)$ 和 $c(x_3,y_3,0)$ 的外接圆圆心坐标和半径:

$$x_0=-\frac{D_x}{2D_z},\quad y_0=-\frac{D_y}{2D_z},\quad r=\sqrt{\left(\frac{D_x}{2D_z}\right)^2+\left(\frac{D_y}{2D_z}\right)^2+\frac{D}{D_z}} \tag{2-7}$$

Sibson 插值形函数的导数计算要涉及对二阶 Voronoi 单胞面积的导数计算，因此需要计算外接圆圆心坐标对计算点坐标的导数，设 c 为计算点，其坐标为 (x,y)，令 $x_3=x,y_3=y,z_3=x^2+y^2$，则有

$$\begin{aligned}\frac{\partial x_0}{\partial x}&=-\frac{1}{2D_z}\frac{\partial D_x}{\partial x}+\frac{D_x}{2D_z^2}\frac{\partial D_z}{\partial x}=-\frac{1}{2D_z}\frac{\partial D_x}{\partial x}-\frac{x_0}{D_z}\frac{\partial D_z}{\partial x}\\&=-\frac{(x-x_0)}{D_z}\frac{\partial D_z}{\partial x}=\frac{(x-x_0)(y_1-y_2)}{D_z}\\\frac{\partial x_0}{\partial y}&=-\frac{1}{2D_z}\frac{\partial D_x}{\partial y}+\frac{D_x}{2D_z^2}\frac{\partial D_z}{\partial y}=-\frac{1}{2D_z}\frac{\partial D_x}{\partial y}-\frac{x_0}{D_z}\frac{\partial D_z}{\partial y}\end{aligned} \tag{2-8}$$

$$= \frac{1}{2D_z}\left[x_2^2+y_2^2-x_1^2-y_1^2+2y(y_1-y_2)-2x_0(x_2-x_1)\right] \tag{2-9}$$

$$\frac{\partial y_0}{\partial x} = \frac{1}{2D_z}\left[x_1^2+y_1^2-x_2^2-y_2^2+2x(x_1-x_2)-2y_0(y_1-y_2)\right] \tag{2-10}$$

$$\frac{\partial y_0}{\partial y} = \frac{(y-y_0)(x_2-x_1)}{D_z} \tag{2-11}$$

当式 (2-3) 三角形的结点中包含随计算点 $\boldsymbol{x}$ 变化的外接圆圆心时，可通过计算外接圆圆心的导数得到面积的导数，最终可通过结点和计算点 $\boldsymbol{x}$ 的坐标来表示。

2.2.3 形函数计算的 Watson 算法

形函数的计算涉及计算点与其自然邻点的二阶 Voronoi 单胞的面积计算，Watson 的算法将此过程分解为对每个三角形分别计算其相应的贡献面积。若计算点 $\boldsymbol{x}$ 位于某三角形的外接圆之外，该三角形的贡献面积为 0，不必计算；若计算点位于某三角形的外接圆之内，则应计算该三角形的贡献面积，最后将各三角形计算所得相应贡献面积叠加即可。二阶 Voronoi 单胞面积的导数也是通过计算各三角形的贡献后叠加得到。

图 2-3 中计算点 $\boldsymbol{x}$ 有三个邻接三角形和 5 个自然邻点，以计算 $\boldsymbol{x}$ 与结点 3 的二阶 Voronoi 单胞 T_{x3} 的面积为例。分别考虑 △123、△134 和 △435，这里要求三角形的结点顺序为逆时针排列，则各三角形单独考虑时对 T_{x3} 的贡献如图 2-4、图 2-5 和图 2-6 所示。

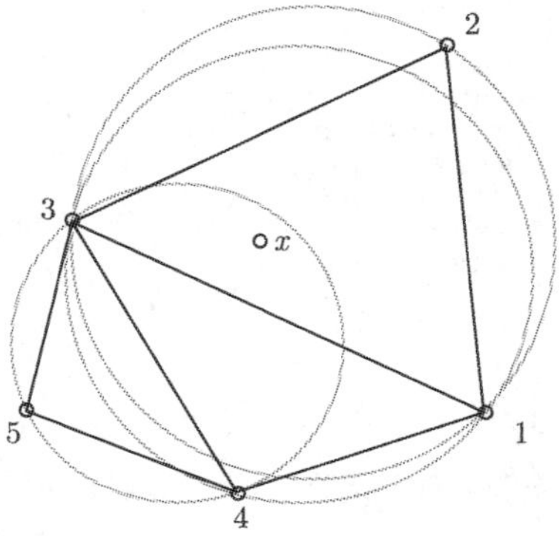

图 2-3 x 的邻接三角形和自然邻点

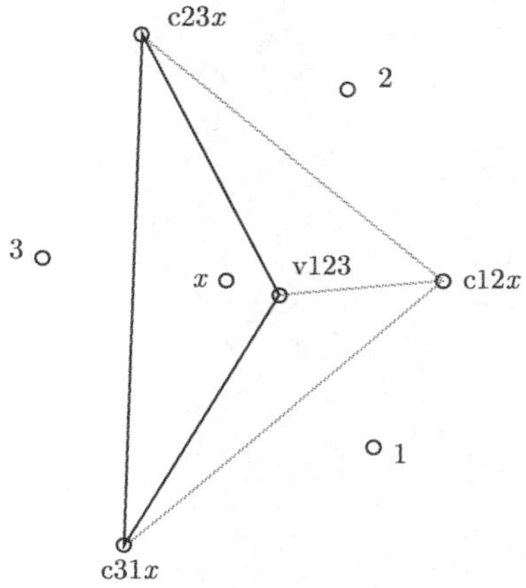

图 2-4 △123 对 T_{x3} 的贡献面积 (正)

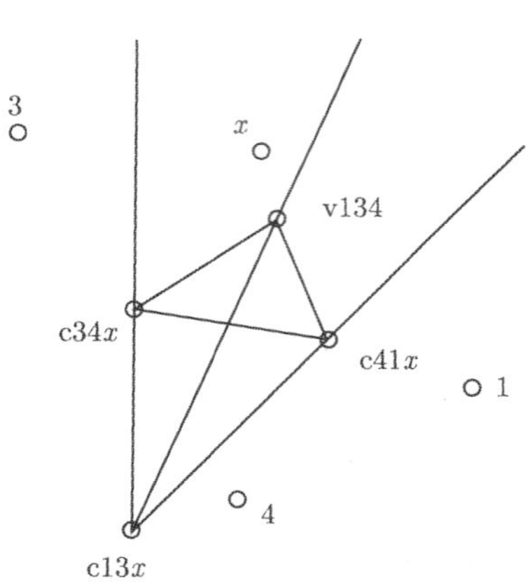

图 2-5　△134 对 T_{x3} 的贡献面积 (负)

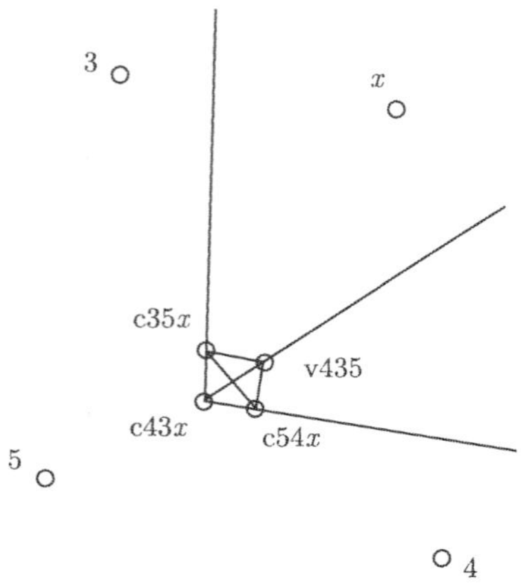

图 2-6　△435 对 T_{x3} 的贡献面积 (负)

△123 对 T_{x3} 面积的贡献为 △v123-c23$\boldsymbol{x}$-c31$\boldsymbol{x}$ 的面积，且为正，其中，v123 为 △123 的外接圆圆心，c23$\boldsymbol{x}$ 为 △23$\boldsymbol{x}$ 的外接圆圆心，余类推。△134 对 T_{x3} 面积的贡献为 △v134-c13$\boldsymbol{x}$-c34$\boldsymbol{x}$ 的面积，且为负。△435 对 T_{x3} 面积的贡献为 △v435-c43$\boldsymbol{x}$-c35$\boldsymbol{x}$ 的面积，且为负。因此最终得计算点 $\boldsymbol{x}$ 与结点 3 的二阶 Voronoi 单胞的面积为 v123-c23$\boldsymbol{x}$-c35$\boldsymbol{x}$-v435-v134 所围成的面积。同理可以求得计算点与其余结点 1、2、4、5 的二阶 Voronoi 单胞的面积，与 $\boldsymbol{x}$ 相关的各二阶 Voronoi 单胞的面积之和即为 $\boldsymbol{x}$ 的一阶 Voronoi 单胞的面积。

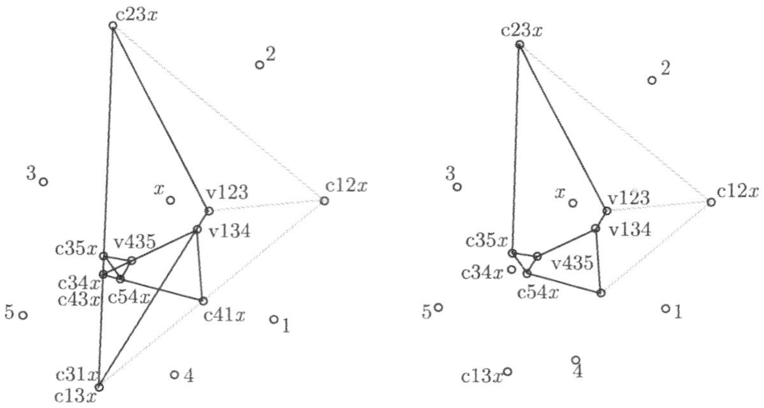

图 2-7　二阶 Voronoi 单胞计算过程与最终结果

上述计算中，假设各三角形的结点排序为逆时针排列，若为顺时针排列则有关该三角形的面积计算结果前应加一负号。上述计算过程表明，$\boldsymbol{x}$ 的二阶 Voronoi 单胞为各邻接三角形单独计算的有符号的二阶 Voronoi 单胞的面积的叠加。将各二阶 Voronoi 单胞的面积求导后叠加，可得计算点 $\boldsymbol{x}$ 的二阶 Voronoi 单胞的面积对坐标的导数。

由上述计算过程可以看出，若计算点 $\boldsymbol{x}$ 位于某三角形的边界上，则算法中涉及的外接圆圆心将趋于无穷，导致计算失败。值得注意的是，如计算点 $\boldsymbol{x}$ 位于 △134 的外部，单独考虑此三角形时，与结点 4 相应的二阶 Voronoi 单胞为 △v134-c34$\boldsymbol{x}$-c41$\boldsymbol{x}$，面积为正，与结点 3 相应的二阶 Voronoi 单胞采用 △v134-c34$\boldsymbol{x}$-c13$\boldsymbol{x}$ 计算，面积为负，并未采用 34 平分线、31 平分线及 3$\boldsymbol{x}$ 平分线围成的无穷区域，即当实际区域为无穷时，面积按负值计算。

2.3 non-Sibson 插值及其形函数计算

2.3.1 non-Sibson 插值形函数的定义

non-Sibson[18,19] 插值是较晚提出的一种基于 Voronoi 图的插值方法，其定义中所涉及的几何实体计算与 Sibson 插值相比可以减少一维。Sukumar 等[5] 将 non-Sibson 插值用于求解弹性力学问题，并称之为自然邻点伽辽金法 (natural neighbor Galerkin method)。

设有 $\mathbf{R}^n$ 空间上的点集 $\boldsymbol{N}=\{n_1,n_2,\cdots,n_M\}$，结点 $\boldsymbol{x}_I$ 的 Voronoi 单胞为

$$T_I=\{\boldsymbol{x}\in\mathbf{R}^n: d(\boldsymbol{x},\boldsymbol{x}_I)<d(\boldsymbol{x},\boldsymbol{x}_J),\forall J\neq I\} \tag{2-12}$$

另设集合 T_I 的闭包为：$\bar{T}_I=T_I\cup\partial T_I$，定义 $t_{IJ}=\left\{\boldsymbol{x}\in\bar{T}_I\cap\bar{T}_J, J\neq I\right\}$，$t_{IJ}$ 可看做是两个 Voronoi 单胞的公共部分，$|t_{IJ}|$ 表示 t_{IJ} 的 Lebesgue 测度，二维问题时为长度，三维问题时为面积。

利用上述记号，non-Sibson 插值形函数定义为

$$\phi_I(\boldsymbol{x})=\frac{\dfrac{|t_{xI}|}{d(\boldsymbol{x},\boldsymbol{x}_I)}}{\displaystyle\sum_{J=1}^{n}\frac{|t_{xJ}|}{d(\boldsymbol{x},\boldsymbol{x}_J)}}$$

对于图 2-8 所示的二维情形，non-Sibson 插值形函数为

$$\phi_I(\boldsymbol{x})=\frac{\alpha_I(\boldsymbol{x})}{\displaystyle\sum_{J=1}^{n}\alpha_J(\boldsymbol{x})},\quad \alpha_J(\boldsymbol{x})=\frac{s_J(\boldsymbol{x})}{h_J(\boldsymbol{x})}$$

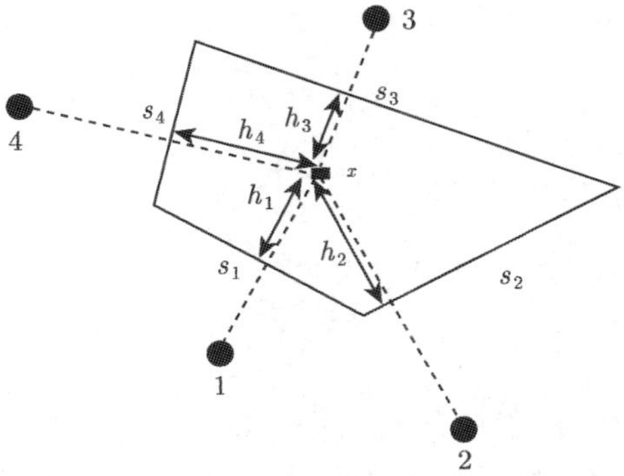

图 2-8 non-Sibson 插值形函数计算

其中，$s_J(x)$ 为 $\boldsymbol{x}$ 与结点 J 相关的 Voronoi 边的边长，$h_J(\boldsymbol{x})$ 是计算点 $\boldsymbol{x}$ 到结点 J 的距离的一半，实际计算时也可取插值点 $\boldsymbol{x}$ 到结点 J 的距离。$\alpha_J(\boldsymbol{x})$ 称为 Laplace 权函数。

可以证明 non-Sibson 插值形函数满足正定性、插值性、单位分解条件和线性一致性。如果 $d(\boldsymbol{x}_I, \boldsymbol{x}_J) \neq 0$, Sukumar 在文献 [5] 中应用格林定理证明了 non-Sibson 插值具有线性完备性。

考虑线性位移场：$\boldsymbol{u}(\boldsymbol{x}) = \boldsymbol{\alpha} + \boldsymbol{\beta}^{\mathrm{T}}\boldsymbol{x}$，其中 $\boldsymbol{\alpha}$、$\boldsymbol{\beta}$ 为常向量。近似位移场函数 $\boldsymbol{u}^h(\boldsymbol{x}) = \sum\limits_{I=1}^{n} \phi_I(\boldsymbol{x})\boldsymbol{u}_I$ 能够重构线性位移场需要满足的条件为

$$\sum_{I=1}^{n} \phi_I(\boldsymbol{x})(\boldsymbol{x}_I - \boldsymbol{x}) = 0 \tag{2-13}$$

对于二维情形，将平面上的点 $(x，y)$ 用复数表示为：$z = x + y\mathrm{i}$，则式 (2-13) 可表示为

$$\frac{\sum\limits_{I=1}^{n} (z_I - z)\dfrac{s_I(z)}{h_I(z)}}{\sum\limits_{J=1}^{n} \dfrac{s_J(z)}{h_J(z)}} = 0 \tag{2-14}$$

计算点 $\boldsymbol{x}$ 的 Voronoi 单胞与结点 I 相应的边作为一个矢量也可表示为复数 $\tilde{z}_I$，因为 $\boldsymbol{x}$ 的 Voronoi 单胞是一个封闭的多边形，因此有

$$\sum_{I=1}^{n} \tilde{z}_I = 0 \tag{2-15}$$

将 $\tilde{z}_I$ 用辐角和模表示为 $\tilde{z}_I = s_I(z)\mathrm{e}^{\mathrm{i}\varphi_I(z)}$，并注意到有下式成立：

$$\mathrm{e}^{\mathrm{i}\varphi_I(z)} = \mathrm{i}\mathrm{e}^{\mathrm{i}(\varphi_I(z)-\pi/2)}, \quad z_I - z = 2h_I(z)\mathrm{e}^{\mathrm{i}(\varphi_I(z)-\pi/2)} \tag{2-16}$$

$$\begin{aligned}\sum_{I=1}^{n} \tilde{z}_I &= \sum_{I=1}^{n} s_I(z)\mathrm{i}\mathrm{e}^{\mathrm{i}(\varphi_I(z)-\pi/2)} = \mathrm{i}\sum_{I=1}^{n} \frac{s_I(z)}{h_I(z)} h_I(z)\mathrm{e}^{\mathrm{i}(\varphi_I(z)-\pi/2)} \\ &= \frac{\mathrm{i}}{2}\sum_{I=1}^{n} \frac{s_I(z)}{h_I(z)}(z_I - z) = 0\end{aligned} \tag{2-17}$$

对于任意 n 维空间情形，与二维情形类似，由于计算点 $\boldsymbol{x}$ 的 Voronoi 单胞是一个封闭的多面体，设 $\boldsymbol{n}$ 为该多面体表面的外法线向量，则有

$$\iint_S \boldsymbol{n}\mathrm{d}S = \sum_{I=1}^{n} \frac{(\boldsymbol{x}_I - \boldsymbol{x})}{2h_I(\boldsymbol{x})} s_I(\boldsymbol{x}) = \sum_{I=1}^{n} (\boldsymbol{x}_I - \boldsymbol{x})\phi_I(\boldsymbol{x}) = 0 \tag{2-18}$$

上式正是用矢量形式表示的重构线性场应满足的条件，即满足线性一致性的条件。

二维情形下，如果计算点的自然邻点为三个，non-Sibson 插值形函数即为面积坐标，与常应变三角形单元的形函数相同。如果有四个自然邻点且位于一个矩形的顶点，则可得到双线性插值的形函数。

2.3.2 non-Sibson 插值的形函数计算

对于具有任意 n 个自然邻点的平面情形，计算 non-Sibson 插值形函数首先需要确定计算点 p 的自然邻点，这可以通过空外接圆准则来实现。为提高计算效率，文 [20,21,22] 分别研究了自然邻点的局部搜索算法。文 [23] 提出了一种自然邻点的搜索算法，从定义积分点的三角形开始，采用文中建议的扩张方法进行搜索，在拥有 20 000 个四面体的三维算例中，较通常的方法可节约搜索时间约 4500 倍。

自然邻点确定后，需要通过计算点的自然邻接多边形来确定计算点的一阶 Voronoi 单胞，进行形函数的计算，图 2-9 给出了计算点 p 的一阶 Voronoi 单胞的

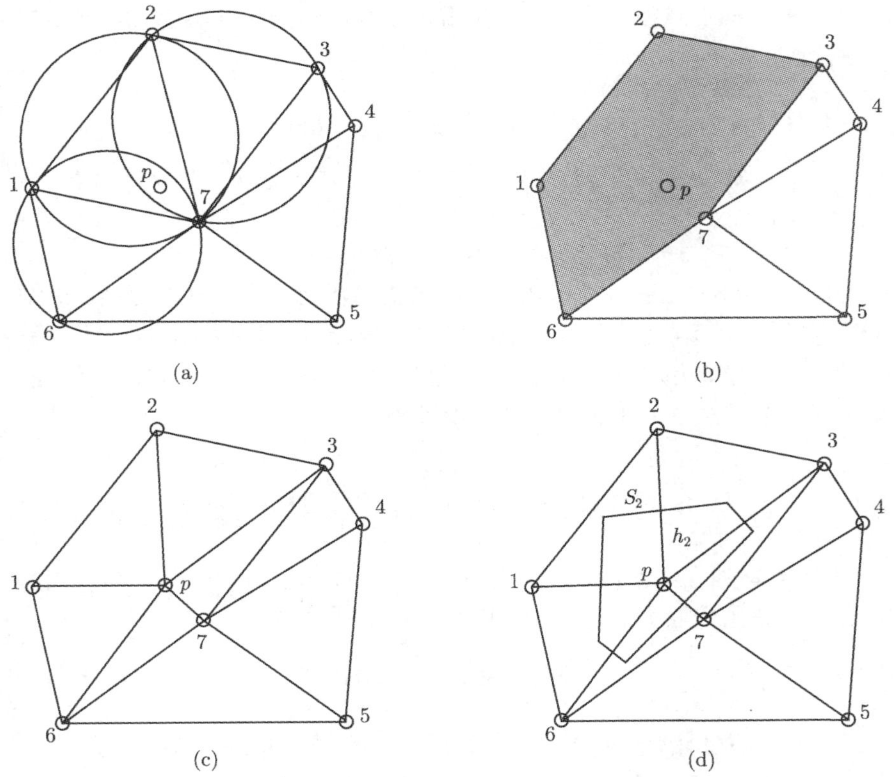

图 2-9 确定计算点 p 的一阶 Voronoi 单胞

确定方法[24]。如图 2-9(a) 所示，设已求得点 p 的自然邻点为结点 1、2、3、4、6、7，点 p 有四个邻接三角形；将三角形的内部边删去，得到 p 的自然邻接多边形，如图 2-9(b) 所示；连接 p 与外部边得到新的三角剖分，如图 2.4(c) 所示；计算各三角形的外接圆圆心，并顺序连接得到如图 2.4(d) 所示 p 的 Voronoi 单胞多边形。计算 non-Sibson 插值形函数将归结为计算 Voronoi 单胞多边形的边长。

设计算点 $\boldsymbol{x}$ 的 Voronoi 单胞多边形上三个相邻的自然邻点为 $\boldsymbol{x}_{m-1}$、$\boldsymbol{x}_m$、$\boldsymbol{x}_{m+1}$，则 $\boldsymbol{x}$ 与结点 m 相关的 Voronoi 边的边长 s_m 与 $\boldsymbol{x}$ 到 $\boldsymbol{x}_m$ 的距离的一半 h_m 的比值为[5]

$$\alpha_m(\boldsymbol{x}) = \frac{s_m}{h_m} = |r_m - l_m| \tag{2-19}$$

其中：

$$r_m = \frac{(x_m - x_{m+1})(x_{m+1} - x) + (y_m - y_{m+1})(y_{m+1} - y)}{(x_m - x)(y_{m+1} - y) - (x_{m+1} - x)(y_m - y)}$$

$$l_m = \frac{(x_m - x_{m-1})(x_{m-1} - x) + (y_m - y_{m-1})(y_{m-1} - y)}{(x_m - x)(y_{m-1} - y) - (x_{m-1} - x)(y_m - y)}$$

对所有的自然邻点按上式计算后可得 non-Sibson 插值形函数。形函数的导数可按下式计算：

$$\phi_{m,j}(\boldsymbol{x}) = \frac{\alpha_{m,j}(\boldsymbol{x}) - \phi_m(\boldsymbol{x})\sum_{J=1}^{n}\alpha_{J,j}(\boldsymbol{x})}{\sum_{J=1}^{n}\alpha_J(\boldsymbol{x})} \quad (j = 1, 2) \tag{2-20}$$

文 [5] 认为 non-Sibson 插值在非凸区域的边界上也是线性变化的，该结论实际上是在假设不考虑全部由边界结点组成的三角形的前提下得出的，但即使如此，对于高度非凸的边界区域也不能确保上述结论成立。有关非凸区域边界上的形函数计算问题，本书将在第 4 章中作进一步研究。

2.4　控制方程的弱形式及其离散化

考虑二维弹性体 $\varOmega \subset \mathbf{R}^2$，边界为 $\varGamma = \varGamma_u \cup \varGamma_t$，且 $\varGamma_u \cap \varGamma_t = \phi$，$\varGamma_u$ 是给定位移的边界，$\varGamma_t$ 是给定面力的边界，平衡微分方程为

$$\sigma_{ij,j} + b_i = 0 \quad 在\varOmega内 \tag{2-21}$$

其中，σ_{ij} 是应力张量的分量；b_i 为体力分量。小位移下应力应变关系为

$$\sigma_{ij} = C_{ijkl}\varepsilon_{kl} \tag{2-22}$$

其中，C_{ijkl} 为材料的弹性张量的分量；ε_{kl} 为应变张量的分量，小变形下的应变位移关系为

$$\varepsilon_{kl} = \frac{1}{2}(u_{k,l} + u_{l,k}) \tag{2-23}$$

本质边界条件和自然边界条件分别为

$$u_i = \bar{u}_i\,(\boldsymbol{x} \in \Gamma_u), \quad \sigma_{ij}n_j = \bar{t}_i\,(\boldsymbol{x} \in \Gamma_t) \tag{2-24}$$

其中，$\bar{t}_i$ 为面力给定边界 Γ_t 上的已知面力分量；n_j 为边界 Γ_t 处的单位外法线向量的分量。

上述边值问题控制方程的等效积分弱形式为

$$\int_\Omega \sigma_{ij}\delta\varepsilon_{ij}\mathrm{d}\Omega = \int_\Omega \delta u_i b_i \mathrm{d}\Omega + \int_{\Gamma_t} \delta u_i \bar{t}_i \mathrm{d}\Gamma \quad \forall \delta u_i \in H_0^1(\Omega) \tag{2-25}$$

其中，$H_0^1(\Omega)$ 为 Ω 中的一阶导数平方可积函数空间，且在本质边界 Γ_u 上为 0，即许可位移函数空间或虚位移，$\delta\varepsilon_{ij}$ 为相应的虚应变张量的分量，应力张量分量 σ_{ij} 可通过材料本构方程和应变位移关系表示为位移 u_i 的函数。因此边值问题转化为寻找 $u_i \in H^1(\Omega)$，并要求其满足等效积分弱形式和位移边界条件。

对于复杂的实际问题，寻求问题的精确解是很困难的，可以通过选择适当的近似函数空间将所求解的问题进行离散化。自然单元法选择自然邻点插值函数作为试函数和检验函数，并应用 Galerkin 过程以得到关于离散系统变量的线性方程。试函数 u_i^h 和检验函数 δu_i^h 可表示为自然邻点形函数的线性组合：

$$u_i^h(\boldsymbol{x}) = \sum_{I=1}^{n} \phi_I(\boldsymbol{x})u_{iI}, \quad \delta u_i^h(\boldsymbol{x}) = \sum_{I=1}^{n} \phi_I(\boldsymbol{x})\delta u_{iI} \tag{2-26}$$

与离散系统相应的弱形式为

$$\int_{\Omega^h} \sigma_{ij}(\boldsymbol{u}^h)\delta\varepsilon_{ij}^h \mathrm{d}\Omega = \int_{\Omega^h} \delta u_i^h b_i \mathrm{d}\Omega + \int_{\Gamma_t} \delta u_i^h \bar{t}_i \mathrm{d}\Gamma \quad \forall \delta u_i^h \in H_0^1(\Omega) \tag{2-27}$$

将试函数和检验函数代入上式，并考虑到检验函数结点变量变分的任意性，可得求解离散系统结点未知量的线性方程为

$$\boldsymbol{Kd} = \boldsymbol{f} \tag{2-28}$$

其中，$\boldsymbol{K}$ 为由子矩阵 $\boldsymbol{K}_{IJ}$ 组成的刚度矩阵；$\boldsymbol{f}$ 为由子矩阵 $\boldsymbol{f}_I$ 组成的荷载列阵；d 为结点位移列阵。$\boldsymbol{K}_{IJ} = \int_{\Omega^h} \boldsymbol{B}_I^{\mathrm{T}}\boldsymbol{C}\boldsymbol{B}_J \mathrm{d}\Omega$，$\boldsymbol{f}_I = \int_{\Gamma_t^h} \phi_I \bar{\boldsymbol{t}} \mathrm{d}\Gamma + \int_{\Omega^h} \phi_I \boldsymbol{b} \mathrm{d}\Omega$，$\boldsymbol{B}_I = \begin{bmatrix} \phi_{I,x} & 0 \\ 0 & \phi_{I,y} \\ \phi_{I,y} & \phi_{I,x} \end{bmatrix}$，$\boldsymbol{C}$ 为各向同性线弹性材料的弹性矩阵，$\boldsymbol{B}_I$ 是应变矩阵，由形函数导数组成。求得结点位移后，任一点的位移可由自然邻点插值得到，并进而求得任一点的应变和应力。

2.5 数值算例

2.5.1 位移小片检验

小片检验通常是用于判断有限单元法中非协调单元是否收敛的一种方法，能否通过小片检验对无网格方法也具有重要的意义。考虑一个 40×40 的正方形区域，结点布置与三角化结果如图 2-10 所示，取中心结点为坐标原点，x 轴沿水平方向，y 轴沿竖直方向。在边界上施加 $u = x, v = y$ 的位移边界条件，采用 Sibson 插值进行计算。

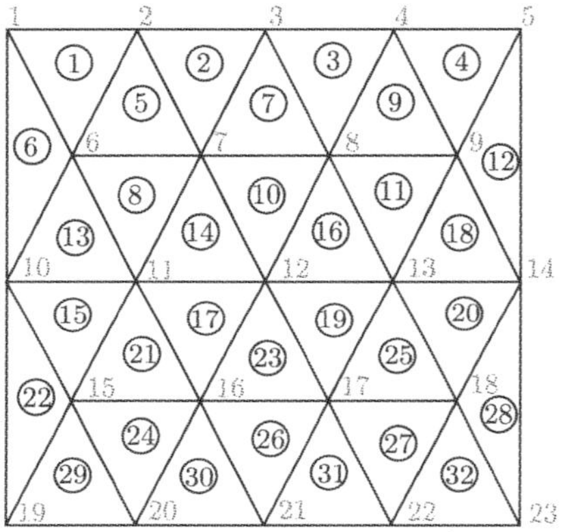

图 2-10　结点布置与三角化

由于自然单元法近似函数可以重构线性位移场，因此期望数值计算结果能够与精确解一致。$L^2(\Omega)$ 和 $H^1(\Omega)$ 误差范数定义为

$$\|\boldsymbol{u}^{\text{exact}}-\boldsymbol{u}^h\|_{L^2(\Omega)}=\sqrt{\int_\Omega (u_i^{\text{exact}}-u_i^h)(u_i^{\text{exact}}-u_i^h)\mathrm{d}\Omega} \tag{2-29}$$

$$\|\boldsymbol{u}^{\text{exact}}-\boldsymbol{u}^h\|_{H^1(\Omega)}=\sqrt{\int_\Omega \left[(u_i^{\text{exact}}-u_i^h)(u_i^{\text{exact}}-u_i^h)+(u_{i,j}^{\text{exact}}-u_{i,j}^h)(u_{i,j}^{\text{exact}}-u_{i,j}^h)\right]\mathrm{d}\Omega} \tag{2-30}$$

精确解的 $L^2(\Omega)$ 范数和 $H^1(\Omega)$ 为

$$\|\boldsymbol{u}^{\text{exact}}\|_{L^2(\Omega)}=\sqrt{\int_{-20}^{20}\int_{-20}^{20}(x^2+y^2)\mathrm{d}x\mathrm{d}y}=\sqrt{2\left(\frac{2}{3}\times 2\times 20^3\times 40\right)}=923.76 \tag{2-31}$$

$$\|\boldsymbol{u}^{\text{exact}}\|_{H^1(\Omega)}=\sqrt{\int_{-20}^{20}\int_{-20}^{20}\left[x^2+y^2+\left(\frac{\partial u}{\partial x}\right)^2+\left(\frac{\partial u}{\partial y}\right)^2+\left(\frac{\partial v}{\partial x}\right)^2+\left(\frac{\partial v}{\partial y}\right)^2\right]\mathrm{d}x\mathrm{d}y}=925.49 \tag{2-32}$$

在每个三角形积分区域内分别采用 3 点和 25 点 Hammer 积分，计算结果见表 2-1。

表 2-1 位移小片检验的相对误差范数

积分点	$\left\|\boldsymbol{u}^{\text{exact}}-\boldsymbol{u}^h\right\|_{L^2(\Omega)}$	$\left\|\boldsymbol{u}^{\text{exact}}-\boldsymbol{u}^h\right\|_{H^1(\Omega)}$	$\dfrac{\left\|\boldsymbol{u}^{\text{exact}}-\boldsymbol{u}^h\right\|_{L^2(\Omega)}}{\left\|\boldsymbol{u}^{\text{exact}}\right\|_{L^2(\Omega)}}$	$\dfrac{\left\|\boldsymbol{u}^{\text{exact}}-\boldsymbol{u}^h\right\|_{H^1(\Omega)}}{\left\|\boldsymbol{u}^{\text{exact}}\right\|_{H^1(\Omega)}}$
3	0.528539	5.54455	5.70×10^{-4}	5.99×10^{-3}
25	0.147725	1.55224	1.59×10^{-4}	1.67×10^{-3}

从表 2-1 可以看出，计算结果具有较高的精度，但并不能严格地通过小片检验。这主要是由于自然单元法的形函数并非多项式以及三角形积分子域与形函数的支撑域不同，因此不能进行精确的数值积分所致，有关自然单元法的数值积分方案将在第 5 章中进行进一步的研究。

图 2-11 分别给出了水平位移 u^h、垂直位移 v^h 和总位移矢量的大小 $\left|\boldsymbol{u}^h\right|=\sqrt{(u^h)^2+(v^h)^2}$ 的全场分布图，图中纵轴表示位移。

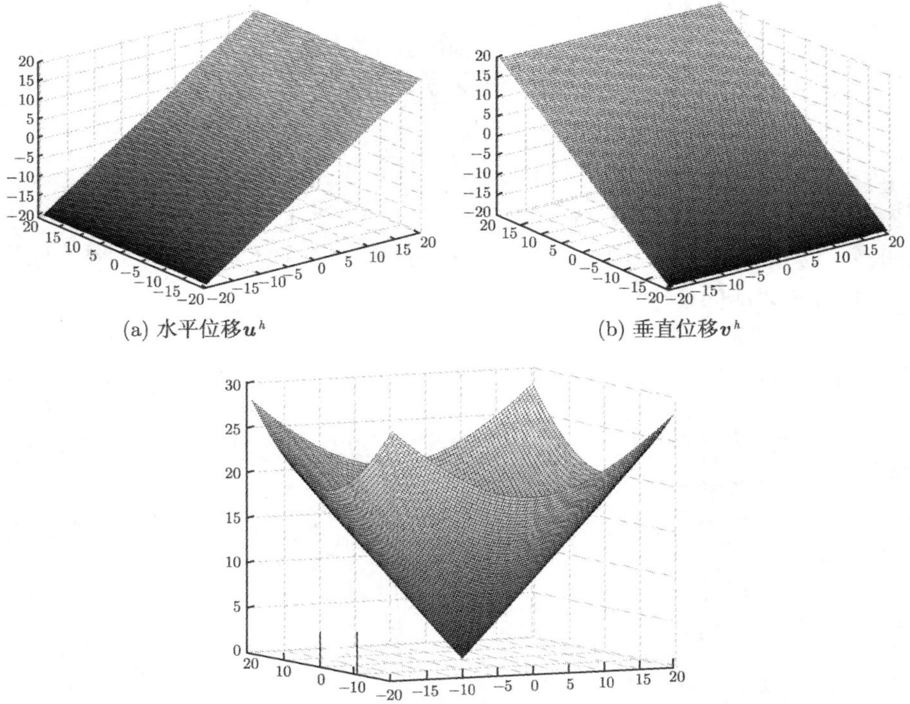

(a) 水平位移$\boldsymbol{u}^h$　　(b) 垂直位移$\boldsymbol{v}^h$

(c) 总位移大小$\boldsymbol{u}^h$

图 2-11 位移计算结果全场分布图

2.5.2 悬臂梁在端部受集中力作用

图 2-12 所示悬臂梁，长 $L=320$，高 $D=80$，在右端受集中力 $P=1000$ 作用。本例的精确解可参见文 [25]，本书采用自然单元法按平面应力问题进行计算，在梁的左端根据位移解析解施加了精确的位移边界条件，沿长度和高度方向共布置了 65×17 个结点，弹性模量 E 取为 10^5，泊松比 μ 取为 0.3，采用 Sibson 插值。

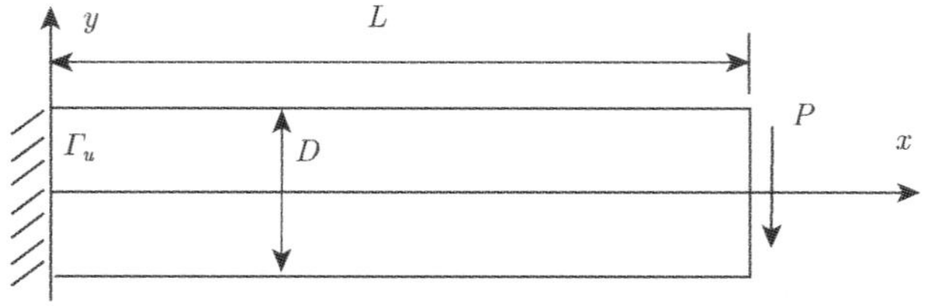

图 2-12　悬臂梁端部受分布剪力

位移、应力解析解为

$$u=\frac{Py}{6EI}\left[(6L-3x)x+(2+\mu)y^2-\frac{3D^2}{2}(1+\mu)\right] \tag{2-33}$$

$$v=\frac{-Py}{6EI}\left[3\mu y^2(L-x)+\frac{3D^2}{2}(3L-x)x^2\right] \tag{2-34}$$

$$\sigma_x=\frac{P(L-x)y}{I},\quad \sigma_y=0,\quad \tau_{xy}=\frac{-P}{2I}\left(\frac{D^2}{4}-y^2\right) \tag{2-35}$$

其中，I 为按单位宽度计算的截面惯性矩。$x=160$ 截面上的正应力和切应力沿梁高度的分布图如图 2-13 和图 2-14 所示。作为对比，图中还示出了相同结点布置下三结点有限单元法的计算结果。

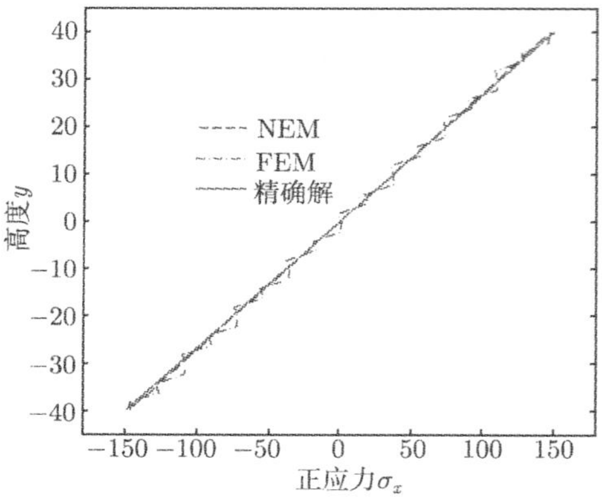

图 2-13　$x=160$ 截面正应力计算结果

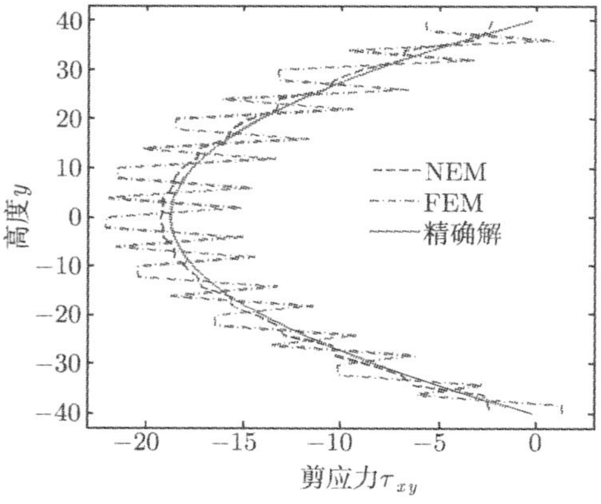

图 2-14　$x=160$ 截面剪应力计算结果

图中的计算结果表明，自然单元法的计算结果与解析解非常吻合，其中正应力最大误差为 1.2%，剪应力最大误差为 3.9%，而平面三结点有限单元法得到的应力是不连续的，波动性较大，为提高精度一般需进行应力精化或修匀处理[26]。文 [24] 中的计算结果也表明自然单元法的计算精度与收敛率要高于三结点有限单元法，一般情况下其计算精度与四结点有限元相当，对于应力变化比较剧烈的问题，其计算精度的提高更为显著。

全场水平位移 u^h 的计算结果如图 2-15 所示，全场垂直位移 v^h 的计算结果如图 2-16 所示，全场正应力 σ_x 分布图如图 2-17 所示，图中纵轴表示位移或正应力的大小，水平面对应的是 xy 平面。

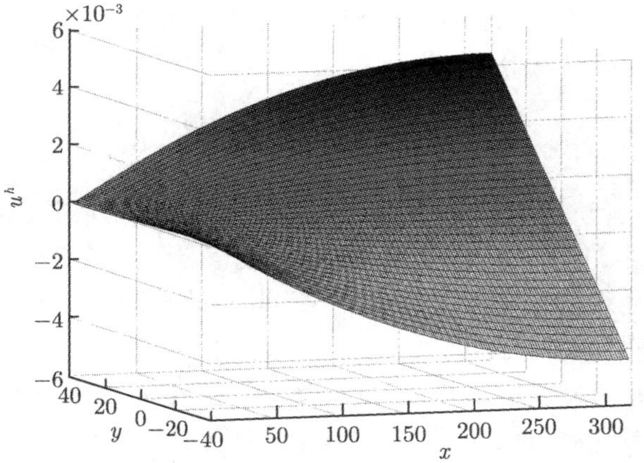

图 2-15　水平位移全场分布图

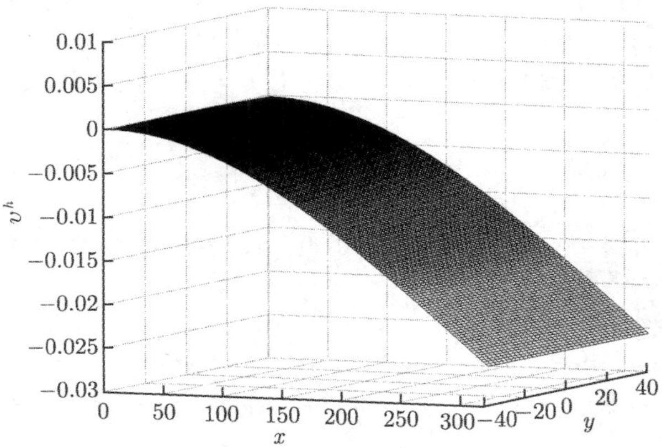

图 2-16　垂直位移全场分布图

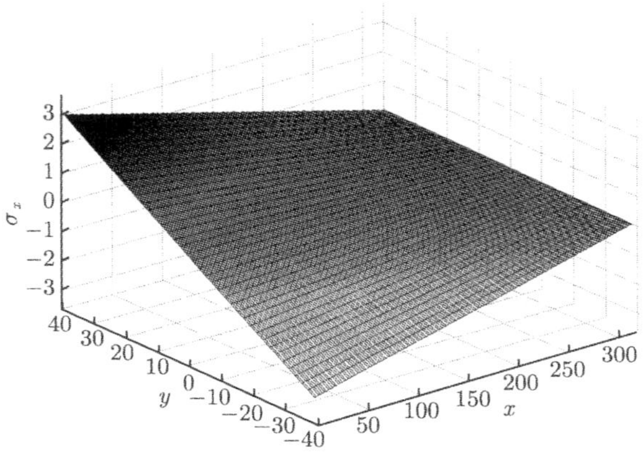

图 2-17　正应力 σ_x 全场分布图

2.6　本 章 小 结

本章在文献 [4, 5] 基础上，详细介绍了自然单元法形函数的构造方法和特点，给出了二维情形下 Sibson 插值和 non-Sibson 插值形函数的具体计算方法，推导了自然单元法离散系统总体刚度矩阵和荷载列阵的计算列式，算例验证了自然单元法求解弹性力学问题的可行性。

自然单元法是一种以点集的 Voronoi 图和 Delaunay 三角剖分为几何基础的数值计算方法，其形函数满足 δ 函数性质，所构造的近似函数在凸区域边界上具有线性插值性，因而可以方便地准确施加本质边界条件。自然单元法的形函数计算不涉及矩阵求逆，也没有权函数及相关参数的选择问题，可以方便实施，是一种很有发展前途的数值方法。本书后面的章节将针对自然单元法的相关问题进行进一步的研究，包括形函数计算的 Lasserre 算法、实现非凸区域边界上近似函数线性变化的方法以及数值积分方案等问题，并应用于固体力学的相关领域。

参 考 文 献

[1] Braun J, Sambridge M. A numerical method for solving partial differential equations on highly irregular evolving grids[J]. Nature, 1995, 376: 655-660.

[2] Sibson R. A vector identity for the Dirichlet tesselation[J]. Mathematical Proceedings of the Cambridge Philosophical Society, 1980, 87:151-155.

[3] Bowyer A. Computing Dirichlet tessellation[J]. The Computer Journal, 1981,24(2):162-166.

[4] Sukumar N, Moran B, Belytschko T. The natural elements method in solid mechanics[J].

International Journal for Numerical Methods in Engineering, 1998, 43: 839-887.

[5] Sukumar N, Moran B, Semenov A Y, et al. Natural neighbour Galerkin methods[J]. Int. J. Numer. Meth. Engng., 2001, 50:1-27.

[6] Farin G. Surfaces over Dirichlet tessellations[J]. Computer Aided Geometric Design, 1990, 7:281-292.

[7] Sukumar N, Moran B. C^1 natural neighbor interpolant for partial differetial equations[J]. Numerical Methods for Partial Differential Equations, 1999, 15(4)：417-447.

[8] Watson D F. Nngridr: an implementation of natural neighbor interpolation[M]. David Watson, 1994.

[9] De Berg M, Van Kreveld M, 等. 计算几何 —— 算法与应用 [M]. 邓俊辉译. 北京: 清华大学出版社, 2005.

[10] Lawson C L. Software for C^1 surface interpolation//Rice J R. Mathematical Software III[M]. 3rd ed. New York: Academic Press, 1977.

[11] Lee D T, Schachter B J. Two algorithms for constructing a Delaunay triangulation[J]. Journal of Computing and Information Science in Engineering, 1980, 9:219-242.

[12] Fortune S J. A sweepline algorithm for Voronoi diagrams[J]. Algorithmica, 1987, 2:153-174.

[13] Shewchuk J R. Triangle: Engineering a 2D Quality Mesh Generator and Delaunay Triangulator. First Workshop on Applied Computational Geometry, Association for Computing Machinery, New York, 1996, 124-133.

[14] 周培德. 计算几何 —— 算法设计与分析 [M]. 2 版. 北京: 清华大学出版社，2005.

[15] Sibson R. A brief description of natural neighbor interpolation//Barnett V. Interpreting Multivariate Data, Chichester. John Wiley, 1981，21-36.

[16] Sukumar N. The natural element method in solid mechanics[D]. USA IL Evanston Northwestern University, 1998.

[17] 南开大学数学系. 空间解析几何引论 [M]. 北京：人民教育出版社，1978.

[18] Belikov V V, Ivanov V D, Kontorovich V K, et al. The non-Sibsonian interpolation: a new method of interpolation of the values of a function on an arbitrary set of points[J]. Computational Mathematics and Mathematical Physics, 1997, 37(1):9-15.

[19] Belikov V V, Semenov A Y. Non-Sibsonian interpolation on arbitrary system of points in Euclidean space and adaptive isolines generation[J]. Applied Numerical Mathematics, 2000, 32(4): 371-387.

[20] 蔡永昌，朱合华，王建华. 基于 Voronoi 结构的无网格局部 Petrov-Galerkin 方法 [J]. 力学学报，2003,35(2):187-193.

[21] 王凯. 自然邻近无网格法的理论与应用研究 [D]. 济南: 山东大学，2005.

[22] Cai Y, Zhu H. A local search algorithm for natural neighbours in the natural element method[J]. International Journal of Solids and Structures, 2005,42:6059-6070.

[23] Alfaro I, Yvonnet J, Chinesta F, et al. A study on the performance of natural neighbour-based Galerkin methods[J]. International Journal for Numerical Methods in Engineering, 2007, 71:1436-1465.

[24] Cueto E, Sukumar N, Calvo B, et al. Overview and recenet advances in natural neighbour Galerkin methods[J]. International Journal for Numerical Methods in Engineering, 2003, 4: 307-384.

[25] 铁摩辛柯，古地尔. 弹性理论 [M]. 徐芝纶译. 北京：高等教育出版社，1990.

[26] 朱伯芳. 有限单元法原理与应用 [M]. 2 版. 北京：中国水利水电出版社, 1998.

第 3 章　自然单元法形函数及导数计算

自然单元法形函数及其导数的计算涉及计算点 $\boldsymbol{x}$ 的二阶 Voronoi 单胞的面积 (三维时为体积) 和一阶 Voronoi 单胞边长 (三维时为面积) 的计算，第 2 章中介绍的 Watson 算法不易推广到三维情形[21]，且不能计算 Delaunay 三角形边上的形函数。Lasserre[16] 提出的凸多面体体积算法被认为是最合适的选择[1]，可有效克服上述缺点和不足。但 Lasserre 算法实际上是一个递归计算过程，其中体积导数的计算公式相对于体积本身的计算公式要复杂得多，特别是计算点位于某些特殊位置时将导致求解过程失败。

本章首先基于 Lasserre 凸多面体的体积算法，详细推导二维情形下自然单元法 Sibson 插值和 non-Sibson 插值形函数及其导数的计算列式，对计算过程中可能导致计算失败的情形进行了细致的分析和几何解释，并给出相应的处理方法和对策。在此基础上，为避开复杂的体积导数计算，基于 non-Sibson 插值模式，提出一种形函数及其导数计算的直接链式求导方案，给出三维问题的推导过程和求解方案。

3.1　基于 Lasserre 算法的自然单元法形函数计算

3.1.1　凸多面体体积计算的 Lasserre 算法

自然单元法形函数计算中涉及凸多面体的计算点与结点对应的二阶 Voronoi 单胞的体积计算，凸多面体的每个小面所在的平面是计算点或结点与其自然邻点的垂直平分面，因此可以用 Lasserre 关于凸多面体的体积算法来计算相应的二阶 Voronoi 单胞的体积或面积。

Lasserre 关于凸多面体的体积算法首先将凸多面体描述为受一组线性不等式所约束的区域:

$$\{\boldsymbol{x}\,|\,\boldsymbol{A}\boldsymbol{x} \leqslant \boldsymbol{b}\} \tag{3-1}$$

其中，$\boldsymbol{x} \in \mathbf{R}^n$，$\boldsymbol{A}$ 为 $m \times n$ 矩阵，$\boldsymbol{b}$ 为 m 维向量，m 是约束不等式的个数，n 为空间维数。每个约束条件都代表 $\mathbf{R}^n$ 空间中的一个闭的半空间，因此凸多面体被描述为一组半空间的交。多面体的第 i 个面定义为

$$\{\boldsymbol{x}\,|\,(\boldsymbol{a}_i \cdot \boldsymbol{x}) = b_i, \boldsymbol{A}\boldsymbol{x} \leqslant \boldsymbol{b}\} \tag{3-2}$$

其中，$\boldsymbol{a}_i$ 为 $\boldsymbol{A}$ 的第 i 行，b_i 为 $\boldsymbol{b}$ 的第 i 个元素。上式表示 $n-1$ 维超平面上的一个凸壳。

记凸多面体体积为 $V(n,\boldsymbol{A},\boldsymbol{b})$，其第 i 个小面的面积记为 $V_i(n-1,\boldsymbol{A},\boldsymbol{b})$，则有

$$\frac{\partial V(n,\boldsymbol{A},\boldsymbol{b})}{\partial b_i}=\frac{V_i(n-1,\boldsymbol{A},\boldsymbol{b})}{\|\boldsymbol{a}_i\|} \tag{3-3}$$

上式可理解为当凸多面体第 i 个约束平面发生微小平移时，凸多面体的体积变化等于相应小面的面积与平移量的乘积。

$$\delta V(n,\boldsymbol{A},\boldsymbol{b})=V(n,\boldsymbol{A},\boldsymbol{b}+\delta b_i)-V(n,\boldsymbol{A},\boldsymbol{b})\approx V_i(n-1,\boldsymbol{A},\boldsymbol{b})\frac{\delta b_i}{\|\boldsymbol{a}_i\|} \tag{3-4}$$

对于二维情形，可如图 3-1 所示。

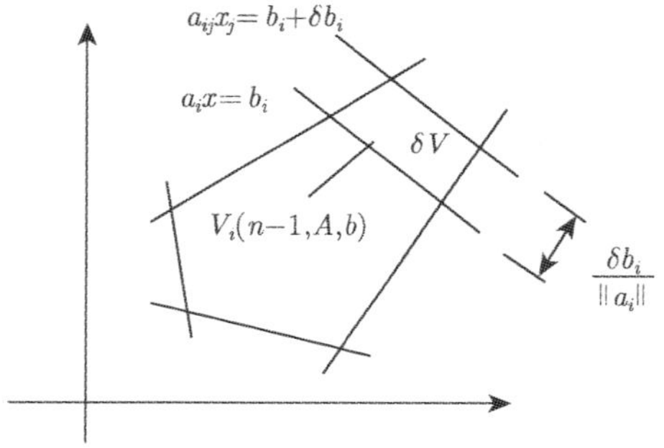

图 3-1　二维凸多边形面积导数计算

由于 $b_i/\|\boldsymbol{a}_i\|$ 实际上表示第 i 个小面到原点的有向距离[18]，对 n 维空间，凸多面体的体积是各小面到原点的有向距离的纯 n 次函数，由齐次函数的欧拉定理并结合式 (3-3) 可得凸多面体的体积表达式：

$$V(n,\boldsymbol{A},\boldsymbol{b})=\frac{1}{n}\sum_{i=1}^{m}\frac{b_i}{\|\boldsymbol{a}_i\|}V_i(n-1,\boldsymbol{A},\boldsymbol{b}) \tag{3-5}$$

上式表示凸多面体的体积等于各小面的面积乘以小面到原点的距离的 n 分之一的总和。由于各 b_i 具有符号上的变化，因此与各小面对应的体积并非总是正值。需要指出的是，上式对具有多余约束的情形也是成立的。

记各小面在超平面 $x_j=0$ 上投影的面积为 $V_i'(n-1,\bar{\boldsymbol{A}}_j,\bar{\boldsymbol{b}}_j)$，Lasserre 在文 [16] 中证明了有下式成立：

$$V_i(n-1,\boldsymbol{A},\boldsymbol{b})=\frac{\|\boldsymbol{a}_i\|}{|a_{ij}|}V_i'(n-1,\bar{\boldsymbol{A}}_j,\bar{\boldsymbol{b}}_j) \tag{3-6}$$

从而有

$$V(n,\boldsymbol{A},\boldsymbol{b})=\frac{1}{n}\sum_{i=1}^{m}\frac{b_i}{|a_{ij}|}V_i'(n-1,\bar{\boldsymbol{A}}_j,\bar{\boldsymbol{b}}_j) \tag{3-7}$$

其中，$V_i'(n-1,\bar{\boldsymbol{A}}_j,\bar{\boldsymbol{b}}_j)$ 的计算方法是将第 i 个约束不等式取等号后求出第 j 个坐标变量，再代入其余的约束不等式后得到关于 $n-1$ 个坐标变量的 $m-1$ 个约束不等式，$V_i'(n-1,\bar{\boldsymbol{A}}_j,\bar{\boldsymbol{b}}_j)$ 就是这 $m-1$ 个约束不等式在 $n-1$ 维空间中所表示的凸多面体的体积。

Lasserre 关于凸多面体的体积算法事实上是一个递归的算法，在递归的过程中不断地降维，如对三维凸多面体进行体积计算时，先将体积计算问题转化为二维的面积计算问题，再将二维的面积计算问题转化为一维线段的长度计算。凸多面体的体积 $V(n,\boldsymbol{A},\boldsymbol{b})$ 依赖于其约束不等式各个坐标变量的系数和自由项，在自然单元法形函数计算中系数和自由项可能包含计算点的坐标 (x_p, y_p)，则 $V(n,\boldsymbol{A},\boldsymbol{b})$ 对 x_p 或 y_p 的偏导数可由链式求导法则得出，并且这将导致一个新的递归计算公式，显然体积导数的递归计算公式比体积的递归计算公式要复杂得多。

下面通过一个二维简单问题说明应用 Lasserre 算法计算多边形面积和边长的方法，考虑如图 3-2 所示的四边形。

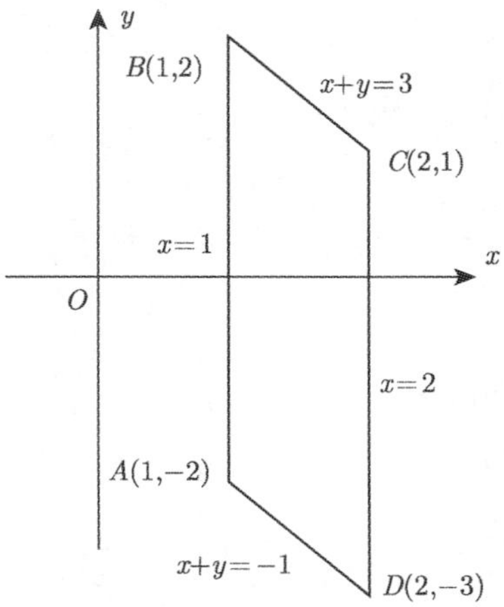

图 3-2　平面四边形的面积计算

四边形为受下列不等式所约束的区域：

$$-x\leqslant -1, x+y\leqslant 3, x\leqslant 2, -x-y\leqslant 1 \tag{3-8}$$

为了求 AB 边在 y 轴上的投影长度 $|AB|'$，可令上面第一式取等号，再代入其

余三式可得

$$y \leqslant 2, 1 \leqslant 2, y \geqslant -2, \quad |AB|' = 2 - (-2) = 4 \tag{3-9}$$

则 AB 边的长度为

$$|AB| = \frac{\|\boldsymbol{a}_{AB}\|}{|a_{ABy}|} \times 4 = \frac{1}{1} \times 4 = 4 \tag{3-10}$$

求 BC 边在 y 轴上的投影长度 $|BC|'$，可令第二式取等号并解出 $x = 3 - y$，代入其余三式可得

$$y \leqslant 2, y \geqslant 1, -3 \leqslant 1, \quad |BC|' = 2 - 1 = 1 \tag{3-11}$$

则 BC 边的长度为

$$|BC| = \frac{\|\boldsymbol{a}_{BC}\|}{|a_{BCy}|} \times 1 = \frac{\sqrt{2}}{1} \times 1 = \sqrt{2} \tag{3-12}$$

求 CD 边在 y 轴上的投影长度 $|CD|'$，可令第三式取等号并解出 $x = 2$，代入其余三式可得

$$-2 \leqslant -1, y \leqslant 1, y \geqslant -3, \quad |CD|' = 1 - (-3) = 4 \tag{3-13}$$

则 CD 边的长度为

$$|CD| = \frac{\|\boldsymbol{a}_{CD}\|}{|a_{CDy}|} \times 4 = \frac{1}{1} \times 4 = 4 \tag{3-14}$$

求 DA 边在 y 轴上的投影长度 $|DA|'$，可令第四式取等号并解出 $x = -1 - y$，代入其余三式可得

$$y \leqslant -2, -1 \leqslant 3, y \geqslant -3, \quad |DA|' = -2 - (-3) = 1 \tag{3-15}$$

则 DA 边的长度为

$$|DA| = \frac{\|\boldsymbol{a}_{DA}\|}{|a_{DAy}|} \times 1 = \frac{\sqrt{2}}{1} \times 1 = \sqrt{2} \tag{3-16}$$

于是，四边形 $ABCD$ 的面积为

$$V(2, \boldsymbol{A}, \boldsymbol{b}) = \frac{1}{2} \sum_{i=1}^{4} \frac{b_i}{|a_{ix}|} L_i = \frac{1}{2} \left(\frac{-1}{1} \times 4 + \frac{3}{1} \times 1 + \frac{2}{1} \times 4 + \frac{1}{1} \times 1 \right) = 4 \tag{3-17}$$

注意到如果将 $-x \leqslant -1$ 改为 $x \leqslant 1$，则 BC 边和 DA 边的长度将为无穷大，代表 BC 和 DA 直线在 $x = 1$ 左侧的射线。

3.1.2 Sibson 插值形函数及其导数计算

对于图 3-3 的二维情形，结点 I 在点 $\boldsymbol{x}$ 处的形函数与导数为

$$\phi_I(\boldsymbol{x}) = \frac{A_I}{\sum_{J=1}^{n} A_J}$$

$$\phi_{I,j}(\boldsymbol{x}) = \frac{A_{I,j} - \phi_I \sum_{J=1}^{n} A_{J,j}}{\sum_{J=1}^{n} A_J} \quad (j = 1, 2)$$

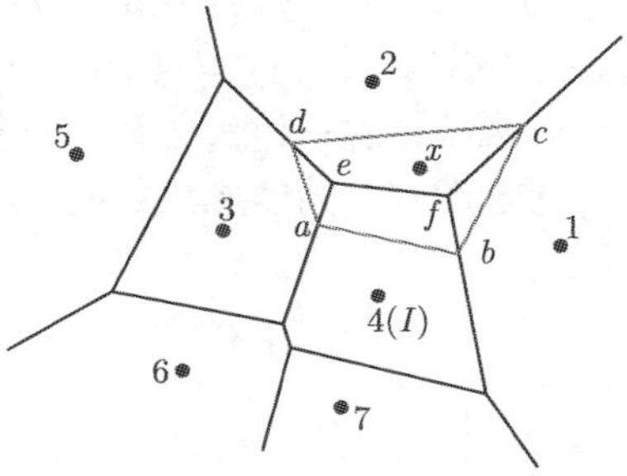

图 3-3 x 的一阶和二阶 Voronoi 单胞

其中，A_J 为计算点 $\boldsymbol{x}$ 与其自然邻点 J 对应的二阶 Voronoi 单胞的面积。以结点 4 与 $\boldsymbol{x}$ 的二阶 Voronoi 单胞的面积计算为例，$\boldsymbol{x}$ 与其自然邻点 4 对应的二阶 Voronoi 单胞是四边形 $abfe$ 所围成的区域，在二维情形下该区域是一个凸多边形，其面积可按 Lasserre 的凸多面体体积算法计算，即将四边形 $abfe$ 各边边长乘以各边到原点的距离的二分之一后再求和。

设 $\boldsymbol{x}$ 的坐标为 (x_p, y_p)，ab、bf、fe、ea 所代表的约束不等式为

$$a_{i1}x + a_{i2}y \leqslant b_i, \quad i = 1, 2, 3, 4 \tag{3-18}$$

其中的系数和自由项可能是 x_p 和 y_p 的函数，且可容易地求得其导数。

则点 $\boldsymbol{x}$ 与结点 4 对应的二阶 Voronoi 单胞 $abfe$ 的面积 A_{abfe} 可由下式计算：

$$V(n, \boldsymbol{A}, \boldsymbol{b}) = \frac{1}{n} \sum_{i=1}^{m} \frac{b_i}{|a_{it}|} V_i'(n-1, \bar{\boldsymbol{A}}_t, \bar{\boldsymbol{b}}_t) \tag{3-19}$$

其中，a_{it} 取 a_{i1} 和 a_{i2} 中绝对值较大者。对于二维情形有 $n = 2$。

对于计算点坐标 x_p 的导数为

$$V_{,x_p}(n, \boldsymbol{A}, \boldsymbol{b}) = \frac{1}{n} \sum_{i=1}^{m} \left(\frac{b_i}{|a_{it}|}\right)_{,x_p} V_i'(n-1, \bar{\boldsymbol{A}}_t, \bar{\boldsymbol{b}}_t) + \frac{1}{n} \sum_{i=1}^{m} \left(\frac{b_i}{|a_{it}|}\right) V_{i,x_p}' \tag{3-20}$$

由于 $V_i'(n-1, \bar{\boldsymbol{A}}_t, \bar{\boldsymbol{b}}_t)$ 所对应的约束不等式的系数也是 x_p 和 y_p 的函数，且其函数关系是确定的，因此上式也是一个递归的计算公式。类似地，可求出形函数对于计算点坐标 y_p 的导数，如此便可求得点 $\boldsymbol{x}$ 与结点对应的二阶 Voronoi 单胞的面积及其导数。

3.1.3 non-Sibson 插值形函数及其导数计算

non-Sibson 插值形函数计算中涉及 Laplace 权函数[3]，该函数定义为计算点的 Voronoi 单胞与结点 I 对应小面的面积与计算点到结点 I 的距离之比。因此，non-Sibson 插值计算中涉及的相关体积计算较 Sibson 插值可减少一维。

对于图 3-4 的情形，non-Sibson 插值形函数定义为

$$\phi_I(\boldsymbol{x}) = \frac{\alpha_I(\boldsymbol{x})}{\sum\limits_{J=1}^{n} \alpha_J(\boldsymbol{x})} \tag{3-21}$$

其中，$\alpha_J(\boldsymbol{x}) = \dfrac{s_J(\boldsymbol{x})}{h_J(\boldsymbol{x})}$，$\alpha_J(x)$ 是形函数计算中涉及的 Laplace 权函数，$s_J(\boldsymbol{x})$ 为与结点 J 相关的 Voronoi 边的边长，$h_J(\boldsymbol{x})$ 是插值点 $\boldsymbol{x}$ 到结点 J 的距离的一半。其形函数导数为

$$\phi_{I,j}(\boldsymbol{x}) = \frac{\alpha_{I,j}(\boldsymbol{x}) - \phi_I(\boldsymbol{x}) \sum\limits_{J=1}^{n} \alpha_{J,j}(\boldsymbol{x})}{\sum\limits_{J=1}^{n} \alpha_J(\boldsymbol{x})} \quad (j = 1, 2) \tag{3-22}$$

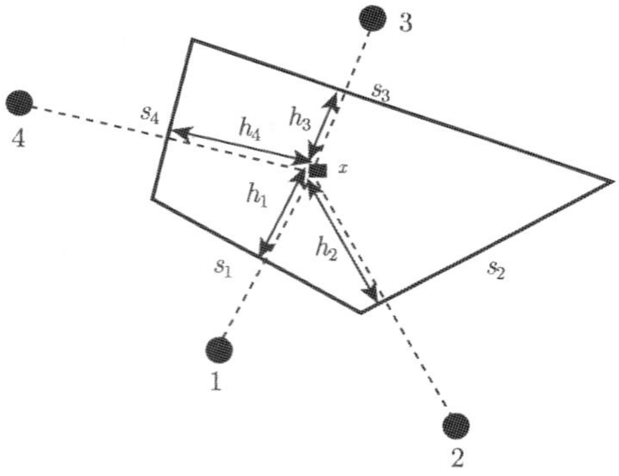

图 3-4　non-Sibson 插值形函数计算

以 s_4 及其导数计算为例，设与 s_4 相应的约束方程为

$$a_{41}x + a_{42}y \leqslant b_4 \tag{3-23}$$

则有

$$s_4 = \frac{\|\boldsymbol{a}_4\|}{|a_{4t}|} s_{4t} \tag{3-24}$$

其中，a_{4t} 为 a_{41} 和 a_{42} 中绝对值较大者，s_{4t} 为 s_4 在 $t = 0$ 面上的投影。

设 $\boldsymbol{x}$ 的坐标为 (x_p, y_p)，则 s_4 对 x_p 的导数为

$$s_{4,x_p} = \frac{\|a_4\|}{|a_{4t}|} s_{4t,x_p} - \frac{|a_{4t}|_{,x_p}}{|a_{4t}|^2} \|a_4\| s_{4t} + \frac{\|a_4\|_{,x_p}}{|a_{4t}|} s_{4t} \tag{3-25}$$

其中，

$$\|a_4\| = \sqrt{a_{41}^2 + a_{42}^2}, \quad \|a_4\|_{,x_p} = \frac{a_{41}a_{41,x_p} + a_{42}a_{42,x_p}}{\|a_4\|}$$

$$\phi_{4,x_p}(\boldsymbol{x}) = \frac{\alpha_{4,x_p} - \phi_I \sum\limits_{J=1}^{n} \alpha_{J,x_p}}{\sum\limits_{J=1}^{n} \alpha_J}, \quad a_{4,x_p} = \frac{s_{4,x_p}(\boldsymbol{x})}{h_4(\boldsymbol{x})} - \frac{s_4 h_{4,x_p}(\boldsymbol{x})}{h_4^2(\boldsymbol{x})} \tag{3-26}$$

$$h_4(x) = \sqrt{(x_p - x_4)^2 + (y_p - y_4)^2}, \quad h_{J,x_p}(x) = \frac{x_p - x_4}{\sqrt{(x_p - x_4)^2 + (y_p - y_4)^2}} \tag{3-27}$$

与 Sibson 插值形函数计算方法类似，non-Sibson 插值形函数及其导数计算最终归结为计算点 $\boldsymbol{x}$ 的一阶 Voronoi 单胞各边在坐标轴上的投影长度及其对计算点坐标的导数计算。

3.1.4 计算点 Voronoi 单胞边长及其导数计算

由于 Sibson 插值形函数需要计算二阶 Voronoi 单胞的边长，此处以图 3-3 中 ab 边的边长计算为例进行说明。

四边形 $abfe$ 为点 $\boldsymbol{x}$ 与结点 4 对应的二阶 Voronoi 单胞，将结点 4 记为结点 I，其坐标为 (x_I, y_I)，计算点 $\boldsymbol{x}$ 的坐标记为 (x_p, y_p)。直线 ab 为结点 I 与计算点 $\boldsymbol{x}$ 的垂直平分线，如图 3-5 所示，其方程为

$$2(x_p - x_I)x + 2(y_p - y_I)y = (x_p^2 - x_I^2 + y_p^2 - y_I^2) \tag{3-28}$$

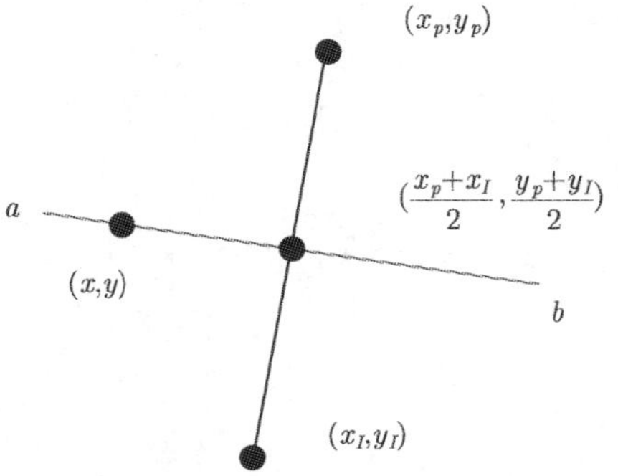

图 3-5 计算点与结点 I 的垂直平分线

垂直平分线将平面分为两个半平面，四边形 $abfe$ 内的点应位于计算点一侧的半平面内，即满足不等式：

$$-2(x_p - x_I)x - 2(y_p - y_I)y \leqslant -(x_p^2 - x_I^2 + y_p^2 - y_I^2) \tag{3-29}$$

同理，结点 I 与结点 1、2、3 的垂直平分线也分别将平面分为两个半平面，所不同的是四边形 $abfe$ 内的点应位于结点 I 一侧的半平面内。因此四边形 $abfe$ 为下列不等式所约束的区域：

$$-2(x_p - x_I)x - 2(y_p - y_I)y \leqslant -(x_p^2 - x_I^2 + y_p^2 - y_I^2) \tag{3-30a}$$

$$+2(x_1 - x_I)x + 2(y_1 - y_I)y \leqslant +(x_1^2 - x_I^2 + y_1^2 - y_I^2) \tag{3-30b}$$

$$+2(x_2 - x_I)x + 2(y_2 - y_I)y \leqslant +(x_2^2 - x_I^2 + y_2^2 - y_I^2) \tag{3-30c}$$

$$+2(x_3 - x_I)x + 2(y_3 - y_I)y \leqslant +(x_3^2 - x_I^2 + y_3^2 - y_I^2) \tag{3-30d}$$

记为

$$a_{01}x + a_{02}y \leqslant b_0 \tag{3-31a}$$

$$a_{11}x + a_{12}y \leqslant b_1 \tag{3-31b}$$

$$a_{21}x + a_{22}y \leqslant b_2 \tag{3-31c}$$

$$a_{31}x + a_{32}y \leqslant b_3 \tag{3-31d}$$

为计算四边形 $abfe$ 中 ab 边的长度，可先计算 ab 边在坐标轴上的投影长度，再按式 (3-6) 计算其边长，注意到 ab 边上的点在计算点 (x_p, y_p) 与结点 I 的垂直平分线上，即满足式 (3-31a) 取等号，且受式 (3-31b)、式 (3-31c)、式 (3-31d) 的约束。

不失一般性，设 $|a_{01}| \geqslant |a_{02}|$，将式 (3-31a) 取等号并解出 $x = (b_0 - a_{02}y)/a_{01}$，代入另外三个不等式得

$$\left(a_{12} - a_{11}\frac{a_{02}}{a_{01}}\right)y \leqslant b_1 - a_{11}\frac{b_0}{a_{01}} \tag{3-32}$$

$$\left(a_{22} - a_{21}\frac{a_{02}}{a_{01}}\right)y \leqslant b_2 - a_{21}\frac{b_0}{a_{01}} \tag{3-33}$$

$$\left(a_{32} - a_{31}\frac{a_{02}}{a_{01}}\right)y \leqslant b_3 - a_{31}\frac{b_0}{a_{01}} \tag{3-34}$$

设起控制作用的不等式是式 (3-32) 和式 (3-33)，且式 (3-32) 左端系数小于 0，式 (3-33) 左端系数大于 0，则得 ab 在 y 轴上投影的有效区间范围为

$$\frac{b_1 - a_{11}\dfrac{b_0}{a_{01}}}{a_{12} - a_{11}\dfrac{a_{02}}{a_{01}}} = y_L \leqslant y \leqslant y_R = \frac{b_2 - a_{21}\dfrac{b_0}{a_{01}}}{a_{22} - a_{21}\dfrac{a_{02}}{a_{01}}} \tag{3-35}$$

记 ab 在 y 轴上投影的长度为 V_0'，ab 的长度为 V_0，则有

$$V_0' = y_R - y_L, V'_{0,x_p} = y_{R,x_p} - y_{L,x_p}, V'_{0,y_p} = y_{R,y_p} - y_{L,y_p} \tag{3-36}$$

$$V_0 = \frac{\|a_0\|}{|a_{01}|} V_0' \tag{3-37}$$

$$V_{0,x_p} = \frac{\|a_0\|}{|a_{01}|} V'_{0,x_p} - \frac{|a_{01}|_{,x_p}}{|a_{01}|^2} \|a_0\| V_0' + \frac{\|a_0\|_{,x_p}}{|a_{01}|} V_0' \tag{3-38}$$

$$V_{0,y_p} = \frac{\|a_0\|}{|a_{01}|} V'_{0,y_p} - \frac{|a_{01}|_{,y_p}}{|a_{01}|^2} \|a_0\| V_0' + \frac{\|a_0\|_{,y_p}}{|a_{01}|} V_0' \tag{3-39}$$

3.1.5 计算失效情形与处理方法

3.1.5.1 计算点位于结点上

当 $a_{01} = a_{02}$=0 时，式 (3-31a) 所代表的约束方程是不定的，方程的约化过程无法进行，此时所对应的实际情形是计算点位于结点上。由自然单元法形函数的特点，可知形函数在本点处为 1，在其他点处为 0。形函数的导数在本结点处不存在，Sibson 插值形函数导数在其他点处为 0，non-Sibson 插值形函数导数在其他点处不存在。因此可能的解决办法是当计算点位于结点上时，给以微小扰动以避开结点，或直接赋予相应的值。

3.1.5.2 两条约束直线平行

当 $a_{22} - a_{21}\dfrac{a_{02}}{a_{01}} = 0$ 时，式 (3-33) 的进一步简化也会导致计算失败，此时所对应的情形是式 (3-31a)、式 (3-31c) 所对应的约束直线相互平行，即三点 I、$\boldsymbol{x}_p$、2 共线，此时直线 ef 与 ab 的交点在无穷远处，并不起控制作用，因此可以不考虑约束方程 (3-31c) 的影响。

3.1.5.3 计算点在边界上

若式 (3-32)、式 (3-33)、式 (3-34) 中不等式左端系数同号，这时所对应的情形是计算点在区域的边界上，相应的 Voronoi 边的一端是无限的，如图 3-6 中 b 在无穷远处，因此长度也趋于无穷。Voronoi 边趋于无穷的一端是由与其平行的约束直线所决定的，这与三点共线的情形相似，不同的是这里的无穷远点是 Voronoi 边的一个控制端点。可能的解决办法是给计算点一个偏向区域内部的微小偏移量以使计算点避开边界，或者是在计算边长时将趋于无穷的端点换成一个绝对值非常

大的数，计算导数时则不考虑无穷远端点变化的影响，所得结果是近似的。事实上，Watson 算法也不能计算边界上计算点的形函数及其导数。

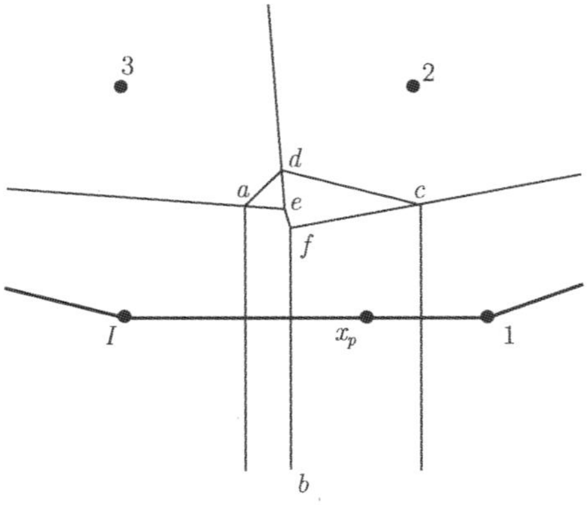

图 3-6　计算点 $\boldsymbol{x}_p$ 在边界上

3.1.6　计算点位于三角形外接圆上时形函数的计算

3.1.6.1　形函数及导数在外界圆处的特点

Sibson 插值形函数在外接圆处是 C^1 的，而 non-Sibson 插值形函数在外接圆处是 C^0 的。可以证明当计算点趋于外接圆周时，Sibson 插值形函数的导数趋于 0，因此当计算点由结点支撑域内侧或外侧接近外接圆上的点时，相应结点对形函数导数的贡献是 0，并且形函数的导数是连续的，如图 3-7 所示。在这种情形下，虽然无法判断是哪一条约束直线控制 Voronoi 边的区间端点，但任选其中一条，形函数导数的计算结果是相同的。

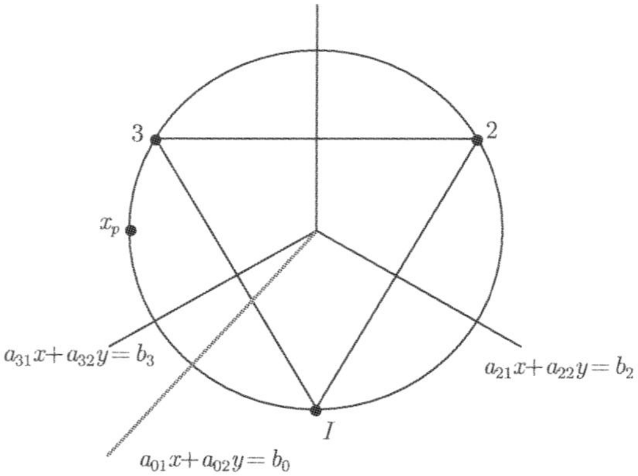

图 3-7　计算点 $\boldsymbol{x}_p$ 在外接圆上

而 non-Sibson 插值形函数导数在接近外接圆周时不为 0，Voronoi 边的端点由特定的约束直线决定。当计算点以不同的方向趋于外接圆周上的点时，形函数的导数计算结果是不同的，选用不同的约束直线意味着计算点以不同的方向趋近于圆周上的点，因此，non-Sibson 插值形函数导数在外接圆周处是不连续的。如果计算过程中随机选取一条作为控制约束直线，其结果相当于给予计算点一个微小的偏移量，但偏移方向是由计算过程随机确定的。

3.1.6.2 在计算过程中的表现形式

若式 (3-32)、式 (3-33)、式 (3-34) 中有两个不等式所得结果完全相同，如由式 (3-33) 得 $y \leqslant y_R$，同时由式 (3-34) 得 $y \leqslant y'_R$，且 $y'_R = y_R$，取式 (3-33) 或式 (3-34) 来计算形函数，结果是相同的，但导数计算结果可以是不同的。这是由于当 $\boldsymbol{x}_p$ 从不同的方向趋近于圆周上的点时，控制端点的约束直线是不同的。事实上，$\boldsymbol{x}_p$ 的自然邻点也将发生变化，如图 3-7 所示，当 $\boldsymbol{x}_p$ 在结点 I、3 间的圆弧上时，若向圆外偏移，结点 2 将不再是其自然邻点。但从本书前面的分析可知，Sibson 插值形函数的导数计算结果仍是相同的。

可以证明，$y'_R = y_R$ 是 $\boldsymbol{x}_p$ 位于 $\triangle I23$ 的外接圆圆周上的解析表达式。如图 3-7 所示，过平面上三点 $I(x_I, y_I)$、2 (x_2, y_2)、$3(x_3, y_3)$ 的外接圆方程为

$$D_x x + D_y y + D_z \left(x^2 + y^2\right) - D = 0 \tag{3-40}$$

$$D_x = \begin{vmatrix} 1 & y_I & z_I \\ 1 & y_2 & z_2 \\ 1 & y_3 & z_3 \end{vmatrix}, D_y = \begin{vmatrix} x_I & 1 & z_I \\ x_2 & 1 & z_2 \\ x_3 & 1 & z_3 \end{vmatrix}, D_z = \begin{vmatrix} x_I & y_I & 1 \\ x_2 & y_2 & 1 \\ x_3 & y_3 & 1 \end{vmatrix}, D = \begin{vmatrix} x_1 & y_1 & z_I \\ x_2 & y_2 & z_2 \\ x_3 & y_3 & z_3 \end{vmatrix} \tag{3-41}$$

$$z_I = x_I^2 + y_I^2, z_2 = x_2^2 + y_2^2, z_3 = x_3^2 + y_3^2 \tag{3-42}$$

将计算点坐标 (x_p, y_p) 代入式 (3-40) 经过整理后可得

$$\frac{b_2 - a_{21}\dfrac{b_0}{a_{01}}}{a_{22} - a_{21}\dfrac{a_{02}}{a_{01}}} = \frac{b_3 - a_{31}\dfrac{b_0}{a_{01}}}{a_{32} - a_{31}\dfrac{a_{02}}{a_{01}}} \tag{3-43}$$

所以 $y'_R = y_R$ 表示计算点位于结点 I、2、3 组成的三角形的外接圆的圆周上。

3.2 基于 non-Sibson 插值的形函数及导数计算的直接链式求导

虽然 non-Sibson 插值函数在四面体外接圆边界上不光滑，但由于 non-Sibson 插值计算中涉及的相关体积计算较 Sibson 插值可减少一维，在三维自然单元法中

有重要的应用价值。目前较为流行的算法主要是 Lasserre[3-5,8,15-16] 算法，但该算法涉及二阶 Voronoi 单胞多面体各面的线性不等式的标准化表示，以及求解各积分点对应的二阶 Voronoi 单胞的线性不等式组，不仅如此，二阶 Voronoi 单胞多面体各面在坐标面的投影面积的导数也不太容易直接给出。本节采用复合函数的链式求导法则进行推算，获得三维自然单元法 non-Sibson 形函数导数的显式格式。

3.2.1　二阶 Voronoi 单胞的生成

为了直观说明自然单元法中 non-Sibson 形函数及其导数的含义，这里采用二维图形来示意，某积分点 $\boldsymbol{x}(x_n, y_n, z_n)$ 的一阶和二阶 Voronoi 单胞如图 3-8 所示，图中 1、2、3 和 4 点为该积分点的邻近结点。由 3.1.3 节中式 (3-21) 和式 (3-22) 可知，non-Sibson 插值形函数及其导数的计算关键在于积分点的二阶 Voronoi 单胞生成及该单胞各面的面积计算，而相应形函数导数的计算则取决于二阶 Voronoi 单胞多面体各面面积对积分点的导数计算。下面详细叙述其计算过程。

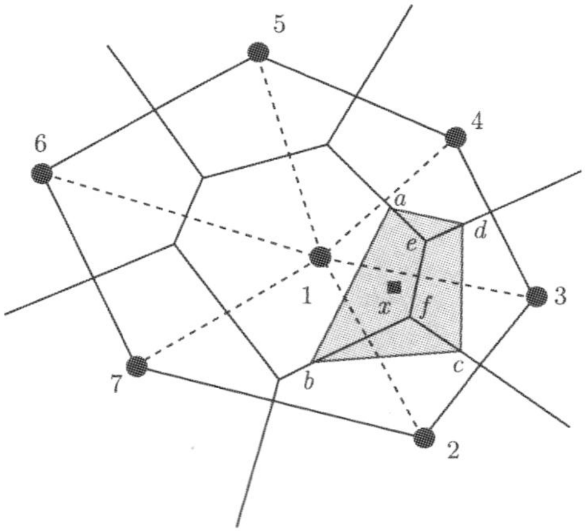

图 3-8　积分点 $\boldsymbol{x}$ 的一阶和二阶 Voronoi 单胞图

二阶 Voronoi 单胞是由积分点与邻近结点的垂直平分面与该邻近结点的一阶 Voronoi 单胞多面体切割而成，如图 3-8 所示的 ab 线段 (对于三维则是一个面域) 就是 1 结点和 $\boldsymbol{x}$ 的垂直平分线与 1 结点的一阶 Voronoi 单胞切割而成的。可以证明二阶 Voronoi 单胞的顶点实际上是由积分点 $\boldsymbol{x}$、对应的邻近结点 i 以及与邻近结点 i 相关联但不构成相邻四面体的公共面的那些邻近结点所形成的四面体外接球球心。如图 3-8，a 点实际上是积分点 $\boldsymbol{x}$、邻近结点 1 和 4 点构成的三角形外接圆圆心，同样，b 点是 $\boldsymbol{x}$、1 和 2 三点，c 点是 $\boldsymbol{x}$、2 和 3 三点，d 点是 $\boldsymbol{x}$、3 和 4 三点所构成的三角形外接圆圆心。这里需要注意的是，$\boldsymbol{x}$、1 和 3 这三点所构成的三角形外接圆圆心并不是二阶 Voronoi 单胞的顶点，原因在于 1 和 3 形成的线段是相邻三角形的公共边，这与二阶 Voronoi 单胞的尽可能凸有关系。因此，对应三维情形，就是以积分点、对应结点和与对应结点相关的三角形面 (非公共面) 上的其他两点构成四点，该四点的外接圆圆心必为二阶 Voronoi 单胞的顶点。若积分点为 (x_p, y_p, z_p)，其他三点分别为 (x_2, y_2, z_2)，(x_3, y_3, z_3)，(x_4, y_4, z_4)，其构成四面体的外接球球心 (x, y, z) 则为方程组

$$\begin{bmatrix} x_3 - x_2 & y_3 - y_2 & z_3 - z_2 \\ x_4 - x_3 & y_4 - y_3 & z_4 - z_3 \\ x_3 - x_p & y_3 - y_p & z_3 - z_p \end{bmatrix} \begin{Bmatrix} x \\ y \\ z \end{Bmatrix} = \frac{1}{2} \begin{Bmatrix} x_3^2 + y_3^2 + z_3^2 - x_2^2 - y_2^2 - z_2^2 \\ x_4^2 + y_4^2 + z_4^2 - x_3^2 - y_3^2 - z_3^2 \\ x_3^2 + y_3^2 + z_3^2 - x_p^2 - y_p^2 - z_p^2 \end{Bmatrix} \tag{3-44}$$

的解。

令

$$dm = \begin{vmatrix} x_3 - x_2 & y_3 - y_2 & z_3 - z_2 \\ x_4 - x_3 & y_4 - y_3 & z_4 - z_3 \\ x_3 - x_p & y_3 - y_p & z_3 - z_p \end{vmatrix}$$

$$\mathrm{d}z_x = \frac{1}{2} \begin{vmatrix} x_3^2 + y_3^2 + z_3^2 - x_2^2 - y_2^2 - z_2^2 & y_3 - y_2 & z_3 - z_2 \\ x_4^2 + y_4^2 + z_4^2 - x_3^2 - y_3^2 - z_3^2 & y_4 - y_3 & z_4 - z_3 \\ x_3^2 + y_3^2 + z_3^2 - x_p^2 - y_p^2 - z_p^2 & y_3 - y_p & z_3 - z_p \end{vmatrix}$$

$$\mathrm{d}z_y = \frac{1}{2} \begin{vmatrix} x_3 - x_2 & x_3^2 + y_3^2 + z_3^2 - x_2^2 - y_2^2 - z_2^2 & z_3 - z_2 \\ x_4 - x_3 & x_4^2 + y_4^2 + z_4^2 - x_3^2 - y_3^2 - z_3^2 & z_4 - z_3 \\ x_3 - x_p & x_3^2 + y_3^2 + z_3^2 - x_p^2 - y_p^2 - z_p^2 & z_3 - z_p \end{vmatrix}$$

$$\mathrm{d}z_z = \frac{1}{2} \begin{vmatrix} x_3 - x_2 & y_3 - y_2 & x_3^2 + y_3^2 + z_3^2 - x_2^2 - y_2^2 - z_2^2 \\ x_4 - x_3 & y_4 - y_3 & x_4^2 + y_4^2 + z_4^2 - x_3^2 - y_3^2 - z_3^2 \\ x_3 - x_p & y_3 - y_p & x_3^2 + y_3^2 + z_3^2 - x_p^2 - y_p^2 - z_p^2 \end{vmatrix}$$

根据克莱姆法则，解为

$$x = \frac{\mathrm{d}z_x}{\mathrm{d}m}; \quad y = \frac{\mathrm{d}z_y}{\mathrm{d}m}; \quad z = \frac{\mathrm{d}z_z}{\mathrm{d}m} \tag{3-45}$$

即为积分点的二阶 Voronoi 单胞的一个顶点。

3.2.2 二阶 Voronoi 单胞多面体各多边形面域的面积计算

由式 (3-45) 很容易计算出积分点 $\boldsymbol{x}(x_p, y_p, z_p)$ 的二阶 Voronoi 单胞与结点 J 相关面域 S_J 的各个顶点。如图 3-9 所示，图中阴影域为某 Delaunay 四面体背景网格 (即数字连线构成的网格) 中积分点 $\boldsymbol{X}$ 与结点 616 相关的面域 S，图中多边形面围成的部分为结点 616 的一阶 Voronoi 单胞，假设面域 S_J 有 n 个顶点坐标

$\boldsymbol{x}(x, y, z)$，则其面积可看成是从某点 (如第 1 个点) 出发形成的 $n-2$ 个三角形的面积之和，如图 3-10 所示。

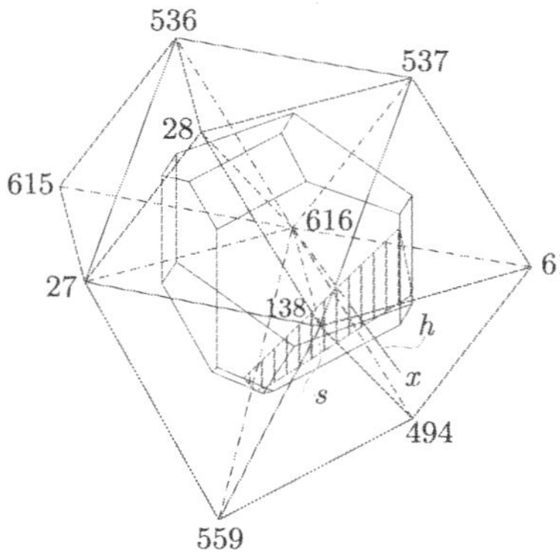

图 3-9　积分点与某结点相关的二阶Voronoi单胞面域

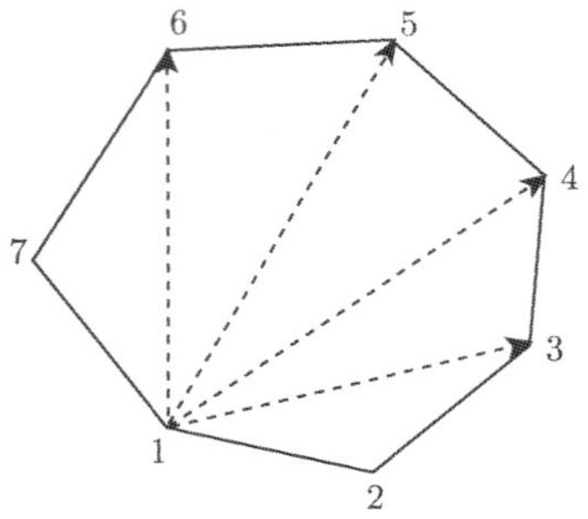

图 3-10　面域 S_J 的一个三角形划分

但构成面域的 n 个顶点不一定按逆时针或顺时针排序，此时需要对构成凸多边形面域 S_J 的顶点进行排序预处理。排序算法是根据每条边的其他所有顶点是否在过该边且垂直于多边形面域的面的同一侧来进行判断。具体实施过程如图 3-11 所示，以 1 点开始，1-2 作为初始边，对其他点进行同侧判断，只要有两个点不在同一侧，则 2 点并不与 1 点相连，接下来按 1-3 作为与 1 点相连的边进行同侧判断，若其他所有点都在 1-3 边同侧，则与 1 点相连的点就是 3 点，否则继续下一点，直到找到与 1 点相连的那个点为止。然后按同样的方法确定下一个点的相连点，直到所有点的相连点确定为止。

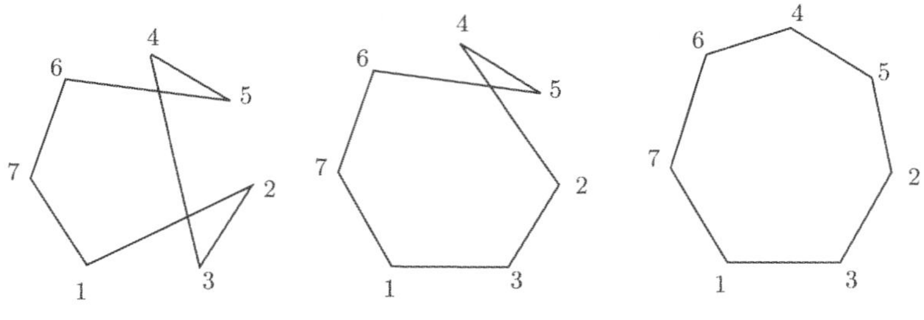

(a) 初始连接排序　　(b) 中间连接顺序　　(c) 最后连接顺序

图 3-11　面域 S_J 顶点排序

预处理排序后，面域 S_J 的面积即为图 3-10 中各三角形面积之和，其中三角形面积由海伦公式获得，具体如下：

$$S_J = \sum_{i=1}^{n-2} S_i \tag{3-46}$$

式中，

$$S_i = \frac{1}{2}\sqrt{\begin{aligned}&[(y_{i+1}-y_1)(z_{i+2}-z_1)-(y_{i+2}-y_1)(z_{i+1}-z_1)]^2\\&+[(x_{i+2}-x_1)(z_{i+1}-z_1)-(x_{i+1}-x_1)(z_{i+2}-z_1)]^2\\&+[(x_{i+1}-x_1)(y_{i+2}-y_1)-(x_{i+2}-x_1)(y_{i+1}-y_1)]^2\end{aligned}}$$

3.2.3 non-Sibson 形函数导数推算

由式 (3-22) 和前面的分析可知，non-Sibson 形函数导数的计算关键在于 S_{J,x_p} 和 $h_{J,j}(x)$ 的计算，其中：

$$S_{J,x_p} = \sum_{i=1}^{n-2} S_{i,x_p} \tag{3-47}$$

对应的：

$$\begin{aligned}S_{i,x_p} =& \frac{\partial S_i}{\partial x_1}\frac{\partial x_1}{\partial x_p} + \frac{\partial S_i}{\partial y_1}\frac{\partial y_1}{\partial x_p} + \frac{\partial S_i}{\partial z_1}\frac{\partial z_1}{\partial x_p} + \frac{\partial S_i}{\partial x_{i+1}}\frac{\partial x_{i+1}}{\partial x_p} + \frac{\partial S_i}{\partial y_{i+1}}\frac{\partial y_{i+1}}{\partial x_p}\\&+ \frac{\partial S_i}{\partial z_{i+1}}\frac{\partial z_{i+1}}{\partial x_p} + \frac{\partial S_i}{\partial x_{i+2}}\frac{\partial x_{i+2}}{\partial x_p} + \frac{\partial S_i}{\partial y_{i+2}}\frac{\partial y_{i+2}}{\partial x_p} + \frac{\partial S_i}{\partial z_{i+2}}\frac{\partial z_{i+2}}{\partial x_p}\end{aligned} \tag{3-48a}$$

$$\begin{aligned}S_{i,y_p} =& \frac{\partial S_i}{\partial x_1}\frac{\partial x_1}{\partial y_p} + \frac{\partial S_i}{\partial y_1}\frac{\partial y_1}{\partial y_p} + \frac{\partial S_i}{\partial z_1}\frac{\partial z_1}{\partial y_p} + \frac{\partial S_i}{\partial x_{i+1}}\frac{\partial x_{i+1}}{\partial y_p} + \frac{\partial S_i}{\partial y_{i+1}}\frac{\partial y_{i+1}}{\partial y_p}\\&+ \frac{\partial S_i}{\partial z_{i+1}}\frac{\partial z_{i+1}}{\partial y_p} + \frac{\partial S_i}{\partial x_{i+2}}\frac{\partial x_{i+2}}{\partial y_p} + \frac{\partial S_i}{\partial y_{i+2}}\frac{\partial y_{i+2}}{\partial y_p} + \frac{\partial S_i}{\partial z_{i+2}}\frac{\partial z_{i+2}}{\partial y_p}\end{aligned} \tag{3-48b}$$

$$\begin{aligned}S_{i,z_p} =& \frac{\partial S_i}{\partial x_1}\frac{\partial x_1}{\partial z_p} + \frac{\partial S_i}{\partial y_1}\frac{\partial y_1}{\partial z_p} + \frac{\partial S_i}{\partial z_1}\frac{\partial z_1}{\partial z_p} + \frac{\partial S_i}{\partial x_{i+1}}\frac{\partial x_{i+1}}{\partial z_p} + \frac{\partial S_i}{\partial y_{i+1}}\frac{\partial y_{i+1}}{\partial z_p}\\&+ \frac{\partial S_i}{\partial z_{i+1}}\frac{\partial z_{i+1}}{\partial z_p} + \frac{\partial S_i}{\partial x_{i+2}}\frac{\partial x_{i+2}}{\partial z_p} + \frac{\partial S_i}{\partial z_{i+2}}\frac{\partial z_{i+2}}{\partial z_p} + \frac{\partial S_i}{\partial z_{i+2}}\frac{\partial z_{i+2}}{\partial z_p}\end{aligned} \tag{3-48c}$$

其中：

$$\begin{aligned}\frac{\partial S_1}{\partial x_1} = \frac{1}{4S_i}\Big\{\Big[&(x_{i+2}-x_1)(z_{i+1}-z_1)-(x_{i+1}-x_1)(z_{i+2}-z_1)\Big](z_{i+2}-z_{i+1})\\&+\Big[(x_{i+1}-x_1)(y_{i+2}-y_1)-(x_{i+2}-x_1)(y_{i+1}-y_1)\Big](y_{i+1}-y_{i+2})\Big\}\end{aligned}$$

$$\begin{aligned}\frac{\partial S_1}{\partial y_1} = \frac{1}{4S_i}\Big\{\Big[&(y_{i+1}-y_1)(z_{i+2}-z_1)-(y_{i+2}-y_1)(z_{i+1}-z_1)\Big](z_{i+1}-z_{i+2})\\&+\Big[(x_{i+1}-x_1)(y_{i+2}-y_1)-(x_{i+2}-x_1)(y_{i+1}-y_1)\Big](x_{i+2}-x_{i+1})\Big\}\end{aligned}$$

$$\frac{\partial S_1}{\partial z_1}=\frac{1}{4S_i}\left\{\left[\ (y_{i+1}-y_1)(z_{i+2}-z_1)-(y_{i+2}-y_1)(z_{i+1}-z_1)\ \right](y_{i+2}-y_{i+1})\right.$$

$$\left.+\left[\ (x_{i+2}-x_1)(z_{i+1}-z_1)-(x_{i+1}-x_1)(z_{i+2}-z_1)\ \right](x_{i+1}-x_{i+2})\right\}$$

$$\frac{\partial S_1}{\partial x_{i+1}}=\frac{1}{4S_i}\left\{\left[\ (x_{i+2}-x_1)(z_{i+1}-z_1)-(x_{i+1}-x_1)(z_{i+2}-z_1)\ \right](z_1-z_{i+2})\right.$$

$$\left.+\left[\ (x_{i+1}-x_1)(y_{i+2}-y_1)-(x_{i+2}-x_1)(y_{i+1}-y_1)\ \right](y_{i+2}-y_1)\right\}$$

$$\frac{\partial S_1}{\partial y_{i+1}}=\frac{1}{4S_i}\left\{\left[\ (y_{i+1}-y_1)(z_{i+2}-z_1)-(y_{i+2}-y_1)(z_{i+1}-z_1)\ \right](z_{i+2}-z_1)\right.$$

$$\left.+\left[\ (x_{i+1}-x_1)(y_{i+2}-y_1)-(x_{i+2}-x_1)(y_{i+1}-y_1)\ \right](x_1-x_{i+2})\right\}$$

$$\frac{\partial S_1}{\partial z_{i+1}}=\frac{1}{4S_i}\left\{\left[\ (y_{i+1}-y_1)(z_{i+2}-z_1)-(y_{i+2}-y_1)(z_{i+1}-z_1)\ \right](y_1-y_{i+2})\right.$$

$$\left.+\left[\ (x_{i+2}-x_1)(z_{i+1}-z_1)-(x_{i+1}-x_1)(z_{i+2}-z_1)\ \right](x_{i+2}-x_1)\right\}$$

$$\frac{\partial S_1}{\partial x_{i+2}}=\frac{1}{4S_i}\left\{\left[\ (x_{i+2}-x_1)(z_{i+1}-z_1)-(x_{i+1}-x_1)(z_{i+2}-z_1)\ \right](z_{i+1}-z_1)\right.$$

$$\left.+\left[\ (x_{i+1}-x_1)(y_{i+2}-y_1)-(x_{i+2}-x_1)(y_{i+1}-y_1)\ \right](y_1-y_{i+1})\right\}$$

$$\frac{\partial S_1}{\partial y_{i+2}}=\frac{1}{4S_i}\left\{\left[\ (y_{i+1}-y_1)(z_{i+2}-z_1)-(y_{i+2}-y_1)(z_{i+1}-z_1)\ \right](z_1-z_{i+1})\right.$$

$$\left.+\left[\ (x_{i+1}-x_1)(y_{i+2}-y_1)-(x_{i+2}-x_1)(y_{i+1}-y_1)\ \right](x_{i+1}-x_1)\right\}$$

$$\frac{\partial S_1}{\partial z_{i+2}}=\frac{1}{4S_i}\left\{\left[\ (y_{i+1}-y_1)(z_{i+2}-z_1)-(y_{i+2}-y_1)(z_{i+1}-z_1)\ \right](y_{i+1}-y_1)\right.$$

$$\left.+\left[\ (x_{i+2}-x_1)(z_{i+1}-z_1)-(x_{i+1}-x_1)(z_{i+2}-z_1)\ \right](x_1-x_{i+1})\right\}$$

很显然，二阶 Voronoi 单胞顶点 $\boldsymbol{x}$ 随积分点 (x_p,y_p,z_p) 的变化而变化，由式 (3-45) 推得

$$\frac{\partial x}{\partial x_p}=\frac{\dfrac{\partial(\mathrm{d}z_x)}{\partial x_p}\mathrm{d}m-\mathrm{d}z_x\dfrac{\partial(\mathrm{d}m)}{\partial x_p}}{(\mathrm{d}m)^2};\quad \frac{\partial x}{\partial y_p}=\frac{\dfrac{\partial(\mathrm{d}z_x)}{\partial y_p}\mathrm{d}m-\mathrm{d}z_x\dfrac{\partial(\mathrm{d}m)}{\partial y_p}}{(\mathrm{d}m)^2};$$

$$\frac{\partial x}{\partial z_p}=\frac{\dfrac{\partial(\mathrm{d}z_x)}{\partial z_p}\mathrm{d}m-\mathrm{d}z_x\dfrac{\partial(\mathrm{d}m)}{\partial z_p}}{(\mathrm{d}m)^2};\quad \frac{\partial y}{\partial x_p}=\frac{\dfrac{\partial(\mathrm{d}z_y)}{\partial x_p}\mathrm{d}m-\mathrm{d}z_y\dfrac{\partial(\mathrm{d}m)}{\partial x_p}}{(\mathrm{d}m)^2};$$

$$\frac{\partial y}{\partial y_p}=\frac{\dfrac{\partial(\mathrm{d}z_y)}{\partial y_p}\mathrm{d}m-\mathrm{d}z_y\dfrac{\partial(\mathrm{d}m)}{\partial y_p}}{(\mathrm{d}m)^2};\quad \frac{\partial y}{\partial z_p}=\frac{\dfrac{\partial(\mathrm{d}z_y)}{\partial z_p}\mathrm{d}m-\mathrm{d}z_y\dfrac{\partial(\mathrm{d}m)}{\partial z_p}}{(\mathrm{d}m)^2};$$

$$\frac{\partial z}{\partial x_p}=\frac{\dfrac{\partial(\mathrm{d}z_z)}{\partial x_p}\mathrm{d}m-\mathrm{d}z_z\dfrac{\partial(\mathrm{d}m)}{\partial x_p}}{(\mathrm{d}m)^2};\quad \frac{\partial z}{\partial y_p}=\frac{\dfrac{\partial(\mathrm{d}z_z)}{\partial y_p}\mathrm{d}m-\mathrm{d}z_z\dfrac{\partial(\mathrm{d}m)}{\partial y_p}}{(\mathrm{d}m)^2};$$

$$\frac{\partial z}{\partial z_p}=\frac{\dfrac{\partial(\mathrm{d}z_z)}{\partial z_p}\mathrm{d}m-\mathrm{d}z_z\dfrac{\partial(\mathrm{d}m)}{\partial z_p}}{(\mathrm{d}m)^2}$$

其中：

$$\frac{\partial(\mathrm{d}m)}{\partial x_p}=(z_3-z_2)(y_4-y_3)-(y_3-y_2)(z_4-z_3)$$

$$\frac{\partial(\mathrm{d}m)}{\partial y_p}=(x_3-x_2)(z_4-z_3)-(z_3-z_2)(x_4-x_3)$$

$$\frac{\partial(\mathrm{d}m)}{\partial z_p}=(y_3-y_2)(x_4-x_3)-(x_3-x_2)(y_4-y_3)$$

$$\frac{\partial(\mathrm{d}z_x)}{\partial x_p}=x_p[(z_3-z_2)(y_4-y_3)-(y_3-y_2)(z_4-z_3)]$$

$$\begin{aligned}\frac{\partial(\mathrm{d}z_x)}{\partial y_p}=&\,y_p[(z_3-z_2)(y_4-y_3)-(y_3-y_2)(z_4-z_3)]\\&+\frac{1}{2}\left[(x_3^2+y_3^2+z_3^2-x_2^2-y_2^2-z_2^2)(z_4-z_3)\right.\\&\left.-(x_4^2+y_4^2+z_4^2-x_3^2-y_3^2-z_3^2)(z_3-z_2)\right]\end{aligned}$$

$$\begin{aligned}\frac{\partial(\mathrm{d}z_x)}{\partial z_p}=&\,z_p[(z_3-z_2)(y_4-y_3)-(y_3-y_2)(z_4-z_3)]\\&+\frac{1}{2}\left[(x_4^2+y_4^2+z_4^2-x_3^2-y_3^2-z_3^2)(y_3-y_2)\right.\\&\left.-(x_3^2+y_3^2+z_3^2-x_2^2-y_2^2-z_2^2)(y_4-y_3)\right]\end{aligned}$$

$$\begin{aligned}\frac{\partial(\mathrm{d}z_y)}{\partial x_p}=&\,x_p[(x_3-x_2)(z_4-z_3)-(z_3-z_2)(x_4-x_3)]\\&+\frac{1}{2}\left[(x_4^2+y_4^2+z_4^2-x_3^2-y_3^2-z_3^2)(z_3-z_2)\right.\\&\left.-(x_3^2+y_3^2+z_3^2-x_2^2-y_2^2-z_2^2)(z_4-z_3)\right]\end{aligned}$$

$$\frac{\partial(\mathrm{d}z_y)}{\partial y_p}=y_p[(x_3-x_2)(z_4-z_3)-(z_3-z_2)(x_4-x_3)]$$

$$\begin{aligned}\frac{\partial(\mathrm{d}z_y)}{\partial z_p}=&\ z_p[(x_3-x_2)(z_4-z_3)-(z_3-z_2)(x_4-x_3)]\\&+\frac{1}{2}\left[(x_3^2+y_3^2+z_3^2-x_2^2-y_2^2-z_2^2)(x_4-x_3)\right.\\&\left.-(x_4^2+y_4^2+z_4^2-x_3^2-y_3^2-z_3^2)(x_3-x_2)\right]\end{aligned}$$

$$\begin{aligned}\frac{\partial(\mathrm{d}z_z)}{\partial x_p}=&\ \frac{1}{2}\left[(x_3^2+y_3^2+z_3^2-x_2^2-y_2^2-z_2^2)(y_4-y_3)\right.\\&\left.-(x_4^2+y_4^2+z_4^2-x_3^2-y_3^2-z_3^2)(y_3-y_2)\right]\\&-x_p[(x_3-x_2)(y_4-y_3)-(y_3-y_2)(x_4-x_3)]\end{aligned}$$

$$\begin{aligned}\frac{\partial(\mathrm{d}z_z)}{\partial y_p}=&\ \frac{1}{2}\left[(x_4^2+y_4^2+z_4^2-x_3^2-y_3^2-z_3^2)(x_3-x_2)\right.\\&\left.-(x_3^2+y_3^2+z_3^2-x_2^2-y_2^2-z_2^2)(x_4-x_3)\right]\\&-y_p[(x_3-x_2)(y_4-y_3)-(y_3-y_2)(x_4-x_3)]\end{aligned}$$

$$\frac{\partial(\mathrm{d}z_z)}{\partial z_p}=z_p[(y_3-y_2)(x_4-x_3)-(x_3-x_2)(y_4-y_3)]$$

结点 J 与积分点 (x_p,y_p,z_p) 连线的垂直平分面方程为

$$2(x_p-x_J)x+2(y_p-y_J)y+2(z_p-z_J)z=(x_p^2-x_J^2+y_p^2-y_J^2+z_p^2-z_J^2)$$

$$h_J(x)=\frac{1}{2}\sqrt{(x_p-x_J)^2+(y_p-y_J)^2+(z_p-z_J)^2}$$

$$h_{J,x_p}(x)=\frac{x_p-x_J}{4h};h_{J,y_p}(x)=\frac{y_p-y_J}{4h};h_{J,z_p}(x)=\frac{z_p-z_J}{4h}$$

将上述偏导关系逐次代入式 (3-22) 即可计算出形函数导数。从整个推导过程来看，只是函数的复合链式推求，无需如 Lasserre 算法那样解线性不等式方程组，因此在程序上很容易实现，在概念上也较容易理解。

3.2.4　应变矩阵及刚度矩阵

根据所求得的三维自然单元法形函数及其导数，可以方便地得到某结点 I 的应变矩阵以及刚度矩阵中的子阵 $\boldsymbol{K}_{IJ}$

$$\boldsymbol{B}_I=\begin{bmatrix}\varphi_{I,x}&0&0\\0&\varphi_{I,y}&0\\0&0&\varphi_{I,z}\\\varphi_{I,y}&\varphi_{I,x}&0\\0&\varphi_{I,z}&\varphi_{I,y}\\\varphi_{I,z}&0&\varphi_{I,x}\end{bmatrix};\quad \boldsymbol{K}_{IJ}=\int_\Omega\boldsymbol{B}_I^{\mathrm{T}}\boldsymbol{D}\boldsymbol{B}_J\mathrm{d}v \tag{3-49}$$

在荷载等效上，自然单元法和线性插值的有限元法相同[21]，因而可按四面体常应变单元的荷载等效方法处理。最后解线性方程组获得背景网格结点的位移，进而获得积分点的应变和应力结果。

3.3 数值算例

3.3.1 形函数及其导数的计算

结点布置与三角化结果如图 3-12 所示。结点 3 的 Sibson 插值形函数如图 3-13 所示，结点 1 的 Sibson 插值形函数及导数计算结果如图 3-14 所示。结点 12 的 Sibson 与 non-Sibson 插值形函数及导数计算结果如图 3-15 和图 3-16 所示。

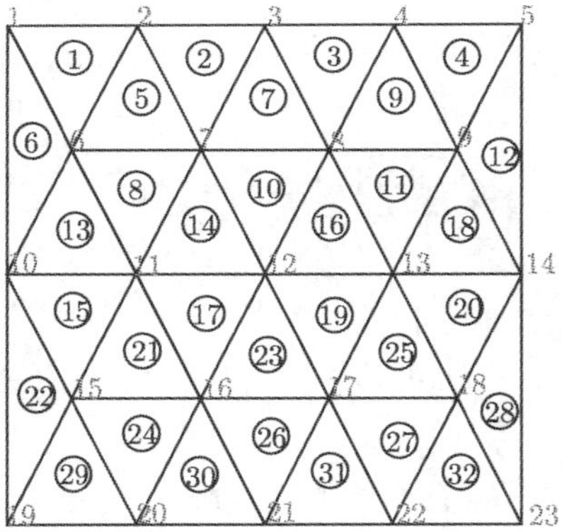

图 3-12 结点布置与三角化

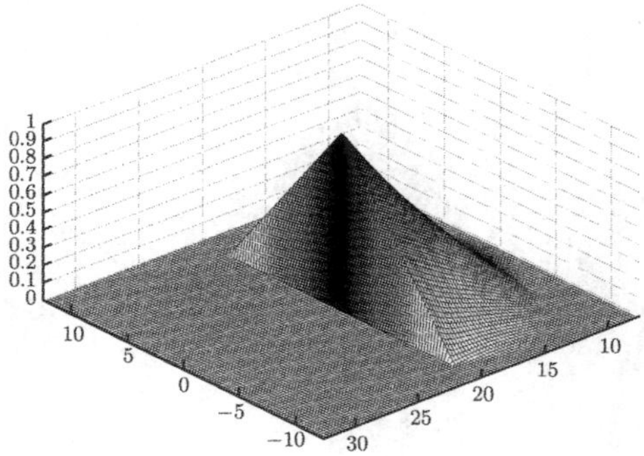

图 3-13 结点 3 的 Sibson 插值形函数

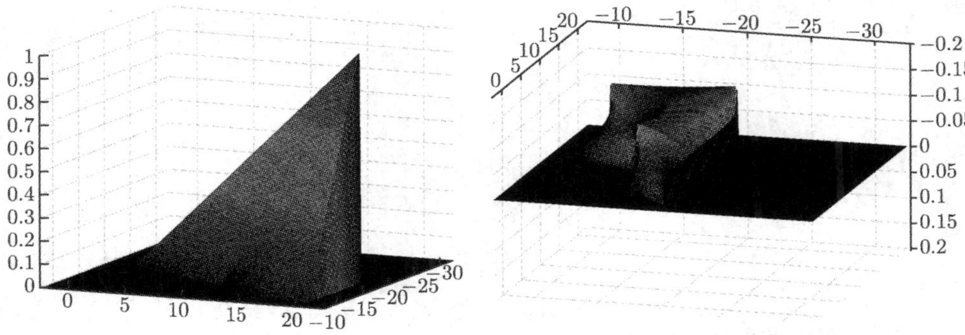

(a) 形函数

(b) 沿结点到计算点的方向导数

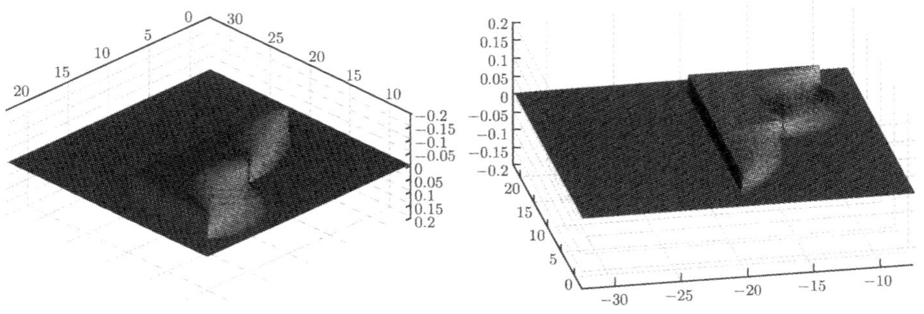

(c) 对x的导数　　　　　　(d) 对y的导数

图 3-14　结点 1 的 Sibson 插值形函数及其导数

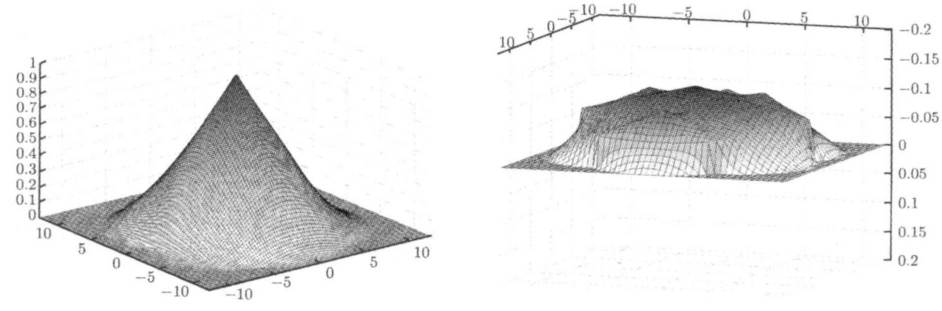

(a) 形函数　　　　　　(b) 沿结点到计算点的方向导数

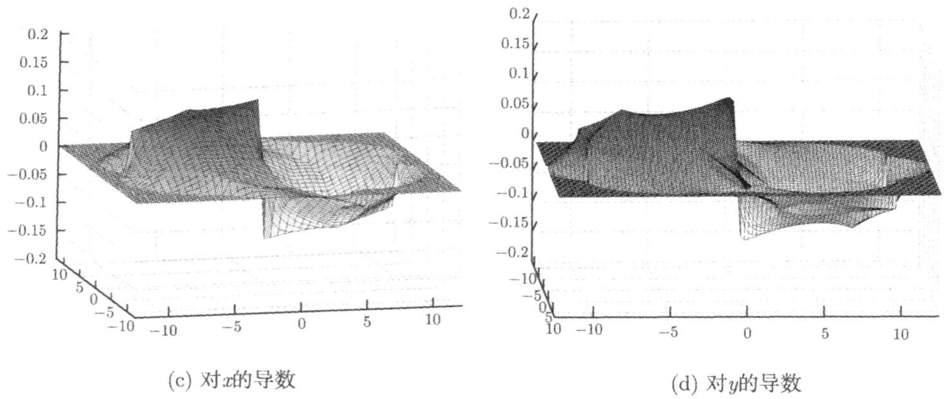

(c) 对x的导数　　　　　　(d) 对y的导数

图 3-15　结点 12 Sibson 插值形函数及导数计算结果

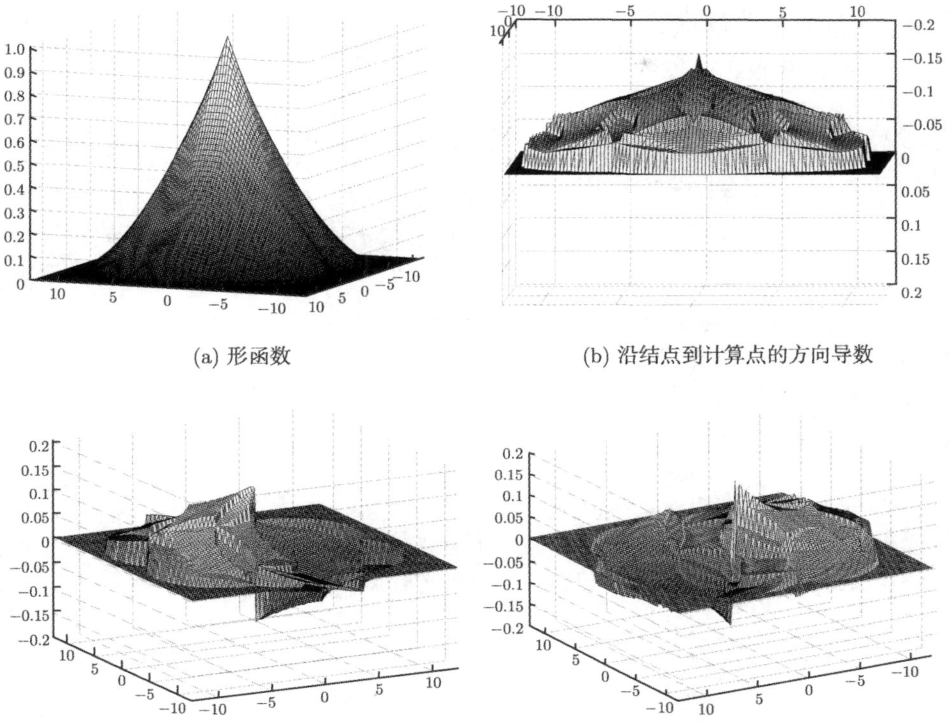

(a) 形函数

(b) 沿结点到计算点的方向导数

(c) 对x的导数

(d) 对y的导数

图 3-16 结点 12 non-Sibson 插值形函数及导数计算结果

从计算结果的图示可以看出：

(1) 自然单元法中 Sibson 或 non-Sibson 插值形函数都是连续函数。

(2) non-Sibson 插值形函数对坐标的一阶导数在外接圆周上是不连续的。

(3) Sibson 插值形函数对坐标的一阶导数除结点外是连续的。

(4) 形函数在边界结点间是线性变化的。

此外，通过对比也可看出：Sibson 插值形函数与 non-Sibson 插值形函数相比分布较为均匀和平滑。事实上，二者都是自然邻点插值家族里具有特定连续性的成员，除结点处外，Sibson 插值形函数是 C^{∞} 的，而 non-Sibson 插值形函数在外接圆周上是 C^0 连续的。文 [11] 指出 Sibson 插值形函数可以由 non-Sibson 插值形函数通过积分得到。

3.3.2 悬臂梁受均布荷载作用

某悬臂梁，弹性模量 $E = 4 \times 10^{10}$Pa，泊松比 $\mu = 0.2$，长 6m，高 0.5m，宽 0.3m。左端固定，上表面受均布压力 2×10^5Pa 的作用，如图 3-17 所示，分别采用

弹性力学方法，有限元方法 (四面体常应变单元和六面体 8 结点单元) 和自然单元法 (基于复合函数链式求导算法) 进行计算，结果如图 3-18 和表 3-1 所示。

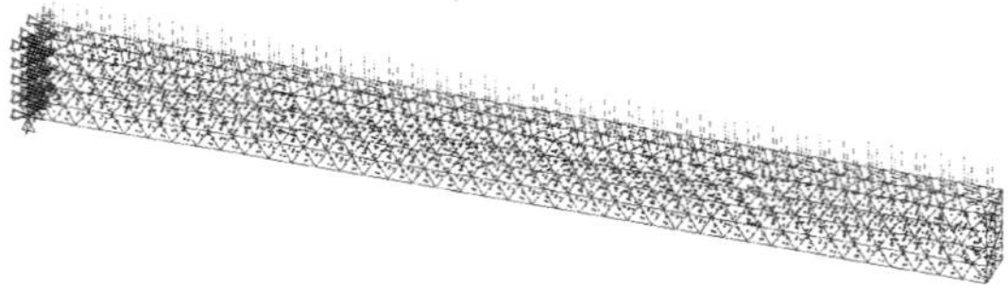

图 3-17　悬臂梁所受的边界条件和积分点布置

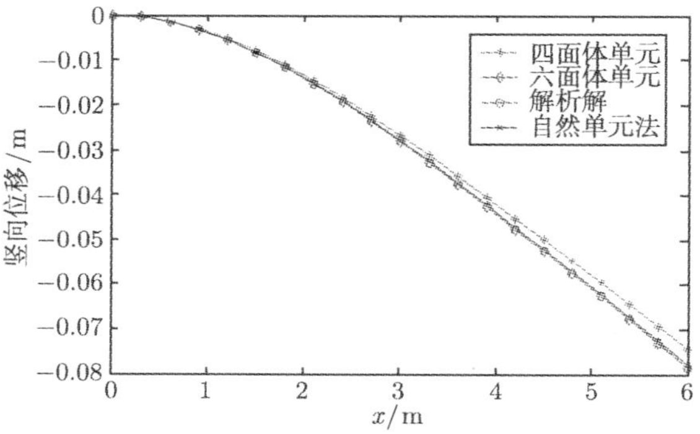

图 3-18　中性层的竖向位移分布图

表 3-1　计算结果对比

解法	最大竖向位移/m	最大拉应力/Pa	最大压应力/Pa
解析解	−0.07824	0.864×10^8	-0.864×10^8
有限元 (四面体单元)	−0.07424	0.751×10^8	-0.753×10^8
有限元 (六面体单元)	−0.07823	0.927×10^8	-0.925×10^8
自然单元法	−0.07754	0.893×10^8	-0.891×10^8

从悬臂梁中性层的竖向位移图 (图 3-18) 的对比可以看出，基于复合函数链式求导算法的自然单元法所计算的结果是可靠的，相对于解析解，六面体 8 结点单元精度要高一些，其次是自然单元法，但两者基本接近。而最大拉应力和最大压应力，自然单元法的精度最高，见表 3-1。

由于自然单元法在邻近结点之间是线性插值的，因此可以像有限元那样方便地施加本质边界条件[21,22]，而对于平面中任意的点，其邻近结点数一般都超过 3，因此其计算精度从理论上要超过三角形三结点单元，如果其邻近结点数为 4，即按矩形那样规则布点，则自然单元法邻近插值属于双线性插值，精度则和四结点单元相当，但如果邻近结点尽量按等边三角形布点，则邻近结点数将超过 4，此时该点精度将超过四结点单元；因此，对于任意的结点布置，采用自然单元法，有些点的精度与四结点单元相当，有些点的精度则超过四结点单元，只有少部分点的精度和三结点单元相当，总体上，自然单元法的计算精度与四结点单元同阶。对于三维问题，理论上也是一样的，即自然单元法的计算精度与六面体 8 结点单元同阶。

3.3.3 自由端开孔的悬臂梁在孔内受压

某悬臂梁，右端开一圆孔，左端固定，并在圆孔下表面承受压力，如图 3-19 所示。悬臂梁的几何参数和材料参数为：从左端到圆孔中心处的长度 $L=48$，梁高 $D=12$，宽度 $T=8$，右端外半圆半径 $R=6$，内圆 (圆孔) 的半径 $r=2$，弹性模量 $E=3\times10^7$，泊松比 $\mu=0.3$。Delaunay 四面体背景网格如图 3-20 所示。

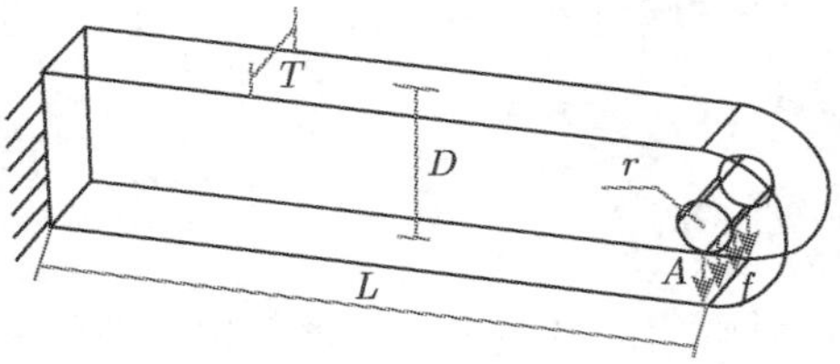

图 3-19 悬臂梁尺寸及受力示意图

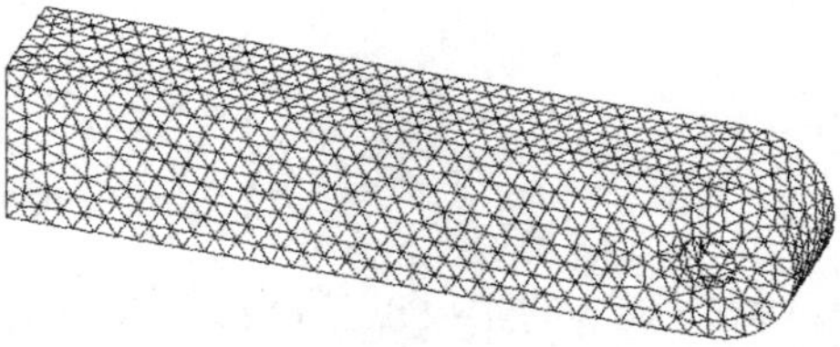

图 3-20 Delaunay 四面体背景网格

分别采用自然单元法，四面体常应变单元的有限元法和 RPIM 无网格法[13]计算了悬臂梁在内孔下表面压力 $f=125$ 作用下的内力和位移响应。对于有限元模型，共 8771 个四面体单元；对于 RPIM 无网格模型，共 1999 个点配置在整个梁域；对于自然单元法，总共 2641 个结点和 11 047 个四面体背景单元。不同方法求得的点 A 的竖向位移见表 3-2，其中，ANSYS 解采有了 11 109 个 10 结点高精度四面体单元。由自然单元法计算得到的位移和应力云图如图 3-21、图 3-22 和图 3-23 所示。

表 3-2 A 点竖向位移结果比较

数值方法	v_A	误差/%
有限元方法	-0.1133×10^{-2}	1.43
RPIM 无网格法	-0.1125×10^{-2}	0.38
自然单元法	-0.1115×10^{-2}	0.90
ANSYS	-0.11211×10^{-2}	—

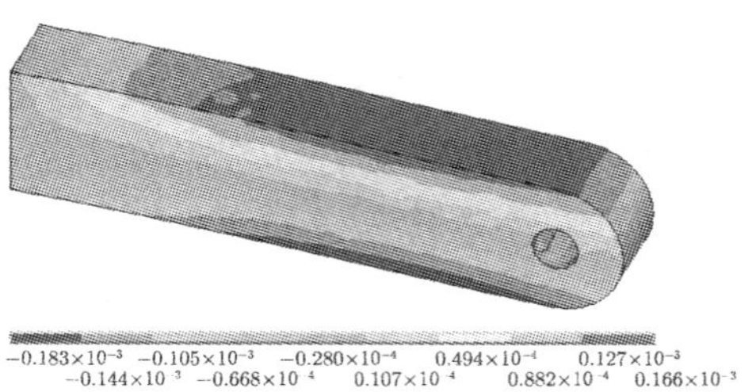

图 3-21　沿梁长度方向的位移分布云图

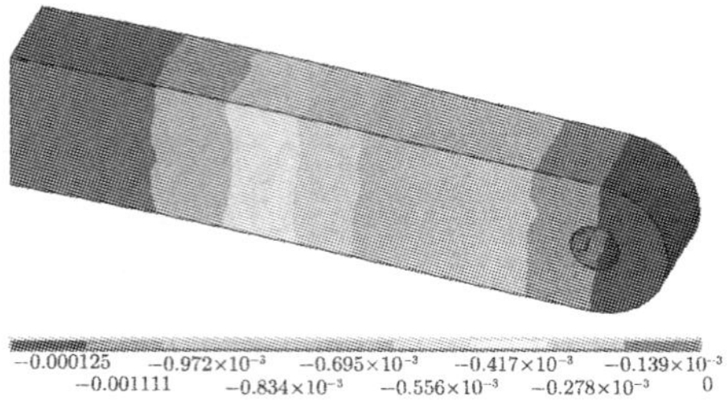

图 3-22　竖向位移分布云图

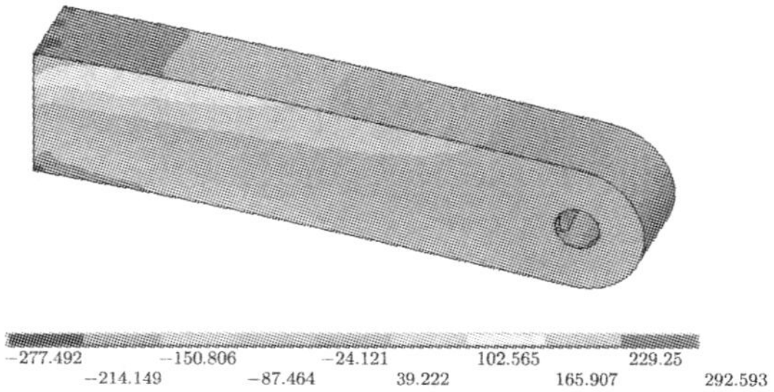

图 3-23　沿梁长度方向的正应力分布云图

从表 3-2 的结果以及位移和应力云图可以看出，自然单元法的计算结果是可靠的，在 RPIM 无网格模型中，由于其形函数是由 70 个结点来构造的，比自然单元的邻近结点数要多，故 RPIM 方法精度高于自然单元法。

3.4　本 章 小 结

自然单元法的形函数计算一般采用 Watson 算法或 Lasserre 算法，但前者不能计算位于 Delaunay 三角形边上的计算点处的形函数，且不能推广到高维的情形，而后者可以有效地对上述情形进行计算。本章详细给出了基于 Lasserre 凸多面体体积算法的自然单元法形函数及导数的计算方法和步骤，对 Sibson 和 non-Sibson 插值计算过程中可能导致计算失败的特殊情形进行了深入的研究，并给出相应的解决方案。对计算点位于三角形外接圆圆周时形函数的计算特点进行了分析，在程序编制和实际计算过程中，通过图形显示了典型布点方式下形函数及其导数的计算结果，分析和验证了自然单元法形函数及其导数的主要特点，包括在边界结点间形函数的变化特点和不同插值方案形函数光滑性的比较。采用 Lasserre 凸多面体体积算法进行自然单元法的形函数计算，对 Sibson 和 non-Sibson 插值形函数的计算方法是统一的，具有适应性强和易于推广到高维情形等优点。

然而，根据Illoul 和 Lorong[14] 的研究，在计算多面体的体积方面，Lasserre 算法的效率是较低的。为此，本章针对三维问题，提出了一个容易实施的自然单元法形函数及其导数计算的方案。具体为：基于 non-Sibson 插值形函数的定义，获得了三维情形下计算点的二阶 Voronoi 单胞多面体的顶点表达式，并对相邻结点的二阶 Voronoi 单胞面域的相关顶点进行排序，获得了该面域的显式表达式，进而基于复合函数链式求导法则，推导得到三维 non-Sibson 插值形函数及其导数的显式格式。相比 Lasserre 算法，该方法不涉及不等式组的标准化，运算简单，计算效率比 Lasserre 算法要高，并具有直观，便于编程，且计算量小的特点。算例结果说明基于链式求导算法的自然单元法的计算结果是可靠的，且计算结果具有比四面体线性单元更高的精度，和六面体 8 结点单元精度相当，这进一步证实了文献 [15, 21, 22] 关于自然单元法计算精度的论述，即比常应变单元精度高，和双线性单元精度同阶的结论。

需要指出，自然单元法的实施有赖于 Delaunay 四面体背景网格的生成，对于三维问题，Delaunay 四面体背景网格的生成并不是件容易的事情。所幸的是，关于三维 Delaunay 四面体网格的生成程序能够在网址 http://wias-berlin.de/software/tetgen/ 下载运行。尽管如此，三维问题仍局限于 non-Sibson 插值模式，因为当计算点与结点重合或落在四面体单元面上时，将导致奇异性从而使得计算失败。

参 考 文 献

[1] Alfaro I, Yvonnet J, Chinesta F, et al. A study on the performance of natural neighbour-based Galerkin methods[J]. International Journal for Numerical Methods in Engineering, 2007, 71:1436-1465.

[2] Braun J, Sambridge M. A numerical method for solving partial differential equations on highly irregular evolving grids[J]. Nature, 1995, 376: 655-660.

[3] Belikov V V, Ivanov V D, Kontorovich V K, et al. The non-Sibsonian interpolation: a new method of interpolation of the values of a function on an arbitrary set of points[J]. Computational Mathematics and Mathematical Physics, 1997, 37(1): 9-15.

[4] Belikov V V, Semenov A Y. Non-Sibsonian interpolation on arbitrary system of points in euclidean space and adaptive isolines generation[J]. Applied Numerical Mathematics, 2000, 32(4): 371-387.

[5] 蔡永昌，朱合华，王建华. 基于 Voronoi 结构的无网格局部 Petrov-Galerkin 方法 [J]. 力学学报，2003, 35(2):187-193.

[6] Cho J R, Lee H W. 2-D large deformation analysis of nearly incompressible body by natural element method[J]. Computers and Structures, 2006, 84:293-304.

[7] Cueto E, Sukumar N, Calvo B, et al. Overview and recent advances in natural neighbour galerkin methods[J]. International Journal for Numerical Methods in Engineering , 2003, 4: 307-384.

[8] 戴斌, 王建华. 自然单元法原理与三维算法实现 [J]. 上海交通大学学报，2004，38(7)：1223-1228.

[9] Ding D H, Zhang Q, Wang F Z, et al. Combination of newmark method and natural element method for elastodynamics[J]. Journal of the Chinese Institute of Engineers, 2012, 35(7): 869-877.

[10] Doweidar M H, Calvo B, Alfaro I, et al. A Comparison of implicit and explicit natural element methods in large strain problems: application to soft biological tissues modeling[J]. Computer Methods in Applied Mechanics and Engineering, 2010, 199: 1691-1700.

[11] Hiyoshi H, Sugihara K. Improving continuity of Voronoi-based interpolation over Delaunay spheres[J]. Computational Geometry, 2002, 22:167-183.

[12] Illoul L, Yvonet J, Chinesta F, et al. Application of the natural-element method to model moving electromagnetic devices[J]. IEEE Transactions on Magnetic, 2006, 42(4): 727-730.

[13] Liu G R, Gu Y T. An Introduction to Meshfree Methods and Their Programming[M]. New York: Springer, 2005.

[14] Illoul L, Lorong P. On some aspects of the CNEM implementation in 3D in order to simulate high speed machining or shearing[J]. Computers and Structures, 2011, 89(11-12): 940-958.

[15] 江涛，章青. 基于 Lasserre 算法的自然单元法形函数计算 [J]. 力学与实践，2008, 30(4):79-83.

[16] Lasserre J B. An analytical expression and an algorithm for the volume of a convex polyhedron in Rn[J]. Journal of Optimization Theory and Applications, 1983, 39(3): 363-377.

[17] Peña E, Martínez M A, Calvo B, et al. Application of the natural element method to finite deformation inelastic problems in isotropic and fiber-reinforced biological soft tissues[J]. Computer Methods in Applied Mechanics and Engineering, 2008, 197(21-24): 1983-1996.

[18] 南开大学数学系. 空间解析几何引论 [M]. 北京：人民教育出版社，1978.

[19] Sibson R. A vector identity for the Dirichlet tessellation[J]. Mathematical Proceedings of the Cambridge Philosophical Society, 1980, 87 (1): 151-155.

[20] Sibson R. A Brief Description of Natural Neighbour Interpolation//Barnettv. Interpreting Multivariate Data. New York: Wiley, 1981: 21-36.

[21] Sukumar N, Moran B, Belytschko T. The natural elements method in solid mechanics[J]. International Journal for Numerical Methods in Engineering, 1998, 43: 839-887.

[22] Sukumar N, Moran B, Semenov A Y, et al. Natural neighbour galerkin methods[J]. International Journal for Numerical Methods in Engineering, 2001, 50: 1-27.

第 4 章　非凸边界上自然单元法的形函数计算

自然单元法近似函数在凸区域的边界上具有线性插值性，但在非凸边界上并非如此，因而出现了在非凸边界上准确施加边界条件的问题。自然单元法中离散结点间不存在明确的联结关系，在裂纹边界一侧的结点会影响到对其不可见的另一侧的计算点，在材料边界上也有场函数导数连续的问题。为了实现非凸边界上自然单元法形函数在边界结点间的线性变化以及近似函数在边界结点间的线性插值，本章在分析现有两种主要方法 (C-NEM 和 α-shape 方法) 的基础上，提出了一种新的实用计算方法 (称其为 B-NEM)，通过对边界结点及其相互位置关系进行精确描述，对计算点的邻点关系和形函数的计算加以控制，使得近似函数在非凸边界结点间线性变化。

本章所提出的方法对各种形式的非凸边界包括一般非凸边界、裂纹边界、材料边界以及内部结点接近于边界时的情形等都具有统一的处理方法和原则，可以消除裂纹边界上相邻区域间的相互影响，实现在材料边界上场函数导数的不连续性。

4.1　非凸边界上形函数的计算特点

在凸区域的边界上，由于计算点与边界结点相应的二阶 Voronoi 单胞的面积趋于无穷，因此计算点 $\boldsymbol{x}$ 与其自然邻点所对应的形函数仅对边界结点不为 0，且为计算点坐标的线性函数[1,2]。但是在非凸区域的边界上，由于边界结点的 Voronoi 单胞面积 (三维时为体积) 不再是无限的，内部结点的形函数贡献并不为 0，插值函数不仅依赖于边界结点值，而且也依赖于内部结点处的函数值，因而插值函数在边界结点间不再是线性变化的。造成这个问题的主要原因是由于点集的 Delaunay 三角剖分实际上是点集凸壳的三角部分，非凸边界上的计算点实际上是位于点集凸壳的内部，而凸壳内部点的 Voronoi 单胞总是有限的。图 4-1 给出了非凸边界上形函数计算的示意图，可以看出边界点 $\boldsymbol{x}$ 在点集的凸壳之内。

Sukumar 等通过在边界上加大结点密度的方法来减小内部结点的影响[3]，在处理直线裂纹问题时使用了非凸区域上的三角剖分方法，以生成一致的三角剖分[4]，并采用可视性准则[5] 来限制计算点的自然邻点。Sukumar 等还指出，non-Sibson 插值在凸与非凸边界上都可以实现精确的线性插值[2]，但事实上即使消除了全由边界结点组成的三角形的影响，也容易找到不满足边界上线性插值的例子[6]。

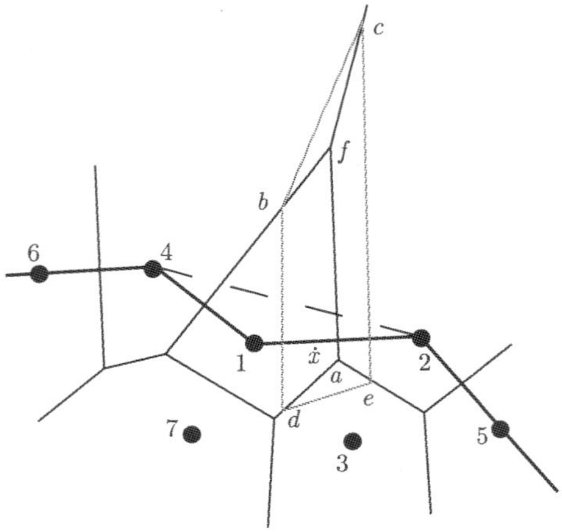

图 4-1　非凸边界上的形函数计算

关于非凸边界上实现插值函数线性变化的问题可以归结为任何结点不能以越过边界的方式成为计算点 x 的自然邻点从而影响其形函数的计算。自然单元法中为达到上述目的所提出的方法主要包括基于 α-shape 的方法 (α-NEM)[7] 和基于可见性准则的约束自然单元法 (C-NEM)[8]。

4.2　非凸边界上形函数计算的 α-shape 方法

由于自然单元法是与点集的凸壳密切相关的，对于非凸区域，有必要将凸壳的概念加以推广。Cueto 等[7] 使用建立点集 α-shape 的方法来构建非凸区域的计算模型，以实现在非凸区域边界上位移场的线性变化。在计算力学中，往往需要在场变量变化剧烈的区域加大布点密度，这种情况下点集的 α-shape 不一定能够重构区域的真实形状，如此又引出了随密度变化[9] 的 α-shape，即 α 值随局部的点的分布密度而变化。因此布点密度的变化不仅是计算精度的需要，也是模拟计算区域几何模型的需要。

4.2.1　α-shape 的概念与定义

计算空间点集的形状是计算几何中的基本问题之一。Jarvis[10] 研究了平面点集的形状计算问题，并把它看做是平面点集凸壳的一种推广，Edelsbrunner 等给出了三维 α-shape 的正式定义[11]，并给出了一种形象和直观的理解方法。α-shape 是一种由点集的三角化衍生出来的拓扑结构，使用参数 α 来控制其恢复点集形状的精度。相应的 α-shape 并不一定是凸的，也不一定是相互连接的，极端情形是若控制参数 $\alpha=\infty$，相应的 α-shape 就是与点集对应的凸壳，若控制参数 $\alpha=0$，相应

的 α-shape 就是点集本身。α-shape 强调的是点集所代表的区域的表面构成情况。

在 α-shape 的数学定义中涉及 k 阶单纯形 σ_T 的概念，σ_T 就是点集中 k+1 个点所形成的凸壳，k=0、1、2、3 分别对应点、线、面、体。α-shape 就是将最小外接球为空的且半径大于 α 的所有单纯形删除，余下的满足条件的所有 k 阶单纯形 ($0\leqslant k\leqslant 3$) 作为区域所占据的空间。

为了确定空间点集有多少种不同的 α-shape，Edelsbrunner 研究了点集的 α-shape 与 α-diagram 的关系，α-diagram 是所有以点集中的点为圆心且半径为 α 的球所占据的空间的交集。一个单纯形是否属于 α-shape 与该单纯形组成结点的 α-ball 的交集在多大程度上属于 α-diagram 的边界是密切相关的。

4.2.2 α-shape 与 Delaunay 三角剖分的关系

Delaunay 三角剖分是以俄国几何学家 Boris Delaunay 的名字命名的，它的对偶是所谓的 Voronoi 图。对 $0\leqslant k\leqslant 3$，F_k 表示点集 S 的有空接外接圆的所有 k 阶单纯形的集合，Delaunay 三角剖分是一个单形复合体，包括四面体、三角形、边和顶点，分别属于 F_3、F_2、F_1 和 F_0。Delaunay 三角剖分中的每个单纯形必存在一个半径为 α 的空的外接球，称为 α-exposed，这是由 Delaunay 三角剖分的空外接圆性质决定的。组成 α-shape 表面的单纯性是最小外接球为空且半径小于 α 的单纯形，因此每个 α-shape 的边界小面也都是 Delaunay 三角剖分中的一个单纯形，二维情形下如图 4-2 所示。

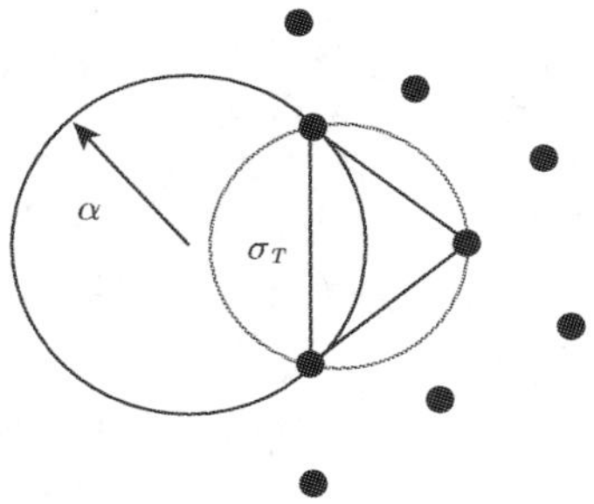

图 4-2 α-shape 的边界小面是 Delaunay 单纯形

Delaunay 三角剖分中的每个单纯形若其最小外接球半径小于 α，则半径为 α 的球不能擦除该单纯形，则该单纯形属于 α-shape 的一个单形、边界或内部，由该单纯形有 2 个、1 个或没有半径为 α 的空外接球来决定。注意到四面体的外接球半径 R 是确定的，若 $R\leqslant\alpha$，该四面体及其组成小面都属于 α-shape，若 $R\geqslant\alpha$，该四面体将不属于 α-shape，但不排除其某个或某些组成小面可以属于 α-shape。

总之，由于 α-shape 的所有边界小面都是属于 Delaunay 三角剖分的单纯形，因此点集的任何 α-shape 的内部可以划分为 Delaunay 四面体，点集的任何 α-shape

的边界可以潜在地表示为 Delaunay 三角剖分的低阶组成单纯形。

4.2.3 α-shape 算法

由以上分析可知，对任意给定的 α 值，计算点集的 α-shape 可采用如下步骤：

(1) 计算点集的 Delaunay 三角剖分。

(2) 对每个 Delaunay 三角剖分中的 k 阶单纯形 ($0\leqslant k\leqslant3$)，计算其最小外接球半径值 ρ_T。

(3) 若 $\rho_T>\alpha$，则该单纯形及其附属的高阶单纯形不属于 α-shape。

(4) 若 $\rho_T\leqslant\alpha$，则该单纯形及其组成的低阶单纯形都属于 α-shape。

若单纯形属于 α-shape，还可判断它是一个单一的单纯形 (不附属于 α-shape 中更高阶的单纯形)、α-shape 的边界单纯形 (附属于 α-shape 中更高阶的单纯形)、还是在 α-shape 的内部，单一的单纯形和边界单纯形构成 α-shape 的边界的形状。

对于一个 Delaunay 三角剖分中除点以外的单纯形 σ_T，若其最小外接球半径 $\rho_T<\alpha$，且不是 α-expoxed，则它属于 α-shape 的内部，否则属于 α-shape 的边界或是一个单形，α-shape 的内部可三角化为内部单纯形。

二维点集的 α-shape 演化过程示意如图 4-3 所示。

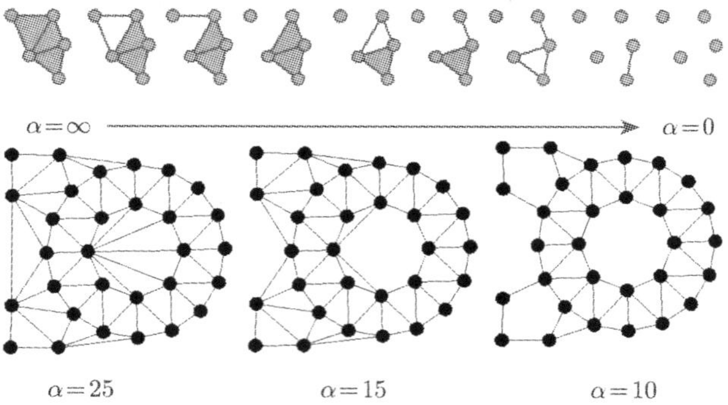

图 4-3 点集的 α-shape 随 α 值变化的演化过程

4.2.4 用 α-shape 方法实现形函数沿边界结点间的线性变化

α-shape 方法的要点是首先对结点布置加以一定的考虑，以确保在适当地选择了 α 值后，所提取的 α-shape 能够准确地模拟区域边界，然后将常规自然单元法所采用的原点集的 Delaunay 三角剖分换成点集的满足条件的 k 阶单纯形，则三个结点都是边界结点的三角形将不在考虑之列，如果计算点的自然邻点仍为外接圆包含计算点的三角形的组成结点，则不与计算点相邻的边界结点就不再是计算点的自然邻点。有关形函数的计算方法与传统自然单元法 (NEM) 的方法是一致的，Cueto[7] 称这种方法为 α-NEM。

如图 4-4 所示，如果除结点 1、2 外，其他边界结点都不是计算点 $\boldsymbol{x}$ 的自然邻点，则 $\boldsymbol{x}$ 的形函数计算过程中将不考虑结点 3 所在三角形的结点作为其自然邻点。计算点 $\boldsymbol{x}$ 与结点 1、2、5 相应二阶单胞分别为 $aefc$、$befd$、aeb 所围成的面积，由于 c、f、d 是趋于无穷的，因而结点 5 的形函数在 $\boldsymbol{x}$ 处为 0，结点 1、2 的形函数在 1、2 间是线性变化的。

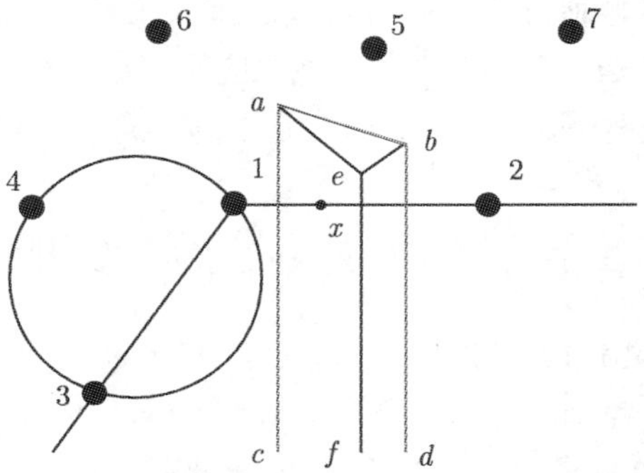

图 4-4 非凸边界上的形函数计算的 α-shape 方法

α-shape 方法的实质是不考虑三个结点都是边界结点的三角形在形函数计算中的作用。但这并不能消除三个边界结点成为计算点的自然邻点的可能性，如图 4-5 所示，在内部结点比较接近边界时 (特别是当边界线段间夹角较小时)，与计算点不相邻的边界结点仍有可能成为计算点的自然邻点 (内部结点 4 位于过结点 1、3 且与结点 1、2 连线相切的圆内)。

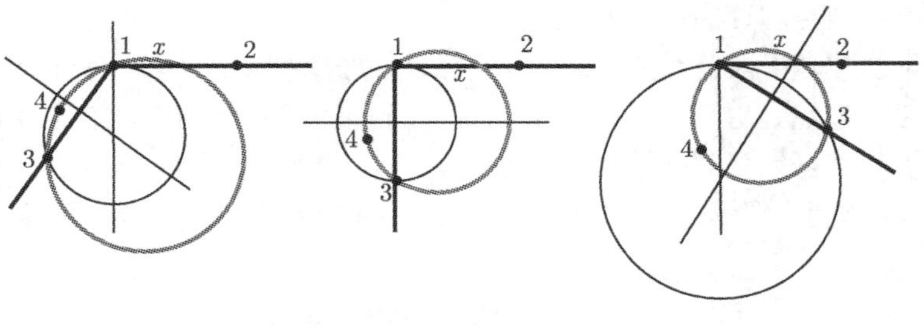

图 4-5 结点 3 为 x 的自然邻点

α-shape 方法破坏了三角剖分与 Voronoi 图之间的对偶性，但并没有失去自然单元法形函数的相关性能，因为形函数的计算方法并没有改变。对高度非凸的边界如裂纹边界需要附加其他条件或采用其他的方法，因为非无限的结点布置并不能重构裂纹前沿的几何特性。通常的方法是在问题定义中包含边界信息并迫使边界线段属于 α-complex 的边界，即所谓的约束 Delaunay 三角剖分。材料不连续问题要求在材料边界上位移是连续的，但位移的导数是不连续的，Cueto 等[9] 用分区建

立的 α-shape 方法实现了在材料不连续界面上位移连续但其导数不连续，但其算法并不能简单地推广到三维情形。

由此看来，采用 α-shape 方法在非凸边界上实现形函数在边界上的线性变化仅仅是部分地解决了问题，α-shape 方法在使用上有其固有的局限性，在结点布置和 α 值的选取等方面加入了一些人为的因素，即布点方式必须确实“包含”了区域的边界信息，如果布点不当则可能任何 α-shape 都不是所考虑区域的正确描述。对于高度非凸的边界问题，α-shape 的方法也难以应用。此外对于计算区域是由边界来明确定义的问题也不太适用，因为这类问题是不需要通过点集来提取边界形状的。

4.3 非凸边界上自然单元法形函数计算的 C-NEM 方法

自然邻点插值是建立在点集的 Voronoi 图和 Delaunay 三角剖分的基础之上的，当考虑的是非凸区域时，非凸边界上的点事实上是相应凸壳的内点，因而得不到凸区域中边界结点形函数沿边界线性变化的性质。Yvonnet 等[8] 利用可见性准则来限制点对的自然邻点关系，建立所谓的约束 Voronoi 图，并以此作为形函数计算的依据。这种方法可以保持自然邻点插值的主要性能，并实现在非凸边界上的线性插值，这种方法被称为约束自然单元法 (C-NEM)。

4.3.1 约束自然邻点及其形函数的影响域

为消除非凸边界上不相邻的边界结点对形函数计算的影响，借鉴无网格法中应用可见性准则对结点的影响域加以限制的方法[5]，假设边界为不透明的，结点影响域内的点与结点的连线应不与边界相交。

将可见性准则引入自然单元法，自然邻点的概念被转化为约束自然邻点，一个点的约束自然邻点是对其可见并与其形成空外接圆的其他结点，值得注意的是这里的空外接圆可以包含对其不可见的结点。

如图 4-6 所示，约束自然单元法中结点 I 的影响域仍为 n 个三角形的外接圆

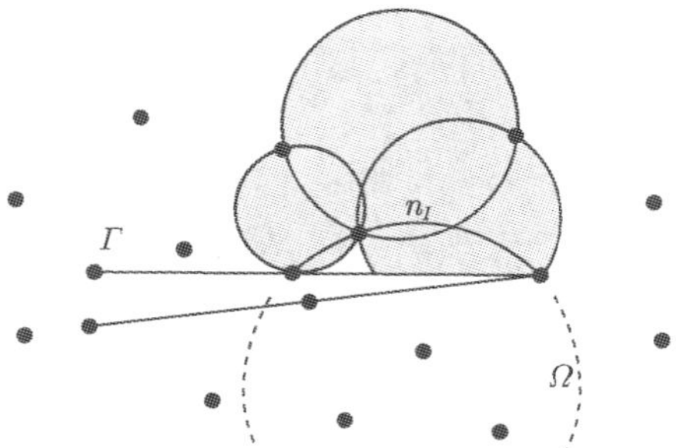

图 4-6 结点 n_I 的约束自然邻点及其支撑域

的并集，但这些外接圆应经过结点 n_I 和对其可见的约束自然邻点，且影响域内的点对结点 n_I 来说也应当是可见的。

4.3.2 约束 Voronoi 图与约束自然邻点形函数计算

结点 n_i 的约束 Voronoi 单胞的数学定义为

$$T_i^C = \left\{ \boldsymbol{x} \in \mathbf{R}^n : d(\boldsymbol{x}, \boldsymbol{x}_i) < d(\boldsymbol{x}, \boldsymbol{x}_j), \forall j \neq i, S_{x \to n_i} \cap \Gamma = \varnothing, S_{x \to n_j} \cap \Gamma = \varnothing \right\} \quad (4\text{-}1)$$

其中，$S_{x \to n_i}$ 表示点 $\boldsymbol{x}$ 与结点 i 的连线。事实上，结点 n_i 的约束 Voronoi 单胞由距 n_i 比其他任何对其可见的结点都近的点组成，注意如此定义的约束 Voronoi 单胞应该可以越过边界甚至可以延伸到边界对面的区域或者延伸到无穷，并且其中的点 $\boldsymbol{x}$ 可以距对 n_i 不可见的结点更近。上式中的 n_j 与 n_i 应为相互可见，C-NEM 通过假想将边界 l_i 剪开后粘贴另一张不包含结点的“纸” Σ_i，来达到允许结点的 Voronoi 单胞可以越过边界的目的，设原包含结点的“纸”为 Σ_0，若点 $\boldsymbol{x}$ 与结点 n_i 的连线与边界 l_i 相交，则认为点 $\boldsymbol{x}$ 在 Σ_i 上，且 Σ_0 上对 n_i 不可见的结点对 $\boldsymbol{x}$ 也不可见，则结点 n_i 的 Voronoi 单胞可以包含边界以外的点 $\boldsymbol{x}$。图 4-7 给出了约束 Voronoi 图的示例，为表示清楚起见，并未画出边界线以下结点的 Voronoi 单胞，可以看出结点 n_i 的约束 Voronoi 单胞可以越过边界并包含距 n_j 更近的点，其中与边界相交的 Voronoi 单胞超出边界的部分被认为是在另一张“纸” Σ_i 上。

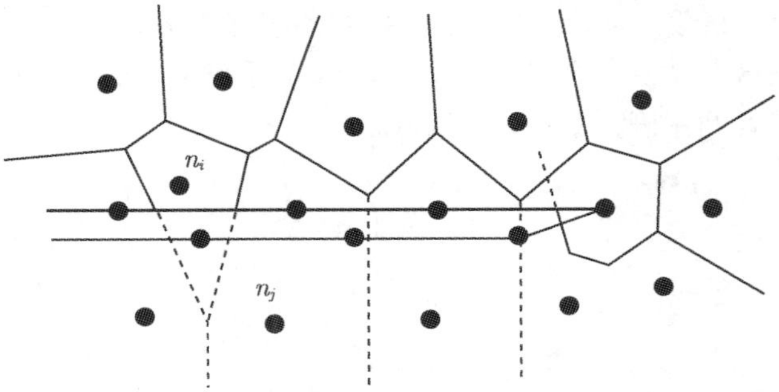

图 4-7 约束 Voronoi 图实例

由于约束 Voronoi 图的建立过程事实上是迫使不可见点不能成为自然邻点，计算点 $\boldsymbol{x}$ 与其约束自然邻点 n_i 的二阶约束 Voronoi 单胞为由距 $\boldsymbol{x}$ 最近、距 n_i 第二近的点组成，因为去除了不可见结点的影响，边界上的计算点 $\boldsymbol{x}$ 与其相邻边界结点对应的二阶 Voronoi 图就具有无限的面积，因而实现了在区域边界上近似函数的线性插值性。但由于这个方法要判断两点连线是否与边界相交并建立约束 Voronoi 图，可见性准则的实施是通过判断两点连线是否与边界相交来实现，并且需要判断的边界不是局部的，在复杂边界和边界线段较多的情况下其计算复杂性和计算量较大，推广到三维情形时就更加复杂。

4.4 非凸边界上自然单元法形函数计算的边界结点法 (B-NEM)

实现自然单元法形函数沿非凸边界线性变化的 α-shape 方法和 C-NEM 方法各有其优点和不足。α-shape 方法需要对结点布置加以控制，且对高度非凸边界如裂纹尖端等情形并不适用。C-NEM 方法通过定义点集的约束 Voronoi 图来限制相应的邻点关系，比较适合裂纹边界或材料边界的情形，方便采用稳定结点积分方案以实现对平衡方程弱形式的积分，但对于复杂边界问题，其计算复杂性和计算量都较大。在厘清引起非凸边界上形函数不沿边界结点线性变化的本质因素后，此处提出一种非凸边界上自然单元法形函数计算的统一方法，在明确定义了边界结点的基础上，通过简单的局部判定来限制相关的邻点关系，从而实现在非凸边界上形函数的线性变化和近似函数在边界上的线性插值。相对于 α-NEM 和 C-NEM，将这个方法称为边界结点法 (B-NEM)。

4.4.1 通过边界结点确定边界线段

通过边界结点来确定边界线段应该是最直接和简便的方法，相邻的两个边界结点确定一条边界线段，每个边界结点连接两条相邻的边界线段。可以通过定义边界线段的方向来区分边界线段的两侧，这里规定沿着有向边界线段正向行走时计算区域位于观察者的左侧，如图 4-8 所示。

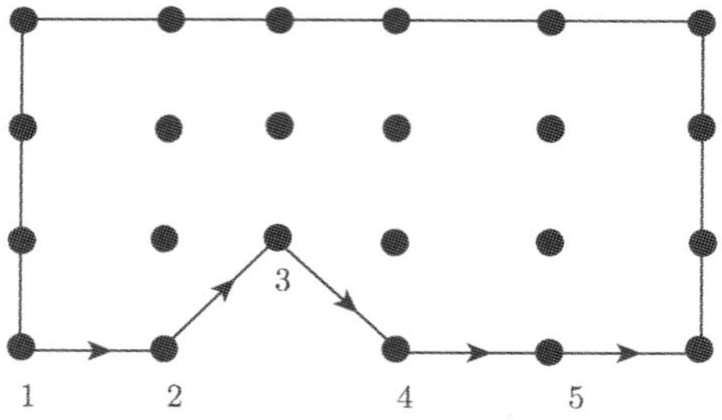

图 4-8　由边界结点确定有向边界线段

对任意一个结点 i，NZ(i) 记录与 i 结点相邻的左结点编号，NR(i) 记录与 i 结点相邻的右结点编号，这里的左右是指面向计算区域时的观察结果。注意到上面两个数组也可用于表示与每个结点相连的两条有向边界线段，如对于图 4-8 中的结点 3，线段 $\overline{23}$ 可表示为 NZ(3) = 2，线段 $\overline{34}$ 可表示为 NR(3) = 4，对于区域内部的结点 NZ(i) 和 NR(i) 可赋值 0。

4.4.2 计算区域的三角化

内部区域和凸边界附近区域在三角化可以采用通常的 Delaunay 三角剖分方法进行，满足空外接圆准则的三角形就是有效的三角形。

在非凸区域的边界上，为了得到能反映实际边界的三角化结果，需采用如下方法限制某些满足空外接圆准则的三角形成为有效的三角形：

(1) 三个结点都是边界结点的三角形是无效的。

(2) 有两个结点是边界结点，则第三个结点应位于边界结点连接的有向线段的内侧，且外接圆内可以包含位于边界有向线段外侧的结点。

(3) 只有一个是边界结点，若为凸结点，另外两个结点应位于两条有向边界线段的内侧；若为凹结点，另外两个结点应位于两条有向边界线段之一的内侧。

如图 4-8 中的三角形 △234 是无效的，必须剔除。图 4-9 (a) 中的 △123 是有效的，但由于 △576 的面积是负的，结点 6 位于有向边界线段 57 的外侧，所以 △576 是无效的。图 4-9 (b) 中 △8910 和 △141516 是有效的，而 △111213 是无效的。

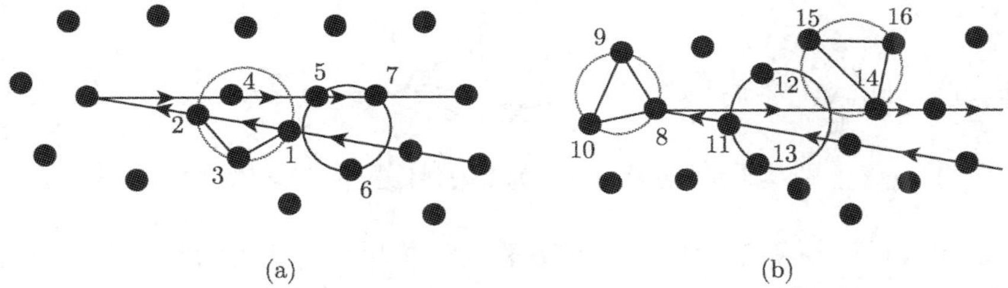

图 4-9 通过边界结点判断邻接三角形的有效性

4.4.3 计算点的邻点确定与形函数计算

传统的自然单元法中，若三角形是计算点的邻接三角形，则其组成结点是计算点的自然邻点。对于非凸和裂纹边界问题，附加条件是该三角形必须对于计算点是可见的。对于凸边界结点，要求计算点位于与其相连的两条有向边界线段的内侧；对于凹边界结点，要求计算点位于与其相连的两条有向边界线段之一的内侧，这个判断原则是普遍适用的。

如图 4-10 所示，△123 的组成结点 1 是凸结点，计算点 a 位于有向边界线段 41 和 15 的内侧，△123 是计算点 a 的邻接三角形。而计算点 b 位于有向边界线段 41 的内侧和 15 的外侧，△123 不是计算点 b 的邻接三角形。图 4-11 中，△123 的组成结点 1 是凹结点，计算点 a 位于有向边界线段 41 和 15 的外侧，△123 不是计算点 a 的邻接三角形。计算点 b 位于有向边界线段 41 的外侧和 15 的内侧，△123

是计算点 b 的邻接三角形。

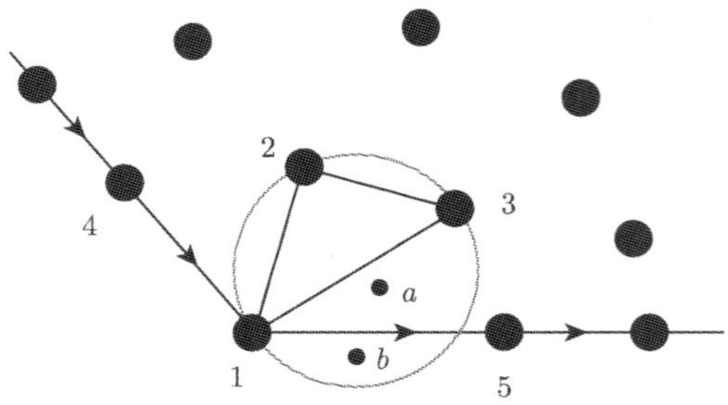

图 4-10　凸区域上的有效邻接三角形判定

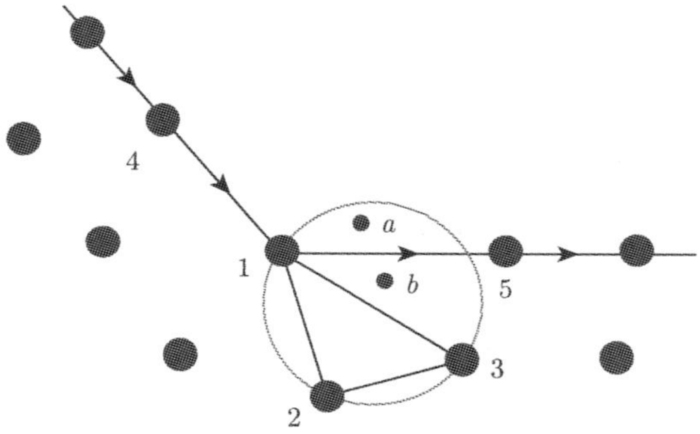

图 4-11　凹区域上的有效邻接三角形判定

通过上面的方法确定计算点的有效邻接三角形，并进而确定计算点的所有有效邻点后，形函数的计算方法与传统自然单元法的方法相同。

4.4.4　材料边界的处理方法

为了保证材料边界上位移连续而位移导数不连续，材料边界上的位移近似函数应为相邻边界结点的线性插值，与裂纹边界的情形类似，这要求边界一侧的计算点的形函数计算应不受边界另一侧结点的影响，不同的是材料边界两侧的位移是连续的，因此不能布置独立的重合结点。

为此，可在材料边界上增设 “影子结点”，如图 4-12 中的 $-1\sim-8$ 号结点，注意结点 1～8 所连接的有向边界线段方向向右，$-1\sim-8$ 所连接的有向边界线段方向向左，这样进行处理后，在进行三角剖分和形函数计算时，可以避免不同材料分区间的相互影响。材料边界两侧的区域就如同独立的两部分，从而两侧区域形函数在各自的材料边界上的结点间都是线性变化的，而内部计算点的形函数及导数计算都是独立进行的。需要说明的是若材料边界是曲线，则两部分区域的材料边界一个是凸的, 另一个是凹的。

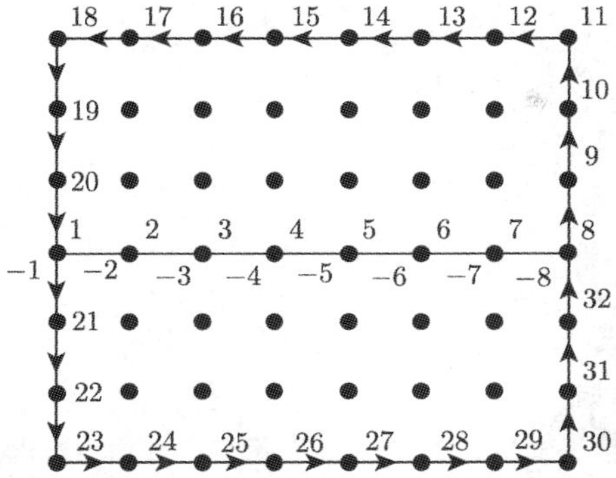

图 4-12 材料边界上增设负编号结点

影子结点的作用是限制一侧材料区域内的结点影响另一侧材料区域内计算点的形函数计算，注意到影子结点与原真实结点的结点位移值相同，事实上它们是同一个结点，只不过通过影子结点确定的有向边界线段的方向不同而已。在进行总体刚度矩阵和外力向量组装时，并不将影子结点视为独立的结点，与影子结点有关的高斯积分点对总刚的贡献是叠加到原结点自由度上的，同样，对外力向量的贡献也是叠加到原结点自由度上。求得总体结点位移后，在后处理计算位移、应变和应力时，凡涉及形函数的计算都还要借助于影子结点，因为只有这样，才能保证在材料边界上位移连续而其导数是不连续。

4.5 数值算例

4.5.1 非凸边界上的形函数计算

考虑图 4-13 的情形，区域包括了两类非凸边界情形，一类是在裂纹分析中可能出现的高度非凸的边界，另一类是一般的非凸区域，为了使边界显示得更加清

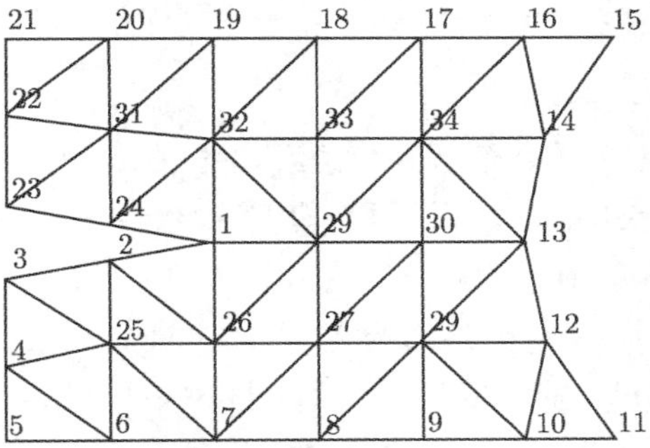

图 4-13 结点布置与三角化

楚，在裂纹边界处有意地使裂纹两侧的边界进行了一定程度的分离，事实上裂纹两侧的边界结点位置也可以重合，但需要进行不同的结点编号。两个不同结点 1、13 的形函数计算结果如图 4-14。

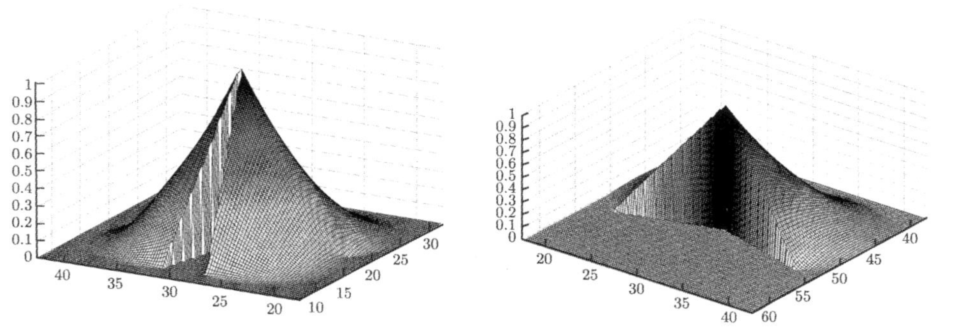

图 4-14　结点 1 和结点 13 形函数的着色表面图

4.5.2　含中心圆孔的无限大平板受均布拉力

考虑无限大中心圆孔平板在无穷远处受水平方向均布拉力 $\sigma=1\text{Pa}$，该问题的精确解答可参见文[12]，由于对称仅考虑平板的四分之一。几何模型与 108 个结点的布置及三角化结果如图 4-15 所示，AB 和 DE 边上分别施加竖向和水平位移约束，BC 和 CD 边上分别施加精确的应力边界条件，弹性模量 $E=3\times10^{7}\text{Pa}$，泊松比 $\mu=0.25$，按平面应变问题进行分析。采用基于 Lasserre 体积算法[13] 的自然单元法形函数计算方法。

位移相对误差范数和能量相对误差范数计算结果分别为

$$e_{L^2(\Omega)}=\frac{\left\|\boldsymbol{u}^{\text{exact}}-\boldsymbol{u}^{h}\right\|_{L^2(\Omega)}}{\left\|\boldsymbol{u}^{\text{exact}}\right\|_{L^2(\Omega)}}=5.8435\times10^{-3},\quad e_{E(\Omega)}=\frac{\left\|\boldsymbol{u}^{\text{exact}}-\boldsymbol{u}^{h}\right\|_{E(\Omega)}}{\left\|\boldsymbol{u}^{\text{exact}}\right\|_{E(\Omega)}}=4.0039\times10^{-2}$$

沿 ED 边的法向应力的数值解和精确解如图 4-16 所示，计算结果显示数值解与精确解吻合良好，表明通过边界结点法 (B-NEM) 实现非凸边界上形函数及近似函数沿边界的线性变化是可行的。

由于自然单元法的形函数并非多项式，并不能够重构本问题的分析解答，并且三角形背景网格的积分域与形函数的支撑域也不一致，这些因素均会引起一定的误差[14]，靠近孔边处误差稍大一些，通过增加布点密度可以减小这种误差。

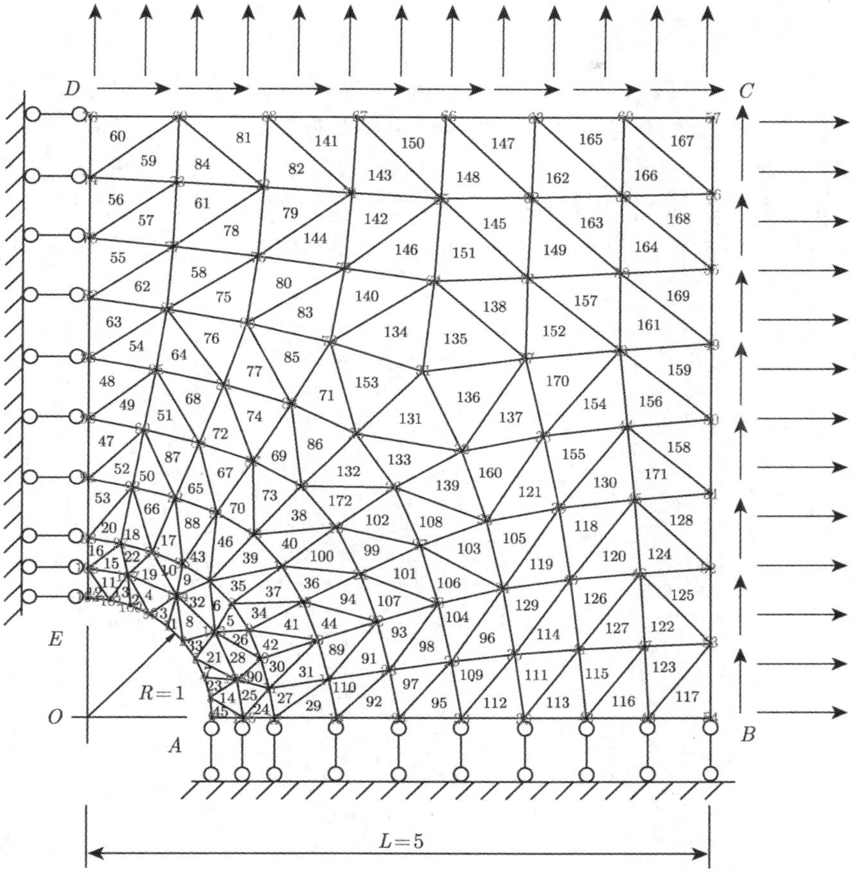

图 4-15 结点布置与计算模型

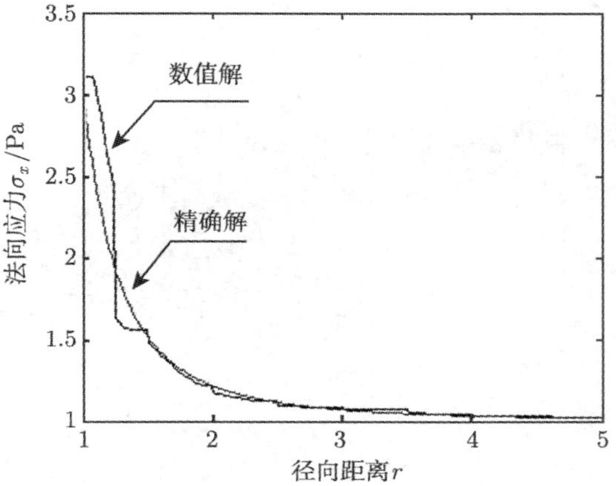

图 4-16 *ED* 边上的法向应力分布

4.5.3 单边裂纹平板受单向拉力

图 4-17 所示平板尺寸为 $L = 8\text{m}$, $W = 7\text{m}$, 中部左侧含一单边裂纹长度为 $a = 3.5\text{m}$, 上下端受均布拉力作用。在裂纹边界上布置重合的结点并利用边界结点法进行形函数计算，取弹性模量 $E = 1000\text{Pa}$, 泊松比 $\mu = 0.3$，按平面应变问题计算。计算时并未考虑结构的对称性，全场竖向位移分布如图 4-18 所示，图中的水平面与平板所在平面平行，纵轴对应位移的大小，图中结果表明位移场的分布合乎规律。

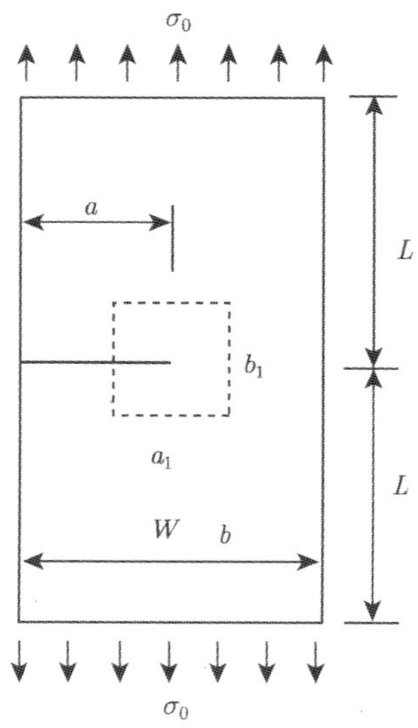

图 4-17　单边裂纹平板受单向拉力

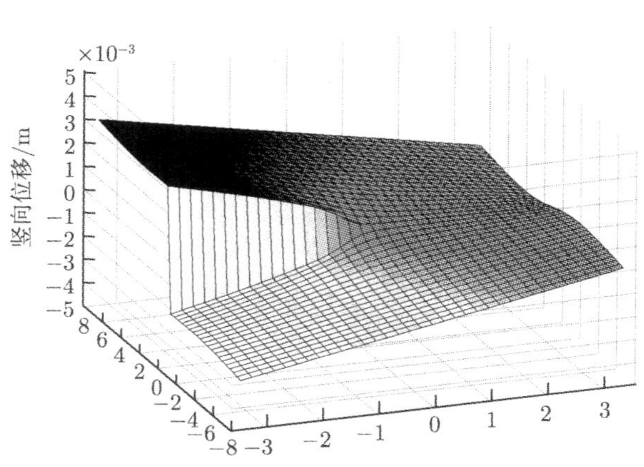

图 4-18　竖向位移场分布

当 $L \geqslant W$ 且 $a \leqslant 0.6W$ 时，本问题应力强度因子的理论解为[15]

$$K_1 = \sigma_0\sqrt{a}\left[1.99 - 0.41\left(\frac{a}{W}\right) + 18.70\left(\frac{a}{W}\right)^2 - 38.48\left(\frac{a}{W}\right)^3 + 53.85\left(\frac{a}{W}\right)^4\right] \quad (4\text{-}2)$$

当 σ_0=1.0Pa 时，据此算得的理论值为：$K_1 = \sqrt{3.5} \times 5.02 = 9.391$。

在 247 个和 607 个结点布置下，采用不同围线的 J 积分计算了应力强度因子，见表 4-1。数值计算结果显示了 J 积分的路径无关性，并且随着结点布置密度的增加，数值计算结果收敛于理论解。

表 4-1　应力强度因子计算结果

结点数	$a_1 \times b_1$	K_1	误差/%
247	1.4×2.0	9.031	3.83
	2.8×3.0	8.915	5.07
	4.2×4.0	8.802	6.27
	5.6×6.0	8.736	6.97
607	1.4×2.0	9.203	2.00
	2.8×3.0	9.201	2.02
	4.2×4.0	9.192	2.12
	5.6×6.0	9.164	2.42

4.5.4 双材料中空圆环受内压作用

图 4-19 所示中空圆环由两种材料组成，在内边界上受均布压力作用，该问题的精确解可以由以下各式决定[12]：

在 Ω_1 内

$$\left.\begin{aligned} &\sigma_\rho^1 = \frac{A_1}{\rho^2} + 2C_1, \sigma_\varphi^1 = -\frac{A_1}{\rho^2} + 2C_1, \tau_{\rho\varphi}^1 = 0 \\ &u_\rho^1 = \frac{1}{E_1}[-(1+\mu_1)\frac{A_1}{\rho} + 2(1-\mu_1)C_1\rho], u_\varphi^1 = 0 \end{aligned}\right\} \quad (4\text{-}3)$$

在 Ω_2 内

$$\left.\begin{aligned} &\sigma_\rho^2 = \frac{A_2}{\rho^2} + 2C_2, \sigma_\varphi^2 = -\frac{A_2}{\rho^2} + 2C_2, \tau_{\rho\varphi}^2 = 0 \\ &u_\rho^2 = \frac{1}{E_2}[-(1+\mu_2)\frac{A_2}{\rho} + 2(1-\mu_2)C_2\rho], u_\varphi^2 = 0 \end{aligned}\right\} \quad (4\text{-}4)$$

其中，上标表示的是不同的材料区域，常数 A_1、A_2、C_1、C_2 可由下列应力和位移边界条件决定：

$$\left.\begin{aligned} &(\sigma_\rho^1)_{\rho=R_0} = -q, (\sigma_\rho^1)_{\rho=R_1} = (\sigma_\rho^2)_{\rho=R_1} \\ &(\sigma_\rho^2)_{\rho=R_2} = 0, (u_\rho^1)_{\rho=R_1} = (u_\rho^2)_{\rho=R_1} \end{aligned}\right\} \quad (4\text{-}5)$$

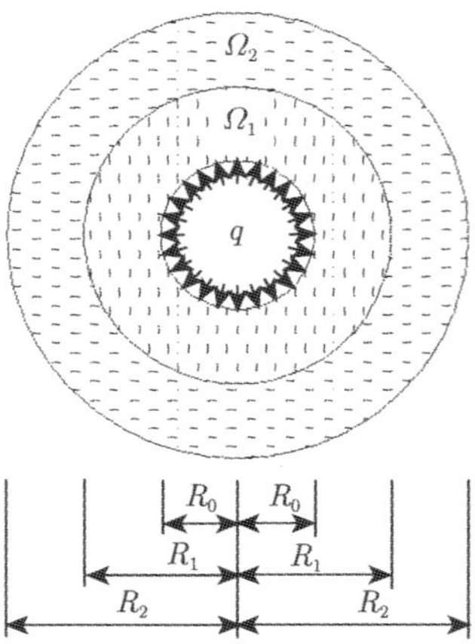

图 4-19　双材料中空圆环受内压

有关计算参数取为

$$q = 10\text{MPa}, R_0 = 50\text{mm}, R_1 = 100\text{mm}, R_2 = 150\text{mm}$$

$$\mu_1 = 0.3, \mu_2 = 0.2, E_1 = 200000\text{MPa}, E_2 = 100000\text{MPa}$$

算得 $A_1 = -30143.54, C_1 = 2.05, A_2 = -17224.88, C_2 = 0.76$。

图 4-20 给出了环向正应力 σ_θ 的分布图，图中的纵轴为环向正应力大小，在材料边界处是不连续的。图 4-21 给出了自然单元法得到的径向正应力沿径向的分布曲线，并同时给出了三结点常应变单元的有限元计算结果和精确解，从中可以看出自然单元法的计算结果与精确解吻合得很好。

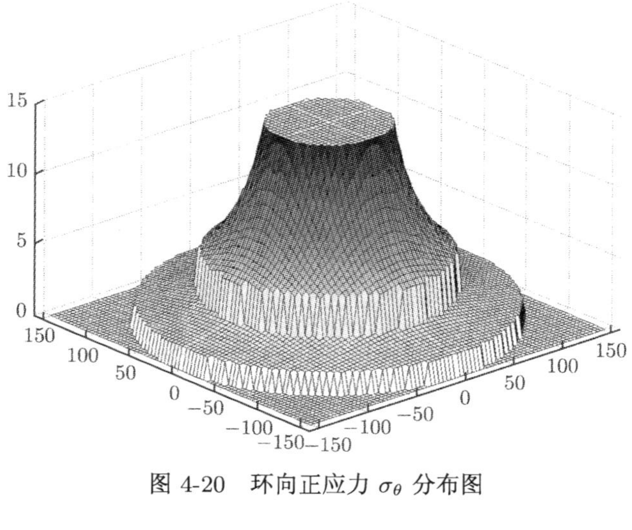

图 4-20　环向正应力 σ_θ 分布图

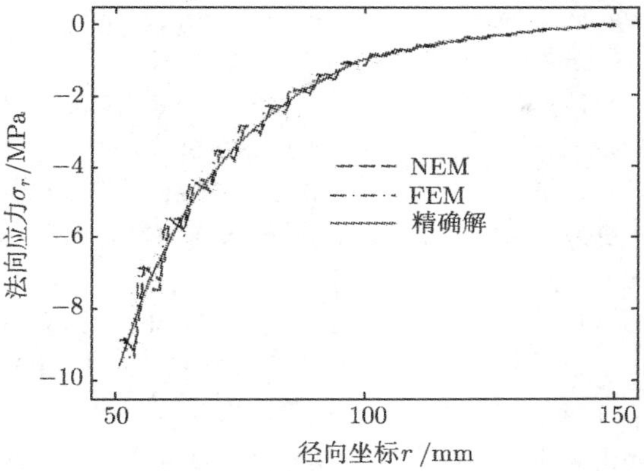

图 4-21 径向应力计算结果

4.6 本 章 小 结

自然单元法以自然邻点插值构造场变量的近似函数，具有无网格法的特点，虽然其形函数满足插值条件，但在非凸区域的边界上近似函数不仅依赖于边界结点值，也依赖于区域内部结点值，造成不能精确施加本质边界条件。在裂纹和材料边界上，还会出现边界两侧结点与计算点的相互影响。

为实现自然单元法近似函数在包括裂纹和材料边界在内的任意非凸边界上的线性插值，并消除边界两侧区域间的相互影响，本章提出通过边界结点确定边界线段及其内外侧，在计算区域的三角化和形函数的计算过程中，利用局部边界线段对结点和计算点的邻点关系加以限制和修正，避免了在三角化时出现跨越边界的三角形，消除了裂纹和材料边界两侧区域间的相互影响。在材料边界上还特别设置了负编号结点，以实现材料边界上的位移连续和导数不连续的特点。算例结果表明，用本章方法计算的形函数在任何类型的边界上都是线性变化的，可方便地处理包括裂纹边界和材料边界在内的非凸边界问题，为自然单元法的进一步应用奠定了坚实的基础。

参 考 文 献

[1] Sukumar N, Moran B, Belytschko T. The natural elements method in solid mechanics[J]. International Journal for Numerical Methods in Engineering, 1998, 43: 839-887.

[2] Sukumar N, Moran B, Semenov A Y, et al. Natural neighbour Galerkin methods[J]. International Journal for Numerical Methods in Engineering, 2001, 50:1-27.

[3] Sukumar N. The natural element method in solid mechanics[D]. USA IL Evanston Northwestern University, 1998.

[4] Lo S H. Delaunay triangulation of non-convex planar domains[J]. International Journal for Numerical Methods in Engineering, 1989, 28:2695–2707.

[5] Organ D, Fleming M, Terry T, Belytschlo T. Continuous mehless approximations for nonconvex bodies by diffraction and transparency[J]. New Advances in Adaptive Computational Mechanics, 1996, 19:1-11.

[6] Cueto E, Cegonino J, Calvo B, Doblaré M. On the imposition of essential boundary conditions in natural neighbour Galerkin methods[J]. Communications in Numerical Methods in Engineering, 2003, 19:361-376.

[7] Cueto E, Doblare M, Gracia L. Imposing essential boundary conditions in the natural element method by means of density-scaled a-shapes [J]. International Journal for Numerical Methods in Engineering, 2000, 49:519-546.

[8] Yvonnet J, Ryckelynck D, Lorong P, Chinesta F. A new extension of the natural element method for non-convex and discontinuous problems: the constrained natural element method (C-NEM) [J]. International Journal for Numerical Methods in Engineering, 2004, 60:1451–1474.

[9] Cueto E, Calvo B, Doblare M. Modelling three-dimensional piece-wise homogeneous domains using the α-shape-based natural elements method[J]. International Journal for Numerical Methods in Engineering, 2002, 54:871–897.

[10] Jarvis R A. Computing the shape hull of points in the plane//Proceedings of the IEEE Computing Society Conference on Pattern Recognition and Image Processing, New York, 1977, 231-241.

[11] Edelsbrunner H, Mücke E. Three dimensional alpha shapes[J]. ACM Transactions on Graphics, 1994, 13:43-72.

[12] 铁摩辛柯，古地尔. 弹性理论 [M]. 徐芝纶译. 北京：高等教育出版社，1990.

[13] 江涛, 章青. 基于 Lasserre 算法的自然单元法形函数计算 [J]. 力学与实践，2008, 30(4):37-41.

[14] Gonzalez D, Cueto E, Martinez M A, et al. Numerical integration in natural neighbour Galerkin methods[J]. International Journal for Numerical Methods in Engineering, 2004, 60:2077-2104.

[15] 李灏，陈树坚. 断裂理论基础 [M]. 成都：四川人民出版社，1983.

第 5 章　自然单元法的数值积分与自适应方案

在无网格方法中一般采用高斯积分方法对伽辽金弱形式进行数值积分，由于无网格法形函数是有理式及局部支撑域与积分子域不一致，通常会导致相当的积分误差。Dolbow 等[1] 建议所有结点均采用矩形支撑域并根据支撑域来构造最佳积分区域，结果显示这对计算精度有较大的提高。由于无网格法中高斯积分相对复杂且计算量较大，国内外学者对结点积分方案进行了较多的研究，采用直接结点积分方案计算 EFG 弱形式，尽管计算速度较快但精度较差，且由于积分项不足导致所得的系统公式是不稳定的。Beissel[2] 等建议将平衡方程的残差平方作为稳定项加入到势能泛函中，以消除结点积分的不稳定性，但该法降低了计算精度且需人为设定稳定参数, 且对于原始解中不包含不稳定模式的问题，附加的稳定项反而使得计算精度有所降低。Chen[3] 等在 EFG 中提出光滑应变稳定化的方法，用结点代表域的平均应变作为假设的结点应变，消除了结点积分的不稳定性且提高了计算精度。

自然单元法控制方程的弱形式涉及对形函数及导数的积分计算，由于形函数并非多项式且其支撑域为相关三角形的外接圆的并集，因此难以对其进行精确积分。较早的自然单元法采用 Delaunay 三角形作为背景积分域进行相关积分计算[4]，但计算精度并不理想，未能精确通过小片检验。为解决积分域与支撑域不一致的问题，Cueto 等[5] 使用支撑域分解的方法进行数值积分，但由于该法的积分域是许多类似于凸透镜形状的区域，需要进行积分区域的映射变换，因此计算量过大，且此时形函数为有理式，成为主要的积分误差来源，也未能通过小片检验。Gonzalez 等[6] 和 Yoo 等[7] 将光滑应变稳定化结点积分方案应用于自然单元法，大大提高了计算精度，小片检验中的计算结果也比较理想。卢波等[8] 采用基于三角形内平均应变的单点积分方案，也取得了较好的效果。Yvonnet 等[9] 研究了采用光滑结点应力进行应力恢复和误差估计的方法，并给出了相应的自适应细化方案。

本章对自然单元法的数值积分方案进行研究，并尝试采用基于 Voronoi 单胞分解的自然单元法数值积分方案，并对自然单元法误差估计和自适应方案进行研究。由于自然单元法形函数在结点处不可导，不能直接得到结点处的应力和应变，因此采用结点的 Voronoi 单胞作为结点的代表域，以代表域内的光滑应变作为结点处的恢复应变，进而计算结点处的恢复应力，并以此进行全场应力恢复。采用 Z-Z 后验误差估计方法，提出一种适用于自然单元法的自适应细化方案，编制了相关的计算程序，通过算例验证了方法的可行性。

5.1 自然单元法的数值积分方案

5.1.1 基于三角形背景网格的积分方案

Sukumar 等[4] 采用 Delaunay 三角形作为背景积分网格对控制方程的弱形式进行数值积分，为检验数值积分的精度，在单位正方形区域边界上施加线性位移场以进行位移分片检验，结果显示位移相对误差范数和应变相对误差范数分别可达到 10^{-4} 和 10^{-3}，未达到双精度计算的机器精度 10^{-16}，认为没有通过小片检验。在其进行的平衡小片检验中，位移相对误差范数和能量相对误差范数也是分别可达到 10^{-4} 和 10^{-3}，同样未能通过小片检验。

在背景网格上对自然单元法弱形式进行高斯积分将产生相当的积分误差，这是由于自然单元法形函数的支撑域并不能被分解为三角形，此外自然单元法形函数并不是多项式，而高斯积分以及其他的数值积分规则一般是为精确积分多项式而设计的。事实上积分域与支撑域不一致的因素也可视为被积函数不是多项式，这是造成积分误差两个主要原因的共同本质。

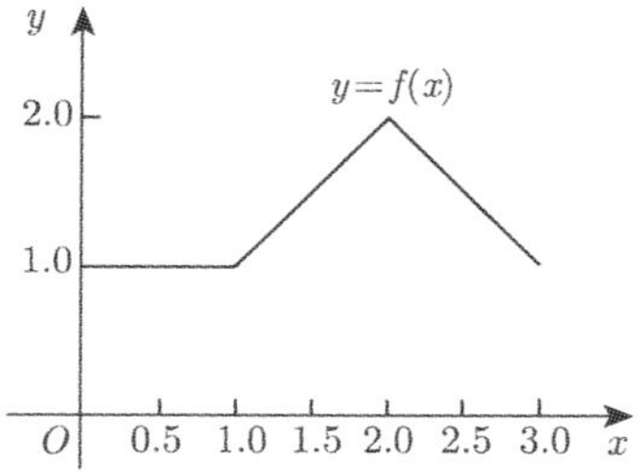

图 5-1　函数 $y = f(x)$ 的图形

考虑如下一维情形，设图 5-1 所示的被积函数为

$$y = f(x) = \begin{cases} 1 & 0.0 < x \leqslant 1.0 \\ x & 1.0 < x \leqslant 2.0 \\ -x+4 & 2.0 < x \leqslant 3.0 \end{cases}$$

分别对三种积分域划分采用一点高斯积分，计算结果如下：

$$\begin{aligned} &\int_0^{0.5} f(x)\mathrm{d}x + \int_{0.5}^{1.5} f(x)\mathrm{d}x + \int_{1.5}^{2.5} f(x)\mathrm{d}x + \int_{2.5}^{3.0} f(x)\mathrm{d}x \\ &= 1 \times 0.5 + 1.0 \times 1.0 + 2.0 \times 1.0 + 1.25 \times 0.5 = 4.125 \end{aligned} \tag{5-1}$$

$$\int_0^{3.0} f(x)\mathrm{d}x = 1.5 \times 3.0 = 4.5 \tag{5-2}$$

$$\int_0^{1.0} f(x)\mathrm{d}x + \int_{1.0}^{2.0} f(x)\mathrm{d}x + \int_{2.0}^{3.0} f(x)\mathrm{d}x = 1.0\times1.0+1.5\times1.0+1.5\times1.0 = 4.0 \tag{5-3}$$

被积函数是分段线性的。式 (5-1) 的积分误差可看做是积分子域与支撑域不一致引起的。式 (5-2) 的积分误差可看做是被积函数不是线性多项式引起的。采用式

(5-3) 进行积分时，在每个积分子域中被积函数都是线性分布的，因此可以实现精确积分。若被积函数为线性多项式，则不论采用何种子域划分积分结果都将是精确的。

由于自然单元法的形函数不是多项式，即使积分子域与形函数的支撑域保持一致也不能实现精确积分，当然采用高阶高斯积分可以减少积分误差。Dolbow 等[1]在 EFG 中提出了一种称之为 bounding box 的方法使形函数支撑域与背景网格区域一致，以提高数值积分的计算精度，自然单元法中也提出了支撑域分解的积分技术，但显著增加了计算的复杂性且对计算精度的提高并不明显。

本书作者尝试对结点的 Voronoi 单胞进行三角形分解，并以分解后的三角形作为背景积分网格进行积分，也未能取得预期的结果，图 5-2 为以 Delaunay 三角形及 Voronoi 单胞分解三角形的背景网格示意，两种情形下形函数支撑域与背景网格都不一致。

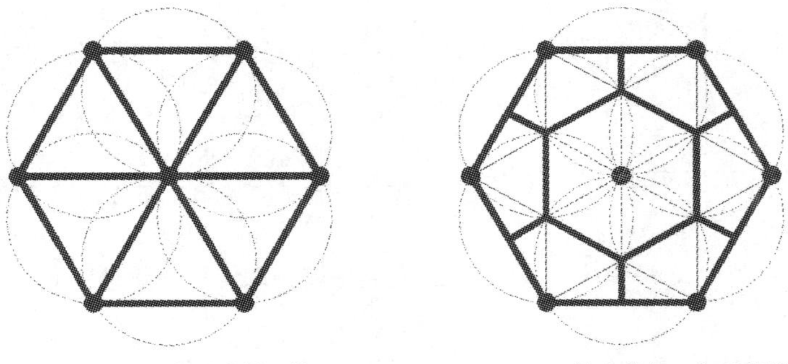

(a) Delaunay三角形背景网格　　(b) Voronoi单胞分解三角形背景网格

图 5-2　两种背景网格

5.1.2 形函数支撑域分解积分方案

自然单元法形函数的支撑域为结点的邻接三角形的外接圆的并集，如图 5-3 所示，无论是结点的支撑域还是两个结点的支撑域的交都可以被分解为一系列的三角形和弓形 (circle segments)，对弱形式的数值积分可以在结点形函数支撑域的交集内进行，这样，积分域与形函数的支撑域可保持一致。

$$\Omega_{IJ} = \omega_I \cap \omega_J \cap \Omega, \quad \omega_I = \mathrm{supp}\,(n_I) \tag{5-4}$$

对于弓形部分需要建立与单位正方形间的变换关系，再将正方形上的高斯积分点映射到弓形段上，被积函数中形函数及其导数的计算是在弓形部分的映射积分点上进行的。

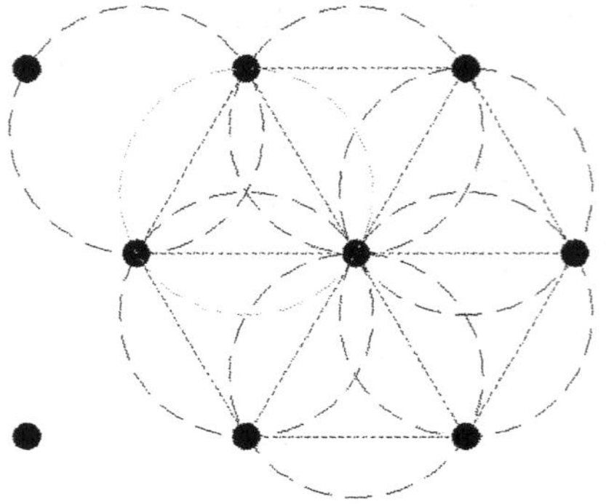

图 5-3　形函数支撑域及其交集

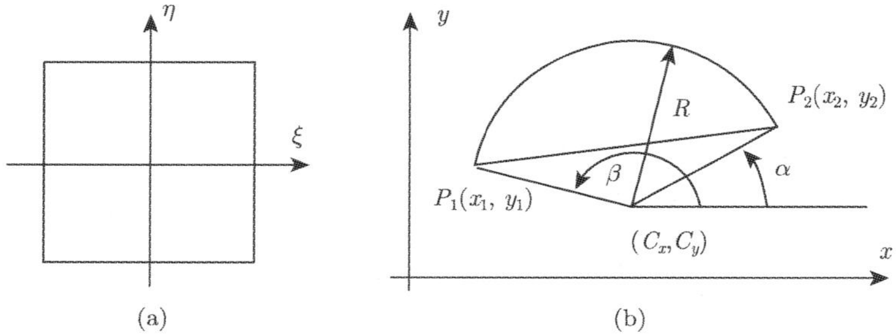

图 5-4　单位正方形与弓形的变换

变换公式为

$$x=\frac{1}{2}\left(\frac{1}{2}(1-\eta)\left[x_1(1-\xi)+x_2(1+\xi)\right]+(1+\eta)\left\{C_x+R\cos\left[\frac{1}{2}(1-\xi)\beta+\frac{1}{2}(1+\xi)\alpha\right]\right\}\right) \tag{5-5}$$

$$y=\frac{1}{2}\left(\frac{1}{2}(1-\eta)\left[y_1(1-\xi)+y_2(1+\xi)\right]+(1+\eta)\left\{C_y+R\sin\left[\frac{1}{2}(1-\xi)\beta+\frac{1}{2}(1+\xi)\alpha\right]\right\}\right) \tag{5-6}$$

当 $\xi=-1$ 时，对应 P_1 点：

$$x=\frac{1}{2}\left[\frac{1}{2}(1-\eta)x_1\cdot 2+(1+\eta)(C_x+R\cos\beta)\right]=x_1 \tag{5-7}$$

$$y=\frac{1}{2}\left[\frac{1}{2}(1-\eta)y_1\cdot 2+(1+\eta)(C_y+R\sin\beta)\right]=y_1 \tag{5-8}$$

同理，当 $\xi=+1$ 时，对应 P_2 点。

当 $\eta=-1$ 时，对应直线 $\overline{P_1P_2}$：

$$x=\frac{1}{2}\left[x_1\left(1-\xi\right)+x_2\left(1+\xi\right)\right],y=\frac{1}{2}\left[y_1\left(1-\xi\right)+y_2\left(1+\xi\right)\right] \tag{5-9}$$

当 $\eta=+1$ 时，对应弧段 $\widehat{P_1P_2}$：

$$x=C_x+R\cos\left[\frac{1}{2}\left(1-\xi\right)\beta+\frac{1}{2}\left(1+\xi\right)\alpha\right] \tag{5-10}$$

$$y=C_y+R\sin\left[\frac{1}{2}\left(1-\xi\right)\beta+\frac{1}{2}\left(1+\xi\right)\alpha\right] \tag{5-11}$$

该方法不仅支撑域分解映射计算量大，计算结果显示即使使用大量的积分点，小片检验的位移相对误差范数计算精度仍不够理想[6]，主要原因是自然单元法形函数并非多项式，而非线性的映射变换可能使得非多项式的影响因素更大。

5.1.3 光滑应变稳定化结点积分方案

Chen 等[3] 提出通过光滑应变稳定化方案来消除结点积分的不稳定性，结点处的光滑应变是通过散度定理计算的平均应变，因为避免了计算结点处的导数, 因而消除了虚假的位移模式。通过假设应变方法将光滑应变引入伽辽金近似中，所得到的应变矩阵满足实现线性精确性的必要条件，即对应变矩阵积分的约束条件，结果显示在精度和收敛性方面较直接结点积分方案有很大提高，且不需要背景积分网格，没有相关参数的选择问题，大大提高了计算效率。Chen 等[10] 还对直接结点积分的刚度矩阵进行了特征分析，结果显示与零特征值对应的零能模态 (特征向量) 不仅包含刚体位移，也包含一种非刚体位移的位移模式，基于最小势能原理的弱形式对该位移模式并不具有约束，只能通过位移边界条件在一定程度上对其进行限制。而采用光滑应变的结点积分导出的刚度矩阵并不存在非刚体位移的零能模态。

5.1.3.1 积分约束条件

将满足线性一致性的形函数应用于伽辽金近似过程，则相应的解应该能够精确重构线性位移场。但由于无网格方法中一般不能实现对弱形式的精确的数值积分而导致误差，积分约束条件是为精确重构线性位移场而对数值积分方案提出的限制性要求。

无体力时由虚功原理可得线弹性问题控制方程的等效弱形式为

$$\int_{\varOmega}\boldsymbol{\sigma}:\delta\boldsymbol{\varepsilon}\mathrm{d}\varOmega=\int_{\varGamma_t}\bar{\boldsymbol{t}}\cdot\delta\boldsymbol{u}\mathrm{d}\varGamma\quad\forall\delta\boldsymbol{u}\in H_0^1(\varOmega) \tag{5-12}$$

考虑二维情形，对于线性位移场：$u_i(x,y)=a_{i0}+a_{i1}x+a_{i2}y$，应力和应变为常数，相应的结点位移为 $u_{Ii}=a_{i0}+a_{i1}x_I+a_{i2}y_I$。

如果位移近似函数能够精确重构线性位移场函数，即具有线性完备性，且应力和位移边界条件均按线性场的计算值精确施加，则等效弱形式 (5-12) 以线性位移代入后应得到精确满足。如果不能精确满足，则是由于数值积分精度不够造成的。

设位移近似函数为

$$u_i^h(\boldsymbol{x})=\sum_{I=1}^{n}\phi_I(\boldsymbol{x})u_{Ii},\delta u_i^h(\boldsymbol{x})=\sum_{I=1}^{n}\phi_I(\boldsymbol{x})\delta u_{Ii} \tag{5-13}$$

将位移近似函数及其相应的应力应变以及变分表达式代入等效弱形式 (5-12) 可得

$$\int_{\Omega}\sum_{I=1}^{n}\left(\delta\boldsymbol{u}_I^{\mathrm{T}}\boldsymbol{B}_I^{\mathrm{T}}(\boldsymbol{x})\right)\cdot\left(\boldsymbol{D}\sum_{I=1}^{n}\boldsymbol{B}_I(\boldsymbol{x})\boldsymbol{u}_I\right)\mathrm{d}\Omega=\int_{\Gamma_t}\sum_{I=1}^{n}\left(\delta\boldsymbol{u}_I^{\mathrm{T}}\phi_I(\boldsymbol{x})\right)\cdot\bar{\boldsymbol{t}}\mathrm{d}\Gamma \tag{5-14}$$

其中，$\boldsymbol{D}$ 为弹性矩阵；$\boldsymbol{u}_I=[u_{Ix},u_{Ix}]^{\mathrm{T}}$ 为结点位移向量。

$$\boldsymbol{B}_I(\boldsymbol{x})=\begin{bmatrix}\phi_{I,x} & 0\\ 0 & \phi_{I,y}\\ \phi_{I,y} & \phi_{I,x}\end{bmatrix}$$

为应变矩阵。

考虑到 $\delta\boldsymbol{u}_I^{\mathrm{T}}$ 的任意性可得

$$\int_{\Omega}\boldsymbol{B}_I^{\mathrm{T}}(\boldsymbol{x})\cdot\left(\boldsymbol{D}\sum_{I=1}^{n}\boldsymbol{B}_I(\boldsymbol{x})\boldsymbol{u}_I\right)\mathrm{d}\Omega=\int_{\Gamma_t}\phi_I(\boldsymbol{x})\bar{\boldsymbol{t}}\mathrm{d}\Gamma\quad I=1,\cdots,n \tag{5-15}$$

若结点位移 $\boldsymbol{u}_I$ 和边界上的面力 $\bar{\boldsymbol{t}}$ 按线性场的计算结果精确施加，则有

$$\bar{\boldsymbol{t}}=\begin{Bmatrix}t_x\\ t_y\end{Bmatrix}=\begin{bmatrix}n_x & 0 & n_y\\ 0 & n_y & n_x\end{bmatrix}\begin{Bmatrix}\sigma_x\\ \sigma_y\\ \tau_{xy}\end{Bmatrix}=\begin{bmatrix}n_x & 0 & n_y\\ 0 & n_y & n_x\end{bmatrix}\boldsymbol{\sigma}^C \tag{5-16}$$

$$\boldsymbol{D}\sum_{I=1}^{n}\boldsymbol{B}_I(\boldsymbol{x})\boldsymbol{u}_I=\boldsymbol{\sigma}^C \tag{5-17}$$

$$\int_{\Omega}\boldsymbol{B}_I^{T}(\boldsymbol{x})\mathrm{d}\Omega\cdot\boldsymbol{\sigma}^C=\int_{\Gamma_t}\phi_I(\boldsymbol{x})\begin{bmatrix}n_x & 0\\ 0 & n_y\\ n_y & n_x\end{bmatrix}^{\mathrm{T}}\mathrm{d}\Gamma\cdot\boldsymbol{\sigma}^C\quad I=1,\cdots,n \tag{5-18}$$

由 $\boldsymbol{\sigma}^C$ 的任意性可得

$$\int_{\Omega}\boldsymbol{B}_I^{\mathrm{T}}(\boldsymbol{x})\mathrm{d}\Omega=\int_{\Gamma_t}\boldsymbol{N}_I^{\mathrm{T}}\mathrm{d}\Gamma\quad I=1,\cdots,n \tag{5-19}$$

上式可表示为

$$\int_{\Omega} \phi_{I,x}(\boldsymbol{x})\mathrm{d}\Omega = \int_{\Gamma_t} \phi_I n_x \mathrm{d}\Gamma, \quad \int_{\Omega} \phi_{I,y}(\boldsymbol{x})\mathrm{d}\Omega = \int_{\Gamma_t} \phi_I n_y \mathrm{d}\Gamma \tag{5-20}$$

若在整个区域和应力边界上分别采用数值积分，则上式就是相应的数值积分方案所应满足的积分约束条件 (IC)。对于内部结点，IC 条件要求形函数的导数在其支撑域上的积分为 0。直接结点积分方案以结点处的形函数导数值进行计算，因不能满足 IC 条件而产生相当的积分误差。背景网格高斯积分方案也不能精确满足上述积分约束条件。光滑应变稳定化结点积分方案的实质是在结点的代表域上进行积分，并通过散度定理将区域形式的积分转化为在代表域边界上的积分。对于内部结点，同一结点的形函数导数的积分在该结点的代表域边界上将积分两次并且可以互相抵消，因此光滑应变稳定化结点积分方案可以满足积分约束条件，因而对于线性位移场可以得到精确的计算结果。由于满足积分约束条件，对不是线性位移场的情形也可以提高计算结果的精度，但仍然存在积分误差。

5.1.3.2 应变光滑化

为克服对弱形式采用直接结点积分方案所产生的不稳定性，可对应变场进行光滑化处理，任一点的光滑应变由其邻域内的应变通过加权积分的方法得到

$$\tilde{\varepsilon}_{ij}(\boldsymbol{s}) = \int_{\Omega} W(\boldsymbol{x};\boldsymbol{x}-\boldsymbol{s})\varepsilon_{ij}(\boldsymbol{x})\mathrm{d}\Omega \tag{5-21}$$

其中，W 是具有紧支域的权函数，满足下列性质：

$$W \geqslant 0, \text{ 且 } \int_{\Omega} W\mathrm{d}\Omega = 1 \tag{5-22}$$

特别地，结点处的光滑应变可由结点代表域内的应变通过加权积分的方法得到，在自然单元法中，结点代表域可取为结点的 Voronoi 单胞，设结点 $\boldsymbol{x}_L$ 的 Voronoi 单胞为 Ω_L，权函数取为

$$W(\boldsymbol{x};\boldsymbol{x}-\boldsymbol{x}_L) = \begin{cases} \dfrac{1}{A_L} & \boldsymbol{x} \in \Omega_L \\ 0 & \boldsymbol{x} \notin \Omega_L \end{cases} \tag{5-23}$$

其中，A_L 为结点代表域的面积。则结点处的光滑应变为

$$\tilde{\varepsilon}_{ij}(\boldsymbol{x}_L) = \frac{1}{2A_L}\int_{\Omega_L} (u_{i,j}^h + u_{j,i}^h)\mathrm{d}\Omega = \frac{1}{2A_L}\int_{\Gamma_L} (u_i^h n_j + u_j^h n_i)\mathrm{d}\Gamma \tag{5-24}$$

上式中应用了散度定理将代表域内的体积分转化为代表域边界上的面积分。

将自然单元法的近似函数 $u_i^h(\boldsymbol{x})=\sum\limits_{I=1}^{n}\phi_I(\boldsymbol{x})u_{I_i}$ 代入上式可得

$$\begin{aligned}\tilde{\varepsilon}_{ij}(\boldsymbol{x}_L)&=\frac{1}{2A_L}\int_{\Gamma_L}\left[n_j(\boldsymbol{x})\sum_{I=1}^{n}\phi_I(\boldsymbol{x})u_{Ii}+n_i(\boldsymbol{x})\sum_{I=1}^{n}\phi_I(\boldsymbol{x})u_{Ij}\right]\mathrm{d}\Gamma\\&=\frac{1}{2}\left\{\sum_{I=1}^{n}\left[\frac{1}{A_L}\int_{\Gamma_L}\phi_I(\boldsymbol{x})n_j(\boldsymbol{x})\mathrm{d}\Gamma\right]u_{Ii}+\sum_{I=1}^{n}\left[\frac{1}{A_L}\int_{\Gamma_L}\phi_I(\boldsymbol{x})n_i(\boldsymbol{x})\mathrm{d}\Gamma\right]u_{Ij}\right\}\end{aligned}\tag{5-25}$$

令

$$\tilde{\phi}_{Ii}(\boldsymbol{x}_L)=\frac{1}{A_L}\int_{\Gamma_L}\phi_I(\boldsymbol{x})n_i(\boldsymbol{x})\mathrm{d}\Gamma\tag{5-26}$$

则二维情形下结点处的光滑应变向量为

$$\tilde{\boldsymbol{\varepsilon}}^h(\boldsymbol{x}_L)=\left\{\begin{array}{c}\tilde{\varepsilon}_x^h\\\tilde{\varepsilon}_y^h\\\tilde{\varepsilon}_{xy}^h\end{array}\right\}=\sum_{I=1}^{n}\left[\begin{array}{cc}\tilde{\phi}_{Ix}(\boldsymbol{x}_L)&0\\0&\tilde{\phi}_{Iy}(\boldsymbol{x}_L)\\\tilde{\phi}_{Iy}(\boldsymbol{x}_L)&\tilde{\phi}_{Ix}(\boldsymbol{x}_L)\end{array}\right]\left\{\begin{array}{c}u_{Ix}\\u_{Iy}\end{array}\right\}=\sum_{I=1}^{n}\tilde{\boldsymbol{B}}_I(\boldsymbol{x}_L)\boldsymbol{u}_I\tag{5-27}$$

若采用结点积分且以结点的 Voronoi 单胞面积为积分权重，则上式左端为

$$\int_{\Omega}\tilde{\phi}_{I,i}(\boldsymbol{x})\mathrm{d}\Omega=\sum_{L=1}^{n}\tilde{\phi}_{I,i}(\boldsymbol{x}_L)A_L=\sum_{L=1}^{n}\int_{\Gamma_L}\phi_I n_i\mathrm{d}\Gamma=\int_{\Gamma_t}\phi_I n_i\mathrm{d}\Gamma\tag{5-28}$$

因此，光滑应变采用结点积分时是满足积分约束条件的。本书作者曾尝试采用高斯积分得到结点代表域内的平均应变，由于不满足积分约束条件，对线性位移场问题仍有一定的误差。

5.1.3.3 控制方程的弱形式与 Galerkin 过程离散化

由于光滑应变场与位移场之间不满足几何方程，根据弹性力学的胡海昌-鹫津广义变分原理[11]，广义位能可表示为

$$\begin{aligned}\Pi_3=&\int_{\Omega}\left[A(\varepsilon_{ij})-f_iu_i\right]\mathrm{d}\Omega-\int_{\Gamma_t}\bar{t}_iu_i\mathrm{d}\Gamma+\int_{\Omega}\lambda_{ij}\left[\frac{1}{2}(u_{i,j}+u_{j,i})-\varepsilon_{ij}\right]\mathrm{d}\Omega\\&+\int_{\Gamma_u}\mu_i(u_i-\bar{u}_i)\mathrm{d}\Gamma\end{aligned}\tag{5-29}$$

其中，$A(\varepsilon_{ij})$ 是用应变表示的应变能密度，$\dfrac{\partial A(\varepsilon_{ij})}{\partial\varepsilon_{ij}}=\sigma_{ij}$。泛函的驻值条件是其一阶变分为 0，即

$$\delta\Pi_3=\int_{\Omega}\left[\frac{\partial A}{\partial\varepsilon_{ij}}\delta\varepsilon_{ij}-f_i\delta u_i\right]\mathrm{d}\Omega-\int_{\Gamma_t}\bar{t}_i\delta u_i\mathrm{d}\Gamma$$

$$+\int_{\Omega}\left[\lambda_{ij}\frac{1}{2}\left(\delta u_{i,j}+\delta u_{j,i}\right)-\lambda_{ij}\delta\varepsilon_{ij}+\frac{1}{2}\left(u_{i,j}+u_{j,i}\right)\delta\lambda_{ij}-\varepsilon_{ij}\delta\lambda_{ij}\right]\mathrm{d}\varOmega$$
$$+\int_{\varGamma_u}\mu_i\delta u_i+\left(u_i-\bar{u}_i\right)\delta\mu_i\mathrm{d}\varGamma=0 \tag{5-30}$$

其中，Lagrange 乘子 λ_{ij} 和 μ_i 的力学意义是应力 σ_{ij} 和负的面力 $-\sigma_{ij}n_j$，代回到原泛函 $\varPi_3$ 得到

$$\varPi_3=\int_{\Omega}\left[A\left(\varepsilon_{ij}\right)-f_iu_i\right]\mathrm{d}\varOmega-\int_{\varGamma_t}\bar{t}_iu_i\mathrm{d}\varGamma+\int_{\Omega}\sigma_{ij}\left[\frac{1}{2}\left(u_{i,j}+u_{j,i}\right)-\varepsilon_{ij}\right]\mathrm{d}\varOmega$$
$$+\int_{\varGamma_u}\mu_i\left(u_i-\bar{u}_i\right)\mathrm{d}\varGamma \tag{5-31}$$

如果选择满足位移边界条件的函数 u_i，并以光滑应变 $\tilde{\varepsilon}_{ij}$ 及相应的应力 $\tilde{\sigma}_{ij}$ 代入上式，可得

$$\varPi_3=\int_{\Omega}\left[A\left(\tilde{\varepsilon}_{ij}\right)-f_iu_i\right]\mathrm{d}\varOmega-\int_{\varGamma_t}\bar{t}_iu_i\mathrm{d}\varGamma+\int_{\Omega}\tilde{\sigma}_{ij}\left[\frac{1}{2}\left(u_{i,j}+u_{j,i}\right)-\tilde{\varepsilon}_{ij}\right]\mathrm{d}\varOmega \tag{5-32}$$

采用结点积分方案，$\tilde{\varepsilon}_{ij}$ 和 $\tilde{\sigma}_{ij}$ 在结点的代表域 $\varOmega_L$ 内为常数，则有

$$\begin{aligned}&\int_{\Omega}\tilde{\sigma}_{ij}\left[\frac{1}{2}\left(u_{i,j}+u_{j,i}\right)-\tilde{\varepsilon}_{ij}\right]\mathrm{d}\varOmega=\sum_{L=1}^{n}\tilde{\sigma}_{ij}\int_{\Omega_L}\left[\frac{1}{2}\left(u_{i,j}+u_{j,i}\right)-\tilde{\varepsilon}_{ij}\right]\mathrm{d}\varOmega\\&=\sum_{L=1}^{n}\tilde{\sigma}_{ij}\int_{\Omega_L}\left[\frac{1}{2}\left(u_{i,j}+u_{j,i}\right)-\frac{1}{2A_L}\int_{\Omega_L}(u_{i,j}^h+u_{j,i}^h)\mathrm{d}\varOmega\right]\mathrm{d}\varOmega=0\end{aligned} \tag{5-33}$$

因此，泛函的驻值条件具有下列形式，其中的应变采用假设的结点代表域的平均应变：

$$\delta\varPi_3=\int_{\Omega}\left[\delta\tilde{\varepsilon}_{ij}C_{ijkl}\tilde{\varepsilon}_{ij}-f_i\delta u_i\right]\mathrm{d}\varOmega-\int_{\varGamma_t}\bar{t}_i\delta u_i\mathrm{d}\varGamma=0 \tag{5-34}$$

以向量形式可表示为

$$\int_{\Omega}\delta\tilde{\boldsymbol{\varepsilon}}^{\mathrm{T}}\boldsymbol{C}\tilde{\varepsilon}\mathrm{d}\varOmega=\int_{\varGamma_t}\delta\boldsymbol{u}^{\mathrm{T}}\bar{\boldsymbol{t}}\mathrm{d}\varGamma+\int_{\Omega}\delta\boldsymbol{u}^{\mathrm{T}}\boldsymbol{f}\mathrm{d}\varOmega \tag{5-35}$$

应用 Galerkin 过程以得到关于离散系统变量的线性方程。试函数 u_i^h 和检验函数 δu_i^h 可表示为自然邻点形函数的线性组合：

$$\boldsymbol{u}^h(\boldsymbol{x})=\sum_{I=1}^{n}\phi_I(\boldsymbol{x})\boldsymbol{u}_I=\boldsymbol{N}d,\delta\boldsymbol{u}^h(\boldsymbol{x})=\sum_{I=1}^{n}\phi_I(\boldsymbol{x})\delta\boldsymbol{u}_I=\boldsymbol{N}\delta\boldsymbol{d} \tag{5-36}$$

$$\tilde{\boldsymbol{\varepsilon}}^h(\boldsymbol{x})=\sum_{I=1}^{n}\tilde{\boldsymbol{B}}_I(\boldsymbol{x})\boldsymbol{u}_I=\tilde{\boldsymbol{B}}d,\delta\tilde{\boldsymbol{\varepsilon}}^h(\boldsymbol{x})=\sum_{I=1}^{n}\tilde{\boldsymbol{B}}_I(\boldsymbol{x})\delta\boldsymbol{u}_I=\tilde{\boldsymbol{B}}\delta\boldsymbol{d} \tag{5-37}$$

则有

$$\delta \boldsymbol{d}^{\mathrm{T}} \int_{\Omega} \tilde{\boldsymbol{B}}^{\mathrm{T}} \boldsymbol{C} \tilde{\boldsymbol{B}} \mathrm{d} \Omega \boldsymbol{d} = \delta \boldsymbol{d}^{\mathrm{T}} \int_{\Gamma_t} \boldsymbol{N}^{\mathrm{T}} \bar{\boldsymbol{t}} \mathrm{d} \Gamma + \delta \boldsymbol{d}^{\mathrm{T}} \int_{\Omega} \boldsymbol{N}^{\mathrm{T}} \boldsymbol{f} \mathrm{d} \Omega \tag{5-38}$$

由结点位移变分的任意性可得

$$\int_{\Omega} \tilde{\boldsymbol{B}}^{\mathrm{T}} \boldsymbol{C} \tilde{\boldsymbol{B}} \mathrm{d} \Omega \boldsymbol{d} = \int_{\Gamma_t} \boldsymbol{N}^{\mathrm{T}} \bar{\boldsymbol{t}} \mathrm{d} \Gamma + \int_{\Omega} \boldsymbol{N}^{\mathrm{T}} \boldsymbol{f} \mathrm{d} \Omega \tag{5-39}$$

即

$$\boldsymbol{K} d = \boldsymbol{F} \tag{5-40}$$

其中

$$\boldsymbol{K}_{IJ} = \int_{\Omega} \tilde{\boldsymbol{B}}_I^{\mathrm{T}} \boldsymbol{C} \tilde{\boldsymbol{B}}_J \mathrm{d} \Omega \quad I, J = 1, \cdots, n$$

$$\boldsymbol{F}_I = \int_{\Gamma_t} \boldsymbol{N}_I \bar{\boldsymbol{t}} \mathrm{d} \Gamma + \int_{\Omega} \boldsymbol{N}_I \bar{\boldsymbol{f}} \mathrm{d} \Omega$$

实施结点积分方案，则有

$$\boldsymbol{K}_{IJ} = \int_{\Omega} \tilde{\boldsymbol{B}}_I^{\mathrm{T}} \boldsymbol{C} \tilde{\boldsymbol{B}}_J \mathrm{d} \Omega = \sum_{L=1}^{n} \tilde{\boldsymbol{B}}_I^{\mathrm{T}} (\boldsymbol{x}_L) \boldsymbol{C} \tilde{\boldsymbol{B}}_J (\boldsymbol{x}_L) A_L \tag{5-41}$$

$$\boldsymbol{F}_I = \int_{\Omega} \boldsymbol{N}_I \bar{\boldsymbol{f}} \mathrm{d} \Omega + \int_{\Gamma_t} \boldsymbol{N}_I \bar{\boldsymbol{t}} \mathrm{d} \Gamma = \sum_{L=1}^{n} \phi_I (\boldsymbol{x}_L) \bar{\boldsymbol{f}} (\boldsymbol{x}_L) A_L + \sum_{m=1}^{nb} \phi_I (\boldsymbol{x}_m) \bar{\boldsymbol{t}} (\boldsymbol{x}_m) s_m \tag{5-42}$$

其中，n 是结点总数；nb 是应力边界上的积分点数，应与计算结点平均应变时的积分点保持一致。

5.2 自然单元法的后验误差估计

有限元后验误差估计中常用基于残差的方法和基于恢复的方法导出误差估计因子。基于残差的误差估计方法由 Babuška 等[12] 首先提出，并由 Ainsworth 等[13] 发展为所谓平衡方程残差方法而得到广泛应用。基于恢复的误差估计方法由 Zienkiewicz 和 Zhu[14] 首先提出，也称为 Z-Z 方法。由于应力恢复方法的不断改进，Z-Z 方法在计算精度和稳定性方面都显示出很大的优势，特别是其简单实用的特点，使得其发展成为有限单元法中后验误差估计的主流方法，后来也被广泛使用于包括无网格法在内的其他方法中。下面先对 Z-Z 方法进行介绍，再讨论其在无网格法和自然单元法中的应用。

5.2.1 后验误差估计的Z-Z方法

对有限元解的误差估计及相应的自适应分析是应用有限元法对实际问题进行有效分析的一个重要内容。Z-Z 方法的误差估计因子主要应用于 h 自适应细化过程，其实质是用构造的光滑应力场代替真实的未知应力场进行误差的近似估计。

对于线弹性问题，设有限元的位移近似解为 $\hat{\boldsymbol{u}}=\boldsymbol{N}\bar{\boldsymbol{u}}$，应变近似解为 $\hat{\boldsymbol{\varepsilon}}=\boldsymbol{B}\bar{\boldsymbol{u}}$，应力近似解为 $\hat{\boldsymbol{\sigma}}=\boldsymbol{D}\boldsymbol{B}\bar{\boldsymbol{u}}$，其中 $\boldsymbol{N}$、$\boldsymbol{D}$、$\boldsymbol{B}$ 分别为形函数矩阵、弹性矩阵和应变矩阵，$\bar{\boldsymbol{u}}$ 为单元的结点位移向量。则局部的位移、应变和应力的精确误差分别为：$\boldsymbol{e}=\boldsymbol{u}-\hat{\boldsymbol{u}}$，$\boldsymbol{e}_\varepsilon=\boldsymbol{\varepsilon}-\hat{\boldsymbol{\varepsilon}}$，$\boldsymbol{e}_\sigma=\boldsymbol{\sigma}-\hat{\boldsymbol{\sigma}}$。

离散系统能量误差范数定义为

$$\|\boldsymbol{e}\|_{E(\Omega)}=\sqrt{\int_\Omega \boldsymbol{e}_\varepsilon^{\mathrm{T}}\boldsymbol{D}\boldsymbol{e}_\varepsilon\mathrm{d}\Omega}=\sqrt{\int_\Omega \boldsymbol{e}_\sigma^{\mathrm{T}}\boldsymbol{D}^{-1}\boldsymbol{e}_\sigma\mathrm{d}\Omega} \tag{5-43}$$

可以看出，全局误差范数的平方可由各单元的贡献叠加得到，优化的网格划分应该使各单元的贡献值趋于相同。

能量范数的相对误差定义为

$$\eta=\frac{\|\boldsymbol{e}\|_{E(\Omega)}}{\|\boldsymbol{u}\|_{E(\Omega)}} \tag{5-44}$$

其中，$\|\boldsymbol{u}\|_{E(\Omega)}=\sqrt{\int_\Omega \boldsymbol{\sigma}^{\mathrm{T}}\boldsymbol{D}^{-1}\boldsymbol{\sigma}\mathrm{d}\Omega}$ 为按精确应力计算的能量范数。

在单元的边界上，有限元法得到的位移的导数和近似的应力往往是不连续的，可采用应力精化和应力修匀[15] 的方法得到修匀后的结点应力 $\bar{\boldsymbol{\sigma}}^*$，任一点的修匀后的恢复应力由结点应力插值得到

$$\boldsymbol{\sigma}^*=\boldsymbol{N}\bar{\boldsymbol{\sigma}}^* \tag{5-45}$$

可以用修匀后的应力场来代替精确的应力场，以得到应力误差的估计值：

$$\boldsymbol{e}_\sigma\approx\boldsymbol{e}_\sigma^*=\boldsymbol{\sigma}^*-\hat{\boldsymbol{\sigma}} \tag{5-46}$$

以应力误差的估计值 $\boldsymbol{e}_\sigma^*$ 计算的估计的误差能量范数为 $\|\boldsymbol{e}_\sigma^*\|_{E(\Omega)}$，Ainsworth 等[16] 证明了有限元法中 Z-Z 方法估计的应力误差收敛于精确的应力误差。

预测的相对误差 η^* 为估计的误差能量范数与近似解的能量范数之比，设允许的最大相对误差为 $\bar{\eta}$，则不需要进行进一步细化的条件为：$\eta^*\leqslant\bar{\eta}$。

为了指示需要进行结点细化的区域，可以计算各单元内能量误差范数的相对误差，并根据适当的准则决定结点细化的密度，停止进行进一步细化的条件是由全域能量相对误差的允许条件决定的。

5.2.2 应力恢复方法

5.2.2.1 有限单元法的应力恢复

由于 Z-Z 方法以所构造的光滑应力来代替真实应力，因此光滑应力的质量将直接影响到后验误差估计的性能和质量。除了前面提到的应力修匀方法外，文 [17] 介绍了超收敛小片应力恢复法 SPR(superconvergent patch recovery) 和小片平衡恢复法 REP (recovery by equilibrium of patchs)。

SPR 方法是基于在单元中的某些特定点上近似解是超收敛的，如有限元解位移的精度是 $O(h^{p+1})$ 的，应力的精度是 $O(h^p)$ 的，h 是单元尺寸，p 是形函数的阶次，但应力佳点处应力的精度可达 $O(h^{p+1})$，一般来说应力佳点与高斯积分点重合。

对于双线性单元，位移近似的完备多项式的阶次是 1，应力在单元间是不连续的，可通过 4 个单元组成小片，在小片内将应力场扩展为完备的二次位移场和线性应力场，则小片内共有 9 个超收敛的位移点和 4 个超收敛的应力点。对平面问题的应力恢复而言，线性应力场的待定系数为 3 个，因此在 4 个超收敛点上采用最小二乘拟合方法确定 3 个常数。

对于双二次单元，仍通过 4 个单元组成小片，小片内超收敛应力点的个数为 16 个，对应力的二次扩展需要确定 6 个待定系数，同样需要采用最小二乘拟合的方法来确定。

也可对位移场进行超收敛的扩展处理，通过求导得到超收敛的应力扩展。当误差范数中同时包含了位移及其导数时，这种方法更加有效。需要指出的是，如果拟合点是超收敛的，则拟合的近似及其导数也是超收敛的。

对于超收敛点不存在的情形，SPR 方法将无法应用。在这种情况下，文[18]给出的小片平衡恢复法 REP 是较为有效的一种方法，有限元法的应力场在单元间往往是不连续的，REP 方法的基本思想是构造在小片上光滑连续的应力场，并要求所构造的应力场与原近似场在小片上满足同样的离散平衡方程。

有限元近似的离散平衡方程是

$$\int_{\Omega} \boldsymbol{B}^{\mathrm{T}} \boldsymbol{\sigma}_h \mathrm{d}\Omega - \int_{\Gamma} \boldsymbol{N}^{\mathrm{T}} \boldsymbol{t} \mathrm{d}\Gamma - \int_{\Omega} \boldsymbol{N}^{\mathrm{T}} \boldsymbol{b} \mathrm{d}\Omega = 0 \tag{5-47}$$

上式对一个单元或若干单元组成的小片也是成立的。

与 SPR 方法类似，首先假设在小片上恢复应力 $\boldsymbol{\sigma}^*$ 可以通过适当阶次的多项式来表达，如果求得了多项式中的系数，则可求得恢复应力。小片内任一点的恢复应力也可通过恢复应力在结点上的值 $\bar{\boldsymbol{\sigma}}^*$ 插值得到。

设

$$\boldsymbol{\sigma}^* = \begin{Bmatrix} \sigma_x^* \\ \sigma_y^* \\ \tau_{xy}^* \end{Bmatrix} = \begin{Bmatrix} \sigma_1^* \\ \sigma_2^* \\ \sigma_3^* \end{Bmatrix} = \begin{bmatrix} a_1^1 & a_1^2 & a_1^3 & \cdots \\ a_2^1 & {a_2}^2 & a_2^3 & \cdots \\ a_3^1 & a_3^2 & a_3^3 & \cdots \end{bmatrix} \begin{Bmatrix} 1 \\ x \\ y \\ \vdots \end{Bmatrix} = \begin{Bmatrix} \boldsymbol{a}_1 \\ \boldsymbol{a}_2 \\ \boldsymbol{a}_3 \end{Bmatrix} \boldsymbol{P} \quad (5\text{-}48)$$

出于满足平衡方程等效的考虑，要求恢复应力与原近似应力在小片上满足：

$$\int_{\Omega_p} \boldsymbol{B}^{\mathrm{T}} \boldsymbol{\sigma}_h \mathrm{d}\Omega - \int_{\Omega_p} \boldsymbol{B}^{\mathrm{T}} \boldsymbol{\sigma}^* \mathrm{d}\Omega \approx 0 \quad (5\text{-}49)$$

上式实际上代表了要求近似满足的 $2n$ 个方程，n 为小片内结点的个数，通过最小二乘拟合可以求得恢复应力表达式中多项式的系数。实际计算时，将 $\boldsymbol{\sigma}^* = \{\sigma_x^*\ \sigma_y^*\ \tau_{xy}^*\}$ 中任两个分量分别置 0 后代入上式进行计算，这样做的好处是每个 $\boldsymbol{a}_i$ 可以单独计算，因而也减少了计算量。

5.2.2.2 无单元伽辽金法 (EFGM) 中的应力恢复

基于 Z-Z 误差估计方法，文 [19] 对 EFGM 的后验误差估计方法进行了研究，由于 Z-Z 方法的本质是以恢复应力替代精确应力进行误差估计，该文展示了一些不同的光滑化方法来构建 EFMG 更为精确和光滑的应力场作为恢复的应力场，并讨论了不同方法的本质和相互关系。

TB 方案由 Tabbara 等[20,21] 在有限元中提出并被用于 EFGM 的误差估计中，TB 恢复方案是对 EFGM 计算的结点处的应力再进行一次 MLS 拟合，为了获得更为精确的恢复应力场，再次拟合时的结点的支撑域半径可取的比 EFGM 分析时的结点支撑域半径小。由于原应力场的计算涉及 MLS 形函数的导数，而恢复应力场的计算值只涉及另一个 MLS 形函数，因此恢复应力场较原应力场更为光滑。

离散 MLS-SLS 恢复方案试图对 TB 方案进行改进，即先在每个结点的邻域内对 EFGM 计算的离散结点处的应力进行固定 (stationary) 最小二乘拟合，根据有限元法中误差估计的经验，这样处理通常可以提高有限元应力解的精度。再通过对每个结点邻域的拟合结果，提取该结点处的应力，对提取的结点应力再实施 MLS 拟合得到恢复的应力场。如果在对每个结点施行 SLS 拟合时只取该结点本身，则提取的结点应力将与 EFGM 计算的结点应力相同，因此 TB 方案可以看做是 MLS-SLS 方案的特例。

如果对每个结点的邻域进行拟合时，采用连续形式的泛函并要求其取最小值，再对提取的结点应力实施 MLS 拟合，则可得连续形式的 MLS-SLS 恢复方案，通过适当选择的积分点和积分权重，离散 MLS-SLS 恢复方案可以看做是连续 MLS-SLS 方案的特例。

如果在每个结点的邻域内采用 MLS 拟合构建局部应力场并提取结点应力，再对提取的结点应力实施 MLS 拟合，则可得连续或离散形式的 MLS-MLS 恢复方案。

可以看出，上述不同的恢复方案都是通过一定的方法构建结点邻域内的恢复应力场并提取结点应力，再由提取的结点应力通过 MLS 拟合构建恢复的全局应力场。

文 [19] 的数值结果表明，TB 方案直接对 EFGM 计算得到的结点应力采用 MLS 方法进行拟合，最简单且计算量最小，对所检验的问题给出最精确的恢复应力和很好的有效性指数。虽然 MLS-SLS 方案在精心选择的参数组合下有可能给出更好的结果，但优化的参数组合的确定是困难的，即使是最优的参数组合其结果与 TB 方案的结果也相差不大，因此，TB 方案很明显要优于 MLS-SLS 方案。对于精确解光滑性较好的问题，恢复场的精度较好，有效性指数趋近于 1 渐近收敛。对于非光滑问题则没有渐近收敛性，且有时恢复应力甚至不如原始 EFGM 解精确。文 [22] 也指出应力奇异问题的 h 型自适应有限元分析不收敛，但是由于误差估计精度不足，某些特定问题可能出现伪收敛。

5.2.2.3 自然单元法的应力恢复

文 [23] 对基于 non-Sibson 插值的自然单元法的应力恢复和误差估计进行了研究，该文采用自然单元法计算的结点位移通过 MLS 拟合构造新的位移场，通过拟合后的位移场计算结点处的应变和应力，并对拟合时当前结点影响域内参与拟合的其他结点的确定或选取方案进行了研究。得到结点上的应力后，再通过结点上的恢复应力采用自然邻点插值得到全域光滑的应力场。

文 [9] 对基于稳定协调结点积分方案的自然单元法 (nodal-NEM) 的应力恢复和误差估计进行了研究，通过 nodal-NEM 方法可以方便地得到结点处的光滑应变，由于应变计算时应用了散度定理，因此不需要计算形函数的导数，而只需计算 Voronoi 单胞边界上的形函数。该文以结点处的光滑应变作为相应 Voronoi 单胞内的近似应变场，因此 Voronoi 单胞内的近似应变场和应力场为常数。恢复应力场则通过结点处的应力由 Sibson 插值方法得到。

本书作者对基于 Sibson 插值的自然单元法的应力恢复和误差估计进行研究，采用文 [3] 提出的光滑应变计算方法，以结点 Voronoi 单胞内的平均应力作为结点处的恢复应力，再由 Sibson 插值方法得到全域光滑的恢复应力场。以恢复应力替代精确应力，计算自然单元法近似应力场的估计误差，并作为自适应细化的依据。

二维情形下结点处的光滑应变向量为

$$\tilde{\boldsymbol{\varepsilon}}^h(\boldsymbol{x}_L)=\left\{\begin{array}{c}\tilde{\varepsilon}_x^h\\\tilde{\varepsilon}_y^h\\\tilde{\varepsilon}_{xy}^h\end{array}\right\}=\sum_{I=1}^{n}\left[\begin{array}{cc}\tilde{\varphi}_{Ix}(\boldsymbol{x}_L) & 0\\0 & \tilde{\varphi}_{Iy}(\boldsymbol{x}_L)\\\tilde{\varphi}_{Iy}(\boldsymbol{x}_L) & \tilde{\varphi}_{Ix}(\boldsymbol{x}_L)\end{array}\right]\left\{\begin{array}{c}u_{Ix}\\u_{Iy}\end{array}\right\}=\sum_{I=1}^{n}\tilde{\boldsymbol{B}}_I(\boldsymbol{x}_L)\boldsymbol{u}_I=\tilde{\boldsymbol{B}}\boldsymbol{d}\tag{5-50}$$

其中，$\tilde{\varphi}_{Ii}(\boldsymbol{x}_L)=\dfrac{1}{A_L}\displaystyle\int_{\Gamma_L}\varphi_I(\boldsymbol{x})n_i(\boldsymbol{x})\mathrm{d}\Gamma$，$A_L$ 是结点 $\boldsymbol{x}_L$ 的 Voronoi 单胞的面积，$\phi_I(\boldsymbol{x})$ 是 Sibson 插值形函数，$n_i(\boldsymbol{x})$ 是积分围线的外法线向量，积分围线是在结点 $\boldsymbol{x}_L$ 的 Voronoi 单胞的边界上进行的。

则结点上的恢复应力为

$$\tilde{\boldsymbol{\sigma}}^h(\boldsymbol{x}_L)=\boldsymbol{C}\tilde{\boldsymbol{B}}\boldsymbol{d}$$

全域恢复应力场为

$$\boldsymbol{\sigma}^*(\boldsymbol{x})=\sum_{I=1}^{n}\phi_I(\boldsymbol{x})\tilde{\boldsymbol{\sigma}}^h(\boldsymbol{x}_I)$$

5.2.3 误差估计因子与有效性指数

设 $\boldsymbol{\sigma}(\boldsymbol{x})$ 为所求解问题的精确应力，$\boldsymbol{\sigma}^h(\boldsymbol{x})$ 为自然单元法计算的近似应力，$\boldsymbol{\sigma}^*(\boldsymbol{x})$ 为恢复应力。则自然单元法应力解的误差为：$\boldsymbol{e}_\sigma=\boldsymbol{\sigma}-\boldsymbol{\sigma}^h$，以能量误差范数来度量近似解的误差

$$\|\boldsymbol{e}\|_{E(\Omega)}=\sqrt{\int_\Omega\boldsymbol{e}_\sigma^{\mathrm{T}}\boldsymbol{D}^{-1}\boldsymbol{e}_\sigma\mathrm{d}\Omega}=\sqrt{\int_\Omega\boldsymbol{e}_\varepsilon^{\mathrm{T}}\boldsymbol{D}e_\varepsilon\mathrm{d}\Omega}\tag{5-51}$$

在精确应力未知的情况下，以恢复应力替代精确应力得到应力误差的估计值为：$\boldsymbol{e}_\sigma^*=\boldsymbol{\sigma}^*-\boldsymbol{\sigma}^h$，则以能量范数计算的全局和局部误差估计因子为

$$\|\boldsymbol{e}^*\|_{E(\Omega)}=\sqrt{\int_\Omega\boldsymbol{e}_\sigma^{*\mathrm{T}}\boldsymbol{D}^{-1}\boldsymbol{e}_\sigma^*\mathrm{d}\Omega}=\sqrt{\int_\Omega\left(\boldsymbol{\sigma}^*-\boldsymbol{\sigma}^h\right)^{\mathrm{T}}\boldsymbol{D}^{-1}\left(\boldsymbol{\sigma}^*-\boldsymbol{\sigma}^h\right)\mathrm{d}\Omega}\tag{5-52}$$

$$\|\boldsymbol{e}*\|_{E(\Omega_i)}=\sqrt{\int_{\Omega_i}\boldsymbol{e}_\sigma^{*\mathrm{T}}\boldsymbol{D}^{-1}\boldsymbol{e}_\sigma^*\mathrm{d}\Omega}=\sqrt{\int_{\Omega_i}\left(\boldsymbol{\sigma}^*-\boldsymbol{\sigma}^h\right)^{T}\boldsymbol{D}^{-1}\left(\boldsymbol{\sigma}^*-\boldsymbol{\sigma}^h\right)\mathrm{d}\Omega}\tag{5-53}$$

其中，局部误差估计因子是在结点的代表域上计算的，代表域可取为结点的 Voronoi 单胞。

恢复解与精确解的误差为：$\tilde{e}_\sigma=\boldsymbol{\sigma}-\boldsymbol{\sigma}^*$，相应的能量范数为

$$\|\tilde{\boldsymbol{e}}\|_{E(\Omega)}=\sqrt{\int_\Omega\tilde{\boldsymbol{e}}_\sigma^{\mathrm{T}}\boldsymbol{D}^{-1}\tilde{\boldsymbol{e}}_\sigma\mathrm{d}\Omega}\tag{5-54}$$

误差估计因子的有效性指数定义为预测值 (以恢复值代替精确值) 与准确值的比率:

$$\theta^* = \frac{||\boldsymbol{e}_\sigma^*||_{E(\Omega)}}{||\boldsymbol{e}||_{E(\Omega)}} \tag{5-55}$$

5.3　自适应自然单元法的细化方案

5.3.1　全局与局部细化指示

设精确解的能量范数为

$$\|\boldsymbol{\sigma}\|_{E(\Omega)} = \sqrt{\int_\Omega \boldsymbol{\sigma}^{\mathrm{T}} \boldsymbol{D}^{-1} \boldsymbol{\sigma} \mathrm{d}\Omega} \tag{5-56}$$

自适应细化的目的是使近似解能量范数的相对误差小于某个给定值，即

$$\eta = \frac{\|\boldsymbol{e}\|_{E(\Omega)}}{\|\boldsymbol{\sigma}\|_{E(\Omega)}} \leqslant \eta_{tar} \tag{5-57}$$

由于精确解是未知的，故以 $\|\boldsymbol{e}^*\|_{E(\Omega)}$ 替代 $\|\boldsymbol{e}\|_{E(\Omega)}$，以 $\|\boldsymbol{\sigma}^h\|_{E(\Omega)}$ 替代 $\|\boldsymbol{\sigma}\|_{E(\Omega)}$，得到估计的相对误差 $\bar{\eta}$，当 $\bar{\eta} \leqslant \eta_{tar}$ 时认为已达到精度要求，可以不必再进行进一步的细化。

定义全局细化指示为

$$\xi_g = \frac{\|\boldsymbol{e}^*\|_{E(\Omega)}}{\eta_{tar} \|\boldsymbol{\sigma}^h\|_{E(\Omega)}} \tag{5-58}$$

则当 $\xi_g \leqslant 1$ 时表示不需要进一步细化，$\xi_g > 1$ 时则需要进一步的细化。

全局细化指示并未指示应在哪些区域进行细化，如果在全域上都进行细化是不经济和不必要的。可将整个求解域划分为一系列的子区域，设 Ω 是整个求解域的面积，Ω_i 是各子域的面积，则有

$$\|\boldsymbol{e}^*\|_{E(\Omega)}^2 = \sum_{i=1}^{m} \|\boldsymbol{e}^*\|_{E(\Omega_i)}^2 \tag{5-59}$$

文 [24] 以 Delaunay 三角形为覆盖求解域的子域，文 [25] 以背景积分网格为覆盖求解域的子域，并定义能量误差范数密度作为误差强度的度量，各子域和全域上的误差范数密度为

$$\varphi_i = \frac{\|\boldsymbol{e}^*\|_{E(\Omega_i)}}{\Omega_i}, \quad \varphi = \frac{\|\boldsymbol{e}^*\|_{E(\Omega)}}{\Omega} \tag{5-60}$$

φ 可看做是求解区域内误差密度的平均值，希望误差密度在整个区域内是均匀分布的，因此只需要在误差强度超出许可值的区域内进行细化。误差范数密度的

许可值可通过给定的相对误差 η_{tar} 表示：

$$\varphi=\frac{\|\boldsymbol{e}^*\|_{E(\Omega)}^2}{\Omega}\leqslant\frac{\eta_{tar}^2\left\|\boldsymbol{\sigma}^h\right\|_{E(\Omega)}^2}{\Omega}=\varphi_{tar} \tag{5-61}$$

则各子域内的误差范数密度应满足：

$$\varphi_i=\frac{\|\boldsymbol{e}^*\|_{E(\Omega_i)}^2}{\Omega_i}\leqslant\varphi_{tar}=\frac{\eta_{tar}^2\left\|\boldsymbol{\sigma}^h\right\|_{E(\Omega)}^2}{\Omega} \tag{5-62}$$

即

$$\|\boldsymbol{e}^*\|_{E(\Omega_i)}^{\leqslant}\eta_{tar}\left\|\boldsymbol{\sigma}^h\right\|_{E(\Omega)}\sqrt{\frac{\Omega_i}{\Omega}} \tag{5-63}$$

因此，可定义局部细化指示为

$$\xi_i=\sqrt{\frac{\Omega}{\Omega_i}}\frac{\|\boldsymbol{e}^*\|_{E(\Omega_i)}}{\eta_{tar}\left\|\boldsymbol{\sigma}^h\right\|_{E(\Omega)}} \tag{5-64}$$

$\xi_i>1$ 的子域内需要进行细化，$\xi_i\leqslant 1$ 的子域内不必进行细化。

应用这种局部细化指示将导致区域内单位面积的误差范数趋于均匀，即两个面积相同的区域内的误差范数相同，但若这两个区域的应力水平不同，则能量范数的相对误差将会有很大差别。

文 [9] 采用了不同的局部细化准则，将整个区域以结点的 Voronoi 单胞划分为子域，并以各子域估计的能量误差范数与恢复应力的全域能量范数之比作为子域的相对误差：

$$\eta_i=\frac{\left\|\boldsymbol{\sigma}^*-\boldsymbol{\sigma}^h\right\|_{E(\Omega_i)}}{\|\boldsymbol{\sigma}^*\|_{E(\Omega)}} \tag{5-65}$$

设共有 N 个结点，则全域相对误差的平方为各单胞相对误差的平方之和：

$$\eta^2=\sum_{i=1}^{N}\eta_i^2 \tag{5-66}$$

各单胞相对误差平方的平均值为：η^2/N，平均值的许可值为：η_{tar}^2/N。

当单胞内的相对误差贡献大于平均值的许可值时该单胞需要进行细化，因此局部细化准则为

$$\eta_i\leqslant\frac{\eta_{tar}}{\sqrt{N}} \tag{5-67}$$

这种局部细化准则将导致各结点单胞内的绝对能量误差范数趋于相同，对于两个不同的结点，当单胞的面积不同或单胞内的应力水平不同时，相对能量误差范数将会有很大差别。

本书将整个区域以结点的 Voronoi 单胞划分为子域，采用前面提到的全局细化准则：

$$\eta=\frac{\|\boldsymbol{e}^*\|_{E(\Omega)}}{\|\boldsymbol{\sigma}^h\|_{E(\Omega)}}\leqslant\eta_{tar}，\text{全域细化指示为}:\xi_g=\frac{\|\boldsymbol{e}^*\|_{E(\Omega)}}{\eta_{tar}\|\boldsymbol{\sigma}^h\|_{E(\Omega)}} \tag{5-68}$$

而局部细化准则采用：

$$\eta_i=\frac{\|\boldsymbol{e}^*\|_{E(\Omega_i)}}{\|\boldsymbol{\sigma}^h\|_{E(\Omega_i)}}\leqslant\eta_{tar},\text{局部细化指示为}:\xi_i=\frac{\|\boldsymbol{e}^*\|_{E(\Omega_i)}}{\eta_{tar}\|\boldsymbol{\sigma}^h\|_{E(\Omega_i)}} \tag{5-69}$$

即只对局部相对能量误差范数大于全域给定值的单胞进行细化。

这里采用的局部细化准则考虑了不同结点的 Voronoi 单胞的面积和应力水平不同的影响，细化的结果将导致不同子域内的相对能量误差范数趋于相同，在应力水平较高的区域允许较高的绝对误差，但对相对误差的控制标准是相同的。

5.3.2 细化方案

在有限单元法中实现 h 自适应方案时，需要插入一些附加的结点或对某些结点进行约束，以实现在局部细化的同时确保解答的连续性，无网格方法中实现 h 细化时要方便得多，可以直接在感兴趣的区域插入结点而不影响解答的连续性。在自然单元法的细化方案中，文 [24] 采用的细化方案是基于 Delaunay 三角形的，对局部误差指示显示需要细化的三角形，在三角形形心处或在其最大边的中点处加入一个新的结点。文[9]采用的细化方案是基于 Voronoi 单胞的，对局部误差指示显示需要细化的 Voronoi 单胞，提出可在 Voronoi 单胞的顶点处加入新的结点，或在结点与其自然邻点的连线之间加入新的结点。本书借鉴 h-p 云法[26] 中实施 h 自适应的算法，提出一种适用于自然单元法的细化方案，并检验其有效性。

h-p 云法中采用以下算法来实施 h 自适应及其细化过程：

(1) 在每一个结点云 ω_α 内计算误差指示以决定该结点是否需要进行细化。

(2) 设某个需要细化的结点 $\boldsymbol{x}_\alpha$ 的坐标为 (x_α, y_α)，计算该结点到与其最近结点间的距离 d_m，并设定一个允许的最小结点距离 $\bar{d}_m$。

如果 $d_m>2\bar{d}_m$，加入 4 个结点，坐标分别为

$$(x,y+0.5d_m),(x,y-0.5d_m),(x+0.5d_m,y),(x-0.5d_m,y)$$

如果 $0.29d_m>\bar{d}_m$，除上面的 4 个结点外，再加入 4 个结点，坐标分别为

$$\begin{aligned}&(x+0.5d_m,y+0.5d_m),(x+0.5d_m,y-0.5d_m),\\&(x-0.5d_m,y+0.5d_m),(x-0.5d_m,y-0.5d_m)\end{aligned}$$

结点加入时需要考虑的附加条件是 $\boldsymbol{x}_\alpha$ 与欲加结点的连线不与边界相交，且欲加结点不与其他新加入的结点距离太近。

(3) 在新建立的离散系统上重新进行计算，并重复上述过程。如果全局误差估计小于预定值，自适应过程结束，得到最终的计算结果。

图 5-5 给出了细化时结点加密方法的示意以及系数 0.29 的意义。

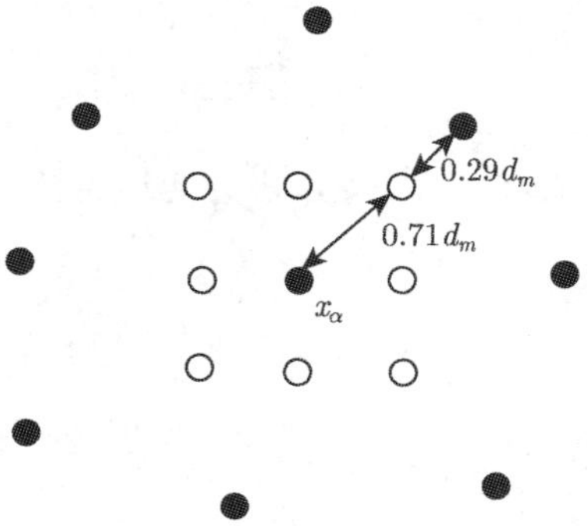

图 5-5 h-p 云法中采用的结点加密方案示意图

考虑到自然单元法形函数的计算特点，采用如下的自适应细化方案：

(1) 在每一个结点 $\boldsymbol{x}_I$ 的 Voronoi 单胞内，计算误差估计因子及细化指示以决定该结点邻域是否需要进行细化。

(2) 对每个需要细化的结点 $\boldsymbol{x}_I$，计算该结点与其所有自然邻点的平均距离 d_{mean}，并设定一个允许的最小结点距离 $\bar{d}_m$。设结点 $\boldsymbol{x}_I$ 与其第 j 个自然邻点 $\boldsymbol{x}_j$ 的距离为 d_{xj}，如果 $d_{xj} > 0.7d_{\text{mean}}$，且 $d_{xj} > 2\bar{d}_m$，在 $\boldsymbol{x}_I$ 与 $\boldsymbol{x}_j$ 连线的中点加入 1 个结点。

(3) 在新建立的离散系统上重新进行计算，并重复上述过程。如果全局误差估计小于预定值，自适应过程结束，得到最终的计算结果。图 5-6 给出了本方法的细化加密方案示意。

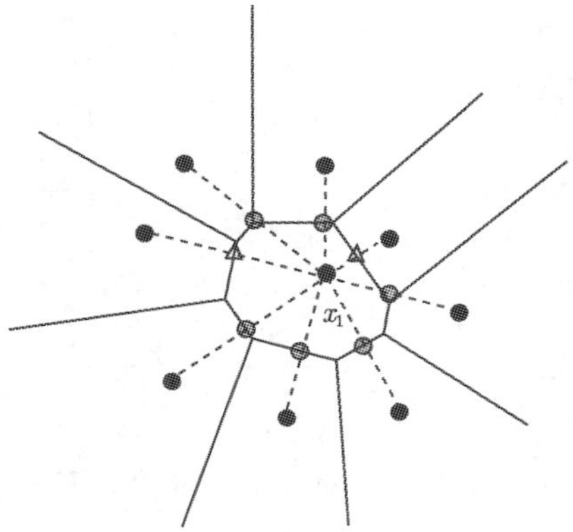

图 5-6 NEM 自适应细化加密方案示意图

图中两个 Δ 处因欲加结点不满足最小距离要求被放弃。这种加密方法将使最终得到的结点分布在局部区域内趋于均匀，在边界结点间也可实施加密，并可保证不会创建位于计算区域外的结点。

5.4 数值算例

无限大中心圆孔平板在无穷远处受水平方向均布拉力 $\sigma = 1\text{Pa}$，该问题的精确解答[27] 为

$$\begin{cases} \sigma_x(r,\theta) = 1 - \dfrac{a^2}{r^2}\left(\dfrac{3}{2}\cos 2\theta + \cos 4\theta\right) + \dfrac{3}{2}\dfrac{a^4}{r^4}\cos 4\theta \\ \sigma_y(r,\theta) = -\dfrac{a^2}{r^2}\left(\dfrac{1}{2}\cos 2\theta - \cos 4\theta\right) - \dfrac{3}{2}\dfrac{a^4}{r^4}\cos 4\theta \\ \tau_{xy}(r,\theta) = -\dfrac{a^2}{r^2}\left(\dfrac{1}{2}\sin 2\theta + \sin 4\theta\right) + \dfrac{3}{2}\dfrac{a^4}{r^4}\sin 4\theta \end{cases} \tag{5-70}$$

由于对称仅考虑平板的四分之一，图 5-7 给出了计算模型，在 $x = 5$ 和 $y = 5$ 上施加了精确的应力边界条件，在 $x = 0$ 上的位移边界条件是 $\bar{u}_x = 0$，在 $y = 0$ 上的位移边界条件是 $\bar{u}_y = 0$。初始采用的 32 个结点布置如图 5-8 所示。以实现全域能量范数相对误差 3%为目标，经过三次细化后的结点分布见图 5-9、图 5-10 和图 5-11。为使最终得到的结点分布在局部区域内趋于均匀，对于需要进行细化的结点，首先计算该结点与其自然邻点的平均距离，当结点与其邻点距离小于平均距离的 0.7 倍时，取消相应连线中点的插入点。每步计算结果列于表 5-1 中。

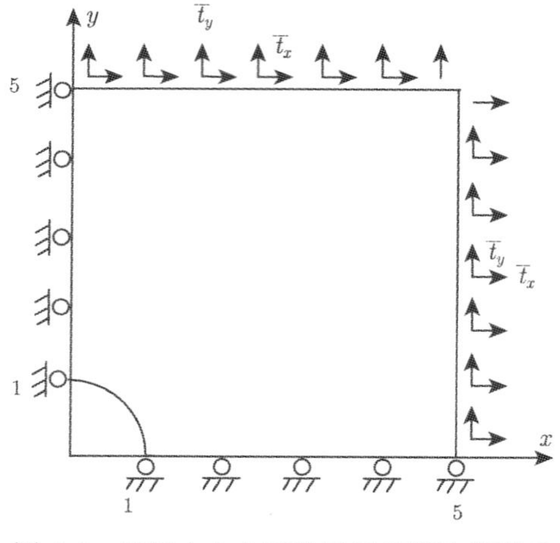

图 5-7　无限大中心圆孔平板问题计算模型

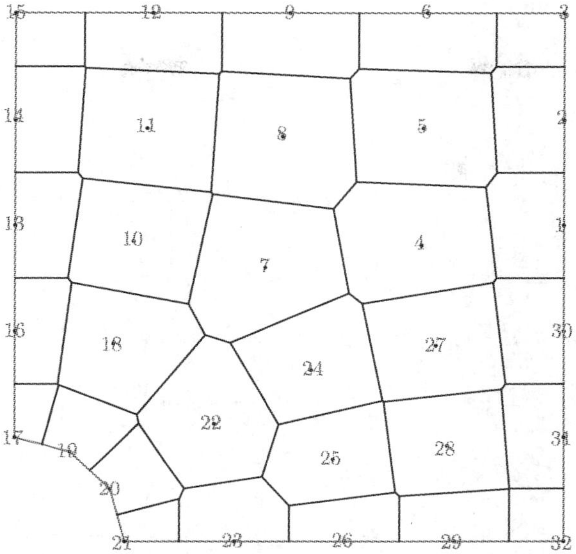

图 5-8 初始结点布置与 Voronoi 图 (32 结点)

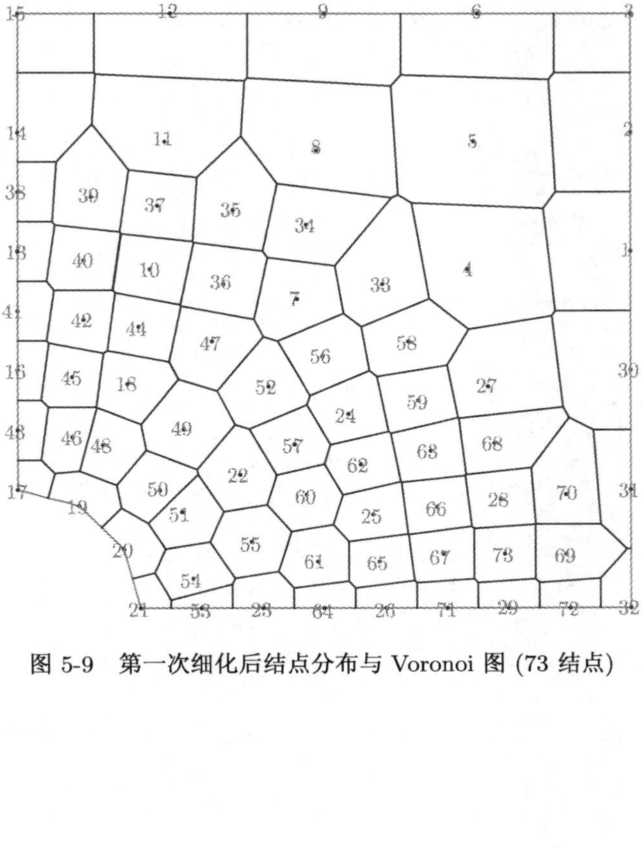

图 5-9 第一次细化后结点分布与 Voronoi 图 (73 结点)

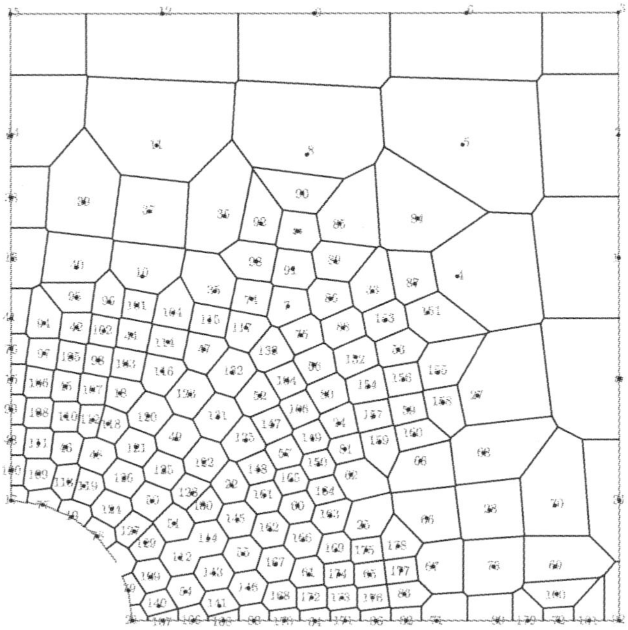

图 5-10　第二次细化后结点分布与 Voronoi 图 (181 结点)

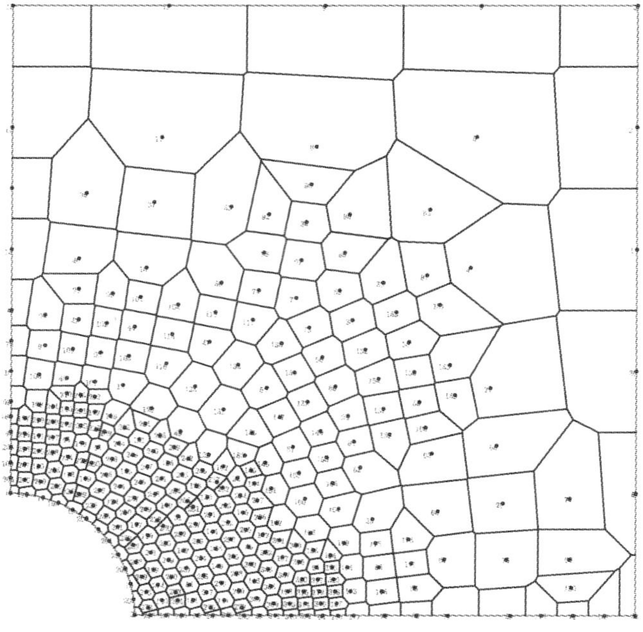

图 5-11　第三次细化后结点分布与 Voronoi 图 (319 结点)

表 5-1 自适应细化计算结果

范数形式	32 结点	73 结点	181 结点	319 结点
$\lVert \boldsymbol{u}^{\text{exa}} \rVert_{E(\Omega)} \times 10^4$	6.36754	6.37958	6.37177	6.36930
$\lVert \boldsymbol{u}^{\text{num}} \rVert_{E(\Omega)} \times 10^4$	6.32803	6.33947	6.36110	6.36639
$\lVert \boldsymbol{u}^{\text{rec}} \rVert_{E(\Omega)} \times 10^4$	6.23751	6.28826	6.33968	6.35722
$\lVert \boldsymbol{u}^{\text{num}} - \boldsymbol{u}^{\text{exa}} \rVert_{E(\Omega)} \times 10^5$	5.79750	4.90731	2.36036	1.259 16
$\lVert \boldsymbol{u}^{\text{num}} - \boldsymbol{u}^{\text{rec}} \rVert_{E(\Omega)} \times 10^5$	6.40085	4.63419	2.64157	1.47328
$\lVert \boldsymbol{u}^{\text{rec}} - \boldsymbol{u}^{\text{exa}} \rVert_{E(\Omega)} \times 10^5$	7.30030	5.46993	2.64913	1.26752
$\dfrac{\lVert \boldsymbol{u}^{\text{num}} - \boldsymbol{u}^{\text{exa}} \rVert_{E(\Omega)}}{\lVert \boldsymbol{u}^{\text{exa}} \rVert_{E(\Omega)}}$	9.10%	7.69%	3.70%	1.98%
$\dfrac{\lVert \boldsymbol{u}^{\text{num}} - \boldsymbol{u}^{\text{rec}} \rVert_{E(\Omega)}}{\lVert \boldsymbol{u}^{\text{exa}} \rVert_{E(\Omega)}}$	10.05%	7.26%	4.15%	2.31%
$\dfrac{\lVert \boldsymbol{u}^{\text{rec}} - \boldsymbol{u}^{\text{exa}} \rVert_{E(\Omega)}}{\lVert \boldsymbol{u}^{\text{exa}} \rVert_{E(\Omega)}}$	11.46%	8.57%	4.16%	1.99%
$\max\left(\dfrac{\lVert \boldsymbol{u}^{\text{num}} - \boldsymbol{u}^{\text{exa}} \rVert_{E(\Omega_i)}}{\lVert \boldsymbol{u}^{\text{exa}} \rVert_{E(\Omega_i)}}\right)$	0.744	0.588	0.418	0.390
$\max\left(\dfrac{\lVert \boldsymbol{u}^{\text{num}} - \boldsymbol{u}^{\text{rec}} \rVert_{E(\Omega_i)}}{\lVert \boldsymbol{u}^{exa} \rVert_{E(\Omega_i)}}\right)$	0.440	0.530	0.283	0.357
$\max\left(\dfrac{\lVert \boldsymbol{u}^{\text{rec}} - \boldsymbol{u}^{\text{exa}} \rVert_{E(\Omega_i)}}{\lVert \boldsymbol{u}^{\text{exa}} \rVert_{E(\Omega_i)}}\right)$	1.035	0.883	0.446	0.449
$\theta = \dfrac{\lVert \boldsymbol{u}^{\text{num}} - \boldsymbol{u}^{\text{rec}} \rVert_{E(\Omega)}}{\lVert \boldsymbol{u}^{\text{num}} - \boldsymbol{u}^{\text{exa}} \rVert_{E(\Omega)}}$	1.10	0.94	1.12	1.17

可以看出经过三步细化后，估计的能量相对误差范数为 2.31%，小于设定值，此时精确的能量相对误差范数为 1.98%。误差估计因子的有效性指数 θ 在 1 附近波动，即使对于较粗略的结点布置也接近于 1，但并非渐近收敛于 1。

5.5 本 章 小 结

本章对自然单元法的数值积分方案和自适应分析方法进行了研究，详细阐述了现有几种常用的数值积分方案的原理和实施方法。从已有的研究成果来看，基于光滑应变稳定化的结点积分方案显示出较大的优势，不仅在计算精度上要高于其他的积分方案，而且由于其在对弱形式的积分时避免了计算形函数的导数，因而计算量相对较小，光滑应变稳定化的积分方案成功的关键在于满足所谓的积分约束条件。本书作者曾尝试在 Voronoi 单胞内采用高斯积分方法以得到结点处的平均应变，但由于不能满足积分约束条件，计算结果并不理想。基于形函数支撑域分解的积分方案不仅增加了计算量，在计算精度上也没有达到预期的效果，这主要是由于自然单元法的形函数并非多项式，高斯积分并不能对非多项式函数实现精确积分。

基于 Z-Z 方法的后验误差估计的关键是构造光滑的恢复应力场，自然单元法形函数在结点处不可导，因此不能直接得到结点处的应力和应变。由于自然邻点近似的基础是点集的 Voronoi 图，因此采用结点的 Voronoi 单胞内的平均应变作为结点处的恢复应变，进而计算结点处的恢复应力，再通过 Sibson 插值得到恢复的应力场。在对自适应细化方案进行研究的基础上，提出了一种实用的细化方法，其特点是考虑了结点分布不均匀的影响，在细化过程中进行调整使得在局部区域内的结点分布趋于均匀。数值算例验证了方法的正确性，随着结点数量的增加，加密区域逐渐集中于应力梯度较高的部位，所得到的细化结点分布具有较高的质量。

参 考 文 献

[1] Dolbow J, Belytschko T. Numerical integration of the Galerkin weak form in meshfree methods[J]. Computational Mechanics, 1999, 23: 219-230.

[2] Beissel S, Belytscjko T. Nodal integration of the element-free Galerkin method[J]. Computer Methods in Applied Mechanics and Engineering, 1996, 139:49-74.

[3] Chen J S，Wu C T，Yoon S，et al. A stabilized conforming nodal integration for Galerkin meshfree methods[J]. International Journal for Numerical Methods in Engineering, 2001, 50:435-466.

[4] Sukumar N, Moran B, Belytschko T. The natural elements method in solid mechanics[J]. International Journal for Numerical Methods in Engineering, 1998, 43: 839-887.

[5] Cueto E, Sukumar N, Calvo B, et al. Overview and recenet advances in natural neighbour Galerkin methodes[J]. Archives of Computational Methods in Engineering: state of the Art Reviews, 2003, 4: 307-384.

[6] Gonzalez D, Cueto E,Martinez M A, et al. Numerical integration in Natural Neighbour Galerkin methods[J]. International Journal for Numerical Methods in Engineering, 2004, 60:2077-2104.

[7] Yoo J W, Moran B, Chen J S. Stabilized conforming nodal integration in the natural element method[J]. International Journal for Numerical Methods in Engineering, 2004, 60:861-890.

[8] 卢波, 葛修润, 王水林. 自然单元法数值积分方案研究 [J]. 岩石力学与工程学报，2005, 24(11): 1918-1924.

[9] Yvonnet J, Coffignal G, Ryckelynck D, et al. A simple error indicator for meshfree methods based on natural neighbors[J]. Computers and Structures, 2006, 84:1301-1312.

[10] Chen J S，Yoon S，Wu C T. Non-linear version of stabilized conforming nodal integration for Galerkin meshfree methods[J]. International Journal for Numerical Methods in Engineering, 2002, 53:2587–2615.

[11] 卓家寿. 弹塑性力学中的广义变分原理 [M]. 2 版. 北京: 中国水利水电出版社, 2002.

[12] Babuška I, Rheinboldt W C. A posteriori error estimates for the finite element method[J]. International Journal for Numerical Methods in Engineering, 1978, 12:1597-1615.

[13] Ainsworth M, Oden J T. A unified approach to a-posteriori error estimation using element residual methods[J]. Numerische Mathematik, 1993, 65:23-50.

[14] Zienkiewicz O C, Zhu J Z. A simple error estimator and adaptive procedure for practical engineering analysis[J]. International Journal for Numerical Methods in Engineering, 1987, 24:337-357.

[15] 朱伯芳. 有限单元法原理与应用 [M]. 2 版. 北京：中国水利水电出版社, 1998.

[16] Ainsworth M, Zhu J Z, Craig A W, et al. Analysis of the Zienkiewicz-Zhu a posteriori error estimator in the finite element method[J]. International Journal for Numerical Methods in Engineering, 1989, 28:2161-2174.

[17] Zienkiewicz O C, Boroomand B, Zhu J Z. Recovery procedures in error estimation and adaptivity Part I: adapivity in linear problems[J]. Computer Methods in Applied Mechanics and Engineering, 1999, 176:111-125.

[18] Boroomand R, Zienkiewicz O C. An improved REP recovery and the effectivity robustness test[J]. International Journal for Numerical Methods in Engineering, 1997 40:3247-3277.

[19] Lee C K, Zhou C E. On error estimation and adaptive refinement for element free Galerkin method: Part I: stress recovery and a posteriori error estimation[J]. Computers and Structures, 2004, 82: 413-428.

[20] Tabbara M, Blacker T, Belytschko T. Finite elemrnt derivative recovery by moving least square interpolants[J]. Computer Methods in Applied Mechanics and Engineering, 1994, 117:211-235.

[21] Chung H J, Belytschko T. An error estimate in the EFG method[J]. Computational Mechanics, 1998,21: 91-100.

[22] 邓建辉，葛修润，熊文林. 应力奇异问题自适应有限元分析初探 [J]. 岩土力学，1996，17(1): 28-35.

[23] 卢波, 葛修润, 王水林. 自适应自然单元法研究 —— 误差估计 [J]. 岩石力学与工程学报, 2005, 24(22)：4066-4071.

[24] 卢波，丁秀丽，邬爱清. 自适应自然单元法研究 —— 自适应细化 [J]. 岩土力学，2007,28(增刊)：295-299.

[25] Lee C K, Zhou C E. On error estimation and adaptive refinement for element free galerkin method: Part II: adaptive refinement[J]. Computers and Structures, 2004, 82: 429-443.

[26] Duarte C A, Oden J T. H-p clouds: a h-p meshless method[J]. Numerical Methods for Partial Differential Equations, 1996, 12:673-705.

[27] 铁摩辛柯 S P，古地尔 J N. 弹性理论 [M]. 徐芝纶译. 北京：高等教育出版社，1990.

第 6 章　中厚板弯曲问题的自然单元法

板是结构工程中重要的结构形式之一，在实际工程中有着广泛的应用。无网格法在场函数近似和对局部特性的描述方面较有限元法具有很大的优势。Krysl 和 Belytschko[1,2] 在无网格法正式提出后不久，即将其应用于薄板和薄壳问题的分析计算中，并取得了良好的效果。Donning 等 [3] 对无网格法应用于中厚板弯曲问题时的剪切变形特性进行了分析，对避免剪切自锁现象进行了研究。Garcia 等 [4] 将 h-p 云法应用于分析 Mindlin 板模型的弯曲问题，指出采用高阶 h-p 云法近似可以有效控制剪切自锁的发生。国内学者在板壳问题无网格方法研究方面也做了大量的工作，其中，孙建东等 [5] 将无网格方法应用于板的弯曲问题计算，具有较高的计算精度，并通过选取适当的权函数和基函数，最大限度地避免了剪切自锁现象发生。张伟星等 [6] 用无网格方法对弹性地基薄板进行了计算。张建辉等 [7] 则对 Winkler 地基上筏板基础的无网格法应用进行了研究。尽管无网格法相对于有限单元法具有其固有的特点和优势，但也存在一些不足和尚待解决的问题，如权函数及相关参数没有一般性的选择方案，形函数计算中由于涉及矩阵求逆而引起的较大计算量，特别是由于大多数的无网格方法其近似函数不具有插值性，因而有准确施加本质边界条件的困难 [8]。

目前，自然单元法在板弯曲问题中的应用研究还相对较少，Sukumar 等 [9] 在 Farin[10] 工作的基础上构造了 C^1 连续的自然邻点插值函数，并将其应用于求解基于基尔霍夫 (Kirchhoff) 假设的薄板弯曲问题。本章尝试将自然单元法应用于中厚板弯曲问题的分析，基于 Reissner-Mindlin 中厚板弯曲理论，对平板中面的挠度和法线转角分别进行独立插值，应用变分原理推导了相关方程和计算列式，通过算例验证了用自然单元法计算中厚板弯曲问题的可行性。

6.1 Reissner-Mindlin 板弯曲理论和基本公式

6.1.1 Reissner-Mindlin 板弯曲理论

经典的 Kirchhoff 薄板弯曲理论假设中面的法线变形后仍成为微弯的中面的法线，且保持不伸缩。这事实上是忽略了法线方向的正应变和横向剪切变形对薄板弯曲的影响，相当于假设在板厚方向 (z 方向) 平板的剪切模量为无限大，对于厚度与跨度之比为 1/10~1/5 中厚板，忽略剪切变形则会引起明显的误差。

Reissner[11] 在假设弯曲应力 σ_x、σ_y、τ_{xy} 沿板厚线性分布的基础上，由三维问题的平衡微分方程得出的横向剪应力 τ_{xz}、τ_{yz} 沿板厚方向为二次抛物线分布，σ_z 为 z 的三次多项式，上述结果与薄板弯曲理论是一致的。为了考虑剪切变形对板弯曲的影响，Reissner 取中面挠度和中面法线绕 x 轴和 y 轴的转角作为独立的广义位移。由于对应力和位移分量作了一些假设，导致不能满足精确的应力应变关系，在满足平衡方程和应力边界条件的前提下，应力应变关系和位移边界条件只是通过最小余能原理在能量等效的意义上得到满足，由此得出了五个内力分量与三个广义位移分量之间的关系，应该指出这一理论并未忽略法向正应力对弯曲内力的影响。在文 [12] 中，Reissner 以更一般的形式考虑了剪切变形的影响，即并不事先假设弯曲应力沿板厚方向的分布，并定义与弯矩和剪力相对应的广义位移是在能量等效意义上沿板厚方向实际分布位移的加权平均值。

Mindlin[13] 通过对应力和应变分量在板厚方向的积分，定义了板的“应力组件”和“应变组件”，相当于薄板理论中板的内力和广义应变，通过三维应力应变关系得出“应力组件”和“应变组件”的关系，但在加权平均的意义上忽略了法向正应力 σ_z 的影响，这是与 Reissner 理论的主要不同之处。在进一步假设水平位移 u、v 沿板厚线性分布，竖向位移 w 沿板厚不变化的基础上，定义了与 Reissner 理论类似的中面挠度和中面法线绕 x 轴和 y 轴的转角三个广义位移，并称之为板的“位移组件”。在此位移假设下，将导出横向剪应力沿板厚均匀分布的结果，但由平衡微分方程得出的横向剪应力沿板厚是二次抛物线分布的，因此从能量等效的角度考虑应对均匀分布假设下得到的横向剪力予以折减，折减后的横向剪力与均匀分布假设下的剪应变相乘才是实际的剪切变形能，为与 Reissner 理论保持一致，这个折减系数应为 5/6。

6.1.2 平板的广义位移、应力和应变

设板厚为 h，以平板中面为 x-y 轴所在平面，根据 Reissner-Mindlin 板理论，板内任一点的位移分量可表示为

$$\boldsymbol{u}(x,y,z)=\begin{bmatrix} u \\ v \\ w \end{bmatrix}=\begin{bmatrix} \theta_y(x,y)z \\ -\theta_x(x,y)z \\ w(x,y) \end{bmatrix} \tag{6-1}$$

其中，θ_x 为中面法线绕 x 轴的转角，θ_y 为中面法线绕 y 轴的转角，w 为板的挠度，称之为板的广义位移。

广义应变分量定义为

$$\begin{bmatrix} \eta_x \\ \eta_y \\ \eta_{xy} \end{bmatrix} = \frac{12}{h^3}\int_{-\frac{h}{2}}^{\frac{h}{2}} \begin{bmatrix} \varepsilon_x \\ \varepsilon_y \\ \varepsilon_{xy} \end{bmatrix} z\mathrm{d}z = \begin{bmatrix} \theta_{yx} \\ -\theta_{xy} \\ \theta_{yy} - \theta_{xx} \end{bmatrix} \tag{6-2a}$$

$$\begin{bmatrix} \eta_{xz} \\ \eta_{yz} \end{bmatrix} = \frac{1}{h}\int_{-\frac{h}{2}}^{\frac{h}{2}} \begin{bmatrix} \gamma_{xz} \\ \gamma_{yz} \end{bmatrix} \mathrm{d}z = \begin{bmatrix} \theta_y + w_{,x} \\ -\theta_x + w_{,y} \end{bmatrix} \tag{6-2b}$$

广义应力分量为

$$(M_x, M_y, M_{xy}) = \int_{-\frac{h}{2}}^{\frac{h}{2}} [\sigma_x, \sigma_y, \tau_{xy}] z\mathrm{d}z \tag{6-3a}$$

$$(Q_x, Q_y) = \int_{-\frac{h}{2}}^{\frac{h}{2}} (\tau_{xz}, \tau_{yz})\mathrm{d}z \tag{6-3b}$$

由三维广义胡克定律并略去 σ_z 的影响可得广义应力与应变的关系为

$$\boldsymbol{F} = \boldsymbol{C\eta} = \begin{bmatrix} \boldsymbol{C}_b & \boldsymbol{0} \\ \boldsymbol{0} & \boldsymbol{C}_\xi \end{bmatrix} \boldsymbol{\eta} \tag{6-4}$$

其中:

$$\left.\begin{aligned} \boldsymbol{F} &= (M_x, M_y, M_{xy}, Q_x, Q_y)^{\mathrm{T}} \\ \boldsymbol{\eta} &= (\eta_x, \eta_y, \eta_{xy}, \eta_{xz}, \eta_{yz})^{\mathrm{T}} \end{aligned}\right\} \tag{6-5}$$

$$\left.\begin{aligned} \boldsymbol{C}_b &= \begin{bmatrix} D_b & D_b\mu & 0 \\ D_b\mu & D_b & 0 \\ 0 & 0 & \frac{1-\mu}{2}D_b \end{bmatrix} \\ \boldsymbol{C}_\xi &= \begin{bmatrix} D_\xi & 0 \\ 0 & D_\xi \end{bmatrix} \end{aligned}\right\} \tag{6-6}$$

其中，$\boldsymbol{C}_b$、$\boldsymbol{C}_\xi$ 分别为板的弯曲弹性矩阵和剪切弹性矩阵。

$$D_b = \frac{Eh^3}{12(1-\mu^2)}, \quad D_\xi = \frac{\xi Eh}{2(1+\mu)} \tag{6-7}$$

D_b、D_ξ 分别为板的弯曲刚度和剪切刚度，E 为弹性模量，μ 为泊松比，$\xi = 5/6$ 是考虑到实际剪应力分布时所作的修正。

6.1.3 平衡方程与边界条件

由板中取出图 6-1 所示的微小六面体 $h\mathrm{d}x\mathrm{d}y$。

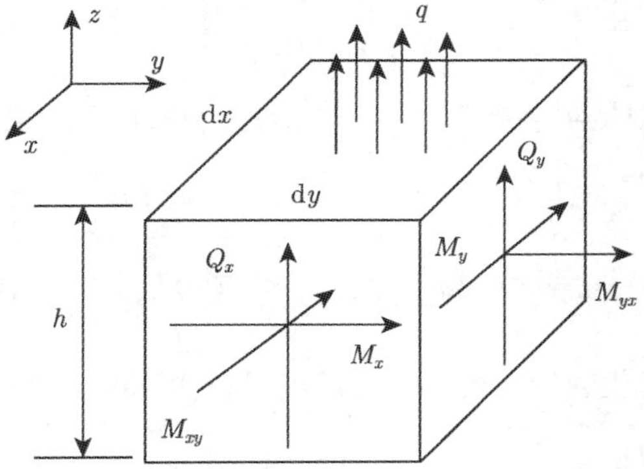

图 6-1 板的广义应力

根据平衡条件得广义应力应满足的平衡方程为

$$\left.\begin{aligned}&\sum m_y=0 \quad Q_x=\frac{\partial M_x}{\partial_x}+\frac{\partial M_{yx}}{\partial_y}\\&\sum m_x=0 \quad Q_y=\frac{\partial M_{xy}}{\partial_x}+\frac{\partial M_y}{\partial_y}\\&\sum Z=0 \quad \frac{\partial Q_x}{\partial_x}+\frac{\partial Q_y}{\partial_y}+q=0\end{aligned}\right\} \tag{6-8}$$

力的边界条件为

$$\left.\begin{aligned}M_n(s)&=\bar{M}_n(s)\\M_{ns}(s)&=\bar{M}_{ns}(s)\\Q_n(s)&=\bar{Q}_n(s)\end{aligned}\right\} \tag{6-9}$$

其中，$\bar{M}_n(s)$、$\bar{M}_{ns}(s)$ 和 $\bar{Q}_n(s)$ 分别是边界上的给定弯矩、扭矩和剪力，如图 6-2 所示。

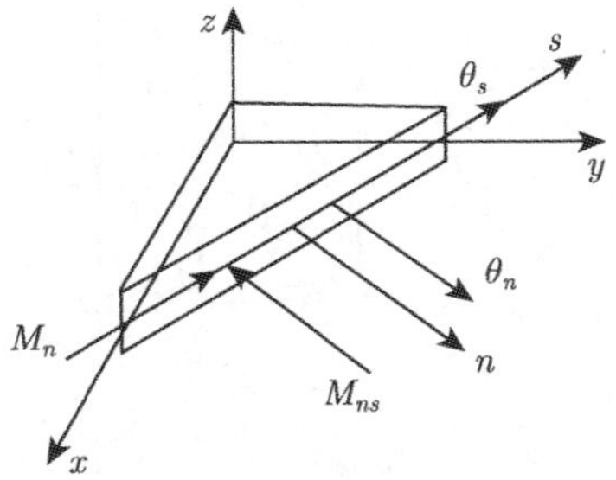

图 6-2 边界上的力和位移

位移边界条件为

$$\left.\begin{aligned}w(s)&=\bar{w}(s)\\ \theta_n(s)&=\bar{\theta}_s(s)\\ \theta_s(s)&=\bar{\theta}_s(s)\end{aligned}\right\}\tag{6-10}$$

其中，$\bar{w}(s)$ 是边界上的给定挠度，$\bar{\theta}_n(s)$ 是给定的绕边界法线的转角，$\bar{\theta}_s(s)$ 是给定的绕边界切线的转角。

6.2　中厚板弯曲问题自然单元法的离散方程

与最小势能原理相应的板的总势能泛函可以由广义应力和广义应变表示为

$$\begin{aligned}\Pi=&\frac{1}{2}\int_A(M_x\eta_x+M_y\eta_y+M_{xy}\eta_{xy}+Q_x\eta_{xz}+Q_y\eta_{yz})\mathrm{d}x\mathrm{d}y\\&-\int_A qw\mathrm{d}x\mathrm{d}y-\int_{S\sigma}(\bar{M}_n\theta_s-\bar{M}_{ns}\theta_n+\bar{Q}_nw)\mathrm{d}s\end{aligned}\tag{6-11}$$

记广义结点位移列阵为

$$\boldsymbol{d}=(\ w_1\quad \theta_{x1}\quad \theta_{y1}\quad \cdots\quad w_n\quad \theta_{xn}\quad \theta_{yn})^{\mathrm{T}}\tag{6-12}$$

则计算点的广义近似位移场可由广义结点位移通过自然邻点插值得到

$$\left.\begin{aligned}w(\boldsymbol{x})&=\sum_{I=1}^{n}\phi_I(\boldsymbol{x})w_I=\boldsymbol{N}_w\boldsymbol{d}\\ \theta_x(\boldsymbol{x})&=\sum_{I=1}^{n}\phi_I(\boldsymbol{x})\theta_{xI}=\boldsymbol{N}_{\theta x}\boldsymbol{d}\\ \theta_y(\boldsymbol{x})&=\sum_{I=1}^{n}\phi_I(\boldsymbol{x})\theta_{yI}=\boldsymbol{N}_{\theta y}\boldsymbol{d}\end{aligned}\right\}\tag{6-13}$$

记为

$$\boldsymbol{u}(\boldsymbol{x})=\begin{bmatrix}w(\boldsymbol{x})\\ \theta_x(\boldsymbol{x})\\ \theta_y(\boldsymbol{x})\end{bmatrix}=\begin{bmatrix}\boldsymbol{N}_w\\ \boldsymbol{N}_{\theta x}\\ \boldsymbol{N}_{\theta y}\end{bmatrix}\boldsymbol{d}=\boldsymbol{N}\boldsymbol{d}\tag{6-14}$$

其中

$$\left.\begin{aligned}\boldsymbol{N}_w&=(\ \phi_1\quad 0\quad 0\quad \phi_2\quad 0\quad 0\quad \cdots\quad \phi_n\quad 0\quad 0\ )\\ \boldsymbol{N}_{\theta x}&=(\ 0\quad \phi_1\quad 0\quad 0\quad \phi_2\quad 0\quad \cdots\quad 0\quad \phi_n\quad 0\ )\\ \boldsymbol{N}_{\theta y}&=(\ 0\quad 0\quad \phi_1\quad 0\quad 0\quad \phi_2\quad \cdots\quad 0\quad 0\quad \phi_n\ )\end{aligned}\right\}\tag{6-15}$$

$\phi_I(\boldsymbol{x})$ 为自然单元法形函数值。

$$\begin{aligned}\boldsymbol{\eta} &= (\ \eta_x \quad \eta_y \quad \eta_{xy} \quad \eta_{xz} \quad \eta_{yz}\ )^{\mathrm{T}} \\ &= (\boldsymbol{B}_1\boldsymbol{B}_2\cdots\boldsymbol{B}_n)\boldsymbol{d} = \boldsymbol{B}\boldsymbol{d}\end{aligned} \tag{6-16}$$

$$\boldsymbol{B}_I = \begin{bmatrix} 0 & 0 & \phi_{Ix} \\ 0 & -\phi_{Iy} & 0 \\ 0 & -\phi_{Ix} & \phi_{Iy} \\ \phi_{Ix} & 0 & \phi_I \\ \phi_{Iy} & -\phi_I & 0 \end{bmatrix} = \begin{bmatrix} \boldsymbol{B}_{bI} \\ \boldsymbol{B}_{\xi I} \end{bmatrix} \tag{6-17}$$

设边界法线的方向余弦为 l、m，则有

$$\boldsymbol{u}_n = \begin{Bmatrix} w \\ \theta_n \\ \theta_s \end{Bmatrix} = \begin{bmatrix} 1 & 0 & 0 \\ 0 & l & m \\ 0 & -m & l \end{bmatrix} \begin{Bmatrix} w \\ \theta_x \\ \theta_y \end{Bmatrix} \tag{6-18}$$

记为

$$\boldsymbol{u}_n = \boldsymbol{T}\boldsymbol{u} = \boldsymbol{T}\boldsymbol{N}\boldsymbol{d} = \boldsymbol{M}\boldsymbol{d} \tag{6-19}$$

令

$$\bar{\boldsymbol{F}}_n^{\mathrm{T}} = (\ \bar{Q}_n \quad \bar{M}_{ns} \quad \bar{M}_n\ )^{\mathrm{T}} \tag{6-20}$$

则总势能泛函可表示为

$$\Pi = \frac{1}{2}\int_A \boldsymbol{d}^{\mathrm{T}}\boldsymbol{B}^{\mathrm{T}}\boldsymbol{C}\boldsymbol{B}\boldsymbol{d}\mathrm{d}x\mathrm{d}y - \int_A \boldsymbol{d}^{\mathrm{T}} q \boldsymbol{N}_w^{\mathrm{T}}\mathrm{d}x\mathrm{d}y - \int_{S\sigma} \boldsymbol{d}^{\mathrm{T}}\boldsymbol{M}^{\mathrm{T}}\bar{\boldsymbol{F}}_n\mathrm{d}s \tag{6-21}$$

其中，$\boldsymbol{C}$ 为由式 (6-4) 定义的板的弹性矩阵。

根据泛函 Π 关于结点位移列阵 $\boldsymbol{d}$ 的极值条件，可以得到求解 $\boldsymbol{d}$ 的线性代数方程组：

$$\boldsymbol{K}\boldsymbol{d} = \boldsymbol{R}_q + \boldsymbol{R}_F \tag{6-22}$$

其中，总体刚度矩阵的子块为

$$\begin{aligned}\boldsymbol{K}_{IJ} &= \int_A \boldsymbol{B}_I^{\mathrm{T}}\boldsymbol{C}\boldsymbol{B}_J\mathrm{d}A \\ &= \int_A \boldsymbol{B}_{bI}^{\mathrm{T}}\boldsymbol{C}\boldsymbol{B}_{bJ}\mathrm{d}A + \int_A \boldsymbol{B}_{\xi I}^{\mathrm{T}}\boldsymbol{C}\boldsymbol{B}_{\xi J}\mathrm{d}A \quad I,J = 1,\cdots,n\end{aligned} \tag{6-23}$$

板面横向载荷 q 的等效结点载荷列阵为

$$\boldsymbol{R}_q = \int_A q\boldsymbol{N}_w^{\mathrm{T}}\mathrm{d}x\mathrm{d}y \tag{6-24}$$

边界上给定力 $\bar{\boldsymbol{F}}_n$ 的等效结点载荷列阵为

$$\boldsymbol{R}_F = \int_{S\sigma} \boldsymbol{M}^{\mathrm{T}} \bar{\boldsymbol{F}}_n \mathrm{d}s \tag{6-25}$$

地基与基础相互作用的理想化弹性模型有 Winkler 模型、双参数弹性模型和弹性连续介质模型 [14]。现考虑 Winkler 地基模型，该模型假设地基反力与基础板的挠度成正比：

$$p = -\beta w \tag{6-26}$$

其中，β 为地基反力系数或基床系数，则作用于基础板表面的外力由分布载荷 q 和地基反力 p 组成，与最小势能原理相应的板的总势能泛函可以由广义应力和广义应变表示为

$$\begin{aligned} \Pi =& \frac{1}{2} \int_A (M_x \eta_x + M_y \eta_y + M_{xy} \eta_{xy} + Q_x \eta_{xz} + Q_x \eta_{xz}) \mathrm{d}x\mathrm{d}y \\ & - \int_A \left(q + \frac{1}{2} p \right) w \mathrm{d}x\mathrm{d}y - \int_{S\sigma} (\bar{M}_n \theta_s - \bar{M}_{ns} \theta_n + \bar{Q}_n w) \mathrm{d}s \end{aligned} \tag{6-27}$$

类似地，根据泛函 Π 关于结点位移列阵$\boldsymbol{d}$的极值条件，可以得到求解 $\boldsymbol{d}$ 的线性代数方程组

$$\boldsymbol{K}\boldsymbol{d} = \boldsymbol{R}_q + \boldsymbol{R}_F \tag{6-28}$$

其中，总体刚度矩阵的子块为

$$\begin{aligned} \boldsymbol{K}_{IJ} &= \int_A \boldsymbol{B}_I^{\mathrm{T}} \boldsymbol{C} B_J \mathrm{d}A + \int_A \beta \boldsymbol{N}_{wI}^{\mathrm{T}} \boldsymbol{N}_{wJ} \mathrm{d}A \\ &= \int_A \boldsymbol{B}_{bI}^{\mathrm{T}} \boldsymbol{C} B_{bJ} \mathrm{d}A + \int_A \boldsymbol{B}_{\xi I}^{\mathrm{T}} \boldsymbol{C} B_{\xi J} \mathrm{d}A \\ &\quad + \int_A \beta \boldsymbol{N}_{wI}^{\mathrm{T}} \boldsymbol{N}_{wJ} \mathrm{d}A \quad I, J = 1, \cdots, n \end{aligned} \tag{6-29}$$

式中

$$\left. \begin{aligned} \boldsymbol{N}_{wI} &= (\ \phi_I \quad 0 \quad 0\ ) \\ \boldsymbol{N}_{wJ} &= (\ \phi_J \quad 0 \quad 0\ ) \end{aligned} \right\} \tag{6-30}$$

这相当于在总势能泛函 Π 中增加附加的外力势能项

$$U_p = \frac{1}{2} \int_A \beta w^2 \mathrm{d}x\mathrm{d}y \tag{6-31}$$

此项对总体刚度矩阵的贡献为

$$
\boldsymbol{K}_p = \int_A \beta \boldsymbol{N}_w^{\mathrm{T}} \boldsymbol{N}_w \mathrm{d}A \tag{6-32}
$$

其余项的计算方法不变。

6.3 数 值 算 例

6.3.1 均载作用下的方形板

承受均布载荷作用的四边简支和四边固支方形板的边长为 L，厚度为 h，整板采用 33×33 均匀结点布置，取板心为坐标原点，泊松比 $\mu = 0.3$，采用 Sibson 插值计算形函数。板中心点的挠度和弯矩计算结果见表 6-1，表中同时给出了相对于解析解 [15] 和 ANSYS 有限元解的误差百分比，其中厚跨比小于 0.1 时的解析解是按薄板理论计算的结果。

表 6-1 中心点的挠度系数 $(qL^4/100D_b)$ 和弯矩系数 $(qL^2/10)$

厚跨比 h/L	挠度系数						弯矩系数					
	四边简支			四边固支			四边简支			四边固支		
	解析解	本书解	相差/%	解析解	本书解	相差/%	解析解	本书解	相差/%	ANSYS解	本书解	相差/%
0.01	0.4062（薄板理论）	0.2180	−46.33	0.1265（薄板理论）	0.0556	−56.05	0.4789	0.2607	−45.56	0.2378	0.1064	−55.26
0.02		0.3350	−17.53		0.0964	−23.79		0.3964	−17.23		0.1777	−25.27
0.04		0.3889	−4.26		0.1209	−4.43		0.4553	−4.93		0.2141	−9.97
0.06		0.4045	−0.42		0.1309	3.48		0.4681	−2.26		0.2231	−6.18
0.08		0.4145	2.04		0.1395	10.28		0.4728	−1.27		0.2270	−4.54
0.10	0.4273	0.4240	−0.77	0.1499	0.1488	−0.73		0.4750	−0.81		0.2293	−2.72
0.15	0.4536	0.4523	−0.29	0.1798	0.1781	−0.95		0.4771	−0.38		0.2327	−1.27
0.20	0.4906	0.4898	−0.16	0.2167	0.2169	0.09		0.4779	−0.21		0.2349	−0.34
0.25	0.5376	0.5375	−0.02	0.2675	0.2657	−0.67		0.4783	−0.13		0.2364	0.30
0.30	0.5956	0.5956	0.00	0.3227	0.3246	0.59		0.4785	−0.08	0.2357	0.2374	0.72
0.35	0.6641	0.6642	0.02	0.3951	0.3938	−0.33		0.4786	−0.06		0.2382	1.06

从计算结果可以看出，对于中厚板给出了很高的计算精度，位移的计算精度要高于弯矩的计算精度。对于厚跨比较小的薄板则计算精度明显降低，特别是对厚跨比小于 0.04 时的薄板表现出明显的剪切自锁现象，这是因为此处对挠度和中面转角采用同样的插值表示式，挠度 w 对坐标 x 或 y 的偏导数与转角 θ_x 或 θ_y 的插值方式不能处处满足极限薄板的约束条件：

$$
\begin{cases} \eta_{xz} = \theta_y + w_{,x} = 0 \\ \eta_{yz} = -\theta_x + w_{,y} = 0 \end{cases} \tag{6-33}
$$

因而当板厚变薄时，夸大了虚假剪切变形的影响，使得弯曲变形能被迫减小，导致不正确的变形结果。位移导数与转角的插值形式不同阶是引起剪切自锁的根本原因。

文 [5] 采用基于最小二乘近似的无网格方法计算了本例中四边固支方板的中心挠度系数，结果显示对厚跨比大于 0.1 的中厚板，本书解与其所得结果非常接近，且结点布置密度对计算结果影响不大。对于薄板，文 [5] 通过选取适当的权函数和基函数，在较大的厚跨比范围内有效地避免了剪切自锁现象发生，但随着具体问题的不同，其权函数选取和影响半径的确定尚缺乏统一方法。

文 [3] 使用不同阶的样条函数构造横向挠度和中面法线转角的插值近似函数，使得挠度导数的插值形函数可以由转角的插值形函数精确表达，从而避免了剪切自锁现象的发生。文 [4] 将 h-p 云法应用于 Mindlin 板问题的求解，借鉴有限单元法中采用高于三阶的单元克服剪切自锁现象的思想，采用 h-p 云函数构造能够重构高阶多项式的形函数，有效地控制了剪切自锁现象的发生，但随着近似函数阶次的提高，刚度矩阵的条件数相应地增加，因此需要在预先设计的条件下才能得到较好的结果。如何使得考虑剪切变形的中厚板计算模型在板厚变薄时能够有效地退化为经典的薄板模型，一直是计算力学领域研究的重要课题，但由于自然单元法插值函数的构造特点及其局限性，要完全避免剪切自锁的发生目前还存在一定的困难。

6.3.2 Winkler 地基板

6.3.2.1 均载作用下四边简支矩形板

Winkler 地基上四边简支的长方形基础板如图 6-3 所示，板边长 $a = 10.0\text{m}$，$b = 15.0\text{m}$，板厚 $h = 1.0\text{m}$，泊松比 $\mu = 0.3$，弹性模量 $E = 3.0\times10^7\text{kN/m}^2$，地基的基床系数 $\beta = 5.0\times10^4\text{kN/m}^3$，承受均布载荷 $q = 120\text{kN/m}^2$。该问题的级数解 [16] 为

$$w = \frac{16q}{\pi^2}\sum_{m=1,3,5,\cdots}^{\infty}\sum_{n=1,3,5,\cdots}^{\infty}\frac{\sin\dfrac{m\pi x}{a}\sin\dfrac{n\pi y}{b}}{mn\left[\pi^4 D\left(\dfrac{m^2}{a^2}+\dfrac{n^2}{b^2}\right)^2+\beta\right]} \tag{6-34}$$

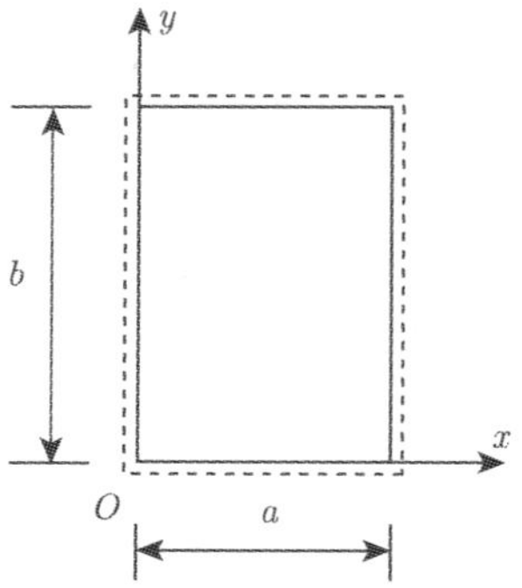

图 6-3 四边简支矩形

采用 33×33 结点布置方案，挠度计算结果见表 6-2，表中的级数解为 m 和 n 各取前 6 项计算得出。从表中给出的结果可以看出，自然单元法的计算结果与级数解非常吻合。

表 6-2 计算点的挠度值比较

结点坐标 (x, y)	本书解/mm	级数解/mm
(0.0, 7.5)	0.0000	0.0000
(1.0, 7.5)	0.5575	0.5632
(2.0, 7.5)	1.0567	1.0535
(3.0, 7.5)	1.4261	1.4261
(4.0, 7.5)	1.6512	1.6569
(5.0, 7.5)	1.7366	1.7349
(5.0, 6.0)	1.6636	1.6749
(5.0, 4.5)	1.4765	1.4856
(5.0, 3.0)	1.1368	1.1458
(5.0, 1.5)	0.6314	0.6401
(5.0, 0.0)	0.0000	0.0000

6.3.2.2 局部分布载荷作用下四边自由方板

Winkler 地基上四边自由的正方形基础板，板边长 $a = 20.0\text{m}$，板厚 $h = 1.0\text{m}$，泊松比 $\mu = 0.167$，弹性模量 $E = 2.3331\times10^7\text{kN/m}^2$，地基的基床系数 $\beta = 1.25\times10^5\text{kN/m}^3$，基础板中心 5m×5m 范围内承受均布载荷 q=500 kN/m^2。采用 33×33 结点布置方案，自然单元法和 ANSYS 求得的挠度计算结果一并列于表 6-3 中，图 6-4 为自然单元法得到的挠度全场分布图。

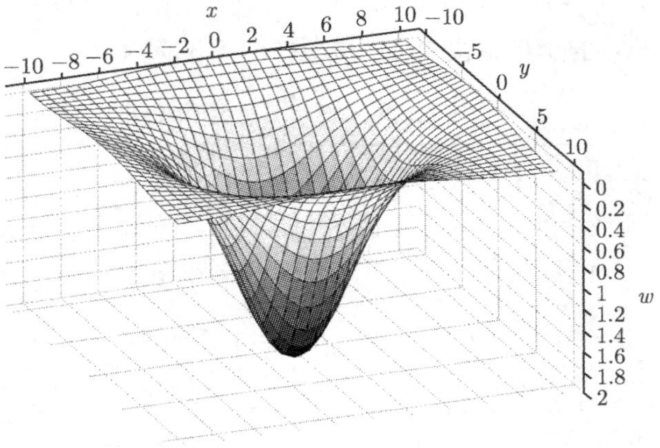

图 6-4 全场挠度分布

表 6-3　局部分布载荷作用下地基板的挠度 w

计算方法	y/m	w/mm				
		x=0.0	x=2.5	x=5.0	x=7.5	x=10.0
ANSYS 解/mm	0.0	1.852	1.347	0.514	0.066	−0.113
	2.5	1.347	0.998	0.382	0.042	−0.105
	5.0	0.514	0.382	0.146	−0.008	−0.084
	7.5	0.066	0.042	−0.008	−0.040	−0.061
	10.0	−0.113	−0.105	−0.084	−0.061	−0.052
本书解 17×17	0.0	1.9920	1.4158	0.5081	0.0469	−0.1807
	2.5	1.4158	1.0251	0.3837	0.0277	−0.1609
	5.0	0.5081	0.3837	0.1523	−0.0099	−0.1151
	7.5	0.0469	0.0277	−0.0099	−0.0425	−0.0751
	10.0	−0.1807	−0.1609	−0.1151	−0.0751	−0.0650
相差/%	0.0	7.56	5.11	−1.15	−28.94	59.91
	2.5	5.11	2.72	0.45	−34.05	53.24
	5.0	−1.15	0.45	4.32	23.75	37.02
	7.5	−28.94	−34.05	23.75	6.25	23.11
	10.0	59.91	53.24	37.02	23.11	25.00

6.3.2.3　受中心集中力的四边自由方形板

Winkler 地基上四边自由的正方形基础板，板边长 $a = 20\text{m}$，板厚 $h = 1\text{m}$，泊松比 $\mu = 0.167$，弹性模量 $E = 23\,331.0\text{MN/m}^2$，地基的基床系数为

$$\beta = \frac{Eh^3 \times 10^4}{12(1-\mu^2)b^4} = 125.0\text{MN/m}^3 \tag{6-35}$$

集中荷载 P=5MN 作用于板的中点，整板采用 33×33 均匀结点布置，用 Sibson 插值计算形函数。文 [17] 给出了级数形式的参考解，计算点处板的挠度 w 和单位长度弯矩 M_x 的有关计算结果见表 6-4，表中同时列出了文 [7] 无网格法的数值计算结果。其中计算点的坐标单位为 m，取板中心为坐标原点。

表 6-4　地基板的挠度 w 和弯矩 M_x

计算方法	y/m	w/mm					M_x/kN				
		$x=0.0$	$x=2.5$	$x=5.0$	$x=7.5$	$x=10.0$	$x=0.0$	$x=2.5$	$x=5.0$	$x=7.5$	$x=10.0$
级数解[17]	0.0	1.25	0.66	0.18	0.00	−0.06		−55.0	−90.0	−35.0	0.0
	2.5	0.66	0.41	0.12	−0.01	−0.05	205.0	−5.0	−60.0	−25.0	0.0
	5.0	0.18	0.12	0.03	−0.02	−0.04	20.0	0.0	−20.0	−10.0	0.0
	7.5	0.00	−0.01	−0.02	−0.02	−0.02	5.0	0.0	−5.0	0.0	0.0
	10.0	−0.06	−0.05	−0.04	−0.02	−0.01	−5.0	−5.0	0.0	5.0	0.0
本书解	0.0	1.5686	0.6493	0.1727	−0.0005	−0.0644	944.15	−48.98	−90.60	−35.25	−1.40
	2.5	0.6493	0.4084	0.1161	−0.0076	−0.0571	176.44	17.22	−56.19	−25.16	−0.94
	5.0	0.1727	0.1161	0.0278	−0.0175	−0.0394	25.90	2.73	−18.87	−9.23	−0.21
	7.5	−0.0005	−0.0076	−0.0175	−0.0203	−0.0218	−0.76	−3.05	−4.53	−0.77	0.19
	10.0	−0.0644	−0.0571	−0.0394	−0.0218	−0.0125	−3.10	−2.66	−0.57	2.05	0.38

续表

计算方法	y/m	w/mm					M_x/kN				
		$x=0.0$	$x=2.5$	$x=5.0$	$x=7.5$	$x=10.0$	$x=0.0$	$x=2.5$	$x=5.0$	$x=7.5$	$x=10.0$
无网格法文 [7] 解	0.0	1.27	0.62	0.17	−0.01	−0.07	565.8	−60.1	−87.6	−39.0	−1.1
	2.5	0.62	0.43	0.12	−0.01	−0.06	171.1	16.7	−63.4	−28.9	−0.8
	5.0	0.17	0.12	0.04	−0.02	−0.04	25.8	1.9	−19.1	−14.3	−0.7
	7.5	−0.01	−0.01	−0.02	−0.02	−0.02	−1.4	−3.5	−4.4	1.5	−0.9
	10.0	−0.07	−0.06	−0.04	−0.02	−0.02	−6.4	−4.7	−0.5	4.2	−0.5

由计算结果可以看出，与位移有限元方法类似，挠度值的计算精度要高于弯矩值，本书的自然单元法与文 [7] 无网格法的计算结果具有较好的一致性。考虑到参考解是在薄板弯曲理论下由五种情况的级数解叠加得到，以及集中载荷作用点附近位移梯度剧烈变化等因素，目前的计算结果还是令人满意的。图 6-5 给出了自然单元法得到的 M_x 的全场分布图。

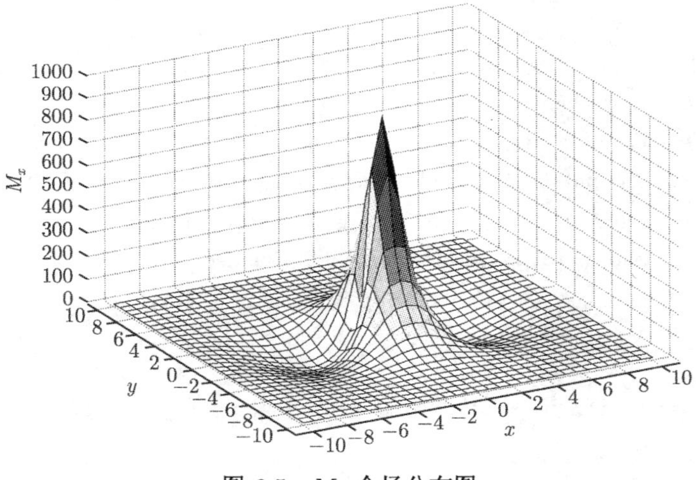

图 6-5 M_x 全场分布图

6.4 本 章 小 结

自然单元法作为一种无网格数值方法，不需要对求解域进行网格划分，前处理简单。本章的工作表明，将自然单元法应用于基于 Reissner-Mindlin 板弯曲理论的中厚板弯曲问题是可行的，并具有较高的精度。

对于中厚板的弯曲问题，自然单元法的计算精度与基于移动最小二乘近似的无网格方法较为接近，但自然单元法形函数计算不涉及矩阵求逆，计算量较小，且不存在权函数的选取和影响半径的确定等问题。尤为重要的是，由于自然单元法的近似函数满足插值性，在边界上具有线性变化的特点，因而施加本质边界条件时不需要进行特别的处理。

对于厚跨比较小的薄板，自然单元法中作为独立插值的挠度导数和转角近似函数不能满足薄板的无剪切变形约束条件，目前还不能有效避免剪切自锁现象的发生。由于自然单元法的形函数并非多项式，且难以直接构造出能够重构高阶多项式的近似函数，有限单元法中采用高阶单元克服剪切自锁的方法也不再适用。文 [18] 在单位分解框架下对自然单元法近似函数进行增强，采用以位移和应力作为独立场变量的 Hellinger-Reissner 混合变分原理，有效地克服了自然单元法在分析不可压材料时出现的体积自锁现象。有鉴于此，在单位分解框架下，对自然单元法局部近似函数空间进行增强，构造出能够重构高阶多项式的位移近似函数，应该可以有效避免剪切自锁现象的发生，所以这方面的工作还有待进一步研究。

参 考 文 献

[1] Krysl P, Belytschko T. Analysis of thin plates by the Element-free Galerkin method[J]. Computational Mechanics, 1995, 17(1-2): 26-35.

[2] Krysl P, Belytschko T. Analysis of thin shell by the Element-free Galerkin method[J]. International Journal of Solids and Structures, 1996, 33(20): 3057-3080.

[3] Donning B, Liu W K. Meshless methods for shear-deformable beams and plates[J]. Computer Methods in Applied Mechanics and Engineering, 1998, 152(1): 47-71.

[4] Garcia O, Fancello E A, de Barcellos C S, et al. hp-Clouds in Mindlin's thick plate model[J]. International Journal for Numerical Methods in Engineering, 2000, 47(8): 1381-1400.

[5] 孙建东, 张伟星. 无单元法在平板弯曲问题中的应用 [J]. 青岛理工大学学报, 2005, 26(6): 134-139.

[6] 张伟星, 庞辉. 弹性地基板计算的无单元法 [J]. 工程力学, 2000, 17(3): 138-144.

[7] 张建辉, 邓安福. 无单元法 (EFM) 在筏板基础计算中的应用 [J]. 岩土工程学报, 1999, 21(6): 691-695.

[8] Belytschko T, Lu Y Y, Gu L. Element-free Galerkin methods[J]. International Journal for Numerical Methods in Engineering, 1994, 37(2): 229-256.

[9] Sukumar N, Moran B. C^1 natural neighbor interpolant for partial differetial equations[J]. Numerical Methods for Partial Differential Equations, 1999, 15(4): 417-447.

[10] Farin G. Surfaces over Dirichlet tessellations[J]. Computer Aided Geometric Design, 1990, 7(1): 281–292.

[11] Reissner E. The Effect of Transverse Shear Deformation on the Bending of Elastic Plates[J]. Journal of Applied Mechanics, 1945, 12: 69-77.

[12] Reissner E. On bending of elastic plates[J]. Quarterly of Applied Mathematics, 1947, 5: 55-68.

[13] Mindlin R D. Influence of rotatory inertia and shear on flexural motions of isotropic elastic plates[J]. Journal of Applied Mechanics, 1951, 3: 31-38.

[14] Selvadural A P S. 土与基础相互作用的弹性分析 [M]. 范文田等译. 北京: 中国铁道出版社, 1984.

[15] 龙志飞, 岑松. 有限元法新论——原理・程序・进展 [M]. 北京: 中国水利水电出版社, 2001.

[16] 徐芝纶. 弹性力学 (下册)[M]. 北京: 高等教育出版社, 1990.

[17] 张福范. 弹性薄板 [M]. 北京: 科学出版社, 1984.

[18] Gonzalez D, Cueto E, Doblare M. Volumetric locking in natural neighbour Galerkin methods[J]. International Journal for Numerical Methods in Engineering, 2004, 61(4): 611-632.

第 7 章　位移场增强的自然单元法及其在断裂力学中的应用

有限单元法在稳态裂纹的分析计算中得到了广泛的应用，为了捕捉缝端的奇异应力场，Barsoum 等和 Henshell 等 [1,2] 提出了奇异等参单元的方法，但应力奇异性仅在单元的边界上有较好的反映。文 [3,4] 通过直接增强的方法在有限单元法中构造了所谓缝尖增强单元，其特点是应力强度因子作为附加的未知量可以像结点位移一样直接计算出来，在增强单元与非增强单元之间需要引入过渡单元以保持位移场的协调性，而且需要计算增强函数在结点处的函数及其导数值。当结点位于裂纹边界上时，需要判断结点位于裂纹边界的哪一侧，增加了计算的复杂性。

无网格伽辽金法 [5] 摆脱了网格的束缚，只采用结点信息及其紧支域上的权函数实施局部逼近。为了捕捉缝端的奇异应力场，文 [6] 直接对近似函数和基函数进行扩充，在无网格伽辽金法中对近似函数进行增强，有效地提高了裂纹问题的计算精度。由于无网格伽辽金法在求解基函数系数时涉及矩阵求逆，因而计算工作量也相应增加 (对于扩充基函数的增强方法尤为显著)。为保持全局位移场的协调性，该法也需要在增强与非增强区域之间设置过渡区域。此外，在直接增强的无网格伽辽金法中，作为附加结点未知量直接计算得到的应力强度因子的计算精度较低，为获得较高的计算精度仍应采用 J 积分等其他方法进行计算。

扩展有限单元法 [7,8] 在单位分解框架下将缝尖渐近位移场函数嵌入到有限单元法近似函数中，对于裂纹面的模拟是通过 Heaviside 跳跃函数和缝尖渐近位移场函数来实现的。裂纹边界可以穿过或进入单元内部，使得有限元网格不必与裂纹面保持一致，裂纹扩展时也只需定义新的裂纹面而不必重新划分网格。但扩展有限单元法为了确定单元结点的增强方式，需要判断单元是否包含裂纹尖端或是否被裂纹面穿过，对于包含缝尖或被裂纹面穿过的单元，在数值积分时仍然需要对单元进行子划分 [9]，以保证裂纹面是积分子域的边界，从这个意义上来说，并没有完全避免对网格的重新划分。

与大多数无网格法不同，自然单元法的近似函数具有插值性且在边界结点间是线性变化的，因此可以方便地施加本质边界条件 [10]。本章采用两种方法对自然单元法试函数进行增强：一种方法是将裂纹尖端渐近位移场函数直接加入到自然单元法的位移模式中，这种方法的特点是应力强度因子可以作为附加未知量直接计算出来，但与单位分解增强的方法相比计算精度要低一些。另一种方法是在单位分解框架下将裂纹尖端渐近位移场函数嵌入到自然单元法的位移模式中，以反映裂纹尖端的奇异性质。为避免对积分子域进行子划分，可以通过边界结点方法定义裂纹面，以实现裂纹边界上位移的不连续性，当裂纹扩展时只需要将原缝尖结点分裂为两个结点，并增加一个新的缝尖结点就可以定义新的裂纹面。由于自然单元法的无网格特点，这是很容易实施的，且减少了计算的复杂程度。数值算例表明，本章提出的方法可方便地处理裂纹问题，计算的应力强度因子具有较高的精度，可进一步应用于模拟裂纹扩展问题。

7.1 裂纹问题的位移增强函数及其导数计算

7.1.1 位移增强函数及导数计算

对于平面问题混合 I 型和 II 型裂纹模式，缝尖渐近位移场函数可表示为 [11]

$$u(x,y)=\frac{K_1}{2G}\sqrt{\frac{r}{2\pi}}\cos\frac{\theta}{2}\left(\kappa-1+2\sin^2\frac{\theta}{2}\right)+\frac{K_2}{2G}\sqrt{\frac{r}{2\pi}}\sin\frac{\theta}{2}\left(\kappa+1+2\cos^2\frac{\theta}{2}\right) \tag{7-1}$$

$$v(x,y)=\frac{K_1}{2G}\sqrt{\frac{r}{2\pi}}\sin\frac{\theta}{2}\left(\kappa+1-2\cos^2\frac{\theta}{2}\right)-\frac{K_2}{2G}\sqrt{\frac{r}{2\pi}}\cos\frac{\theta}{2}\left(\kappa-1-2\sin^2\frac{\theta}{2}\right) \tag{7-2}$$

其中，G 为剪切模量，κ 为 Kolosov 常数，r 和 θ 为以缝尖为原点的极坐标。取 $\kappa=2$，并令 $K_1/(2G\sqrt{2\pi})=K_2/(2G\sqrt{2\pi})=1$，缝尖坐标系下 I 型和 II 型裂纹模式缝尖渐近位移场如图 7-1 所示，相应的增强函数如图 7-2 所示。

建立缝尖极坐标系，如图 7-3 所示，则裂纹尖端增强函数可采用如式 (7-3) 的形式 [7]：

$$[\psi_\alpha(x),\alpha=1-4]=\left[\sqrt{r}\sin\frac{\theta}{2},\sqrt{r}\cos\frac{\theta}{2},\sqrt{r}\sin\theta\sin\frac{\theta}{2},\sqrt{r}\sin\theta\cos\frac{\theta}{2}\right] \tag{7-3}$$

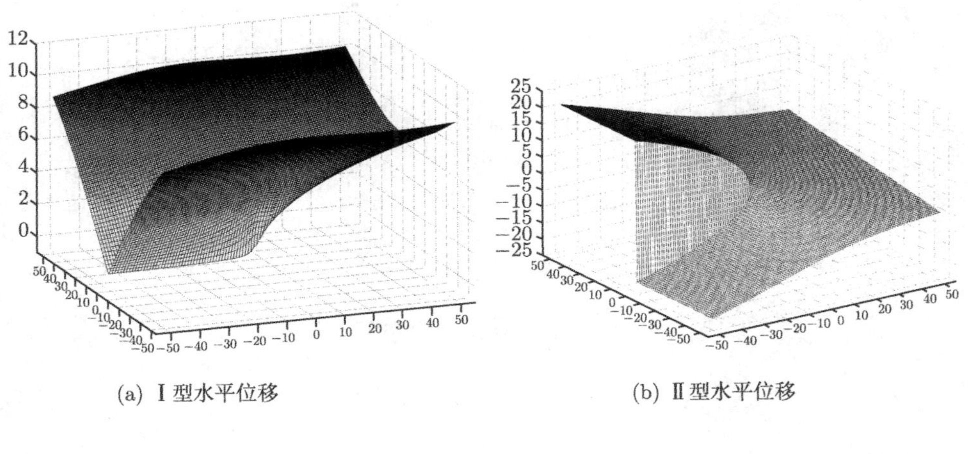

(a) I 型水平位移　　　　(b) II 型水平位移

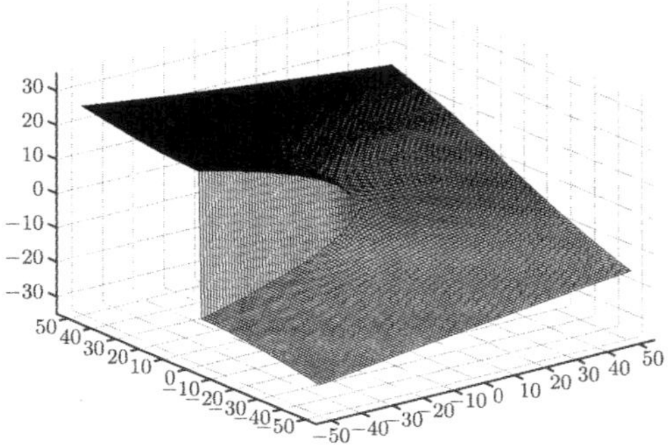

(c) Ⅰ型垂直位移

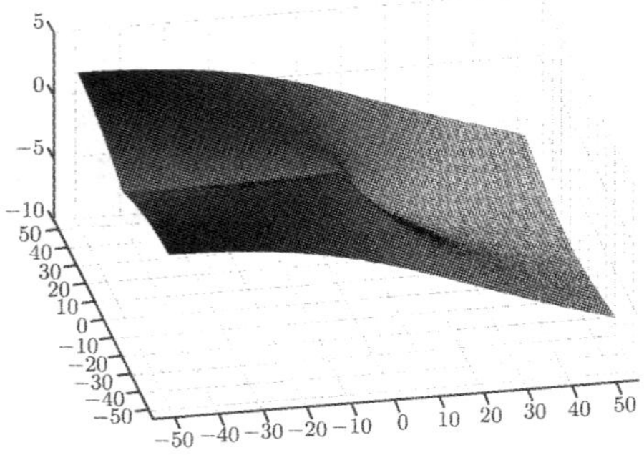

(d) Ⅱ型垂直位移

图 7-1　缝尖渐近位移场分布图

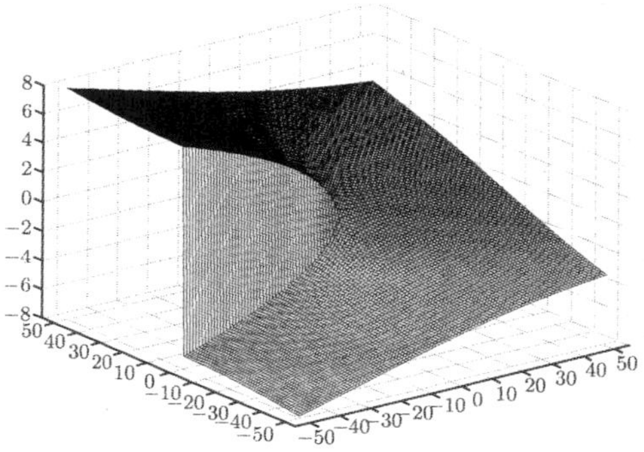

(a) $\Psi_1(x)$ 分布图

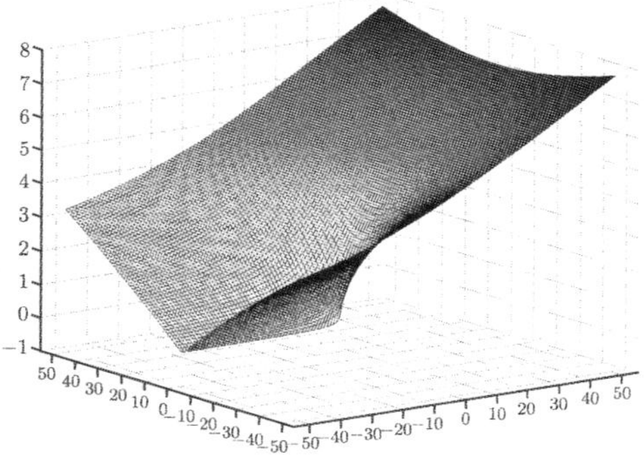

(b) $\Psi_2(x)$ 分布图

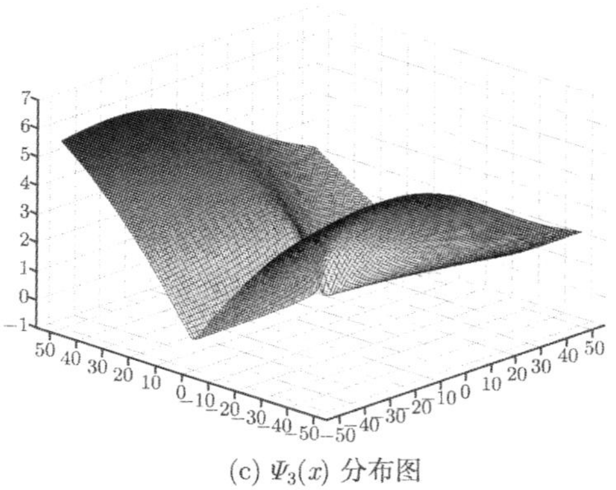

(c) $\Psi_3(x)$ 分布图

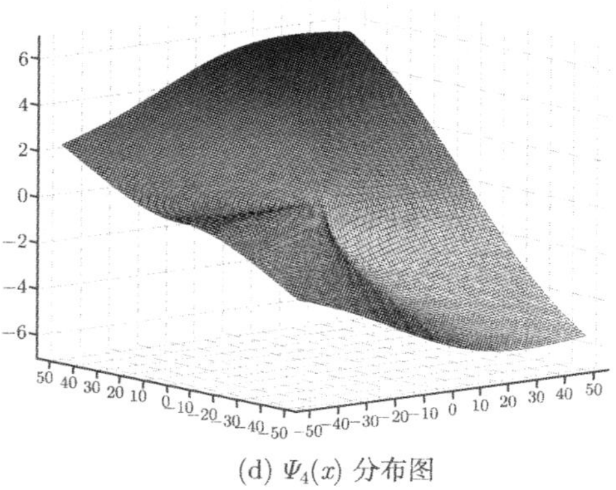

(d) $\Psi_4(x)$ 分布图

图 7-2　增强函数分布图

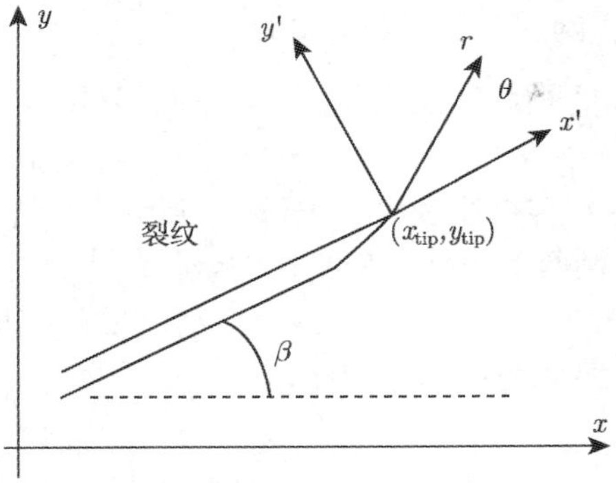

图 7-3 缝尖极坐标系

设有总体坐标系下的计算点 (x, y)，在缝尖局部坐标系下其坐标为

$$\left.\begin{aligned} x' &= (x - x_{\text{tip}})\cos\beta + (y - y_{\text{tip}})\sin\beta \\ y' &= -(x - x_{\text{tip}})\sin\beta + (y - y_{\text{tip}})\cos\beta \end{aligned}\right\} \tag{7-4}$$

相应的极坐标为

$$r = \sqrt{x'^2 + y'^2}, \quad \theta = \frac{y'}{|y'|}\arccos\frac{x'}{\sqrt{x'^2 + y'^2}} \tag{7-5}$$

增强函数对有关坐标的导数可按下列公式计算：

$$\frac{\partial\psi_1}{\partial_r} = \frac{\sin\dfrac{\theta}{2}}{2\sqrt{r}}, \frac{\partial\psi_1}{\partial\theta} = \frac{\sqrt{r}}{2}\cos\frac{\theta}{2}, \frac{\partial\psi_2}{\partial_r} = \frac{\cos\dfrac{\theta}{2}}{2\sqrt{r}}, \frac{\partial\psi_2}{\partial\theta} = -\frac{\sqrt{r}}{2}\sin\frac{\theta}{2} \tag{7-6}$$

$$\frac{\partial\psi_3}{\partial r} = \frac{\sin\theta\sin\dfrac{\theta}{2}}{2\sqrt{r}}, \frac{\partial\psi_3}{\partial\theta} = \sqrt{r}\left(\cos\theta\sin\frac{\theta}{2} + \frac{1}{2}\sin\theta\cos\frac{\theta}{2}\right) \tag{7-7}$$

$$\frac{\partial\psi_4}{\partial r} = \frac{\sin\theta\cos\dfrac{\theta}{2}}{2\sqrt{r}}, \frac{\partial\psi_4}{\partial\theta} = \sqrt{r}\left(\cos\theta\cos\frac{\theta}{2} - \frac{1}{2}\sin\theta\sin\frac{\theta}{2}\right) \tag{7-8}$$

$$\frac{\partial\psi_\alpha}{\partial x'} = \frac{\partial\psi_\alpha}{\partial r}\frac{\partial r}{\partial x'} + \frac{\partial\psi_\alpha}{\partial\theta}\frac{\partial\theta}{\partial x'} = \frac{\partial\psi_\alpha}{\partial r}\cos\theta - \frac{\partial\psi_\alpha}{r\partial\theta}\sin\theta \tag{7-9}$$

$$\frac{\partial\psi_\alpha}{\partial y'} = \frac{\partial\psi_\alpha}{\partial r}\frac{\partial r}{\partial y'} + \frac{\partial\psi_\alpha}{\partial\theta}\frac{\partial\theta}{\partial y'} = \frac{\partial\psi_\alpha}{\partial r}\sin\theta + \frac{\partial\psi_\alpha}{r\partial\theta}\cos\theta \tag{7-10}$$

$$\frac{\partial\psi_\alpha}{\partial x} = \frac{\partial\psi_\alpha}{\partial x'}\frac{\partial x'}{\partial x} + \frac{\partial\psi_\alpha}{\partial y'}\frac{\partial y'}{\partial x} = \frac{\partial\psi_\alpha}{\partial x'}\cos\beta - \frac{\partial\psi_\alpha}{\partial y'}\sin\beta \tag{7-11}$$

$$\frac{\partial\psi_\alpha}{\partial y} = \frac{\partial\psi_\alpha}{\partial x'}\frac{\partial x'}{\partial y} + \frac{\partial\psi_\alpha}{\partial y'}\frac{\partial y'}{\partial y} = \frac{\partial\psi_\alpha}{\partial x'}\sin\beta + \frac{\partial\psi_\alpha}{\partial y'}\cos\beta \tag{7-12}$$

7.1.2　折线裂纹的增强函数及其导数计算

实际的裂纹边界可能是曲线或空间曲面，平面问题中以分段直线来模拟曲线。由于缝尖增强函数中的 $\sin(\theta/2)$ 在 $\theta = \pm\pi/2$ 处是不连续的，故对于折线裂纹，需要采用坐标变换的方法，将折线裂纹面映射 [6] 到缝尖局部坐标系下的 $\theta = \pm\pi/2$ 上，折线裂纹处的增强函数值应采用变换后的坐标值进行计算。如图 7-4 所示，将坐标平面 (x', y') 上的点映射到坐标平面 (x^*, y^*) 上，使得折线裂纹在新坐标系中变为直线裂纹，同时要保证变换的连续性。

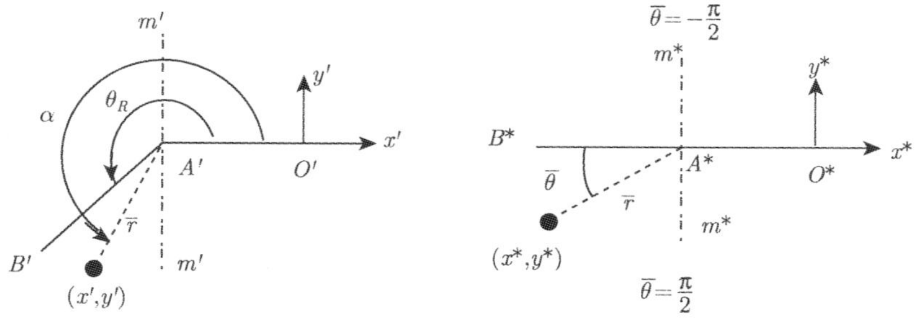

图 7-4　折线裂纹的坐标变换

设在缝尖坐标系下 A'、B' 的坐标为 (x'_A, y'_A)、(x'_B, y'_B)，变换关系为

对 $m' - m'$ 右侧的点

$$x^* = x',\ y^* = y' \tag{7-13}$$

对 $m' - m'$ 左侧的点

$$\left.\begin{aligned} x^* &= -l - \bar{r}\cos\bar{\theta} \\ y^* &= -\bar{r}\sin\bar{\theta} \end{aligned}\right\} \tag{7-14}$$

其中，l 为 $A'O'$ 的长度，$\bar{r}$ 为计算点到转折点 A' 的距离，可采用任意坐标系下的坐标进行计算。

$$\bar{r} = \sqrt{(x' - x'_A)^2 + (y' - y'_A)^2}, \quad \alpha = \arccos\frac{y' - y'_A}{\bar{r}} + \frac{\pi}{2} \tag{7-15}$$

$$\bar{r}_B = \sqrt{(x'_B - x'_A)^2 + (y'_B - y'_A)^2}, \quad \theta_R = \arccos\frac{y'_B - y'_A}{\bar{r}_B} + \frac{\pi}{2} \tag{7-16}$$

$$\bar{\theta} = \begin{cases} -\dfrac{\alpha - \theta_R}{\pi/2 - \theta_R}\dfrac{\pi}{2}, & \dfrac{\pi}{2} \leqslant \alpha \leqslant \theta_R, -\dfrac{\pi}{2} \leqslant \bar{\theta} \leqslant 0 \\ \dfrac{\alpha - \theta_R}{3\pi/2 - \theta_R}\dfrac{\pi}{2}, & \theta_R \leqslant \alpha \leqslant \dfrac{3\pi}{2}, 0 \leqslant \bar{\theta} \leqslant \dfrac{\pi}{2} \end{cases} \tag{7-17}$$

则映射后的极坐标值为

$$r^* = \sqrt{x^{*2} + y^{*2}}, \quad \theta^* = \frac{y^*}{|y^*|}\arccos\frac{x^*}{\sqrt{x^{*2} + y^{*2}}} \tag{7-18}$$

裂纹尖端增强函数应采用变换后的极坐标值进行计算：

$$[\psi_\alpha(x), \alpha=1\sim 4]=\left[\sqrt{r^*}\sin\frac{\theta^*}{2}, \sqrt{r^*}\cos\frac{\theta^*}{2}, \sqrt{r^*}\sin\theta^*\sin\frac{\theta^*}{2}, \sqrt{r^*}\sin\theta^*\cos\frac{\theta^*}{2}\right] \tag{7-19}$$

下面计算增强函数对原坐标系坐标的导数：

$$\left\{\begin{array}{c}\dfrac{\partial\psi_\alpha}{\partial x}\\ \dfrac{\partial\psi_\alpha}{\partial y}\end{array}\right\}=\left[\begin{array}{cc}\dfrac{\partial^* x}{\partial x} & \dfrac{\partial^* x}{\partial y}\\ \dfrac{\partial^* y}{\partial x} & \dfrac{\partial^* y}{\partial y}\end{array}\right]^{\mathrm{T}}\left\{\begin{array}{c}\dfrac{\partial\psi_\alpha}{\partial^* x}\\ \dfrac{\partial\psi_\alpha}{\partial^* y}\end{array}\right\} \tag{7-20}$$

$$\frac{\partial\psi_\alpha}{\partial x^*}=\frac{\partial\psi_\alpha}{\partial r^*}\frac{\partial r^*}{\partial x^*}+\frac{\partial\psi_\alpha}{\partial\theta^*}\frac{\partial\theta^*}{\partial x^*}=\frac{\partial\psi_\alpha}{\partial r^*}\cos\theta^*-\frac{\partial\psi_\alpha}{r^*\partial\theta^*}\sin\theta^* \tag{7-21}$$

$$\frac{\partial\psi_\alpha}{\partial y^*}=\frac{\partial\psi_\alpha}{\partial r^*}\frac{\partial r^*}{\partial y^*}+\frac{\partial\psi_\alpha}{\partial\theta^*}\frac{\partial\theta^*}{\partial y^*}=\frac{\partial\psi_\alpha}{\partial r^*}\sin\theta^*+\frac{\partial\psi_\alpha}{r^*\partial\theta^*}\cos\theta^* \tag{7-22}$$

如果 $x'\geqslant x'_A$，有 $x^*=x', y^*=y'$，因此

$$\left[\begin{array}{cc}\dfrac{\partial x^*}{\partial x} & \dfrac{\partial x^*}{\partial y}\\ \dfrac{\partial y^*}{\partial x} & \dfrac{\partial y^*}{\partial y}\end{array}\right]=\left[\begin{array}{cc}\dfrac{\partial x^*}{\partial x'} & \dfrac{\partial x^*}{\partial y'}\\ \dfrac{\partial y^*}{\partial x'} & \dfrac{\partial y^*}{\partial y'}\end{array}\right]\left[\begin{array}{cc}\dfrac{\partial x'}{\partial x} & \dfrac{\partial x'}{\partial y}\\ \dfrac{\partial y'}{\partial x} & \dfrac{\partial y'}{\partial y}\end{array}\right]=\left[\begin{array}{cc}1 & 0\\ 0 & 1\end{array}\right]\left[\begin{array}{cc}\cos\beta & \sin\beta\\ -\sin\beta & \cos\beta\end{array}\right] \tag{7-23}$$

如果 $x'\leqslant x'_A$, 则有

$$\begin{aligned}\left[\begin{array}{cc}\dfrac{\partial x^*}{\partial x} & \dfrac{\partial x^*}{\partial y}\\ \dfrac{\partial y^*}{\partial x} & \dfrac{\partial y^*}{\partial y}\end{array}\right]&=\left[\begin{array}{cc}\dfrac{\partial x^*}{\partial x'} & \dfrac{\partial x^*}{\partial y'}\\ \dfrac{\partial y^*}{\partial x'} & \dfrac{\partial y^*}{\partial y'}\end{array}\right]\left[\begin{array}{cc}\dfrac{\partial x'}{\partial x} & \dfrac{\partial x'}{\partial y}\\ \dfrac{\partial y'}{\partial x} & \dfrac{\partial y'}{\partial y}\end{array}\right]\\ &=-\left[\begin{array}{cc}\dfrac{\partial(\bar{r}\cos\bar{\theta})}{\partial x'} & \dfrac{\partial(\bar{r}\cos\bar{\theta})}{\partial y'}\\ \dfrac{\partial(\bar{r}\sin\bar{\theta})}{\partial x'} & \dfrac{\partial(\bar{r}\sin\bar{\theta})}{\partial y'}\end{array}\right]\left[\begin{array}{cc}\cos\beta & \sin\beta\\ -\sin\beta & \cos\beta\end{array}\right]\end{aligned} \tag{7-24}$$

$$\left[\begin{array}{cc}\dfrac{\partial(\bar{r}\cos\bar{\theta})}{\partial x'} & \dfrac{\partial(\bar{r}\cos\bar{\theta})}{\partial y'}\\ \dfrac{\partial(\bar{r}\sin\bar{\theta})}{\partial x'} & \dfrac{\partial(\bar{r}\sin\bar{\theta})}{\partial y'}\end{array}\right]=\left[\begin{array}{cc}\dfrac{\partial\bar{r}}{\partial x'}\cos\bar{\theta}-\bar{r}\sin\bar{\theta}\dfrac{\partial\bar{\theta}}{\partial x'} & \dfrac{\partial\bar{r}}{\partial y'}\cos\bar{\theta}-\bar{r}\sin\bar{\theta}\dfrac{\partial\bar{\theta}}{\partial y'}\\ \dfrac{\partial\bar{r}}{\partial x'}\sin\bar{\theta}+\bar{r}\cos\bar{\theta}\dfrac{\partial\bar{\theta}}{\partial x'} & \dfrac{\partial\bar{r}}{\partial y'}\sin\bar{\theta}+\bar{r}\cos\bar{\theta}\dfrac{\partial\bar{\theta}}{\partial y'}\end{array}\right] \tag{7-25}$$

$$\frac{\partial\bar{r}}{\partial x'}=\frac{x'-x'_A}{\bar{r}}=\cos\alpha,\quad \frac{\partial\bar{r}}{\partial y'}=\frac{y'-y'_A}{\bar{r}}=\sin\alpha \tag{7-26}$$

令

$$C_l=\frac{\pi/2}{\theta_R-\pi/2}, \frac{\pi}{2}\leqslant\alpha\leqslant\theta_R, C_l=\frac{\pi/2}{3\pi/2-\theta_R}, \frac{3\pi}{2}\geqslant\alpha\geqslant\theta_R \tag{7-27}$$

则有

$$\frac{\partial\bar{\theta}}{\partial x'}=-C_l\frac{\sin\alpha}{\bar{r}},\quad \frac{\partial\bar{\theta}}{\partial y'}=C_l\frac{\cos\alpha}{\bar{r}} \tag{7-28}$$

$$\bar{r}\frac{\partial\bar{\theta}}{\partial x'}=-C_l\sin\alpha,\quad \bar{r}\frac{\partial\bar{\theta}}{\partial y'}=C_l\cos\alpha \tag{7-29}$$

$$\begin{bmatrix}\dfrac{\partial x^*}{\partial x'} & \dfrac{\partial x^*}{\partial y'}\\ \dfrac{\partial y^*}{\partial x'} & \dfrac{\partial y^*}{\partial y'}\end{bmatrix}=-\begin{bmatrix}\cos\alpha\cos\bar{\theta}+C_l\sin\alpha\sin\bar{\theta} & \sin\alpha\cos\bar{\theta}-C_l\cos\alpha\sin\bar{\theta}\\ \cos\alpha\sin\bar{\theta}-C_l\sin\alpha\cos\bar{\theta} & \sin\alpha\sin\bar{\theta}+C_l\cos\alpha\cos\bar{\theta}\end{bmatrix} \tag{7-30}$$

将增强函数对原坐标系坐标的导数进行汇总，即为

$$\begin{aligned}\begin{Bmatrix}\dfrac{\partial\psi_\alpha}{\partial x}\\ \dfrac{\partial\psi_\alpha}{\partial y}\end{Bmatrix}&=\begin{bmatrix}\dfrac{\partial x^*}{\partial x} & \dfrac{\partial x^*}{\partial y}\\ \dfrac{\partial y^*}{\partial x} & \dfrac{\partial y^*}{\partial y}\end{bmatrix}^{\mathrm{T}}\begin{Bmatrix}\dfrac{\partial\psi_\alpha}{\partial x^*}\\ \dfrac{\partial\psi_\alpha}{\partial y^*}\end{Bmatrix}\\ &=\begin{bmatrix}\cos\beta & \sin\beta\\ -\sin\beta & \cos\beta\end{bmatrix}^{\mathrm{T}}\begin{bmatrix}\dfrac{\partial x^*}{\partial x'} & \dfrac{\partial x^*}{\partial y'}\\ \dfrac{\partial y^*}{\partial x'} & \dfrac{\partial y^*}{\partial y'}\end{bmatrix}^{\mathrm{T}}\begin{Bmatrix}\dfrac{\partial\psi_\alpha}{\partial x^*}\\ \dfrac{\partial\psi_\alpha}{\partial y^*}\end{Bmatrix}\end{aligned} \tag{7-31}$$

若 $x'\leqslant x'_A$：

$$\begin{bmatrix}\dfrac{\partial x^*}{\partial x'} & \dfrac{\partial x^*}{\partial y'}\\ \dfrac{\partial y^*}{\partial x'} & \dfrac{\partial y^*}{\partial y'}\end{bmatrix}=\begin{bmatrix}-\cos\alpha\cos\bar{\theta}-C_l\sin\alpha\sin\bar{\theta} & -\sin\alpha\cos\bar{\theta}+C_l\cos\alpha\sin\bar{\theta}\\ -\cos\alpha\sin\bar{\theta}+C_l\sin\alpha\cos\bar{\theta} & -\sin\alpha\sin\bar{\theta}-C_l\cos\alpha\cos\bar{\theta}\end{bmatrix} \tag{7-32}$$

若 $x'\geqslant x'{}_A$：

$$\begin{bmatrix}\dfrac{\partial x^*}{\partial x'} & \dfrac{\partial x^*}{\partial y'}\\ \dfrac{\partial y^*}{\partial x'} & \dfrac{\partial y^*}{\partial y'}\end{bmatrix}=\begin{bmatrix}1 & 0\\ 0 & 1\end{bmatrix} \tag{7-33}$$

7.2　位移场直接增强的自然单元法

7.2.1　缝尖位移场直接增强的位移模式

为了反映裂纹尖端附近的应力奇异性，可以将裂纹尖端渐近位移场函数加入到自然单元法的位移模式中：

$$\left.\begin{aligned} u^h(\boldsymbol{x}) &= K_1Q_{1x}(\boldsymbol{x}) + K_2Q_{2x}(\boldsymbol{x}) + \sum_{I=1}^{n}\phi_I(\boldsymbol{x})[u_I - K_1Q_{1x}(\boldsymbol{x}_I) - K_2Q_{2x}(\boldsymbol{x}_I)] \\ v^h(\boldsymbol{x}) &= K_1Q_{1y}(\boldsymbol{x}) + K_2Q_{2y}(\boldsymbol{x}) + \sum_{I=1}^{n}\phi_I(\boldsymbol{x})[v_I - K_1Q_{1y}(\boldsymbol{x}_I) - K_2Q_{2y}(\boldsymbol{x}_I)] \end{aligned}\right\} \tag{7-34}$$

其中，K_1、K_2 分别为对应于 I 型和 II 型裂纹模式的应力强度因子，Q_{1x}、Q_{2x}、Q_{1y}、Q_{2y} 分别为相应的缝尖渐近位移场函数：

$$\left.\begin{aligned} Q_{1x}(\boldsymbol{x}) &= \frac{1}{2G}\sqrt{\frac{r}{2\pi}}\cos\frac{\theta}{2}\left(\kappa - 1 + 2\sin^2\frac{\theta}{2}\right) \\ Q_{2x}(\boldsymbol{x}) &= \frac{1}{2G}\sqrt{\frac{r}{2\pi}}\sin\frac{\theta}{2}\left(\kappa + 1 + 2\cos^2\frac{\theta}{2}\right) \\ Q_{1y}(\boldsymbol{x}) &= \frac{1}{2G}\sqrt{\frac{r}{2\pi}}\sin\frac{\theta}{2}\left(\kappa + 1 - 2\cos^2\frac{\theta}{2}\right) \\ Q_{2y}(\boldsymbol{x}) &= \frac{-1}{2G}\sqrt{\frac{r}{2\pi}}\cos\frac{\theta}{2}\left(\kappa - 1 - 2\sin^2\frac{\theta}{2}\right) \end{aligned}\right\} \tag{7-35}$$

将式 (7-34) 移项后可得

$$\left.\begin{aligned} u_x^h(\boldsymbol{x}) &= \sum_{I=1}^{n}\phi_I(\boldsymbol{x})u_{xI} + K_1f_{1x}(\boldsymbol{x}) + K_2f_{2x}(\boldsymbol{x}) \\ u_y^h(\boldsymbol{x}) &= \sum_{I=1}^{n}\phi_I(\boldsymbol{x})u_{yI} + K_1f_{1y}(\boldsymbol{x}) + K_2f_{2y}(\boldsymbol{x}) \end{aligned}\right\} \tag{7-36}$$

$$\left.\begin{aligned} f_{1x}(\boldsymbol{x}) &= Q_{1x}(\boldsymbol{x}) - \sum_{I=1}^{n}\phi_I(\boldsymbol{x})Q_{1x}(\boldsymbol{x}_I) \\ f_{2x}(\boldsymbol{x}) &= Q_{2x}(\boldsymbol{x}) - \sum_{I=1}^{n}\phi_I(\boldsymbol{x})Q_{2x}(\boldsymbol{x}_I) \\ f_{1y}(\boldsymbol{x}) &= Q_{1y}(\boldsymbol{x}) - \sum_{I=1}^{n}\phi_I(\boldsymbol{x})Q_{1y}(\boldsymbol{x}_I) \\ f_{2y}(\boldsymbol{x}) &= Q_{2y}(\boldsymbol{x}) - \sum_{I=1}^{n}\phi_I(\boldsymbol{x})Q_{2y}(\boldsymbol{x}_I) \end{aligned}\right\} \tag{7-37}$$

其中，f_{1x}、f_{1y}、f_{2x}、f_{2y} 分别是与附加自由度 K_1、K_2 对应的增强函数。可以看出，上述增强的位移模式具有插值性。

7.2.2 增强区域与增强函数计算

对于总体坐标系下任意给定的计算点 (x, y)，可先计算出其在缝尖局部坐标系下的极坐标，再由式 (7-37) 计算相应的位移增强函数，并可由链式求导法则求出其在总体坐标系下的导数。

应力场的奇异性是缝尖处的局部特性，因此在远离缝尖处可以不必对近似位移函数进行增强处理，但这可能引起在增强与非增强区域的交界处产生近似位移场的不连续。解决办法是在增强区域与非增强区域之间划定过渡区域，设以缝尖为圆心的环状过渡区域的外半径为 r_2，内半径 r_1，定义斜坡函数为 $R=(r_2-r)/(r_2-r_1)$，则过渡区域的位移近似函数可按下式计算：

$$u^h(\boldsymbol{x})=Ru^{\mathrm{enr}}(\boldsymbol{x})+(1-R)u^{\mathrm{nor}}(\boldsymbol{x}) \tag{7-38}$$

其中，u^{enr} 为按增强方法计算的位移，u^{nor} 为按不增强方法计算的位移。由增强函数的表达式可以看出，当计算点距缝尖距离足够远时，缝尖位移场函数在计算点及其自然邻点处的值将趋于相同，因此增强函数及其导数值将趋于 0，此时即使不划分过渡区域，所引起的位移场不协调性也是很小的。图 7-5 为 $f_{1y}(\boldsymbol{x})$ 及其导数的分布图，其他增强函数及其对坐标导数的分布情况是类似的。

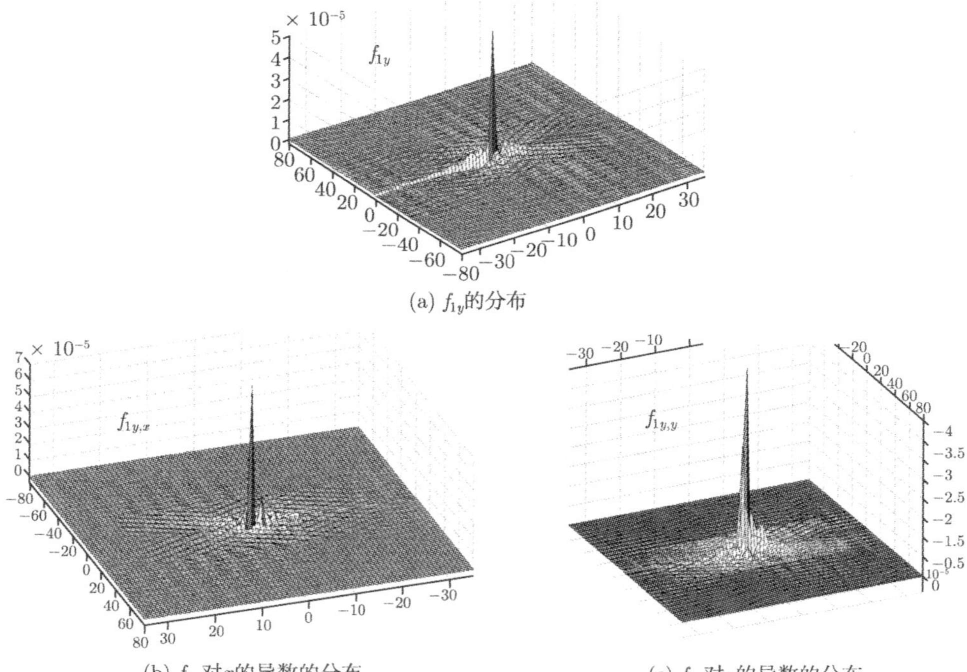

(a) f_{1y}的分布

(b) f_{1y}对x的导数的分布　　(c) f_{1y}对y的导数的分布

图 7-5　增强函数 f_{1y} 及其导数分布图

7.2.3　控制方程的弱形式及其离散化

由虚功原理可得线弹性问题控制方程的等效弱形式为

$$\int_{\Omega}\boldsymbol{\sigma}:\delta\boldsymbol{\varepsilon}\mathrm{d}\Omega=\int_{\Gamma_t}\bar{\boldsymbol{t}}\cdot\delta\boldsymbol{u}\mathrm{d}\Gamma+\int_{\Omega}\boldsymbol{b}\cdot\delta\boldsymbol{u}\mathrm{d}\Gamma\quad\forall\delta\boldsymbol{u}\in\boldsymbol{H}_0^1(\Omega) \tag{7-39}$$

将增强的位移近似函数代入到式 (7-39) 中，并考虑到结点变量变分的任意性，可得离散结点变量的线性方程为

$$\boldsymbol{K}\boldsymbol{d}=\boldsymbol{F} \tag{7-40}$$

其中：

$$\left.\begin{aligned}&\boldsymbol{d}^{\mathrm{T}}=\left[\boldsymbol{d}_1^{\mathrm{T}}\ \ \boldsymbol{d}_2^{\mathrm{T}}\ \ \cdots\ \ \boldsymbol{d}_I^{\mathrm{T}}\ \ \cdots\ \ \boldsymbol{d}_n^{\mathrm{T}}\ \ \boldsymbol{d}_{n+1}^{\mathrm{T}}\right]\\&\boldsymbol{d}_I^{\mathrm{T}}=[u_{xI}\ \ u_{yI}],\boldsymbol{d}_{n+1}^{\mathrm{T}}=[K_1\ \ K_2]\end{aligned}\right\} \tag{7-41}$$

$$\left.\begin{aligned}&\boldsymbol{F}^{\mathrm{T}}=\left[\boldsymbol{F}_1^{\mathrm{T}}\ \ \boldsymbol{F}_2^{\mathrm{T}}\ \ \cdots\ \ \boldsymbol{F}_I^{\mathrm{T}}\ \ \cdots\ \ \boldsymbol{F}_n^{\mathrm{T}}\ \ \boldsymbol{F}_{n+1}^{\mathrm{T}}\right]\\&\boldsymbol{F}_I=\int_{\Gamma_t}\boldsymbol{N}_I^{\mathrm{T}}\bar{\boldsymbol{t}}\mathrm{d}\Gamma+\int_{\Omega}\boldsymbol{N}_I^{\mathrm{T}}\boldsymbol{b}\mathrm{d}\Omega\end{aligned}\right\} \tag{7-42}$$

$$\boldsymbol{N}_I=\begin{cases}\begin{bmatrix}\phi_I(\boldsymbol{x}) & 0\\ 0 & \phi_I(\boldsymbol{x})\end{bmatrix} & I=1,\cdots,n\\ \begin{bmatrix}f_{1x}(\boldsymbol{x}) & f_{2x}(\boldsymbol{x})\\ f_{1y}(\boldsymbol{x}) & f_{2y}(\boldsymbol{x})\end{bmatrix} & I=n+1\end{cases} \tag{7-43}$$

$$\boldsymbol{K}=\begin{bmatrix}(\boldsymbol{K}_{IJ}^{uu})_{n\times n} & \left(\boldsymbol{K}_{I,n+1}^{uk}\right)_{n\times 1}\\ \left(\boldsymbol{K}_{n+1,J}^{ku}\right)_{1\times n} & \left(\boldsymbol{K}_{n+1,n+1}^{kk}\right)_{1\times 1}\end{bmatrix} \tag{7-44}$$

$$\left.\begin{aligned}&\boldsymbol{K}_{IJ}^{uu}=\int_{\Omega}\boldsymbol{B}_I^{\mathrm{T}}\boldsymbol{C}\boldsymbol{B}_J\ \mathrm{d}\Omega I,J=1,\cdots,n\\&\boldsymbol{K}_{I,n+1}^{uk}=\int_{\Omega}\boldsymbol{B}_I^{\mathrm{T}}\boldsymbol{C}\boldsymbol{B}_{n+1}\mathrm{d}\Omega I=1,\cdots,n\\&\boldsymbol{K}_{n+1,J}^{ku}=\int_{\Omega}\boldsymbol{B}_{n+1}^{\mathrm{T}}\boldsymbol{C}\boldsymbol{B}_J\mathrm{d}\Omega J=1,\cdots,n\\&\boldsymbol{K}_{n+1,n+1}^{kk}=\int_{\Omega}\boldsymbol{B}_{n+1}^{\mathrm{T}}\boldsymbol{C}\boldsymbol{B}_{n+1}\mathrm{d}\Omega\end{aligned}\right\} \tag{7-45}$$

$$\boldsymbol{B}_I=\begin{bmatrix}\phi_{I,x} & 0\\ 0 & \phi_{I,y}\\ \phi_{I,y} & \phi_{I,x}\end{bmatrix}\quad I=1,\cdots,n \tag{7-46}$$

$$\boldsymbol{B}_{n+1}=\begin{bmatrix}f_{1x,x} & f_{2x,x}\\ f_{1y,y} & f_{2y,y}\\ f_{1x,y}+f_{1y,x} & f_{2x,y}+f_{2y,x}\end{bmatrix} \tag{7-47}$$

对于多个裂纹的情形，离散方程的推导过程是类似的。

7.3　单位分解增强的自然单元法

7.3.1　单位分解增强的位移模式

为了反映裂纹尖端附近的奇异应力特性，可以根据已有裂纹问题解答的相关先验知识，构建相应的位移场近似空间。单位分解方法 [12] 的基本思想是根据特定的目的，构建协调的近似函数空间，并将其作为试函数或检验函数应用于相关问题的变分公式中，所构建的近似空间应满足局部近似性和空间的协调性。单位分解法近似函数性能的提高可以通过减小局部近似的影响覆盖范围或提高局部近似函数本身的近似性来实现，可以看做是对传统的 h 方法和 p 方法的推广。

采用单位分解法的思想，自然单元法位移函数的单位分解近似的一般形式为

$$\boldsymbol{u}^h(\boldsymbol{x}) = \sum_{I=1}^{n} N_I(\boldsymbol{x}) \left(\boldsymbol{u}_I + \sum_{\alpha=1}^{M} \psi_\alpha(\boldsymbol{x}) \boldsymbol{b}_I^\alpha \right) \tag{7-48}$$

其中，$N_I(\boldsymbol{x})$ 为形函数，$\psi_\alpha(\boldsymbol{x})$ 为增强函数，$\boldsymbol{u}_I + \sum\limits_{\alpha=1}^{M} \psi_\alpha(\boldsymbol{x}) \boldsymbol{b}_I^\alpha$ 为增强的局部近似函数，$\boldsymbol{b}_I^\alpha$ 为结点的增强自由度。

若 $M = 0$，式 (7-48) 即为传统的自然单元法位移近似函数。这样，传统自然单元法近似位移函数空间可视为单位分解增强空间的子空间。

由于增强函数反映了缝尖位移场的局部特性，因此只需要在缝尖附近的局部范围内对近似位移场进行增强，设共有 n_Λ 个增强结点，则增强的位移近似函数为

$$\boldsymbol{u}^h(x) = \sum_{I \in \Pi} N_I(x) \left[\boldsymbol{u}_I + \sum_{\substack{\alpha=1 \\ (I \in \Pi_\Lambda)}}^{4} \psi_\alpha(x) \boldsymbol{b}_I^\alpha \right] = \sum_{I=1}^{n} N_I(x) \boldsymbol{u}_I + \sum_{k=1}^{n_\Lambda} \sum_{\alpha=1}^{4} N_{L(k)(x)\psi_\alpha(x)} \boldsymbol{b}_k^\alpha \tag{7-49}$$

其中，Π 是所有结点的集合，Π_Λ 是增强结点的集合，$L(k)$ 是第 k 个增强结点的结点号，ψ_α 为增强函数值，可按上节方法计算。

$$\boldsymbol{u}^h(x) = \begin{bmatrix} u_x & u_y \end{bmatrix}^{\mathrm{T}}, \boldsymbol{u}_I = \begin{bmatrix} u_{Ix} & u_{Iy} \end{bmatrix}^{\mathrm{T}}, \boldsymbol{b}_k^\alpha = \begin{bmatrix} b_{kx}^\alpha & b_{ky}^\alpha \end{bmatrix}^{\mathrm{T}} \tag{7-50}$$

若选择裂纹尖端结点及其自然邻点为增强结点，如图 7-6 所示，实心圆结点为增强结点。由于增强函数将与结点的形函数相乘，因此增强函数的作用范围是局部的，且为各增强结点形函数支撑域的并集，由于结点形函数在其支撑域的边界上为 0，从而保证了全局位移场的协调性。

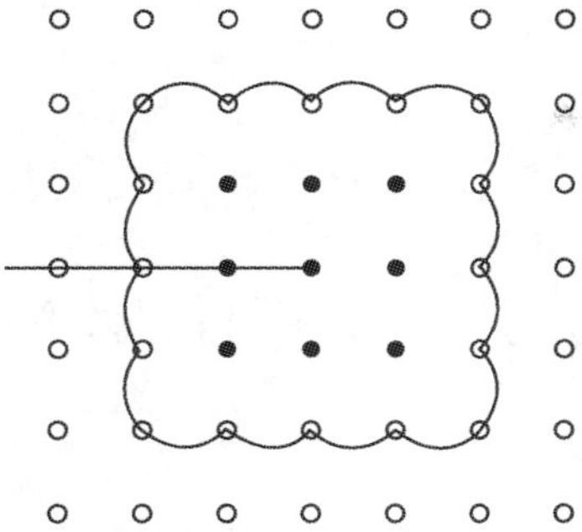

图 7-6 增强结点及其影响域

7.3.2 控制方程

将增强的位移近似函数代入控制方程的等效弱形式 (7-39)，并考虑到结点位移变分的任意性，可得离散结点变量的线性方程为

$$\boldsymbol{K}\boldsymbol{d}=\boldsymbol{F} \tag{7-51}$$

其中，

$$\boldsymbol{K}=\begin{bmatrix}(\boldsymbol{K}_{IJ}^{uu})_{n\times n} & (\boldsymbol{K}_{Il}^{u\alpha_l})_{n\times 4n_\Lambda}\\ (\boldsymbol{K}_{kJ}^{\alpha_k u})_{4n_\Lambda\times n} & (\boldsymbol{K}_{kl}^{\alpha_k\alpha_l})_{4n_\Lambda\times 4n_\Lambda}\end{bmatrix} \tag{7-52}$$

$$\left.\begin{aligned}\boldsymbol{K}_{IJ}^{uu}&=\int_\Omega \boldsymbol{B}_I^{\mathrm{T}}\boldsymbol{C}\boldsymbol{B}_J\mathrm{d}\Omega & I,J&=1,\cdots,n\\ \boldsymbol{K}_{Il}^{u\alpha_l}&=\int_\Omega \boldsymbol{B}_I^{\mathrm{T}}\boldsymbol{C}\boldsymbol{B}_l^{\alpha_l}\mathrm{d}\Omega & I,l&=1,\cdots,n_\Lambda\\ \boldsymbol{K}_{kJ}^{\alpha_k u}&=\int_\Omega \boldsymbol{B}_k^{\alpha_k\mathrm{T}}\boldsymbol{C}\boldsymbol{B}_J\mathrm{d}\Omega & \alpha_k&=1,\cdots,4\\ \boldsymbol{K}_{kl}^{\alpha_k\alpha_l}&=\int_\Omega \boldsymbol{B}_k^{\alpha_k\mathrm{T}}\boldsymbol{C}\boldsymbol{B}_l^{\alpha_l}\mathrm{d}\Omega & \alpha_k,\alpha_l&=1,\cdots,4\end{aligned}\right\} \tag{7-53}$$

$$\left.\begin{aligned}\boldsymbol{d}^{\mathrm{T}}&=(\cdots\boldsymbol{u}_I^{\mathrm{T}}\cdots,\cdots\boldsymbol{b}_k^{\alpha\mathrm{T}}\cdots)\\ \boldsymbol{F}^{\mathrm{T}}&=(\cdots\boldsymbol{F}_I^{\mathrm{T}}\cdots,\cdots\boldsymbol{F}_k^{\alpha\mathrm{T}}\cdots)\end{aligned}\right\} \tag{7-54}$$

$$\left.\begin{aligned}\boldsymbol{F}_I&=\int_{\Gamma_t}\boldsymbol{N}_I\bar{\boldsymbol{t}}\mathrm{d}\Gamma+\int_\Omega \boldsymbol{N}_I\bar{\boldsymbol{f}}\mathrm{d}\Omega\\ \boldsymbol{F}_k^\alpha&=\int_{\Gamma_t}\boldsymbol{N}_{L(k)}\psi_\alpha\bar{\boldsymbol{t}}\mathrm{d}\Gamma+\int_\Omega \boldsymbol{N}_{L(k)}\psi_\alpha\bar{\boldsymbol{f}}\mathrm{d}\Omega\end{aligned}\right\} \tag{7-55}$$

$$\boldsymbol{B}_I=\begin{bmatrix}N_{I,x} & 0\\ 0 & N_{I,y}\\ N_{I,y} & N_{I,x}\end{bmatrix} \tag{7-56}$$

$$\boldsymbol{B}_k^{\alpha_k} = \begin{bmatrix} (N_{L(k)}\psi_{\alpha_k})_{,x} & 0 \\ 0 & (N_{L(k)}\psi_{\alpha_k})_{,y} \\ (N_{L(k)}\psi_{\alpha_k})_{,y} & (N_{L(k)}\psi_{\alpha_k})_{,x} \end{bmatrix} \tag{7-57}$$

7.4 应力强度因子与裂纹扩展方向

7.4.1 应力强度因子的计算

对于直接增强的方法，应力强度因子可由式 (7-40) 通过求解离散线性方程组直接得到，向量 $\boldsymbol{d}$ 中前 $2n$ 个分量对应结点位移，最后两个分量分别对应 I 型和 II 型裂纹模式的应力强度因子。为考察直接计算的应力强度因子的计算精度，同时为计算单位分解模式下的应力强度因子，可通过相互作用能量积分来求解混合模式下裂纹问题的应力强度因子。

线弹性材料在准静态裂纹扩展条件下，J 积分即为裂纹扩展的能量释放率，且与积分路径无关 [13]。

$$J = \int_\varGamma (W\delta_{1j} - \sigma_{ij}u_{i,1})n_j \mathrm{d}s = \int_\varGamma \left(W\mathrm{d}y - \frac{\partial u_i}{\partial x}T_i \mathrm{d}s\right) \tag{7-58}$$

其中，W 为应变能密度函数，$T_i = \sigma_{ij}n_j$ 为应力矢量的分量，$\varGamma$ 为环绕缝尖由裂纹下表面走向上表面的任意开的路径。

弹性材料的 J 积分与混合模型裂纹扩展能量释放率及应力强度因子的关系为 [14]

$$J = G_1 + G_2 = a(K_1^2 + K_2^2) \tag{7-59}$$

对平面应变问题 $a = (1-\mu^2/E)$；对平面应力问题 $a = 1/E$。

纯 I 型裂纹或纯 II 型裂纹可由 J 积分直接求得相应的应力强度因子，而对混合模式裂纹，由上式只能得到 K_1 和 K_2 组合值，需要通过引入辅助平衡状态，计算相互作用能量积分得到分离的 K_1 和 K_2 值。

考虑两个独立的平衡状态 1 和平衡状态 2，叠加两个状态得状态 0，相应的 J 积分为

$$J^{(0)} = J^{(1)} + J^{(2)} + M^{(1,2)} \tag{7-60}$$

其中，

$$M^{(1,2)} = \int_\varGamma \frac{1}{2}\left(\sigma_{ij}^{(1)}\varepsilon_{ij}^{(2)} + \sigma_{ij}^{(2)}\varepsilon_{ij}^{(1)}\right)\mathrm{d}y - \int_\varGamma \left(T_i^{(1)}\frac{\partial u_i^{(2)}}{\partial x} + T_i^{(2)}\frac{\partial u_i^{(1)}}{\partial x}\right)\mathrm{d}s \tag{7-61}$$

$J^{(1)}$, $J^{(2)}$ 为两种状态各自单独作用时的 J 积分值，两种平衡状态的应力强度因子可以叠加：

$$J^{(0)} = a[(K_1^{(1)} + K_1^{(2)})^2 + (K_2^{(1)} + K_2^{(2)})^2] = J^{(1)} + J^{(2)} + 2a(K_1^{(1)} K_1^{(2)} + K_2^{(1)} K_2^{(2)}) \tag{7-62}$$

因此：

$$M^{(1,2)} = 2a(K_1^{(1)} K_1^{(2)} + K_2^{(1)} K_2^{(2)}) \tag{7-63}$$

设状态 1 为待求解的平衡状态，状态 $2a$ 为应力强度因子为 1 的纯 I 型裂纹模式的平衡状态，状态 $2b$ 为应力强度因子为 1 的纯II型裂纹模式的平衡状态，则有

$$\left.\begin{aligned} K_1^{(2a)} = 1, K_2^{(2a)} = 0, K_1^{(1)} = \frac{M^{(1,2a)}}{2a} \\ K_1^{(2b)} = 0, K_2^{(2b)} = 1, K_2^{(1)} = \frac{M^{(1,2b)}}{2a} \end{aligned}\right\} \tag{7-64}$$

M 积分中包括待求状态和辅助状态的应力、应变和位移计算。对于线弹性材料，由于弹性矩阵为对称矩阵，有 $\sigma_{ij}^{(1)} \varepsilon_{ij}^{(2)} = \sigma_{ij}^{(2)} \varepsilon_{ij}^{(1)}$，因此可以不必计算辅助状态的应变张量。

辅助 I 型和II型裂纹缝尖位移场函数可由式 (7-35) 得到，辅助 I 型和II型裂纹缝尖渐近应力场为 [11]

$$\left.\begin{aligned} \sigma_x^{(2a)} &= \frac{1}{\sqrt{2\pi r}} \cos\frac{\theta}{2}\left(1 - \sin\frac{\theta}{2}\sin\frac{3\theta}{2}\right) \\ \sigma_y^{(2a)} &= \frac{1}{\sqrt{2\pi r}} \cos\frac{\theta}{2}\left(1 + \sin\frac{\theta}{2}\sin\frac{3\theta}{2}\right) \\ \tau_{xy}^{(2a)} &= \frac{1}{\sqrt{2\pi r}} \cos\frac{\theta}{2}\sin\frac{\theta}{2}\cos\frac{3\theta}{2} \\ \sigma_x^{(2b)} &= \frac{-1}{\sqrt{2\pi r}} \sin\frac{\theta}{2}\left(2 + \cos\frac{\theta}{2}\cos\frac{3\theta}{2}\right) \\ \sigma_y^{(2b)} &= \frac{1}{\sqrt{2\pi r}} \sin\frac{\theta}{2}\cos\frac{\theta}{2}\cos\frac{3\theta}{2} \\ \tau_x^{(2b)} &= \frac{1}{\sqrt{2\pi r}} \cos\frac{\theta}{2}\left(1 - \sin\frac{\theta}{2}\sin\frac{3\theta}{2}\right) \end{aligned}\right\} \tag{7-65}$$

7.4.2 裂纹扩展方向的确定

确定裂纹扩展方向的准则通常有：最大能量释放率准则 [15]、最大环向正应力准则 [16] 和最大应变能密度准则 [17]。对于平面问题，极坐标下缝尖渐近应力场

为 [16]

$$\left.\begin{aligned}\sigma_r &= \frac{1}{\sqrt{2\pi r}}\cos\frac{\theta}{2}\left[K_1\left(1+\sin^2\frac{\theta}{2}\right)+K_2\left(\frac{3}{2}\sin\theta-2\tan\frac{\theta}{2}\right)\right]\\ \sigma_\theta &= \frac{1}{\sqrt{2\pi r}}\cos\frac{\theta}{2}\left(K_1\cos^2\frac{\theta}{2}-\frac{3}{2}K_2\frac{3}{2}\sin\theta\right)\\ \tau_{r\theta} &= \frac{1}{2\sqrt{2\pi r}}\cos\frac{\theta}{2}[K_1\sin\theta+K_2(3\cos\theta-1)]\end{aligned}\right\} \tag{7-66}$$

最大环向正应力准则给出的裂纹扩展方向角满足：

$$\left.\frac{\partial\sigma_\theta}{\partial\theta}\right|_{\theta=\theta_c} = -\frac{3}{2}\left.\sigma_{r\theta}\right|_{\theta=\theta_c}=0 \tag{7-67}$$

在该方向上 σ_θ 为主应力且为最大值，文 [15] 证明了在该方向上裂纹扩展能量释放率也为最大，因此最大能量释放率准则与最大环向正应力准则是等效的。由式 (7-67) 并舍去解 $\theta=\pm\pi$ 后可得

$$K_1\sin\theta_c+K_2(3\cos\theta_c-1)=0 \tag{7-68}$$

$$\theta_c = 2\arctan\frac{1}{4}\left[\pm\frac{K_1}{K_2}\pm\sqrt{\left(\frac{K_1}{K_2}\right)^2+8}\right] \tag{7-69}$$

考虑到 $K_2\geqslant 0$ 时 $\theta_c\leqslant 0$，$K_2\leqslant 0$ 时 $\theta_c\geqslant 0$，且 $|\theta_c|\leqslant\pi/2$，可得 θ_c 的计算式 [9] 为

$$\theta_c = 2\arctan\left[\frac{-2K_2/K_1}{1+\sqrt{1+8\left(K_2/K_1\right)^2}}\right] \tag{7-70}$$

为模拟裂纹边界上位移场函数的不连续性，可以通过对边界结点及其相对位置关系的精细描述，限制对计算点不可见的结点成为其自然邻点，以实现裂纹两侧近似函数的独立插值。当裂纹扩展时只需要将原缝尖结点分裂为两个结点，并增加一个新的缝尖结点就可以定义新的裂纹面，由于自然单元法的无网格特点，这是很容易实施的。

7.5 数 值 算 例

7.5.1 单边裂纹平板受拉力

图 7-7 所示平板尺寸为 $L=80\text{cm}$，$W=70\text{cm}$，中部左侧含一单边裂纹长度为 $a=35\text{cm}$，上下端受均布拉力作用。在裂纹边界上布置重合的结点并利用边界

结点法进行形函数计算，取弹性模量 $E = 1000\text{Pa}$，泊松比 $\mu = 0.3$，按平面应变问题计算，计算时并未考虑结构的对称性。

当 $L \geqslant W$ 且 $a \leqslant 0.6W$ 时，应力强度因子的参考解为 [18]

$$K_1 = \sigma_0\sqrt{a}\left[1.99 - 0.41\left(\frac{a}{W}\right) + 18.70\left(\frac{a}{W}\right)^2 - 38.48\left(\frac{a}{W}\right)^3 + 53.85\left(\frac{a}{W}\right)^4\right] \tag{7-71}$$

当 $\sigma_0 = 10\text{Pa}$ 时，据此算得的参考值为 $K_1 = 10 \times \sqrt{35} \times 5.015625 = 296.7283766\text{Pa}\sqrt{\text{cm}}$。

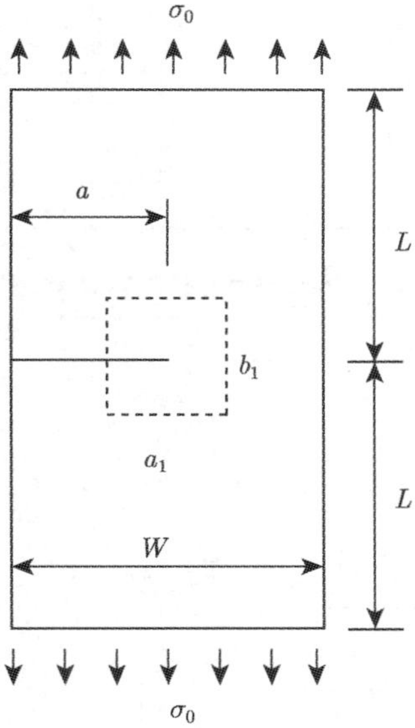

图 7-7 单边裂纹平板受拉力

7.5.1.1 位移场直接增强方法计算结果

在 607 个结点布置下采用不同的位移增强区域进行计算。应力强度因子作为增强位移模式的附加未知量，可以像结点位移一样通过求解离散线性方程组而直接得到，直接计算的应力强度因子结果见表 7-1。可以看出，即使采用全场位移增强计算的应力强度因子与理论解相比仍有 3.47%的误差，这个结果与文 [4] 的误差水平相当。文 [6] 采用无网格方法对近似位移场进行增强，但直接计算的应力强度因子波动较大，需要采用 J 积分方法进行计算，由于精度等原因并未给出直接得到的应力强度因子结果。

在位移增强区域为 50×50 的情况下采用 J 积分方法对本例进行计算，不同积分围线下应力强度因子的计算结果见表 7-2。计算结果显示了 J 积分的路径无关性，与理论解非常吻合。作为对比，表中还给出了不增强的计算结果，从中可以看出，增强方法的计算精度有很大提高。

表 7-1 单边裂纹受拉应力强度因子直接计算结果 (单位：Pa$\sqrt{\text{cm}}$)

增强区域	K_1	误差/%
5×5	349.558	17.8
10×10	326.210	9.93
20×20	313.774	5.74
30×30	310.034	4.48
40×40	308.497	3.96
50×50	307.765	3.71
60×60	307.339	3.57
70×70	307.033	3.47
70×80	307.033	3.47
70×100	307.033	3.47
70×120	307.032	3.47
70×140	307.032	3.47
70×160	307.032	3.47

表 7-2 单边裂纹受拉应力强度因子 J 积分计算结果 (单位：Pa$\sqrt{\text{cm}}$)

$a1\times b1$	K_1(增强)	误差/%	K_1(不增强)	误差/%
5×5	296.010	−0.24	289.03	−2.59
10×10	296.696	−0.01	291.01	−1.93
20×20	296.874	0.05	290.23	−2.19
30×30	296.901	0.06	290.92	−1.96
40×40	296.855	0.04	290.67	−2.04
50×50	296.017	−0.24	289.13	−2.56
60×60	296.308	−0.14	290.46	−2.11

7.5.1.2 单位分解增强方法计算结果

在 607 个结点布置下用不同围线的 J 积分计算了应力强度因子。其中 $a_1\times b_1$ 表示积分围线范围，单位为 cm×cm，对缝尖结点及其邻点的影响区域内近似函数进行了增强，数值计算结果如表 7-3 所示，显示了 J 积分的路径无关性，且与理论解非常接近。表中同时给出了无增强情况下自然单元法的计算结果，可以看出增强自然单元法的计算精度有所提高。全场竖向正应力 σ_y 分布如图 7-8 所示，作为对比给出了 I 型缝尖渐近位移场的 σ_y 的分布如图 7-9 所示，正应力的分布是合理的。

表 7-3 单边裂纹受拉应力强度因子计算结果

增强	$a_1\times b_1$	K_1	误差/%
是	10×10	293.25	−1.172
	20×20	296.17	−0.188
	30×30	295.52	−0.329
	40×40	295.75	−0.407
	50×50	293.95	−0.936

续表

增强	$a_1 \times b_1$	K_1	误差/%
否	10×10	291.01	−1.927
	20×20	290.23	−2.189
	30×30	290.92	−1.957
	40×40	290.67	−2.041
	50×50	289.13	−2.560

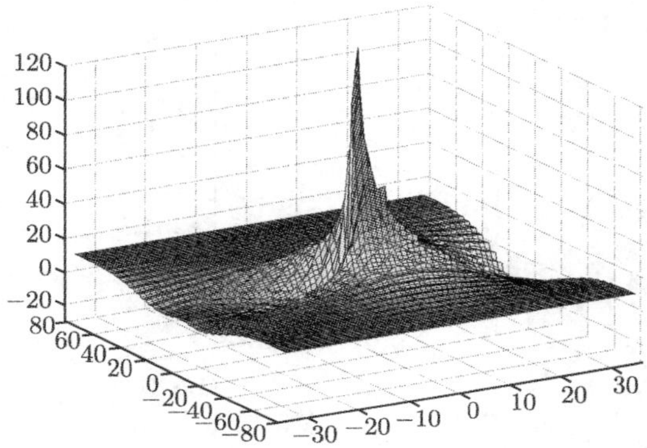

图 7-8 单边裂纹受拉 σ_y 数值解分布图

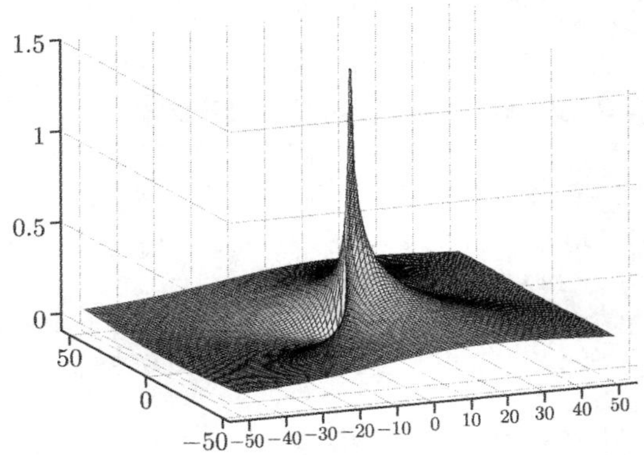

图 7-9 单边裂纹受拉 σ_y 精确解分布图

7.5.2 单边裂纹平板受剪力

图 7-10 所示的平板尺寸及材料参数与 7.5.1 节相同，下端固定上端受均布剪力 $\tau_0 = 10\text{Pa}$ 作用，应力强度因子的参考解为 $K_1 = 1075.1744\text{Pa}\sqrt{\text{cm}}$，$K_2 = 143.88363\text{Pa}\sqrt{\text{cm}}$[14]。

7.5.2.1　位移场直接增强方法计算结果

在 607 个结点布置下，采用不同的位移增强区域进行计算。直接计算的应力强度因子见表 7-4，可以看出，II 型裂纹模式应力强度因子计算结果与参考解的误差较大。

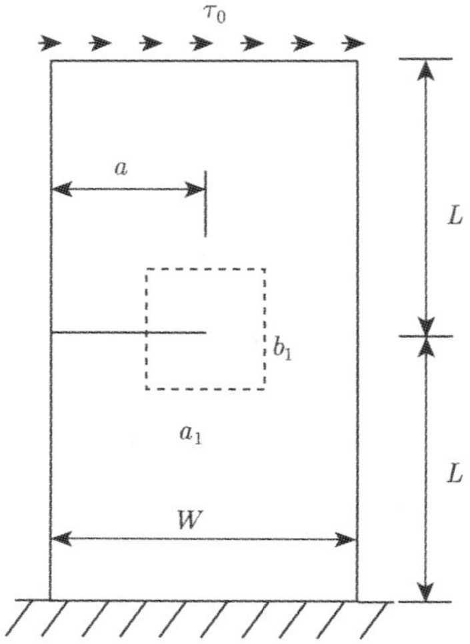

图 7-10　单边裂纹平板受剪力

表 7-4　单边裂纹受剪应力强度因子直接计算结果　　(单位：Pa$\sqrt{\text{cm}}$)

增强区域	K_1	误差/%	K_2	误差/%
5×5	1250.358	16.29	167.114	16.15
10×10	1165.003	8.35	162.817	13.16
20×20	1118.127	3.99	159.534	10.88
30×30	1104.462	2.72	158.466	10.14
40×40	1099.025	2.22	157.864	9.72
50×50	1096.432	1.98	157.426	9.41
60×60	1096.891	2.02	156.701	8.91
70×70	1097.389	2.07	155.892	8.35
70×80	1097.389	2.07	155.891	8.35
70×100	1097.385	2.07	155.889	8.34
70×120	1097.361	2.06	155.871	8.33
70×140	1097.361	2.06	155.871	8.33
70×160	1097.361	2.06	155.871	8.33

在位移增强区域为 50×50 的情况下，采用相互作用能量积分方法对本例进行计算，不同积分围线下应力强度因子的计算结果见表 7-5，数值计算结果显示了 M 积分的路径无关性，与参考解非常接近。

表 7-5 单边裂纹受剪应力强度因子 M 积分计算结果 (单位：Pa$\sqrt{cm}$)

$a_1 \times b_1$	K_1	误差/%	K_2	误差/%
5×5	1067.451	−0.72	144.186	0.21
10×10	1074.407	−0.07	143.619	−0.18
20×20	1074.965	−0.02	144.318	0.30
30×30	1075.354	0.02	144.268	0.27
40×40	1075.444	0.03	144.099	0.15
50×50	1069.800	−0.50	142.250	−1.13
60×60	1073.208	−0.18	144.138	0.18

7.5.2.2 单位分解增强方法计算结果

在 607 个结点布置下，用不同围线的 J 积分计算了应力强度因子，其中 $a_1 \times b_1$ 表示积分围线范围，单位为 cm×cm，对缝尖结点及其邻点的影响区域内近似函数进行了增强，与 7.5.1.2 节相同，采用相互作用能量积分方法计算的应力强度因子见表 7-6，数值计算结果显示了积分的路径无关性，与参考解非常接近。

表 7-6 单边裂纹受剪应力强度因子计算结果 (单位：Pa$\sqrt{cm}$)

$a_1 \times b_1$	K_1	误差/%	K_2	误差/%
10×10	1066.56	−0.800	147.52	2.529
20×20	1072.63	−0.236	145.17	0.896
30×30	1069.80	−0.499	144.48	0.417
40×40	1070.02	−0.479	144.08	0.139
50×50	1061.53	−1.268	140.80	−2.140

7.5.3 含中心斜裂纹平板受单向拉力

如图 7-11 所示，含一中心斜裂纹的矩形平板，裂纹长度 $2a$=40cm，与水平方向的夹角为 α，板宽 $2b$=400cm，高 $2h$=600cm，拉应力 σ = 10Pa，弹性模量 E=10 000Pa，泊松比 μ=0.3。

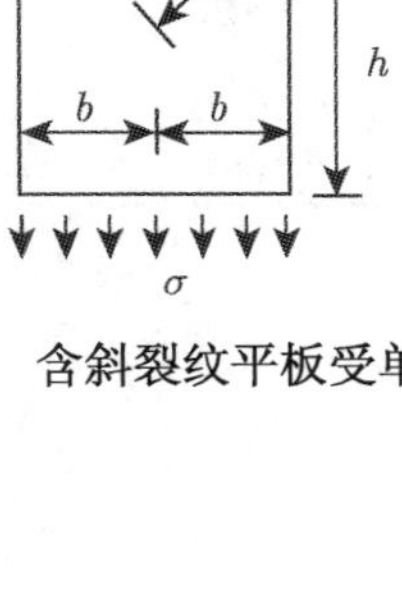

图 7-11 含斜裂纹平板受单向拉力

首先考虑 $\alpha = 0°$ 的水平裂纹，无限大平板 I 型裂纹应力强度因子为 $K_1 = \sigma\sqrt{\pi a}$，对有限尺寸的平板，修正的应力强度因子是 [19]

$$K_1 = \sigma\sqrt{\pi a}\sqrt{\frac{2b}{\pi a}\tan\left(\frac{\pi a}{2b}\right)} = 79.594\text{Pa}\sqrt{\text{cm}} \tag{7-72}$$

其次考虑 $\alpha = 30°, 45°$ 的斜裂纹，并取无限大平板含斜裂纹的应力强度因子解作为参考解答 [11]

$$\left.\begin{aligned} K_1 &= \sigma\sqrt{\pi a}\cos^2\alpha \\ K_2 &= \sigma\sqrt{\pi a}\sin\alpha\cos\alpha \end{aligned}\right\} \tag{7-73}$$

当 $\alpha = 30°$ 时；$K_1 = 59.450\text{Pa}\sqrt{\text{cm}}$, $K_2 = 34.323\text{Pa}\sqrt{\text{cm}}$。

当 $\alpha = 45°$ 时；$K_1 = K_2 = 39.633\text{Pa}\sqrt{\text{cm}}$。

在 838 结点布置下，采用 $a_1 \times b_1$=10×15、20×30、30×30、40×45、50×45、60×60、70×60、80×75 作为积分围线范围，分别以积分围线 1~8 表示，$\alpha = 0°$ 时考虑了两种增强结点方案，分别取距缝尖结点距离小于等于 5cm(方案 1) 和小于等于 10cm(方案 2) 的结点为增强结点。$\alpha = 30°$ 及 $\alpha = 45°$ 时只采用方案 1 进行增强。表 7-7 给出了数值解相对于参考解的误差百分比，图 7-12 显示了数值解与参考解的比值变化，结果与参考解比较吻合，且对积分路径和增强结点范围的变化不敏感。但积分围线在增强区域与非增强区域的交界处时误差较大，积分围线 8 左端已达到左侧缝尖，不符合围线积分的守恒条件，此时应力强度因子的计算值已无实际意义。

表 7-7　不同积分围线下计算的应力强度因子相对误差

积分围线号	与参考解的相对误差/%					
	K_1 $\alpha=0°$ 方案 1	K_1 $\alpha=0°$ 方案 2	K_1 $\alpha=30°$	K_2 $\alpha=30°$	K_1 $\alpha=45°$	K_2 $\alpha=45°$
1	0.4259	−1.2327	0.8796	−1.9389	1.0995	−1.6960
2	−4.3696	−0.8896	−3.9978	−3.2036	−3.7532	−3.4089
3	−2.1293	−1.1411	−1.7288	−2.4771	−1.5546	−2.6487
4	−0.9965	−2.2485	−0.6166	−1.7027	−0.3630	−1.8624
5	−1.0089	−2.3014	−0.7464	−1.7956	−0.5615	−1.9335
6	−1.0656	−1.0591	0.9070	−1.9515	−0.5884	−1.9861
7	−2.1890	−2.2124	−1.9034	−3.9508	−1.6777	−3.9685
8	8.5684	8.5336	9.1087	8.9607	9.1599	9.0138

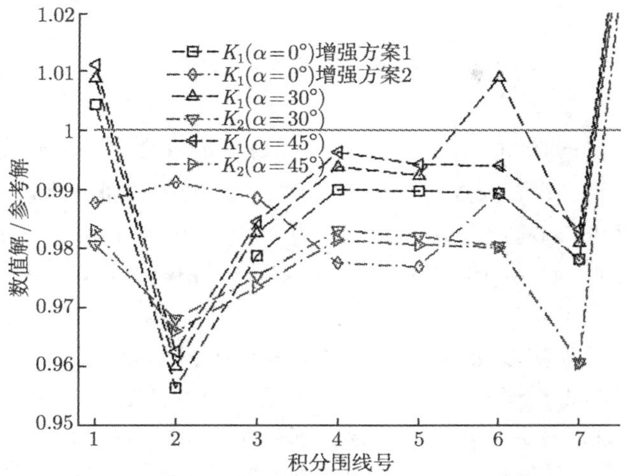

图 7-12 不同积分围线下数值解与参考解比值变化

7.5.4 结果分析与讨论

算例结果表明，在直接增强方法中，作为附加未知量直接计算得到的应力强度因子的计算精度不高，显示了增强的总体刚度方程的条件数不好，为得到较高的计算精度，仍需采用围线积分的方法来计算应力强度因子。应力强度因子的计算结果对积分围线的变化不敏感，显示了路径无关性，但积分围线在增强区域与非增强区域的交界处附近时误差较大，如表 7-2 和表 7-5 中积分围线为 50×50 时的情形，这是由于交界处近似函数形式上的变化引起场函数的波动所致。

文 [3,4] 采用直接增强的方法，将缝尖渐近位移场函数分别加入到平面 4 结点和 12 结点等参单元中，其算例结果与参考解的误差在 1.2%~7%，但因其采用的网格划分不够细致，因此不便直接进行精度上的比较。文 [6] 在无网格伽辽金法 (EFG) 中，分别在近似函数和基函数中引入缝尖渐近位移场函数进行增强，结果显示在近似函数中直接引入的方法具有较高的计算精度，而在基函数中进行增强的方法的计算精度要相对低一些。扩展有限单元法 (X-FEM)[7,8] 在单位分解框架下，将反映缝尖渐近位移场的附加项加入到试函数中，使得在模拟裂纹扩展时不必重新划分网格 (虽然在进行数值积分时仍需将单元进行子划分)。

在结点布置总数大致相同的情况下，将本书方法与上述方法所得结果进行比较分析，可以看出本书方法具有较高的计算精度，且与不增强的自然单元法相比，计算精度也有显著的提高。自然单元法的计算精度要高于线性三角形有限单元法，但花费的计算时间也要明显高于后者，一般来说其计算精度与 4 结点等参单元相当。

7.6 本章小结

本章采用直接增强和在单位分解框架下进行增强的方法将缝尖渐近位移场函数嵌入到自然单元法近似函数中，构造了求解域上的全局增强近似空间，由平衡方程的弱形式推导了离散方程的相关列式，实现了自然单元法对于裂纹问题的单位分解增强。算例分析表明，所提出的方法可以较好地模拟裂纹尖端的位移场和应力场，并具有以下特点：

(1) 直接增强自然单元法计算应力强度因子是可行的，但作为附加未知量直接得到的应力强度因子精度不是太高，而采用围线积分方法计算的应力强度因子具有很高的精度，且积分路径对计算结果的影响很小，与传统自然单元法相比，计算精度上有很大提高。计算结果验证了缝尖奇异渐近场的局部性，位移增强可以局限于缝尖附近较小的范围，不必全场实施。

(2) 在单位分解框架下对裂纹问题的近似位移函数进行增强，全局位移场是连续的，因此不需要如直接增强方法那样，在增强与非增强区域之间设置过渡单元或过渡区域。

(3) 增强自然单元法的近似函数计算不涉及矩阵求逆，可以方便地准确施加本质边界条件，与增强无网格伽辽金法相比，计算量较小且易于实施。

(4) 为模拟裂纹边界上位移场函数的不连续性，本章利用自然单元法的无网格特点，通过边界结点定义裂纹面，限制对计算点不可见的结点成为其自然邻点，实现了裂纹两侧近似函数的独立插值，避免了扩展有限单元法中需要在裂纹边界上运用跳跃函数以及对积分子域进行再划分等问题。

(5) 与不增强的自然单元法相比，计算精度有所提高，且增强结点可以限定在裂纹尖端附近较小的范围内，因而所增加的计算量不大。积分路径的不同对应力强度因子的计算结果影响很小，显示了路径无关性。

(6) 自然单元法在裂纹扩展等涉及网格重构的计算领域具有广阔的应用前景。

参考文献

[1] Barsoum R S. On the use of isoparametric finite elements in linear fracture mechanics[J]. International Journal for Numerical Methods in Engineering, 1976, 10: 25-37.

[2] Henshell R D, Shaw K G. Crack tip finite elements are unnecessary[J]. Nternational Journal for Numerical Methods in Engineering, 1975, 9: 495-507.

[3] Benzley S E. Representation of singularities with isoparametric finite elements[J]. International Journal for Numerical Methods in Engineering, 1974, 8: 537-545.

[4] Gifford L N, Hilton P D. Stress intensity factors by enriched finite elements[J]. Engineering Fracture Mechanics, 1978, 10: 485-496.

[5] Belytschko T, Krongauz Y, Organ D, et al. Meshless methods: an overview and recent developments[J]. Computer Methods in Applied Mechanics and Engineering, 1996, 139: 3-47.

[6] Fleming M, Chu Y A, Moran B, et al. Enriched element-free galerkin methods for crack tip fields[J]. International Journal for Numerical Methods in Engineering, 1997, 40: 1483-1504.

[7] Belytschko T, Black T. Elastic crack growth in finite elements with minimal remeshing[J]. International Journal for Numerical Methods in Engineering, 1999, 45: 601-620.

[8] Moës N, Dolbow J, Belytschko T. A finite element method for crack growth without remeshing[J]. International Journal for Numerical Methods in Engineering, 1999, 46: 131-150.

[9] Sukumar N, Prévost J H. Modeling quasi-static crack growth with extended finite element method Part I: Computer implementation[J]. International Journal of Solid and Structures, 2003, 40: 7513-7537.

[10] Cueto E, Sukumar N, Calvo B, et al. Overview and recenet advances in natural neighbour galerkin methodes[J]. Archives of Computational Methods in Engineering, 2003, 4: 307-384.

[11] 范天佑. 断裂理论基础 [M]. 北京: 科学出版社, 2003.

[12] Babuška I, Melenk J M. The patition of unity method[J]. International Journal for Numerical Methods in Engineering, 1997, 40: 727-758.

[13] Moran B, Shih C F. Crack tip and associated domain integrals from momentum and energy balance[J]. Engineering Fracture Mechanics, 1987, 27(6): 615-642.

[14] Yau F J, Wang S S, Corten H T. A mixed-mode crack analysis of isotropic solids using conservation laws of elasticity[J]. Journal of Applied Mechanics, 1980, 47: 335-341.

[15] Nuismer R J. An energy release rate criterion for mixed mode fracture[J]. International Journal of Fracture, 1975, 11: 245-250.

[16] Erdogan F, Sih G C. On the crack extension in plates under plane loading and transverse shear[J]. Journal of Basic Engineering, 1963, 85: 519-527.

[17] Sih G C. Strain-energy-density factor applied to mixed mode crack problems[J]. International Journal of Fracture, 1974, 10: 305-321.

[18] 李灏, 陈树坚. 断裂理论基础 [M]. 成都: 四川人民出版社, 1983.

[19] Ewalds H L, Wanhill R J. 断裂力学 [M]. 朱永昌, 浦素云译. 北京: 北京航空航天大学出版社, 2005.

第 8 章　弹塑性力学问题的自然单元法

自然单元法问世以来，众多研究者进行了大量的工作 [1]，但总的说来，研究主要集中在线弹性问题方面，在非线性问题方面的研究还不多见，朱合华、张英新等 [2,3] 在自然单元法的弹塑性问题计算应用方面做了有益的工作，扩展了自然单元法的应用领域。

结构的弹塑性边值问题，由于其自身的特点，这类问题的分析要比线弹性问题复杂得多，由于结构材料在塑性阶段工作时，应力应变关系是非线性的，材料的本构关系将随加载方式和应变历史而遵循不同的规律，因此需要建立复杂应力状态下的屈服条件、加载条件和塑性本构关系。本章根据弹塑性力学的基本理论 [4]，并借鉴弹塑性有限元分析方法 [5]，对弹塑性力学问题的自然单元法进行研究，给出线性强化模型下的相关计算公式和实施方法，采用增量切线刚度法对非线性控制方程进行迭代求解计算。为确定弹塑性过渡状态下的比例因子和执行一致性条件，采用了文 [5] 建议的 "应力折算法"，取得了良好的效果。由于常规自然单元法的近似函数在非凸边界上并非边界结点函数值的线性插值，本章采用第 4 章中所提出方法进行非凸边界上自然单元法的形函数计算，设计了相应的算法并编制了计算程序，最后通过算例验证了本章方法的正确性。

8.1　增量塑性应力应变关系

塑性理论一般可分为增量理论和全量理论，即基于流动理论的增量应力应变关系和基于形变理论的全量应力应变关系。虽然在简单加载条件下可以给出简单形式的全量应力应变关系。但在一般加载条件下全量应力应变关系与变形历史或加载路经有关，因此只能就增量应力与增量应变之间建立起增量形式的塑性本构关系。由于结构分析中的小变形特点和实际加载过程的复杂性，本章采用与普朗特–罗伊斯理论相应的增量塑性应力应变关系 [4]。

关联流动法则下塑性应变增量矢量 $\mathrm{d}\boldsymbol{\varepsilon}^p$ 的方向与当前屈服面的法线方向相同，可表示为

$$\mathrm{d}\boldsymbol{\varepsilon}^p = \boldsymbol{a}\mathrm{d}\lambda \tag{8-1}$$

$$\left.\begin{aligned} \mathrm{d}\boldsymbol{\varepsilon}^p &= \left[\begin{array}{cccccc} \mathrm{d}\varepsilon_x^p & \mathrm{d}\varepsilon_y^p & \mathrm{d}\varepsilon_z^p & \mathrm{d}\gamma_{xy}^p & \mathrm{d}\gamma_{yz}^p & \mathrm{d}\gamma_{zx}^p \end{array}\right]^{\mathrm{T}} \\ \boldsymbol{a}^{\mathrm{T}} &= \left[\begin{array}{cccccc} \dfrac{\partial f}{\partial \sigma_x} & \dfrac{\partial f}{\partial \sigma_y} & \dfrac{\partial f}{\partial \sigma_z} & \dfrac{\partial f}{\partial \tau_{xy}} & \dfrac{\partial f}{\partial \tau_{yz}} & \dfrac{\partial f}{\partial \tau_{zx}} \end{array}\right] \end{aligned}\right\} \tag{8-2}$$

其中，$\boldsymbol{a}^{\mathrm{T}} = \left(\dfrac{\partial f}{\partial \boldsymbol{\sigma}}\right)^{\mathrm{T}}$ 也称为流动向量。

将全应变增量分解为弹性应变增量和塑性应变增量两部分：

$$\mathrm{d}\boldsymbol{\varepsilon} = \mathrm{d}\boldsymbol{\varepsilon}^e + \mathrm{d}\boldsymbol{\varepsilon}^p \tag{8-3}$$

由弹性应力应变关系可得

$$\mathrm{d}\boldsymbol{\sigma} = \boldsymbol{D}(\mathrm{d}\boldsymbol{\varepsilon} - \boldsymbol{a}\mathrm{d}\lambda) \tag{8-4}$$

其中，$\boldsymbol{D}$ 为弹性模量矩阵，$\mathrm{d}\boldsymbol{\sigma}^{\mathrm{T}} = \left[\begin{array}{cccccc} \mathrm{d}\sigma_x & \mathrm{d}\sigma_y & \mathrm{d}\sigma_z & \mathrm{d}\tau_{xy} & \mathrm{d}\tau_{yz} & \mathrm{d}\tau_{zx} \end{array}\right]^{\mathrm{T}}$ 为增量应力矢量。

强化材料的屈服面方程与加载历史有关，对于应变强化材料可取等效塑性应变 $\bar{\varepsilon}_p$ 作为强化参数，后继屈服面方程可表示为

$$f(\boldsymbol{\sigma}, \bar{\varepsilon}_p) = 0 \tag{8-5}$$

其中，$\bar{\varepsilon}_p$ 是与总的塑性变形累积量相应的等效塑性应变，在复杂应力状态下 $\bar{\varepsilon}_p = \int \mathrm{d}\bar{\varepsilon}_p$。

一致性条件要求在塑性变形时，应力点应保持在屈服面上，对上式两端取微分可得到

$$\left(\frac{\partial f}{\partial \boldsymbol{\sigma}}\right)^{\mathrm{T}} \mathrm{d}\boldsymbol{\sigma} + \frac{\partial f}{\partial \bar{\varepsilon}_p}\mathrm{d}\bar{\varepsilon}_p = 0 \tag{8-6}$$

$$\mathrm{d}\bar{\varepsilon}_p = C\sqrt{(\mathrm{d}\boldsymbol{\varepsilon}^p)^{\mathrm{T}}\mathrm{d}\boldsymbol{\varepsilon}^p} = C\sqrt{(\boldsymbol{\alpha})^{\mathrm{T}}\boldsymbol{\alpha}}\mathrm{d}\lambda \tag{8-7}$$

其中，C 为与特定的屈服准则相关的正的常数。

将式 (8-4)、式 (8-7) 代入式 (8-6) 得

$$\boldsymbol{a}^{\mathrm{T}}\boldsymbol{D}(\mathrm{d}\boldsymbol{\varepsilon} - \boldsymbol{a}\mathrm{d}\lambda) + h\mathrm{d}\lambda = 0 \tag{8-8}$$

式中

$$h = \frac{\partial f}{\partial \bar{\varepsilon}_p} C\sqrt{\boldsymbol{\alpha}^{\mathrm{T}}\boldsymbol{\alpha}} \tag{8-9}$$

$$\therefore \quad \mathrm{d}\lambda = \frac{\boldsymbol{a}^{\mathrm{T}}\boldsymbol{D}\mathrm{d}\boldsymbol{\varepsilon}}{\boldsymbol{a}^{\mathrm{T}}\boldsymbol{D}\boldsymbol{a} - h} \tag{8-10}$$

将式 (8-10) 代入式 (8-4) 得弹塑性增量应力应变关系:

$$\mathrm{d}\boldsymbol{\sigma}=\left[\boldsymbol{D}-\frac{(\boldsymbol{D}\boldsymbol{a})(\boldsymbol{D}\boldsymbol{a})^{\mathrm{T}}}{\boldsymbol{a}^{\mathrm{T}}\boldsymbol{D}\boldsymbol{a}-h}\right]\mathrm{d}\boldsymbol{\varepsilon}=\boldsymbol{D}_{ep}\mathrm{d}\boldsymbol{\varepsilon} \tag{8-11}$$

其中，$\boldsymbol{D}_{ep}=\boldsymbol{D}-\boldsymbol{D}_p$ 即为空间问题的弹塑性矩阵，$\boldsymbol{D}_p=\dfrac{(\boldsymbol{D}\boldsymbol{a})(\boldsymbol{D}\boldsymbol{a})^{\mathrm{T}}}{H'+\boldsymbol{a}^{\mathrm{T}}\boldsymbol{D}\boldsymbol{a}}$ 称为塑性矩阵，H' 称为塑性模量。

对于满足 Von Mises 屈服准则的各向同性线性应变强化材料，后继屈服面方程可表示为

$$f(\boldsymbol{\sigma},\bar{\varepsilon}_p)=\sqrt{3J_2}-\sigma_s(\bar{\varepsilon}_p)=0 \tag{8-12}$$

$$\sigma_s(\bar{\varepsilon}_p)=\sigma_s^0+\frac{EE_1}{E-E_1}\bar{\varepsilon}_p=\sigma_s^0+H'\bar{\varepsilon}_p \tag{8-13}$$

其中，J_2 为偏应力张量的第二不变量，$\sigma_s(\bar{\varepsilon}_p)$ 为材料单向拉伸时与应变水平 $\bar{\varepsilon}_p$ 相应的屈服应力，其函数关系可由单向拉伸试验得到，σ_s^0 为单向拉伸时的初始屈服应力。

为使式 (8-7) 在单向拉伸时等于轴向塑性应变增量[4]，应有 $C=\sqrt{2/3}$，则可求得

$$\begin{aligned}\boldsymbol{a}^{\mathrm{T}}&=\left[\begin{array}{cccccc}\dfrac{\partial f}{\partial\sigma_x} & \dfrac{\partial f}{\partial\sigma_y} & \dfrac{\partial f}{\partial\sigma_z} & \dfrac{\partial f}{\partial\tau_{xy}} & \dfrac{\partial f}{\partial\tau_{yz}} & \dfrac{\partial f}{\partial\tau_{zx}}\end{array}\right]\\&=\frac{\sqrt{3}}{2\sqrt{J_2}}\left[\begin{array}{cccccc}s_x & s_y & s_z & 2\tau_{xy} & 2\tau_{yz} & 2\tau_{zx}\end{array}\right]\end{aligned} \tag{8-14}$$

$$\boldsymbol{a}^{\mathrm{T}}\boldsymbol{a}=\frac{3}{4J_2}\times 2J_2=\frac{3}{2} \tag{8-15}$$

$$\frac{\partial f}{\partial\bar{\varepsilon}_p}=\frac{\partial f}{\partial\sigma_s}\frac{\partial\sigma_s}{\partial\bar{\varepsilon}_p}=-H' \tag{8-16}$$

此时有

$$h=\frac{\partial f}{\partial\bar{\varepsilon}_p}C\sqrt{\boldsymbol{a}^{\mathrm{T}}\boldsymbol{a}}=-H' \tag{8-17}$$

$$\mathrm{d}\bar{\varepsilon}_p=C\sqrt{(\mathrm{d}\boldsymbol{\varepsilon}^p)^{\mathrm{T}}\mathrm{d}\boldsymbol{\varepsilon}^p}=C\sqrt{(\boldsymbol{a})^{\mathrm{T}}\boldsymbol{a}\mathrm{d}\lambda}=\mathrm{d}\lambda \tag{8-18}$$

8.2　弹塑性矩阵的显式表达式

本节以满足 Von Mises 屈服准则的各向同性线性应变强化材料为例进行推导，并考虑到平面问题的应力应变特点，得到平面应力和平面应变问题下非零应力增量与应变增量之间关系的显式。

弹塑性增量应力应变关系为

$$\mathrm{d}\boldsymbol{\sigma}=\left[\boldsymbol{D}-\frac{(\boldsymbol{D}\boldsymbol{a})(\boldsymbol{D}\boldsymbol{a})^{\mathrm{T}}}{\boldsymbol{a}^{\mathrm{T}}\boldsymbol{D}\boldsymbol{a}-h}\right]\mathrm{d}\boldsymbol{\varepsilon}=\boldsymbol{D}_{ep}\mathrm{d}\boldsymbol{\varepsilon} \tag{8-19}$$

其中，$\boldsymbol{D}$ 为弹性矩阵，为

$$\boldsymbol{D}=\frac{E}{(1+\mu)(1-2\mu)}\begin{bmatrix}1-\mu & \mu & \mu & 0 & 0 & 0\\ \mu & 1-\mu & \mu & 0 & 0 & 0\\ \mu & \mu & 1-\mu & 0 & 0 & 0\\ 0 & 0 & 0 & \dfrac{1-2\mu}{2} & 0 & 0\\ 0 & 0 & 0 & 0 & \dfrac{1-2\mu}{2} & 0\\ 0 & 0 & 0 & 0 & 0 & \dfrac{1-2\mu}{2}\end{bmatrix} \tag{8-20}$$

$$\begin{aligned}\boldsymbol{D}\boldsymbol{a}&=\frac{E}{(1+\mu)(1-2\mu)}\begin{bmatrix}1-\mu & \mu & \mu & 0 & 0 & 0\\ \mu & 1-\mu & \mu & 0 & 0 & 0\\ \mu & \mu & 1-\mu & 0 & 0 & 0\\ 0 & 0 & 0 & \dfrac{1-2\mu}{2} & 0 & 0\\ 0 & 0 & 0 & 0 & \dfrac{1-2\mu}{2} & 0\\ 0 & 0 & 0 & 0 & 0 & \dfrac{1-2\mu}{2}\end{bmatrix}\begin{Bmatrix}s_x\\ s_y\\ s_z\\ 2\tau_{xy}\\ 2\tau_{yz}\\ 2\tau_{zx}\end{Bmatrix}\frac{\sqrt{3}}{2\sqrt{J_2}}\\
&=\frac{E}{(1+\mu)(1-2\mu)}\frac{\sqrt{3}}{2\sqrt{J_2}}\begin{bmatrix}(1-2\mu)s_x+(s_x+s_y+s_z)\\ (1-2\mu)s_y+(s_x+s_y+s_z)\\ (1-2\mu)s_z+(s_x+s_y+s_z)\\ (1-2\mu)\tau_{xy}\\ (1-2\mu)\tau_{yz}\\ (1-2\mu)\tau_{zx}\end{bmatrix}\\
&=G\frac{\sqrt{3}}{\sqrt{J_2}}\begin{bmatrix}s_x\\ s_y\\ s_z\\ \tau_{xy}\\ \tau_{yz}\\ \tau_{zx}\end{bmatrix}+\begin{bmatrix}M_2\\ M_2\\ M_2\\ 0\\ 0\\ 0\end{bmatrix}\end{aligned} \tag{8-21}$$

其中，

$$M_2=\frac{E}{(1+\mu)(1-2\mu)}\frac{\sqrt{3}}{2\sqrt{J_2}}(s_x+s_y+s_z)=0 \tag{8-22}$$

$$(\boldsymbol{Da})(\boldsymbol{Da})^{\mathrm{T}}=G\frac{\sqrt{3}}{\sqrt{J_2}}\begin{bmatrix} s_x\\ s_y\\ s_z\\ \tau_{xy}\\ \tau_{yz}\\ \tau_{zx}\end{bmatrix}G\frac{\sqrt{3}}{\sqrt{J_2}}\begin{bmatrix} s_x\\ s_y\\ s_z\\ \tau_{xy}\\ \tau_{yz}\\ \tau_{zx}\end{bmatrix}^{\mathrm{T}} \tag{8-23}$$

$$G\frac{\sqrt{3}}{\sqrt{J_2}}G\frac{\sqrt{3}}{\sqrt{J_2}}=\frac{9G^2}{(\sqrt{3J_2})^2}=\frac{9G^2}{\bar{\sigma}^2} \tag{8-24}$$

其中，$\bar{\sigma}=\sqrt{3J_2}$ 为等效应力，G 为剪切模量。

$$\begin{aligned}\boldsymbol{a}^{\mathrm{T}}\boldsymbol{Da}&=\frac{\sqrt{3}}{2\sqrt{J_2}}\begin{bmatrix} s_x & s_y & s_z & 2\tau_{xy} & 2\tau_{yz} & 2\tau_{zx}\end{bmatrix}G\frac{\sqrt{3}}{\sqrt{J_2}}\begin{bmatrix} s_x\\ s_y\\ s_z\\ \tau_{xy}\\ \tau_{yz}\\ \tau_{zx}\end{bmatrix}\\ &=\frac{\sqrt{3}}{2\sqrt{J_2}}G\frac{\sqrt{3}}{\sqrt{J_2}}2J_2=3G\end{aligned} \tag{8-25}$$

$$\begin{aligned}\begin{Bmatrix} \mathrm{d}\sigma_x\\ \mathrm{d}\sigma_y\\ \mathrm{d}\sigma_z\\ \mathrm{d}\tau_{xy}\\ \mathrm{d}\tau_{yz}\\ \mathrm{d}\tau_{zx}\end{Bmatrix}=&\frac{E}{(1+\mu)(1-2\mu)}\begin{bmatrix} 1-\mu & \mu & \mu & 0 & 0 & 0\\ \mu & 1-\mu & \mu & 0 & 0 & 0\\ \mu & \mu & 1-\mu & 0 & 0 & 0\\ 0 & 0 & 0 & \dfrac{1-2\mu}{2} & 0 & 0\\ 0 & 0 & 0 & 0 & \dfrac{1-2\mu}{2} & 0\\ 0 & 0 & 0 & 0 & 0 & \dfrac{1-2\mu}{2}\end{bmatrix}\begin{Bmatrix} \mathrm{d}\varepsilon_x\\ \mathrm{d}\varepsilon_y\\ \mathrm{d}\varepsilon_z\\ \mathrm{d}\gamma_{xy}\\ \mathrm{d}\gamma_{yz}\\ \mathrm{d}\gamma_{zx}\end{Bmatrix}\\ &-\frac{9G^2}{(H'+3G)\bar{\sigma}^2}\begin{bmatrix} s_x^2 & s_xs_y & s_xs_z & s_x\tau_{xy} & s_x\tau_{yz} & s_x\tau_{zx}\\ & s_y^2 & s_ys_z & s_y\tau_{xy} & s_y\tau_{yz} & s_y\tau_{zx}\\ & & s_z^2 & s_z\tau_{xy} & s_z\tau_{yz} & s_z\tau_{zx}\\ & & & \tau_{xy}^2 & \tau_{xy}\tau_{yz} & \tau_{xy}\tau_{zx}\\ & & & & \tau_{yz}^2 & \tau_{yz}\tau_{zx}\\ & & & & & \tau_{zx}^2\end{bmatrix}\begin{Bmatrix} \mathrm{d}\varepsilon_x\\ \mathrm{d}\varepsilon_y\\ \mathrm{d}\varepsilon_z\\ \mathrm{d}\gamma_{xy}\\ \mathrm{d}\gamma_{yz}\\ \mathrm{d}\gamma_{zx}\end{Bmatrix}\end{aligned} \tag{8-26}$$

对于平面应变问题，三个应变增量 $\mathrm{d}\varepsilon_z$、$\mathrm{d}\gamma_{yz}$ 和 $\mathrm{d}\gamma_{zx}$ 为零，非零应力增量与

应变增量关系的显式为

$$\begin{Bmatrix} \mathrm{d}\sigma_x \\ \mathrm{d}\sigma_y \\ \mathrm{d}\sigma_z \\ \mathrm{d}\tau_{xy} \end{Bmatrix} = \frac{E}{(1+\mu)(1-2\mu)} \begin{bmatrix} 1-\mu & \mu & 0 \\ \mu & 1-\mu & 0 \\ \mu & \mu & 0 \\ 0 & 0 & \dfrac{1-2\mu}{2} \end{bmatrix} \begin{Bmatrix} \mathrm{d}\varepsilon_x \\ \mathrm{d}\varepsilon_y \\ \mathrm{d}\gamma_{xy} \end{Bmatrix} - \frac{9G^2}{(H'+3G)\bar{\sigma}^2} \begin{bmatrix} s_x^2 & s_x s_y & s_x\tau_{xy} \\ s_x s_y & s_y^2 & s_y\tau_{xy} \\ s_x s_z & s_y s_z & s_z\tau_{xy} \\ s_x\tau_{xy} & s_y\tau_{xy} & \tau_{xy}^2 \end{bmatrix} \begin{Bmatrix} \mathrm{d}\varepsilon_x \\ \mathrm{d}\varepsilon_y \\ \mathrm{d}\gamma_{xy} \end{Bmatrix}$$

对于平面应力问题，三个应力增量 $\mathrm{d}\sigma_z$、$\mathrm{d}\tau_{yz}$ 和 $\mathrm{d}\tau_{zx}$ 为 0，但 $\mathrm{d}\varepsilon_z$、$\mathrm{d}\gamma_{yz}$ 和 $\mathrm{d}\gamma_{zx}$ 中 $\mathrm{d}\varepsilon_z$ 不为 0，且应变增量 $\mathrm{d}\varepsilon_z$ 可通过 $\mathrm{d}\varepsilon_x$、$\mathrm{d}\varepsilon_y$ 和 $\mathrm{d}\gamma_{xy}$ 得到，再代入三维增量应力应变关系可得 $\mathrm{d}\sigma_z$、$\mathrm{d}\tau_{yz}$ 和 $\mathrm{d}\tau_{zx}$ 与 $\mathrm{d}\varepsilon_x$、$\mathrm{d}\varepsilon_y$ 和 $\mathrm{d}\gamma_{xy}$ 之间的关系。

下面采用与文 [4] 类似的方法推导，即通过一致性条件求得塑性应变增量因子 $\mathrm{d}\lambda$，进而得到塑性应变增量以获得非零应力增量与平面应变增量之间关系的显式表达式。

由弹性应力应变关系和流动法则可得

$$\mathrm{d}\boldsymbol{\sigma} = \boldsymbol{D}\mathrm{d}\boldsymbol{\varepsilon}^e = \boldsymbol{D}(\mathrm{d}\boldsymbol{\varepsilon} - \mathrm{d}\boldsymbol{\varepsilon}^p) = \boldsymbol{D}(\mathrm{d}\boldsymbol{\varepsilon} - \boldsymbol{a}\mathrm{d}\lambda) \tag{8-27}$$

其中，$\mathrm{d}\boldsymbol{\varepsilon}^p = \boldsymbol{a}\mathrm{d}\lambda$。

$$\begin{aligned} \boldsymbol{a}^{\mathrm{T}} &= \begin{bmatrix} \dfrac{\partial f}{\partial \sigma_x} & \dfrac{\partial f}{\partial \sigma_y} & \dfrac{\partial f}{\partial \sigma_z} & \dfrac{\partial f}{\partial \tau_{xy}} & \dfrac{\partial f}{\partial \tau_{yz}} & \dfrac{\partial f}{\partial \tau_{zx}} \end{bmatrix} \\ &= \frac{\sqrt{3}}{2\sqrt{J_2}} \begin{bmatrix} s_x & s_y & s_z & 2\tau_{xy} & 2\tau_{yz} & 2\tau_{zx} \end{bmatrix} \end{aligned}$$

考虑平面应力情形，上式可表示为三个应力应变分量的形式：

$$\begin{aligned} \begin{Bmatrix} \mathrm{d}\sigma_x \\ \mathrm{d}\sigma_y \\ \mathrm{d}\tau_{xy} \end{Bmatrix} &= \frac{E}{1-\mu^2} \begin{bmatrix} 1 & \mu & 0 \\ \mu & 1 & 0 \\ 0 & 0 & \dfrac{1-\mu}{2} \end{bmatrix} \left(\begin{Bmatrix} \mathrm{d}\varepsilon_x \\ \mathrm{d}\varepsilon_y \\ \mathrm{d}\gamma_{xy} \end{Bmatrix} - \mathrm{d}\lambda \frac{\sqrt{3}}{2\sqrt{J_2}} \begin{Bmatrix} s_x \\ s_y \\ 2\tau_{xy} \end{Bmatrix} \right) \\ &= \frac{E}{1-\mu^2} \begin{bmatrix} 1 & \mu & 0 \\ \mu & 1 & 0 \\ 0 & 0 & \dfrac{1-\mu}{2} \end{bmatrix} \begin{Bmatrix} \mathrm{d}\varepsilon_x \\ \mathrm{d}\varepsilon_y \\ \mathrm{d}\gamma_{xy} \end{Bmatrix} - \mathrm{d}\lambda \frac{\sqrt{3}}{2\sqrt{J_2}} \begin{Bmatrix} t_x \\ t_y \\ t_{xy} \end{Bmatrix} \end{aligned} \tag{8-28}$$

上式用到了 $\mathrm{d}\sigma_z=0$ 的条件，实际上，是用此条件解出 $\mathrm{d}\varepsilon_z$ 后，再代入六个分量表达式的结果，其中，

$$t_x=\frac{E}{1-\mu^2}(s_x+\mu s_y),\quad t_y=\frac{E}{1-\mu^2}(s_y+\mu s_x),\quad t_{xy}=\frac{E}{1+\mu}\tau_{xy} \tag{8-29}$$

平面应力问题由于有三个全应力增量为 0，一致性条件可表示为

$$0=\frac{\partial f}{\partial\sigma_{ij}}\mathrm{d}\sigma_{ij}-H'\mathrm{d}\lambda=\frac{\sqrt{3}}{2\sqrt{J_2}}s_{ij}\mathrm{d}\sigma_{ij}-H'\mathrm{d}\lambda \tag{8-30}$$

$$\frac{\sqrt{3}}{2\sqrt{J_2}}(s_x,s_y,2\tau_{xy})\begin{Bmatrix}\mathrm{d}\sigma_x\\ \mathrm{d}\sigma_y\\ \mathrm{d}\tau_{xy}\end{Bmatrix}-H'\mathrm{d}\lambda=0 \tag{8-31}$$

将式 (8-28) 代入上式可得

$$\frac{\sqrt{3}}{2\sqrt{J_2}}\begin{Bmatrix}t_x & t_y & t_{xy}\end{Bmatrix}\begin{Bmatrix}\mathrm{d}\varepsilon_x\\ \mathrm{d}\varepsilon_y\\ \mathrm{d}\gamma_{xy}\end{Bmatrix}-\mathrm{d}\lambda\left(\frac{\sqrt{3}}{2\sqrt{J_2}}\right)^2(s_x,s_y,2\tau_{xy})\begin{Bmatrix}t_x\\ t_y\\ t_{xy}\end{Bmatrix}-H'\mathrm{d}\lambda=0 \tag{8-32}$$

可解得

$$\mathrm{d}\lambda=\frac{\dfrac{\sqrt{3}}{2\sqrt{J_2}}\begin{Bmatrix}t_x & t_y & t_{xy}\end{Bmatrix}\begin{Bmatrix}\mathrm{d}\varepsilon_x\\ \mathrm{d}\varepsilon_y\\ \mathrm{d}\gamma_{xy}\end{Bmatrix}}{\left(\dfrac{\sqrt{3}}{2\sqrt{J_2}}\right)^2 s+H'} \tag{8-33}$$

其中，

$$\begin{aligned}s&=t_xs_x+t_ys_y+2t_{xy}\tau_{xy}=\frac{E}{1-\mu^2}[(s_x+\mu s_y)s_x+(s_y+\mu s_x)s_y+2(1-\mu)\tau_{xy}^2]\\&=\frac{E}{1-\mu^2}[s_x^2+s_y^2+2\mu s_xs_y+2(1-\mu)\tau_{xy}^2]\end{aligned} \tag{8-34}$$

将 $\mathrm{d}\lambda$ 代入式 (8-28) 最终可得

$$\begin{Bmatrix}\mathrm{d}\sigma_x\\ \mathrm{d}\sigma_y\\ \mathrm{d}\tau_{xy}\end{Bmatrix}=\left\{\frac{E}{1-\mu^2}\begin{bmatrix}1 & \mu & 0\\ \mu & 1 & 0\\ 0 & 0 & \dfrac{1-\mu}{2}\end{bmatrix}-\frac{\left(\dfrac{\sqrt{3}}{2\sqrt{J_2}}\right)^2}{\left(\dfrac{\sqrt{3}}{2\sqrt{J_2}}\right)^2 s+H'}\right.$$

$$\times\left[\begin{array}{ccc} t_x^2 & t_x t_y & t_x t_{xy} \\ t_x t_y & t_y^2 & t_y t_{xy} \\ t_x t_{xy} & t_y t_{xy} & t_{xy}^2 \end{array}\right]\Bigg\}\left\{\begin{array}{c} \mathrm{d}\varepsilon_x \\ \mathrm{d}\varepsilon_y \\ \mathrm{d}\gamma_{xy} \end{array}\right\} \tag{8-35}$$

8.3 弹塑性自然单元法的基本方程与求解

8.3.1 基本方程与离散化

设有变形体 Ω，其边界为 $S = S_u + S_\sigma$，在 S_u 上给定已知位移 $\bar{u}_i$，在 S_σ 上给定已知面力 $\bar{t}_i$，体积力为 f_i，小变形假设下的控制方程为 [6]

$$\left.\begin{array}{ll} \sigma_{ij} + f_i = 0 & \text{在}\Omega\text{内} \\ \sigma_{ij} n_j = \bar{t}_i & \text{在}S_\sigma\text{上} \\ u_i = \bar{u}_i & \text{在}S_u\text{上} \\ \varepsilon_{ij} = \dfrac{1}{2}(u_{i,j} + u_{j,i}) & \text{在}\Omega\text{内} \end{array}\right\} \tag{8-36}$$

根据虚功原理可得相应的等效弱形式为

$$\int_\Omega \delta\boldsymbol{\varepsilon}^{\mathrm{T}}\boldsymbol{\sigma}\mathrm{d}\Omega = \int_{S_\sigma}\delta\boldsymbol{u}^{\mathrm{T}}\bar{\boldsymbol{t}}\mathrm{d}\Gamma + \int_\Omega \delta\boldsymbol{u}^{\mathrm{T}}\boldsymbol{f}\mathrm{d}\Omega \tag{8-37}$$

其中，$\delta\boldsymbol{u}$ 和 $\delta\boldsymbol{\varepsilon}$ 为虚位移增量和虚应变增量，$\bar{\boldsymbol{t}}$ 为在边界 S_σ 上的给定面力，$\boldsymbol{f}$ 为体力。

对于平面问题，记结点位移列阵为

$$\left.\begin{array}{r} \boldsymbol{d} = (u_{1x}\ u_{1y}\ \cdots\ u_{nx}\ u_{ny})^{\mathrm{T}} \\ \delta\boldsymbol{d} = (\delta u_{1x}\ \delta u_{1y}\ \cdots\ \delta u_{nx}\ \delta u_{ny})^{\mathrm{T}} \end{array}\right\} \tag{8-38}$$

其中，n 为离散的结点个数，则自然单元法的位移近似可表示为

$$\left.\begin{array}{r} \boldsymbol{u}(x) = (u_x, u_y)^{\mathrm{T}} = N\boldsymbol{d} \\ \delta\boldsymbol{u}(x) = (\delta u_x, \delta u_y)^{\mathrm{T}} = N\delta\boldsymbol{d} \end{array}\right\} \tag{8-39}$$

$$\boldsymbol{N} = [\boldsymbol{N}_1\ \boldsymbol{N}_2\ \cdots \boldsymbol{N}_I\ \cdots\ \boldsymbol{N}_n] \tag{8-40}$$

$$\boldsymbol{N}_I = \left[\begin{array}{cc} \phi_I & 0 \\ 0 & \phi_I \end{array}\right] \tag{8-41}$$

$$\left.\begin{array}{r} \boldsymbol{\varepsilon} = (\varepsilon_x, \varepsilon_y, \gamma_{xy})^{\mathrm{T}} = \boldsymbol{B}\boldsymbol{d} \\ \delta\boldsymbol{\varepsilon} = (\delta\varepsilon_x, \delta\varepsilon_y, \delta\gamma_{xy})^{\mathrm{T}} = \boldsymbol{B}\delta\boldsymbol{d} \end{array}\right\} \tag{8-42}$$

$$\boldsymbol{B} = [\boldsymbol{B}_1\ \boldsymbol{B}_2\ \cdots\ \boldsymbol{B}_I\ \cdots \boldsymbol{B}_n] \tag{8-43}$$

$$\boldsymbol{B}_I = \begin{bmatrix} \phi_{I,x} & 0 \\ 0 & \phi_{I,y} \\ \phi_{I,y} & \phi_{I,y} \end{bmatrix} \tag{8-44}$$

将位移近似函数及相应的虚位移和虚应变代入到式 (8-37) 中，并考虑到结点位移变分的任意性，可得到二维弹塑性问题的基本方程：

$$\int_{\Omega} \boldsymbol{B}^{\mathrm{T}} \boldsymbol{\sigma} \mathrm{d}\Omega = \boldsymbol{R} \tag{8-45}$$

式中的右端项为

$$\boldsymbol{R} = \int_{S_\sigma} \boldsymbol{N}^{\mathrm{T}} \bar{\boldsymbol{t}} \mathrm{d}S + \int_{\Omega} \boldsymbol{N}^{\mathrm{T}} \boldsymbol{f} \mathrm{d}\Omega \tag{8-46}$$

8.3.2　基本方程的求解方法

弹塑性基本方程是关于结点位移的非线性方程，需要采用迭代的方法进行求解。为了跟踪外力以及相应的位移、应变和应力的变化，可将外力分为若干个加载步逐步施加，外力历史可表示为在确定的加载步内，外力增量的逐渐累积。

设在第 n 加载步，与当前外力水平相应的等效结点载荷列阵为 $\boldsymbol{R}_n$，则对应于当前加载水平的基本方程要求：

$$\boldsymbol{\Psi}(\boldsymbol{d}_n) = \int_{\Omega} \boldsymbol{B}^{\mathrm{T}} \boldsymbol{\sigma}_n \mathrm{d}\Omega - \boldsymbol{R}_n = \boldsymbol{0} \tag{8-47}$$

设第 n 步加载水平下第 i 次近似的结点位移为 $\{\boldsymbol{d}_n^i\}$、高斯点处的应变 $\{\boldsymbol{\varepsilon}_n^i\}$ 和应力 $\{\boldsymbol{\sigma}_n^i\}$ 已经求得，当 $\boldsymbol{\Psi}(\boldsymbol{d}_n^i) \neq 0$ 时，可尝试第 $i+1$ 次近似解，将 $\boldsymbol{\Psi}(\boldsymbol{d}_n^{i+1})$ 在 $\boldsymbol{\Psi}(\boldsymbol{d}_n^i)$ 处进行泰勒级数展开并忽略高于线性项的高次项，则可得到

$$\boldsymbol{\Psi}(\boldsymbol{d}_n^{i+1}) \approx \boldsymbol{\Psi}(\boldsymbol{d}_n^i) + \left(\frac{\partial \boldsymbol{\Psi}}{\partial \boldsymbol{d}}\right)_n^i (\boldsymbol{d}_n^{i+1} - \boldsymbol{d}_n^i) = \boldsymbol{0} \tag{8-48}$$

记：

$$\left.\begin{aligned} &\Delta \boldsymbol{d}_n^i = \boldsymbol{d}_n^{i+1} - \boldsymbol{d}_n^i \\ &\boldsymbol{K}_n^i = \left(\frac{\partial \boldsymbol{\Psi}}{\partial \boldsymbol{d}}\right)_n^i = \int_{\Omega} \boldsymbol{B}^{\mathrm{T}} \left\{\boldsymbol{D}^{ep}\right\}\Big|_n^i \boldsymbol{B} \mathrm{d}\Omega \end{aligned}\right\} \tag{8-49}$$

则有如下的 Newton-Raphson 法的迭代方案：

$$\left.\begin{aligned} &\boldsymbol{K}_n^i \Delta \boldsymbol{d}_n^i = \boldsymbol{R}_n - \int_{\Omega} \boldsymbol{B}^{\mathrm{T}} \boldsymbol{\sigma}_n^i \mathrm{d}\Omega \\ &\boldsymbol{d}_n^{i+1} = \boldsymbol{d}_n^i + \Delta \boldsymbol{d}_n^i \\ &\boldsymbol{d}_n^0 = \boldsymbol{d}_{n-1}, \boldsymbol{\sigma}_n^0 = \boldsymbol{\sigma}_{n-1}, \boldsymbol{K}_n^0 = \boldsymbol{K}_{n-1} \end{aligned}\right\} \tag{8-50}$$

其中，$\boldsymbol{d}_{n-1}$ 和 $\boldsymbol{\sigma}_{n-1}$ 为上一加载步末的位移和应力的收敛解，$\boldsymbol{K}_{n-1}$ 为相应的切线刚度矩阵。

为减少刚度矩阵的计算次数，修正的 Newton-Raphson 法在每一个加载步内，只在第一次迭代时计算一次切线刚度矩阵。如果将初始弹性刚度矩阵用于每一加载步的每一次迭代，则与考虑一阶自校正的累加式的增量初应力法是等效的。而准 Newton 法或割线增量法则采用两次迭代的不平衡力之差及相应的位移差值来确定相应的割线刚度矩阵，并用于下一次的迭代计算。

8.4 应力增量的计算

迭代计算公式中的切线刚度矩阵和等效结点力都与上次迭代结束时的应力水平有关。高斯点应力水平的计算，涉及通过适当的增量本构关系由应变增量计算出应力增量。因此需要确定与应变增量相应的加载状态，以决定采用怎样的本构关系来计算应力增量，以及采用什么样的方法来提高应力增量的计算精度。

8.4.1 加载状态的确定

高斯点的加载状态，与高斯点当前的应力状态和施加应变增量后的应力状态有关，由于与本次应变增量相应的应力增量在计算之前是未知的，因此先假设发生的是弹性变形，由弹性本构关系试算应力增量，即 $\Delta\sigma^e = \boldsymbol{D}\Delta\varepsilon$，这里 $\Delta\varepsilon = \boldsymbol{B}(\boldsymbol{d}_n^i - \boldsymbol{d}_{n-1})$。

设高斯点在第 $n-1$ 个加载步结束时的应力为 σ_{n-1}，等效塑性应变为 $\bar{\varepsilon}_{n-1}^p$，根据试算应力增量确定高斯点的加载状态可以分为以下几种情形：

(1) $f(\sigma_{n-1}, \bar{\varepsilon}_{n-1}^p) < 0$，$f(\sigma_{n-1} + \Delta\sigma^e, \bar{\varepsilon}_{n-1}^p) \leqslant 0$。

此时，高斯点在给定的应变增量下将保持弹性状态，可按弹性应力应变关系计算应力增量。

(2) $f(\sigma_{n-1}, \bar{\varepsilon}_{n-1}^p) < 0$，$f(\sigma_{n-1} + \Delta\sigma^e, \bar{\varepsilon}_{n-1}^p) > 0$。

此时，高斯点在给定的应变增量下将由弹性状态进入弹塑性状态，因此存在一个比例因子 r，使得

$$f(\sigma_{n-1} + r\Delta\sigma^e, \bar{\varepsilon}_{n-1}^p) = 0$$

应变增量因而被分成两部分：$r\Delta\varepsilon$ 和 $(1-r)\Delta\varepsilon$，前一部分为纯弹性变形，后一部分为弹塑性变形，这种情况称为过渡状态。

(3) $f(\sigma_{n-1}, \bar{\varepsilon}_{n-1}^p) = 0$。

此时，高斯点在第 $n-1$ 个加载步结束时处于塑性状态，考虑到对于理想弹塑性材料，当应力点在屈服面上移动时，可能是加载也可能是中性变载，因此通过加载准

则函数 L 来确定应力点的加载状态。

$$L = \left\{ \frac{\partial f}{\partial \boldsymbol{\sigma}} \right\}_m^{\mathrm{T}} \boldsymbol{D}\Delta\boldsymbol{\varepsilon} = \boldsymbol{a}^{\mathrm{T}} \boldsymbol{D}\Delta\boldsymbol{\varepsilon} = \boldsymbol{a}^{\mathrm{T}} \Delta\boldsymbol{\sigma}^e \tag{8-51}$$

若 $L \leqslant 0$，则高斯点处于卸载状态或中性变载状态，此时按弹性计算的应力增量即为所求的应力增量。

若 $L > 0$，则高斯点处于塑性加载状态，应按弹塑性增量本构关系计算应力增量。

8.4.2 过渡状态下比例因子

通常情况下，确定比例因子要求解一个关于 r 的非线性方程，一般须采用数值方法，如果屈服函数是用应力不变量的简单形式表达的，则可求得 r 的解析解 [4]。此处，采用文 [5] 建议的应力折算法来计算过渡状态下的比例因子，设与 σ_{n-1} 相应的等效应力为 $\bar{\sigma}_{n-1}$，与 $\sigma_{n-1} + \Delta\sigma^e$ 相应的等效应力为 $\bar{\sigma}_n^i$，对各向同性线性强化材料，与 ε_{n-1}^p 相应的等效屈服应力为

$$\sigma_s = \sigma_s^0 + \frac{EE_1}{E - E_1} \varepsilon_{n-1}^p = \sigma_s^0 + H' \varepsilon_{n-1}^p \tag{8-52}$$

则比例因子 r 可按下式计算：

$$r = \frac{\sigma_s - \bar{\sigma}_{n-1}}{\bar{\sigma}_n^i - \bar{\sigma}_{n-1}} \tag{8-53}$$

8.4.3 加载过程的应力增量计算

过渡状态和塑性加载状态下的应力增量应按下式计算：

$$\Delta\sigma = r\Delta\sigma^e + \int_{\varepsilon_{n-1}+r\Delta\varepsilon}^{\varepsilon_{n-1}+\Delta\varepsilon} \boldsymbol{D}^{ep} \mathrm{d}\varepsilon \tag{8-54}$$

对于塑性加载状态 $r = 0$。

为计算式 (8-54) 中的积分项，可将构成弹塑性响应的应变增量再划分为 m 份，每份应变增量为

$$\Delta\tilde{\varepsilon} = (1 - r)\Delta\varepsilon / m \tag{8-55}$$

由增量弹塑性本构关系可计算与每份子应变增量 $\Delta\tilde{\varepsilon}$ 对应的子应力增量：

$$\Delta\tilde{\sigma} = \boldsymbol{D}_{ep} \Delta\tilde{\varepsilon} \tag{8-56}$$

可以看出，应变增量划分的越细，则每份应变增量 $\Delta\tilde{\varepsilon}$ 越小，计算精确程度就越高。在计算过程中，弹塑性矩阵 $\boldsymbol{D}_{ep}$ 应根据当前的应力应变状态进行及时的更新。

8.4.4 执行一致性条件

增量本构关系是无穷小应力增量与无穷小应变增量之间的关系，由于数值分析中采用有限的应力和应变增量以及其他的一些近似方法，应力计算的误差会导致计算结果不满足一致性条件。因此，在加载状态下，每加载步迭代完成后应进行一次应力矢量的修正，以保证应力状态在相应的屈服面上。修正的方法可以是在当前屈服面的法线方向给应力矢量加一个修正的量 $\delta\boldsymbol{\sigma}$，使得修正后的应力矢量 $\boldsymbol{\sigma}+\delta\boldsymbol{\sigma}$ 在当前的屈服面上。为了将偏离屈服面的应力矢量拉回到屈服面上，采用文 [5] 建议的比例修正方法，设与计算所得应力水平 $\boldsymbol{\sigma}$ 相应的等效应力为 $\bar{\boldsymbol{\sigma}}$，与当前总等效塑性应变 $\bar{\varepsilon}_p$ 相应的屈服应力为 $\boldsymbol{\sigma}_s$，则修正后的应力矢量应为

$$\boldsymbol{\sigma}^* = \frac{\sigma_s}{\bar{\sigma}}\boldsymbol{\sigma} \tag{8-57}$$

8.5 计 算 步 骤

根据前面给出的弹塑性自然单元法的基本理论和计算公式，程序设计时可按下列步骤实施：

(1) 读入结点数据、材料常数、载荷数据和位移约束信息等。

(2) 形成求解域的 Delaunay 三角剖分。

(3) 读入载荷分级数和每级载荷的加载因子，给定位移也应如载荷一样是分级施加的。

(4) 形成总体结点载荷向量。

(5) 对加载步循环。

(6) 计算与本加载步荷载水平相应的等效结点载荷向量。

(7) 对本级荷载的最大迭代次数循环。

(8) 计算与上次迭代结束时的应力水平相应的弹塑性刚度矩阵 $\boldsymbol{K}_n^{i-1}$ 和应力的等效结点力：

$$\int_\Omega \boldsymbol{B}^{\mathrm{T}}\boldsymbol{\sigma}_n^{i-1}\mathrm{d}\Omega$$

具体采用第 8.4 节的相关公式进行计算。

(9) 按下式计算结点位移增量 $\Delta\boldsymbol{d}_n^i$：

$$\begin{aligned}&\boldsymbol{K}_n^{i-1}\Delta\boldsymbol{d}_n^i = \boldsymbol{R}_n - \int_\Omega \boldsymbol{B}^{\mathrm{T}}\boldsymbol{\sigma}_n^{i-1}\mathrm{d}\Omega\\&\boldsymbol{d}_n^i = \boldsymbol{d}_n^{i-1} + \Delta\boldsymbol{d}_n^i\end{aligned}$$

(10) 计算与本次迭代位移增量 $\Delta\boldsymbol{d}_n^i$ 相应的应变增量和应力增量以及相应的应力水平 $\boldsymbol{\sigma}_n^i$。具体计算方法见第 8.5 节。

(11) 计算本次迭代后残余结点力并进行收敛性判断，如不满足收敛条件则进行下一次迭代，若满足收敛条件进入下一加载步。

(12) 输出计算结果。

8.6　裂纹尖端的可塑性和小范围屈服修正

对于含裂纹的工程结构，随着外载的增加，在裂纹顶端附近都会存在一个塑性区。由于这个原因，在裂纹顶端并不存在所谓的应力奇异性。然而，若塑性区的尺寸同裂纹尺寸相比很小时，则 K 判据经过修正后仍可适用 [7]。

8.6.1　塑性区边界的确定

对于 I 型裂纹，以裂尖为坐标原点，裂纹延伸线方向为 x 轴，垂直裂纹方向为 y 轴建立局部坐标系，则裂纹顶端附近区域的应力分量为

$$\sigma_x = \frac{K_1}{\sqrt{2\pi r}}\cos\frac{\theta}{2}\left(1-\sin\frac{\theta}{2}\sin\frac{3\theta}{2}\right) \tag{8-58}$$

$$\sigma_y = \frac{K_1}{\sqrt{2\pi r}}\cos\frac{\theta}{2}\left(1+\sin\frac{\theta}{2}\sin\frac{3\theta}{2}\right) \tag{8-59}$$

$$\tau_{xy} = \frac{K_1}{\sqrt{2\pi r}}\cos\frac{\theta}{2}\sin\frac{\theta}{2}\sin\frac{3\theta}{2} \tag{8-60}$$

其中，r 为考察点到裂尖的距离，即在局部坐标系下的极径，θ 为考察点在局部坐标系下的极角。

由上式可推得裂纹尖端任意点的主应力为

$$\sigma_1 = \frac{K_1}{\sqrt{2\pi r}}\cos\frac{\theta}{2}\left(1+\sin\frac{\theta}{2}\right) \tag{8-61}$$

$$\sigma_2 = \frac{K_1}{\sqrt{2\pi r}}\cos\frac{\theta}{2}\left(1-\sin\frac{\theta}{2}\right) \tag{8-62}$$

$$\sigma_3 = \begin{cases} 0 & (\text{平面应力状态}) \\ 2\mu\dfrac{K_1}{\sqrt{2\pi r}}\cos\dfrac{\theta}{2} & (\text{平面应变状态}) \end{cases} \tag{8-63}$$

根据 Von Mises 屈服准则可得

$$\frac{K_1^2}{2\pi r}\left[\cos^2\frac{\theta}{2}\left(1+3\sin^2\frac{\theta}{2}\right)\right] = \sigma_s^2 \tag{8-64}$$

或

$$r(\theta) = \frac{1}{2\pi}\left(\frac{K_1}{\sigma_s}\right)^2\left[\cos^2\frac{\theta}{2}\left(1+3\sin^2\frac{\theta}{2}\right)\right] \tag{8-65}$$

上式表示在平面应力情况下，裂纹顶端塑性区边界的曲线方程。此曲线与 x 轴的交点为

$$r_0 = \frac{1}{2\pi}\left(\frac{K_1}{\sigma_s}\right)^2 \tag{8-66}$$

进而得到无量纲方程：

$$\frac{r(\theta)}{r_0} = \cos^2\frac{\theta}{2}\left(1 + 3\sin^2\frac{\theta}{2}\right) \tag{8-67}$$

同样，可得平面应变 ($\mu = 0.33$) 情况下的无量纲塑性区边界曲线，如图 8-1 所示。

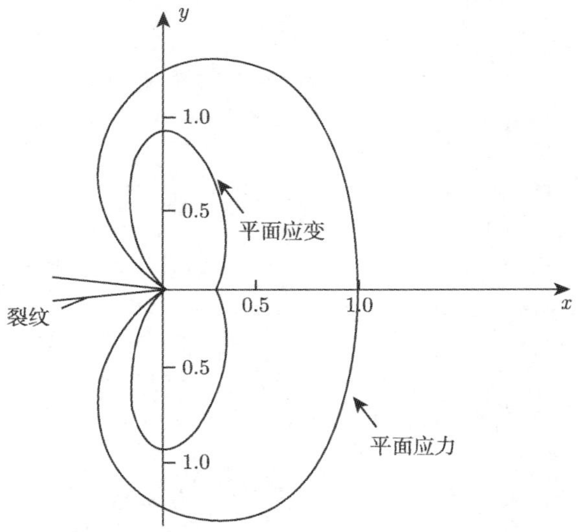

图 8-1 Von Mises 准则的无量纲塑性边界

8.6.2 应力松弛对塑性区尺寸的影响

进一步考虑屈服区中由于塑性变形引起的应力松弛的影响。在塑性区内，由于材料发生了塑性变形，塑性区中的应力重新分布而引起应力松弛，塑性区将进一步扩大。在 $\theta = 0°$ 的线上，裂纹尖端附近的应力分量随 r 而变化。σ_y 沿 x 轴的变化用虚线 ABC 标示于图 8-2。此时，应力 σ_y 在其净截面上产生的应力总和 (即曲线 ABC 以下的面积) 应与外力相平衡。因此，考虑到塑性区的材料因产生塑性变形而引起应力松弛，虚线上的 AB 段将下降到 DB(即有效屈服应力) 的水平，与此同时，塑性区域的尺寸将从 r_y 增大到 R。

8.6.3 应力强度因子 K 的塑性修正

假设发生应力松弛后，裂纹顶端附近的塑性区在 x 轴上的尺寸为 $R = AB$，实际的应力分布由图 8-3 中的实线 DEF 示出。

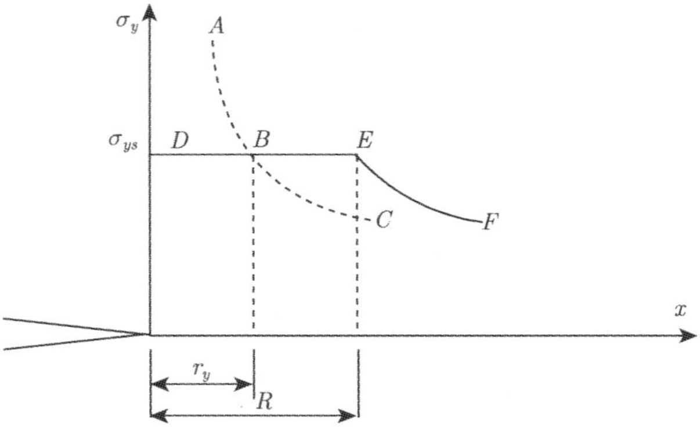

图 8-2　净截面上 σ_y 分布图

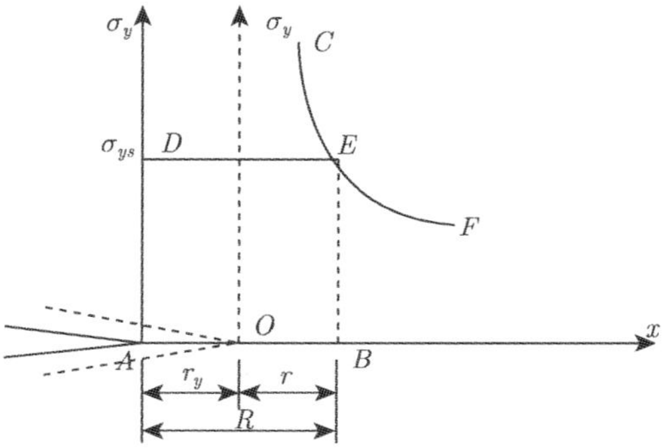

图 8-3　裂纹长度的塑性修正

以 I 型裂纹为例，为使线弹性解理论解 $\sigma_y|_{\theta=0}=\dfrac{K_1}{\sqrt{2\pi r}}$ 依然适用，假想将裂纹顶端右移到 O 点，将实际的弹塑性应力场改用一个虚构的弹性应力场来替代，使图 8-2 中虚线所代替的弹性应力 σ_y 的变化规律曲线，正好与塑性边界 E 点处由实线所代表的弹塑性应力变化规律曲线的弹性部分相重合。以 O 点为假想裂纹的尖点时，则在 $r=R-r_y$ 处，$\sigma_y(r)|_{\theta=0}=\sigma_{ys}$，由此可得

$$\sigma_y(r)|_{\theta=0}=\frac{K_1}{\sqrt{2\pi r}}=\frac{K_1}{\sqrt{2\pi r(R-r_y)}}=\sigma_{ys} \tag{8-68}$$

可以求出：

$$r_y=R-\frac{1}{2\pi}\left(\frac{K_1}{\sigma_{ys}}\right)^2 \tag{8-69}$$

对于平面应力情况：

$$r_y=\frac{1}{\pi}\left(\frac{K_1}{\sigma_{ys}}\right)^2-\frac{1}{2\pi}\left(\frac{K_1}{\sigma_{ys}}\right)^2=\frac{1}{2\pi}\left(\frac{K_1}{\sigma_{ys}}\right)^2 \tag{8-70}$$

对于平面应变情况：

$$r_y = \frac{1}{4\sqrt{2}\pi}\left(\frac{K_1}{\sigma_{ys}}\right)^2 \tag{8-71}$$

由此，有效裂纹长度为 $a^* = a + r_y$，其中，a 为原始裂纹的长度。这样，按照弹性理论下 $K_1 = \alpha\sigma\sqrt{\pi a}$($\alpha$ 为几何因子) 计算小范围屈服条件下的 K_1^*，只需用有效裂纹长度 a^* 代替原实际裂纹长度 a 即可。

对于平面应力情况：

$$K_1^* = \alpha\sigma\sqrt{\pi a}\frac{1}{\sqrt{1-\frac{\alpha^2}{2}\left(\frac{\sigma}{\sigma_{ys}}\right)^2}} \tag{8-72}$$

对于平面应变情况：

$$K_1^*=\alpha\sigma\sqrt{\pi a}\frac{1}{\sqrt{1-\frac{\alpha^2}{4\sqrt{2}}\left(\frac{\sigma}{\sigma_{ys}}\right)^2}} \tag{8-73}$$

8.6.4 弹塑性周界上最大周向应力裂纹扩展准则

裂纹在萌生阶段和初始扩展阶段并没有明显的分界线，一般认为，当裂纹长度的变化能够被测出来的时候，就可以称作裂纹的扩展。而裂纹扩展的路径通常是曲线型的。目前，断裂力学中有很多准则来预测裂纹轨迹的扩展方向，主要有：最大周向应力准则，最小应变能密度准则和最大能量释放率准则，等等。这些断裂准则基本上是从三个方面进行分析的：一是以应力为参数；二是以能量为参数；三是以位移、应变为参数。

在工程实际中，往往根据问题的需要选择不同的断裂准则，比如以剪切位移为主的断裂问题，适合最大剪应力准则；以张开位移为主的断裂问题，可以应用最大周向应力准则来解释。总之，在使用断裂准则的时候，应该根据不同的断裂形式选择不同的断裂准则。对于小范围屈服的裂纹断裂准则，这里选用文 [8] 提出的弹塑性周界上最大周向应力准则，该方法计算简单和使用方便，而且与实验吻合度较好。

1963 年，Erdogan 和 Sih[9] 提出了最大周向应力理论，该理论基于以下两个假设：

(1) 裂纹沿最大周向应力方向起裂扩展。

(2) 当该方向的最大周向应力达到临界值时，裂纹开始失稳扩展。

对于 I - II 复合型裂纹问题：

$$\sigma_r = \frac{1}{2\sqrt{2\pi r}}\left[K_1(3-\cos\theta)\cos\frac{\theta}{2} + K_2(3\cos\theta - 1)\sin\frac{\theta}{2}\right] \tag{8-74a}$$

$$\sigma_\theta = \frac{1}{2\sqrt{2\pi r}}\cos\frac{\theta}{2}\left[K_1\left(1+\cos\theta\right)-3K_2\sin\theta\right] \tag{8-74b}$$

$$\tau_{r\theta} = \frac{1}{2\sqrt{2\pi r}}\cos\frac{\theta}{2}\left[K_1\sin\theta+K_2\left(3\cos\theta-1\right)\right] \tag{8-74c}$$

从上式可以看出，在 $r=0$ 处各极应力分量均趋向于无穷大，无法确定 σ_θ 的极值，故只能比较距裂纹尖端某一微小距离 $r=r_0$ 的圆周上各点处的 σ_θ，求出其极值所在的位置，从而确定开裂角 θ。

根据假设 (1)，裂纹扩展的方向由下式确定；

$$\left(\frac{\partial\sigma_\theta}{\partial\theta}\right)_{r=r_0}=0,\quad \frac{\partial^2\sigma_\theta}{\partial\theta^2}<0 \tag{8-75}$$

将式 (8-74) 代入式 (8-75) 得

$$K_1\sin\theta+K_2\left(3\cos\theta-1\right)=0 \tag{8-76}$$

其中，K_1 和 K_2 分别代表裂纹扩展中任意时刻的应力强度因子。

通过求解上式，可得到裂纹的起裂角 θ_0 为

$$\theta_0=2\arctan\left(\frac{K_1-\sqrt{K_1^2+8K_2^2}}{4K_2}\right) \tag{8-77}$$

当此方向的周向正应力 σ_θ 达到临界值 $(\sigma_\theta)_\mathrm{c}$ 时，裂纹开始扩展。由此可知，最大周向正应力准则的裂纹扩展判据为

$$(\sigma_\theta)_{\max}=(\sigma_\theta)_\mathrm{c} \tag{8-78}$$

将 $\theta=\theta_0$ 代入式 (8-74b) 得

$$(\sigma_\theta)_{\max}=\frac{1}{2\sqrt{2\pi r}}\cos\frac{\theta_0}{2}\left[K_1\left(1+\cos\theta_0\right)-3K_2\sin\theta_0\right] \tag{8-79}$$

把式 (8-79) 代入式 (8-78) 得

$$\frac{1}{2}\cos\frac{\theta_0}{2}\left[K_1\left(1+\cos\theta_0\right)-3K_2\sin\theta_0\right]=\sqrt{2\pi r}\,(\sigma_\theta)_\mathrm{c}=K_\mathrm{eq} \tag{8-80}$$

由此可建立复合型裂纹失稳扩展判据:

$$K_\mathrm{eq}=\sigma_{\theta_0}\sqrt{2\pi r}\geqslant K_{1c} \tag{8-81}$$

其中，K_eq 定义为等效应力强度因子，K_{1c} 为材料的断裂韧度。

尽管最大周向应力准则得到了广泛的应用，但在等 r 线上比较 σ_θ 的大小，意义并不明确，对此，文 [8] 作者认为用弹塑性周界线代替等 r_0 圆周，可在一定程度上弥补该判据的不足。

由 Mises 屈服准则所得到的复合型裂纹尖端塑性区尺寸公式为

$$r_p = \frac{1}{8\pi\sigma_s^2}\left[4\left(K_1\cos\frac{\theta}{2} - K_2\sin\frac{\theta}{2}\right)^2 + 3K_1^2\sin^2\theta\right.$$
$$\left.+6K_1K_2\sin 2\theta + 3K_2^2\left(4-3\sin^2\theta\right)\right] \tag{8-82}$$

将式 (8-82) 代入式 (8-74b) 中，得到 Mises 屈服准则对应的弹塑性交界线上的 $\sigma_{\theta(r_p)}$，在 0°~360° 范围内进行比较，找到最大值所对应的点即为裂纹开裂角 θ_0 的方向。表 8-1 列出了 Mises 屈服准则所预测的开裂角 θ_0 及其对应的 $(\sigma_\theta)_{\max}$ 值。由表 8-1 数据可看出，Mises 屈服准则适用该判据，且预测值与实验值吻合得很好。

在弹塑性交界线上，可仿照等 r 线上的方法，在开裂方向上，当

$$\sqrt{2\pi r}\,(\sigma_\theta)_{\theta=\theta_0} > K_{1c} \tag{8-83}$$

则裂纹失稳扩展，此处的 θ_0 是表 8-1 中的数据 [10]。

表 8-1 弹塑性交接线上最大周向应力判据

裂纹角 $\beta/(°)$	开裂角 $-\theta_0/(°)$	$(\sigma_\theta)_{\max}/\sigma_s$	开裂角实验值 [10]
0	0	1.0000	0
20	67	1.1063	67.8
30	62	1.1354	62.4
40	56	1.1523	55.6
45	53	1.1547	50.7
50	50	1.1521	51.1
60	42	1.1129	43.1
70	33	1.0827	30.7
80	19	1.0273	17.3

8.7 数值算例

8.7.1 厚壁圆筒受内压

图 8-4 所示厚壁圆筒，外径 a= 200mm，内径 b = 100 mm，受内压 p = 14N/mm^2 作用，采用理想弹塑性模型，材料服从 Von Mises 屈服准则，材料参数为 E = 21000.0N/mm^2，μ = 0.3，单轴屈服应力 σ_s = 24N/mm^2，按平面应变问题计算。弹塑性理论解采用文 [11] 的公式计算：

弹性极限压力为

$$p_e = \frac{\sigma_s}{\sqrt{3}}\left(1 - \frac{b^2}{a^2}\right) = 10.3923\text{N/mm}^2$$

塑性极限压力为

$$p_T = \frac{2}{\sqrt{3}}\sigma_s \ln\frac{a}{b} = 19.2090\text{N/mm}^2$$

弹塑性分界线半径 c 按下式计算：

$$\frac{\sqrt{3}p}{\sigma_s} = 2\ln\frac{c}{b} + 1 - \frac{c^2}{a^2}$$

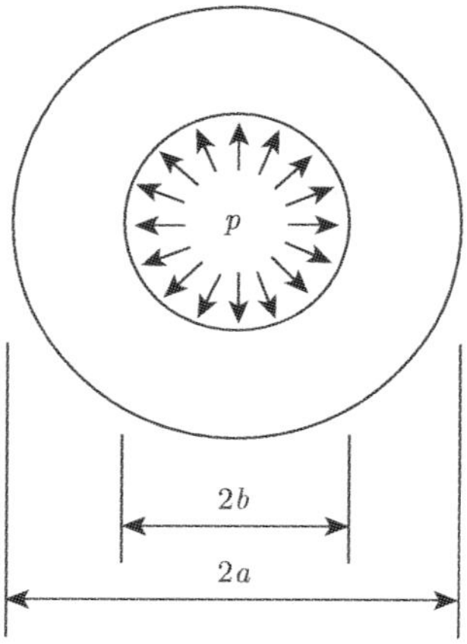

图 8-4　厚壁圆筒受内压

由对称性取右上 1/4 进行计算，在 35(7×5) 和 247(19×13) 个结点布置下，径向位移的计算结果如表 8-2 所示，表中还同时给出了按理论解 [11] 和 8 结点有限元在 51 个结点布置下的计算结果[5]，不同方法下得到的计算结果非常接近。图 8-5 给出了 247 个结点布置下高斯点的弹塑性状态分布图，与按文 [11] 公式计算的弹塑性分界线半径 c=120.5mm 是一致的。

表 8-2　厚壁圆筒径向位移　　　　(单位：mm)

极径 ρ/mm	理论解	本书解 (35 结点)	本书解 (247 结点)	文 [5] 解 (51 结点)
100	0.13971	0.13712	0.13965	0.13912
0.125	0.11521	0.11291	0.11503	0.11837
150	0.10171	0.10011	0.10162	0.10608
175	0.09296	0.09156	0.09294	0.09415
200	0.08718	0.08627	0.08721	0.08690

图 8-6 给出了高斯点径向应力 σ_r 和环向应力 σ_θ 沿极径 r 的分布图，图中

的细线为按文 [11] 的公式计算的理论分布曲线，可以看出计算结果与理论解是一致的。

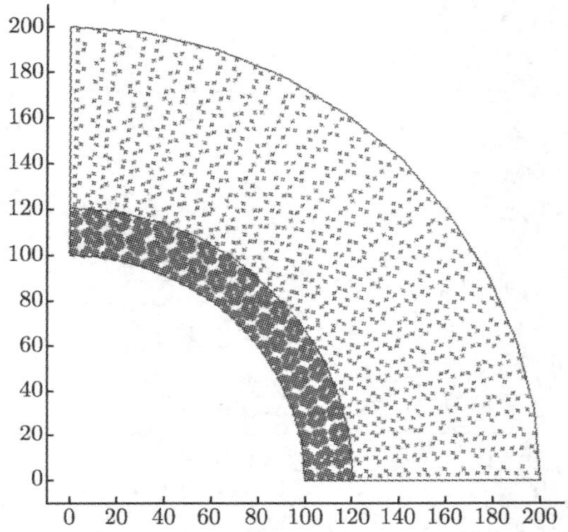

图 8-5 高斯点弹塑性应力状态分布

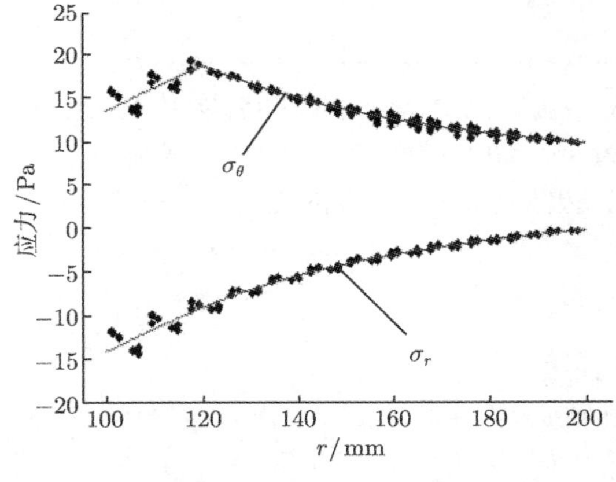

图 8-6 高斯点应力 σ_r、σ_θ 沿径向分布图

8.7.2 悬臂梁在自由端受集中荷载

图 8-7 所示一端受集中力作用的悬臂梁，长 L=8m，高 h=1m，取单位厚度，P=1N，E=10^5Pa，μ=0.25，σ_s=25Pa，采用线性强化模型，材料服从 Von Mises 屈服准则，切线模量 E_t= 0.2E，按平面应力问题考虑。

在 105(21×5) 和 205(41×5) 个结点布置下，采用自然单元法对该问题进行了计算，竖向位移计算结果如表 8-3 所示，表中还同时列出了文 [12] 无网格伽辽金法和 ANSYS 在 55 个规则结点布置下的计算结果，可以看出，各种方法所得的计算结果比较接近。

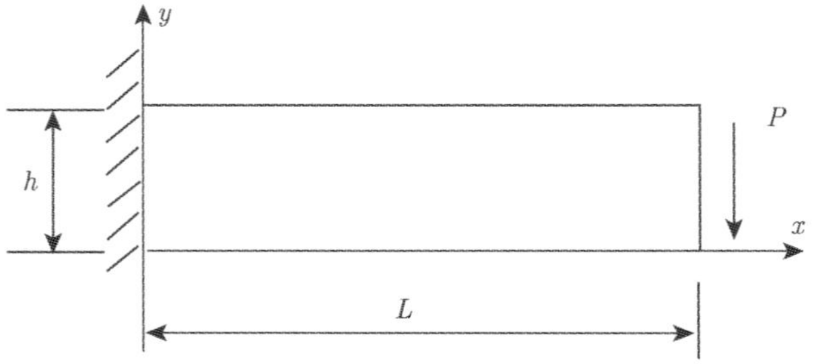

图 8-7　悬臂梁端部受集中力

表 8-3　受集中力作用的悬臂梁竖向位移　(单位：mm)

坐标/m	本书解		文 [12] 解	ANSYS 解
	105 点	205 点		
(1.6,0.5)	1.83	1.99	2.020	1.946
(3.2,0.5)	6.12	6.67	6.837	6.728
(4.8,0.5)	11.86	12.86	13.227	13.077
(6.4,0.5)	18.54	20.03	20.600	20.409
(8.0,0.5)	25.68	27.68	28.461	28.236

将上面的悬臂梁改为理想弹塑性材料，其他条件不变，按文 [11] 的公式计算可得弹性极限载荷为 $P_e = 0.5208334\text{N}$，塑性极限载荷为 $P_T = 0.78125\text{N}$，令 $\beta = P/P_T$，则当梁发生弹塑性变形时自由端的挠度可按下式计算：

$$w_0 = \frac{4}{9}\frac{P_T l^3}{EJ\beta^2}\left[\frac{10}{9} - (2+\beta)\sqrt{\frac{1-\beta}{3}}\right] \tag{8-84}$$

其中，J 为截面的惯性矩。

现将载荷分三步施加，首先施加至弹性极限载荷 0.52N，然后分两次施加载荷增量 0.13N 和 0.12N 至荷载水平 0.65N 和 0.77N，分别在 105(21×5) 和 205(41×5) 结点布置下对该问题进行计算，每一加载水平下梁端竖向位移计算结果见表 8-4。

表 8-4　不同加载步下受集中力作用理想弹塑性悬臂梁梁端竖向位移　(单位：mm)

荷载水平/N	本书解		理论解
	105 结点	205 结点	
0.52	10.34	10.64	10.64
0.65	13.10	13.49	13.58
0.77	17.86	18.49	19.85

可以看出，计算结果与理论解具有较好的一致性，但当载荷水平接近塑性极限载荷

时计算精度有所降低。

图 8-8 给出了加载至 0.77N 时不同 x 的横截面上高斯点应力分量 σ_x 的分布图，结果是合理的。

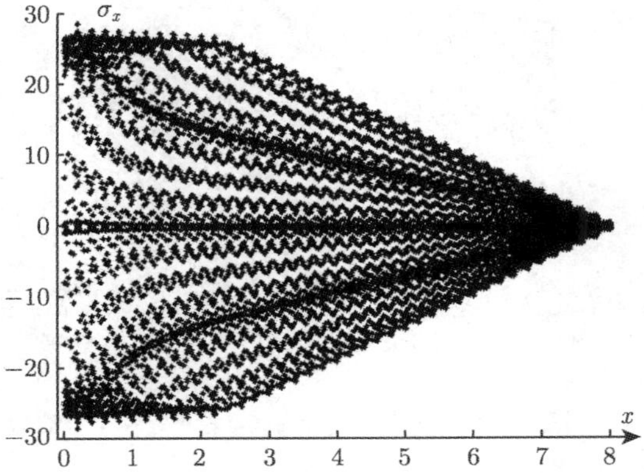

图 8-8 高斯点应力分量 σ_x 沿 x 分布

8.7.3 双边裂纹方板受均匀拉伸荷载

如图 8-9 所示，具有双边裂纹方板受均匀拉伸荷载作用。其中裂纹长度 a=50mm，板长和宽都为 L=200mm，板上下两端受有均布拉应力 σ=500MPa，弹性模量 E = 200GPa，泊松比 μ=0.3，切线模量 E^t=50GPa，塑性模量 $E^p=EE^t/(E-E^t)$，屈服应力 σ_s= 800MPa，考虑为平面应力状态。本算例中材料模型为各向同性线性强化模型，服从 Von Mises 屈服条件。考虑结构几何和载荷的对称性，在计算过程中，取左上端四分之一模型。图 8-10 为其结点分布图，共布置了 472 个结点。在计算过程中，共分为十个载荷步，每个载荷步的增量为 $\Delta\sigma$= 0.1σ。

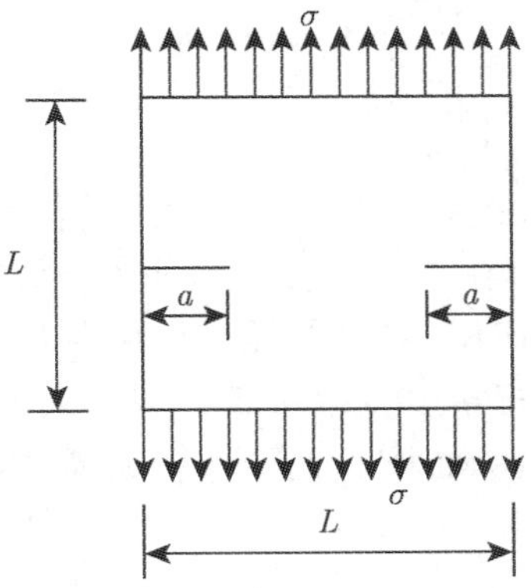

图 8-9 双边裂纹方板

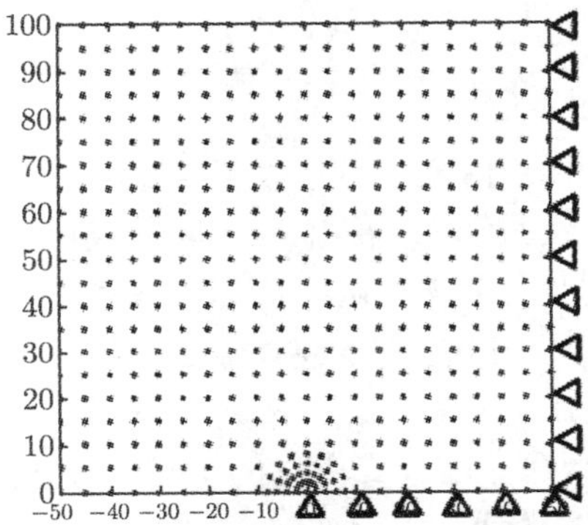

图 8-10 裂尖加密后结点分布和边界条件

图 8-11 给出了最后一个载荷步时的等效塑性应变图，从图中可以看出塑性变形区较多地出现在裂尖的前端附近区域。

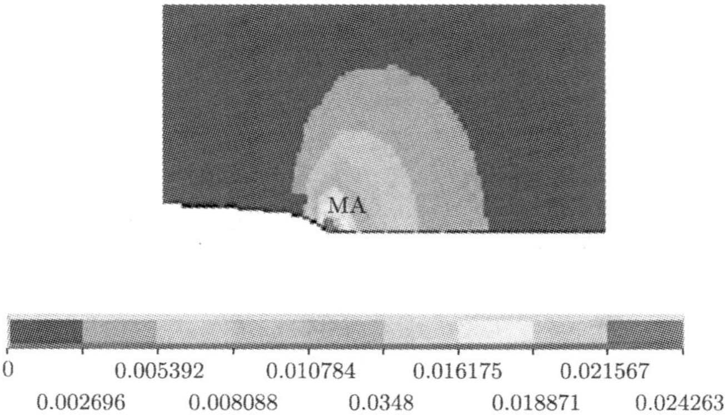

图 8-11　最后一个载荷步时的等效塑性应变图 (局部放大图)

图 8-12 为塑性区的尺寸与载荷的变化关系，此尺寸为塑性区在裂纹延长线上的尺寸。从图中可以看出，塑性区的尺寸随载荷的增大而逐渐增大。

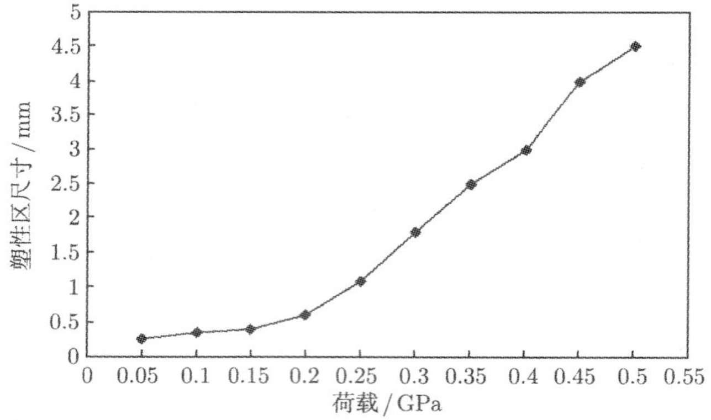

图 8-12　塑性区尺寸与载荷的变化关系

图 8-13 给出了应力强度因子 K_1 与载荷的变化关系，并与弹性解进行比较。从图中结果可以看出，K_1 随着载荷的增大而逐渐增大，由于塑性区应力释放的原因，K_1 的弹塑性解要比弹性解小，并随着载荷的增加，两者相差也逐渐增大。

图 8-14 给出了裂纹尖端正前方等效应力 σ 与到裂纹尖端距离的变化关系，并与文 [13] 用无网格局部 Petrov-Galerkin 方法的计算结果进行了比较。计算结果表明，两种方法计算所得的结果十分接近，并且均表现出等效应力 σ 随着到裂纹尖端距离的增大而逐渐减小的特征。

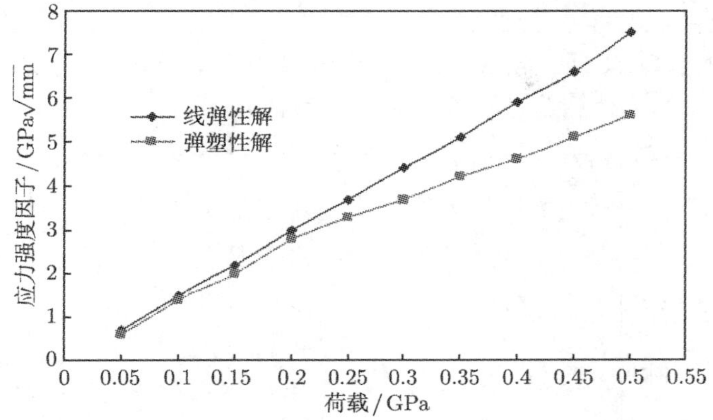

图 8-13 应力强度因子 K_I 与载荷的变化关系

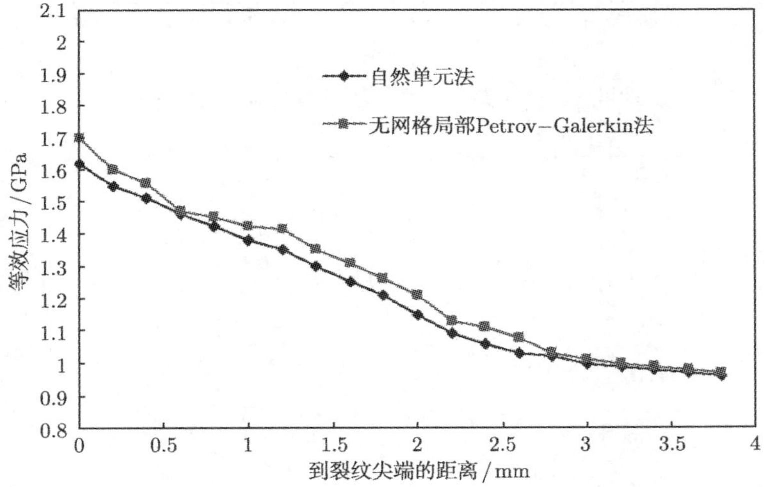

图 8-14 裂纹尖端前方的等效应力 $\bar{\sigma}\,(\theta = 0)$

图 8-15 给出了裂纹尖端处等效应力 $\bar{\sigma}$ 与载荷的变化关系，并同样与文 [13] 的结果进行比较。从图中结果可以看出，两种方法所得的等效应力 $\bar{\sigma}$ 随着载荷的增加均呈现增大的现象，自然单元法计算的结果要稍小一些。

为进一步研究自然单元法的计算精度，在裂纹尖端区域采用不加密和两种加密方案 (加密 15 个结点和加密 22 个结点) 进行计算，如图 8-16 所示。表 8-5 为不同加密方案下最后一个载荷步时应力强度因子的比较结果。

从表 8-5 可以看出，裂纹端部不同的加密方案对计算结果会产生了一定的影响，随着加密结点个数的增多，计算的精度也随之提高。对于自然单元法而言，在裂纹尖端实施结点加密过程是比较容易实现的，可以根据求解问题的精度要求，选择不同的加密结点数，通过增加结点的个数来提高计算的精度，当然，随着加密结点个数的增加，用于计算的时间成本也会有所增加。

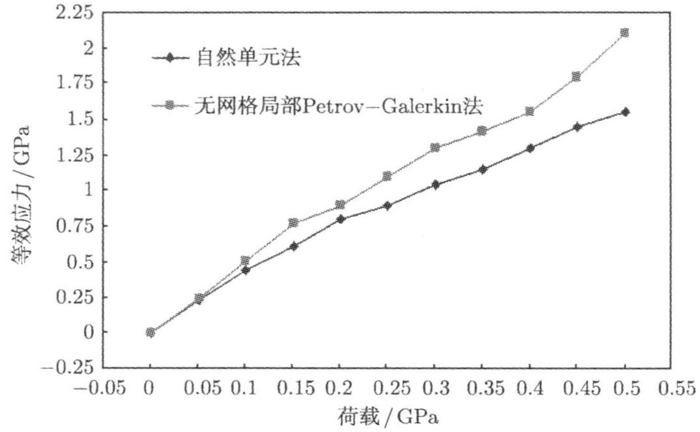

图 8-15 裂纹尖端等效应力 $\bar{\sigma}$ 与载荷的变化关系

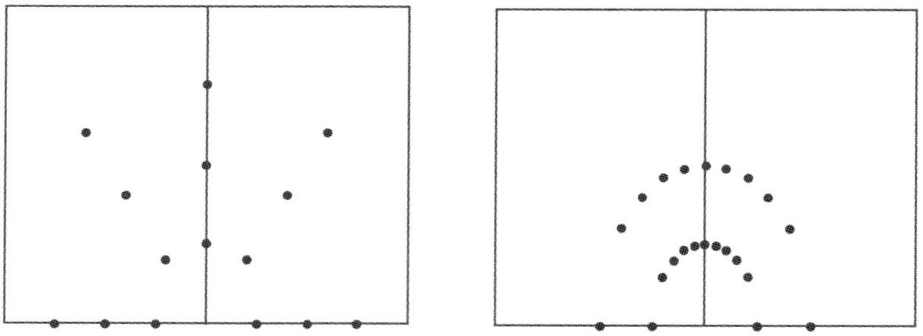

图 8-16 裂纹尖端结点加密方案

表 8-5 不同加密程度下应力强度因子的比较

加密方案	$K_1/\text{GPa}\sqrt{\text{mm}}$	K_1/K'_1	$K'_1/\text{GPa}\sqrt{\text{mm}}$	误差/%
不加密	10.3845	0.9295	11.1721	7.05
加密 15 个结点	10.6942	0.9572	11.1721	4.28
加密 22 个结点	11.3530	1.0162	11.1721	1.62

注: K'_1 表示应力强度因子经塑性修正后的理论值 [14]

表 8-6 还给出了在裂纹尖端加密 22 个结点情况下，不同积分围线所得的应力强度因子计算结果。从表中结果可以看出，由于围线积分法沿着选定的绕裂纹尖端

围线上的应力场和位移场进行积分以求得应力强度因子，积分围线的选取对于计算结果有一定的影响，积分围线范围越大，计算结果越精确。

表 8-6 积分围线对应力强度因子 K_1 的影响 (单位：GPa$\sqrt{\text{mm}}$)

积分围线	K_1	K'_1	误差/%
80×40	11.3532	11.1721	1.63
70×35	11.5999	11.1721	3.83
60×30	11.7285	11.1721	4.98
50×25	11.8782	11.1721	6.32
40×20	12.0391	11.1721	7.76

注：K'_1 表示应力强度因子经塑性修正后的理论值 [14]

8.7.4 悬臂梁的裂纹扩展模拟

图 8-17 为一右端固接的悬臂梁，梁长 L=6m，高 H=2m，取单位厚度。初始裂纹水平布置在梁的左侧中部，长 a=2m。在梁的自由端上下两侧受到一对大小相等，方向相反的集中力 P 作用，P = 10kN，泊松比 μ = 0.17，E = 25.5GPa，材料的断裂韧度为 12.7MPa$\sqrt{\text{m}}$。

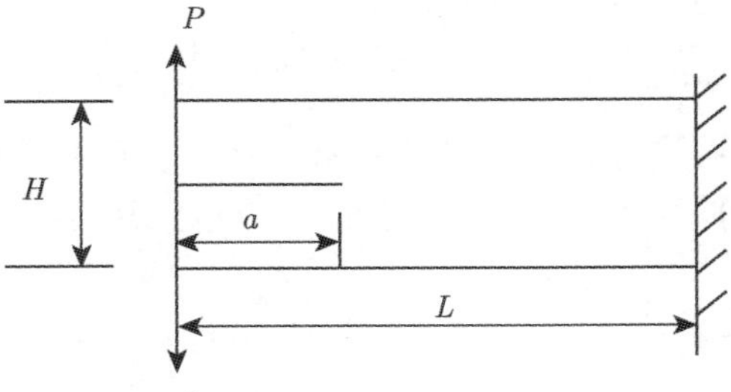

图 8-17 右端固接的悬臂梁

采用自然单元法并基于最大周向应力扩展准则对裂纹扩展过程进行了模拟追踪，共布置了 1281 个结点，如图 8-18 所示。

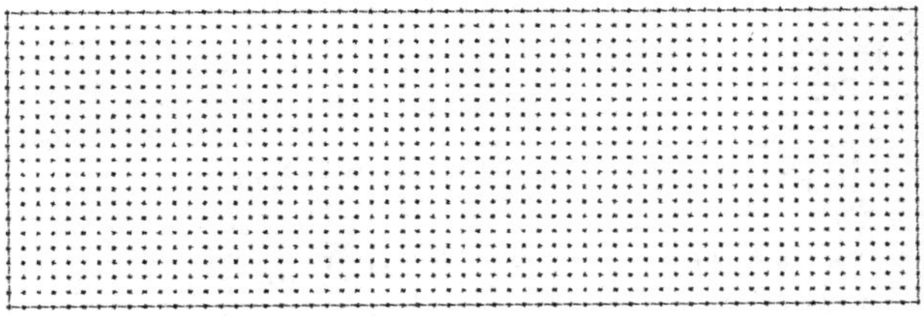

图 8-18 计算模型

在裂纹的扩展模拟中，选取扩展步长为初始裂纹长度的 7%，将初始裂尖的位置设置为整体坐标的原点，并在每步扩展新生成的裂尖位置处建立局部坐标系，如图 8-19 中所示的整体坐标系 $x_0c_0y_0$，以及与扩展步相对应建立的局部坐标系 $x_1c_1y_1$、$x_2c_2y_2$ 等。局部坐标系 x 轴的方向即为裂纹扩展的方向，y 轴的方向垂直于扩展的方向。对于围线积分而言，每步扩展后积分区域的中心即为局部坐标系的原点，构成积分区域的矩形围线分别与局部坐标的 x 轴和 y 轴垂直。每扩展一步后，便可根据扩展的方向 θ 和扩展步长 $\mathrm{d}a$ 计算出新的裂尖在整体坐标系中的坐标，而原来的裂尖在垂直扩展方向上一分为二。在计算过程中，共分为 20 个载荷步，每个载荷步的增量为 $\Delta\sigma = 0.05\sigma$。

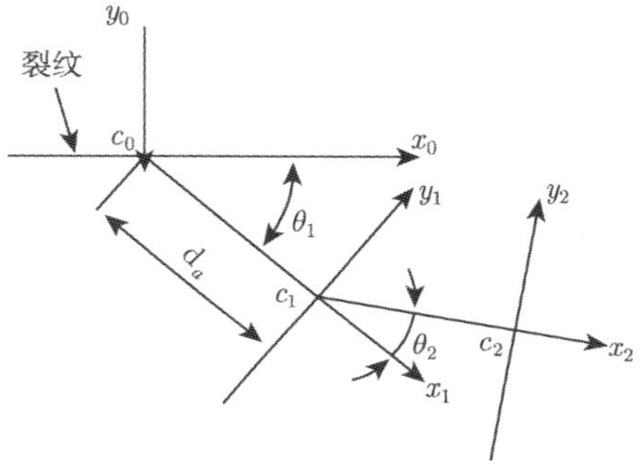

图 8-19　裂纹扩展示意图

将裂纹扩展后的结果与文献 [15] 中相同算例的计算结果进行比较，如图 8-20 所示，可以看出两条曲线基本一致，也表明自然单元法运用于裂纹扩展模拟的可行性。

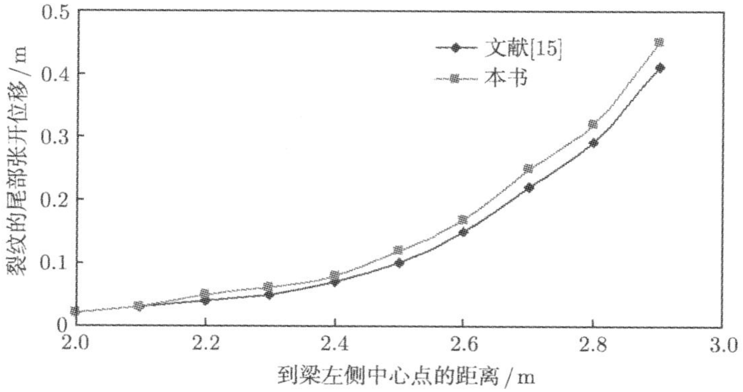

图 8-20　裂纹的尾部张开位移图

图 8-21、图 8-22 分别给出了裂纹扩展第 9 步时梁的水平方向和竖直方向应力

图。从图中可以看出，在裂纹尖端的附近区域出现了明显的拉应力集中现象，表明悬臂梁的开裂破坏最先是从裂纹处的张拉破坏开始，而后裂纹逐步扩展，最终导致破坏。

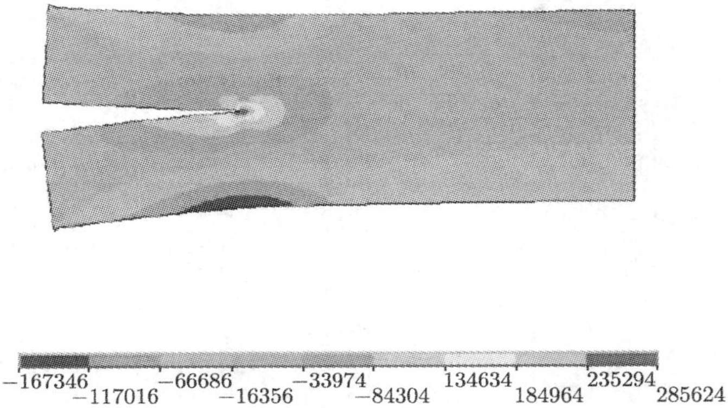

图 8-21 悬臂梁水平方向正应力 σ_x 图 (单位：Pa)

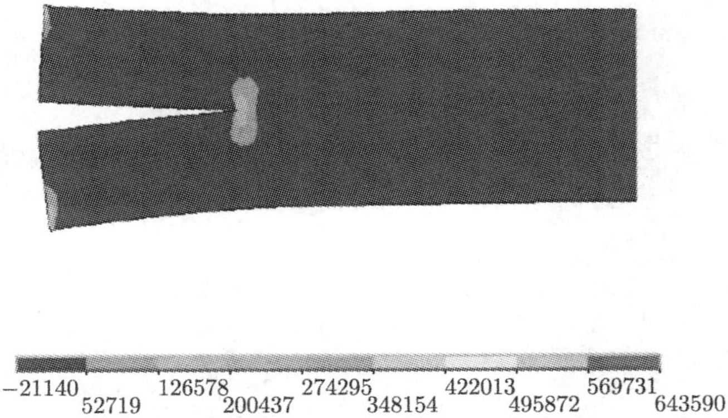

图 8-22 悬臂梁竖直方向正应力 σ_y 图 (单位：Pa)

8.7.5 复合裂纹应力强度因子的计算及裂纹扩展

考虑如图 8-23 所示受拉剪作用的带有裂纹的矩形薄板，其中，$h = 75$mm，$b = 50$mm，$a = 10$mm，裂纹中心位于试件的中心，裂纹与加载方向的夹角 $\alpha = 45°$。试件的材料参数为：$E = 4.0\times10^9$Pa，泊松比 μ=0.3，断裂韧度 K_{1c}= 0.5MPa$\sqrt{\text{m}}$。在竖直方向施加单向均布拉伸载荷 $\sigma=1.0\times10^8$Pa，屈服应力 $\sigma_s=4.0\times10^8$Pa，本算例中，材料模型为理想弹塑性模型，服从 Von Mises 屈服条件。

采用自然单元法对该问题进行计算分析，共布置了 651 个结点，如图 8-24 所示。

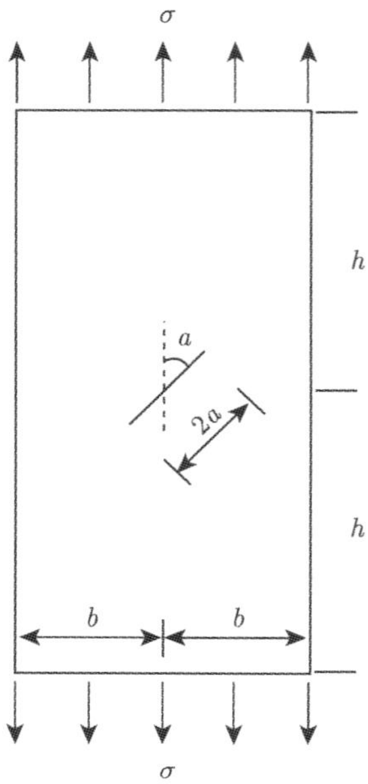

图 8-23　拉剪裂纹试件

图 8-24　计算模型

1) 线弹性情况下的应力强度因子

考虑本例为弹性情况，计算了在 $\alpha = 45°$ 和 $\alpha = 67.5°$ 两种情况下，斜裂纹的应力强度因子 K_1 和 K_2。其结果见表 8-7。

表 8-7　中心斜裂纹的应力强度因子　(单位：$\mathrm{MPa}\sqrt{\mathrm{m}}$)

α	K_1		误差/%	K_2		误差/%
	解析解	本书解		解析解	本书解	
45°	8.86	9.19	3.77	8.86	9.10	2.79
67.5°	15.12	15.45	2.16	6.27	6.39	1.98

注：解析解 [16] 为 $K_1=\sigma\sin^2\alpha\sqrt{\pi a}$，$K_2=\sigma\sin\alpha\cos\alpha\sqrt{\pi a}$

由表 8-7 可见，计算斜裂纹的应力强度因子 K_1 和 K_2 的误差都在 5%以内，计算结果与理论值吻合较好。

2) 弹塑性情况下的应力强度因子

考虑本例为理想弹塑性情况，在计算过程中，共分为 50 个载荷步，每个载荷步的增量为 $\Delta\sigma = 0.02\sigma$。裂纹每步扩展步长为 0.4mm，计算自 1~15 荷载步对应的应力强度因子，结果见图 8-25。从中可以看出，裂纹发生扩展之后，K_1 随着开裂步的增加不断增大，而 K_2 几乎为 0。这也表明，在单轴拉伸作用下，本例的裂纹扩展主要是 I 型断裂的结果。

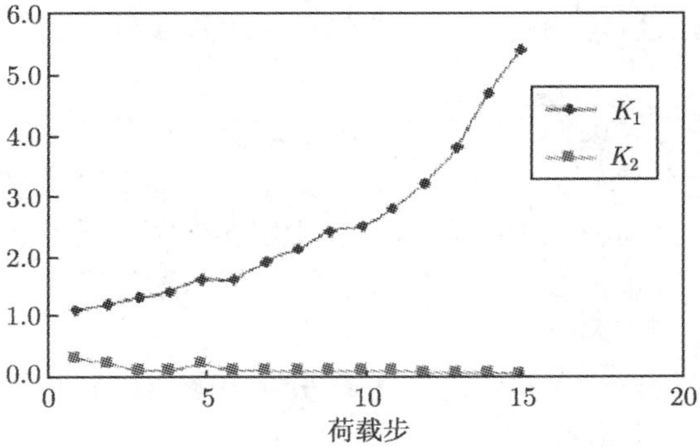

图 8-25 不同荷载步下的裂纹应力强度因子

3) 裂纹的扩展轨迹

采用弹塑性周界上最大周向应力扩展准则对裂纹扩展过程进行了计算，裂纹的扩展步长控制为 0.4mm，图 8-26 给出了裂纹的扩展轨迹，图中也列出了文 [8] 采用弹塑性周界线上最大周向应变扩展准则所得的扩展轨迹。比较两种方法所得的结果可以发现，裂纹的扩展轨迹基本吻合，与实际的 I 型裂纹占优情况相符。

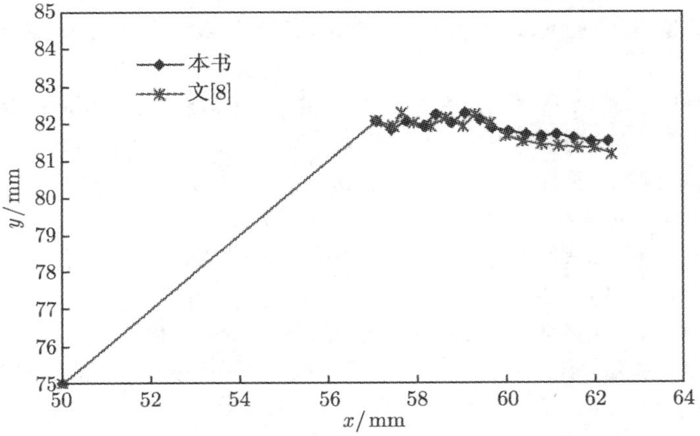

图 8-26 裂纹的传播轨迹

8.8 本 章 小 结

本章在弹塑性增量理论的基础上，详细推导了 VonMises 屈服准则下线性强化材料弹塑性矩阵的计算列式，给出了弹塑性问题的自然单元法基本方程，采用 Newton-Raphson 迭代方法进行计算。并就根据应变增量计算应力增量时所涉及的相关问题进行了阐述，包括加载状态的确定和过渡状态下的比例因子计算，采用折算应力方法计算过渡状态的应力增量及执行一致性条件，避免了对过渡状态下比例因子的迭代计算。

探讨了小范围屈服条件下应力强度因子的修正过程，并就裂纹扩展模拟的几个关键问题进行了分析研究，给出了裂纹扩展数值模拟的自然单元法实现过程。以弹塑性周界上最大周向应力准则作为裂纹扩展准则，利用围线积分法计算应力强度因子，基于自然单元法进行了裂纹扩展过程的数值模拟，得到了裂纹扩展的轨迹。

算例结果表明了自然单元法应用于弹塑性力学问题和弹塑性断裂力学问题的可行性，且具有较高的计算精度。

参考文献

[1] Cueto E, Sukumar N, Calvo B, et al. Overview and recenet advances in natural neighbour Galerkin methodes[J]. International Journal for Numerical Methods in Engineering, 2003, 4: 307-384.

[2] 朱合华, 杨宝红, 蔡永昌, 等. 无网格自然单元法在弹塑性分析中的应用 [J]. 岩土力学，2004, 25(4): 671-674.

[3] 张英新，王建华，高绍武. 二维弹塑性自然单元法算法实现 [J]. 上海交通大学学报, 2005, 39(5): 727-730.

[4] 陈惠发，萨里普 A F. 弹性与塑性力学 [M]. 北京：中国建筑工业出版社, 2004.

[5] 崔世杰，张清杰. 应用塑性力学 [M]. 郑州：河南科学技术出版社, 1992.

[6] 鹫津久一郎. 弹性和塑性力学中的变分法 [M]. 北京: 科学出版社, 1984.

[7] 范天佑. 断裂理论基础 [M]. 北京: 科学出版社, 2003.

[8] 战人瑞. 屈服准则与裂纹开裂判据 [J]. 西南石油学院学报, 1988, 10(3): 36-44.

[9] Erdogan F, Sih G C. On crack extension in plates under plane loading and transverse shear[J]. Journal of Fluids Engineering, 1963, 85(4):519-525.

[10] 中国科学院北京力学研究所十二室. 一个新的复合型断裂准则 [J]. 力学学报, 1976, 12(2): 98-103.

[11] 严宗达. 塑性力学 [M]. 天津：天津大学出版社, 1988.

[12] 龙述尧，陈莘莘. 弹塑性力学问题的无单元伽辽金法 [J]. 工程力学, 2003, 20(2): 66-70.

[13] 刘凯远，龙述尧. 无网格局部 Petrov-Galerkin 方法在弹塑性断裂力学问题中的应用 [J]. 固体力学学报, 2009, 30(1): 48-53.

[14] 中国航空研究院. 应力强度因子手册 [M]. 北京: 科学出版社, 1981.

[15] Huang R, Sukumar N, Prvost J H. Modeling quasi-static crack growth with the extended finite element method Part II: Numerical applications[J]. International Journal of Solids and Structure，2003, 40(26):7539-7552.

[16] 尹双增. 断裂损伤理论及应用 [M]. 北京: 清华大学出版社,1992.

第 9 章　几何-材料双重非线性问题的自然单元法

在线弹性问题中，假设变形是微小的，即一是假定物体所发生的位移远小于物体自身的几何尺度；二是假定在加载和变形过程中的应变可用一阶微量的线性应变进行度量。实际中经常会碰到很多不符合小变形假设的问题，例如板、壳等薄壁结构在一定载荷作用下，尽管应变很小，甚至远未超过弹性极限，但是位移很大，并可能发生较大的转动等。对于这些不符合小变形假设的问题，其分析方法和过程等均与线弹性问题存在一些不同。Fallah 等[1] 比较了有限元和有限体积方法在几何非线性应力分析中的应用情况。Arciniega 等[2] 运用有限元法对几何非线性壳体结构进行了分析和研究。Cui 等[3] 运用光滑有限元法对几何非线性板壳问题进行了研究。秦剑等[4] 根据样条有限元方法的基本原理，拓展建立了一种几何非线性样条有限元方法。杜宇[5] 应用四边形面积坐标法处理非线性问题，实现了四边形面积坐标膜元的隐式几何非线性计算。胡德安等[6,7] 应用无网格迦辽金法对几何非线性问题相关的领域进行了分析和研究。聂旭涛等[8] 利用无网格法分析了几何非线性力学问题，验证了无网格法在几何非线性力学问题中的可行性。Wen 等[9] 应用无网格法对几何非线性 Reissner-Mindlin 板进行了计算。杜婉莹等[10] 应用伽辽金最小二乘无网格法进行了几何非线性分析。Han 和张希等[11,12] 采用无网格局部彼得洛夫-伽辽金法对大变形问题进行了分析和研究。

材料非线性问题是相对于线弹性问题中完全弹性假设而言的，在线弹性问题中假设研究对象是完全弹性的，这使得研究对象的应力应变之间完全服从胡克定律，而实际问题中的很多材料在变形的过程中不一定服从这样的规律。关于材料非线性问题的数值分析已有大量的研究成果，Desikan 等[13] 运用有限元法对材料非线性问题进行了分析和研究。华天瑞等[14] 对应用摄动边界元法分析材料非线性问题相关的领域进行了研究。张溪常等[15] 构造了可用于对空间弹塑性问题进行分析的杂交混合元法。段克让等[16] 采用了局部坐标变换有限分析法对材料非线性结构问题进行了分析和研究。闫相桥等[17] 对材料非线性有限元法的有效性问题进行了讨论。李卧东等[18] 应用无网格法建立了可分析弹塑性问题的无网格法，并应用该方法计算了中心裂纹板的塑性区分布以及极限荷载等，数值结果表明了应用无网格法分析弹塑性问题的可行性和有效性。杨成祥[19] 引入进化的思想，利用遗传算法和遗传规划的全局优化搜索技术，进行了材料非线性模型识别的进化方法研究。卓家寿等[20] 在其专著《工程材料的本构演绎》中论述了工程中常见材料的宏观本构行为。

本章主要针对几何非线性和材料-几何双重非线性问题，充分利用自然单元法在形函数构造的过程中仅需结点信息这一无网格方法的优点，以及其本质边界条件的施加非常便利这一很多无网格法不具备的优点，建立相应的自然单元法模型，并对其中的相关问题和求解方法进行研究和探讨。

9.1　几何非线性分析的自然单元法

在几何线性问题的分析中，假设研究对象满足小变形假定，它包含了两方面内涵：一是假定研究对象所发生的位移远小于研究对象自身的几何尺度，在此前提下，建立结构或微元体的平衡条件时，可以不考虑研究对象的位置和形状 (简称位形) 的变化，因此分析中不必区分变形前和变形后的位形；二是假定在加载和变形过程中的应变可用一阶微量的线性应变进行度量，即应变与位移成一阶线性关系。

对于不符合小变形假设的非线性问题即为几何非线性问题，根据小变形假设的内涵，可将几何非线性问题分为小变形几何非线性问题和大变形几何非线性问题。

9.1.1　小变形几何非线性问题

对于小变形情况，可认为研究对象所发生的位移远小于其自身的几何尺度，在此前提下，建立结构或微元体的平衡条件时可以不考虑研究对象的位形的变化，因此在分析过程中不必区分变形前和变形后的位形，可以以变形前的位形建立相关的方程。

以变形前的位形建立相关的方程，则对于任一研究对象，其内部任意一点的应变与位移之间的几何关系可假设为

$$\boldsymbol{\varepsilon} = \boldsymbol{L}\boldsymbol{u} \tag{9-1}$$

其中，$\boldsymbol{L}$ 为算子。

在几何线性问题中，认为研究对象在加载和变形过程中的应变可用一阶微量的线性应变进行度量，即应变与位移成一阶线性关系，式 (9-1) 中的算子为

$$\boldsymbol{L} = \begin{bmatrix} \phi_{1,x} & 0 & \phi_{2,x} & 0 & \cdots & \phi_{n,x} & 0 \\ 0 & \phi_{1,y} & 0 & \phi_{2,y} & \cdots & 0 & \phi_{n,y} \\ \phi_{1,y} & \phi_{1,x} & \phi_{2,y} & \phi_{2,x} & \cdots & \phi_{n,y} & \phi_{n,x} \end{bmatrix} \tag{9-2}$$

但对于小变形几何非线性问题，应变与位移不再满足上述关系，但仍可通过几何分析确定各点的应变与位移之间的关系，研究对象内部任意一点的应变与位移

之间的几何关系通常表述为如下形式:

$$\begin{cases} \boldsymbol{\varepsilon} = \boldsymbol{L}_1\boldsymbol{u} \\ \delta\boldsymbol{\varepsilon} = \boldsymbol{L}_2\delta\boldsymbol{u} \end{cases} \tag{9-3}$$

其中，$\boldsymbol{L}_1$ 和 $\boldsymbol{L}_2$ 的具体形式详见 9.1.1.2 节中的式 (9-15) 和式 (9-16)。

9.1.1.1 基本方程

由于在小变形问题中可以用变形前的位形建立相关的方程，因此在研究域为 $\varOmega$，边界为 $\varGamma=\varGamma_u+\varGamma_t$($\varGamma_u$、$\varGamma_t$ 分别为位移边界和应力边界，满足 $\varGamma_u\cup\varGamma_t=\varGamma$，$\varGamma_u\cap\varGamma_t=\phi$) 的平面问题中，对于完全弹性材料，其静态平衡方程、物理方程和边界条件与第 2 章的相关方程相同，即平衡方程为

$$\sigma_{ij,j}+b_i=0 \tag{9-4}$$

物理方程为

$$\sigma_{ij}=D_{ijkl}\varepsilon_{kl} \tag{9-5}$$

边界条件为

$$\begin{cases} u_i=\bar{u}_i & \boldsymbol{x}\in\varGamma_u \\ \sigma_{ij}n_j=\bar{t}_i & \boldsymbol{x}\in\varGamma_t \end{cases} \tag{9-6}$$

但其几何方程与几何线性问题中的相关方程有所不同，应变与位移之间不满足一阶线性关系，但可假设为式 (9-3)。

根据平衡方程式 (9-4) 及边界条件式 (9-6)，同时考虑在位移边界上 $\delta\boldsymbol{u}=0$，可得等效积分形式的伽辽金方程为

$$\int_{\varOmega}\delta u_i(\sigma_{ij,j}+b_i)\mathrm{d}\varOmega-\int_{\varGamma_t}\delta u_i(\sigma_{ij}n_j-\bar{t}_i)\mathrm{d}\varGamma=0 \tag{9-7}$$

对上式进行分部积分，则有

$$\int_{\varOmega}(\delta\varepsilon_{ij}\sigma_{ij})\mathrm{d}\varOmega=\int_{\varOmega}\delta u_i b_i\mathrm{d}\varOmega+\int_{\varGamma_t}\delta u_i\bar{t}_i\mathrm{d}\varGamma \tag{9-8}$$

上式可写成以矩阵形式表示的方程式:

$$\int_{\varOmega}\delta\boldsymbol{\varepsilon}^{\mathrm{T}}\boldsymbol{\sigma}\mathrm{d}\varOmega=\int_{\varOmega}\delta\boldsymbol{u}^{\mathrm{T}}\boldsymbol{\varPhi}^{\mathrm{T}}\boldsymbol{b}\mathrm{d}\varOmega+\int_{\varGamma_t}\delta\boldsymbol{u}^{\mathrm{T}}\boldsymbol{\varPhi}^{\mathrm{T}}\bar{\boldsymbol{t}}\mathrm{d}\varGamma \tag{9-9}$$

将式 (9-3)、式 (9-5) 代入上式，可得

$$\int_{\varOmega}\delta\boldsymbol{u}^{\mathrm{T}}\boldsymbol{L}_2^{\mathrm{T}}\boldsymbol{D}\boldsymbol{L}_1\boldsymbol{u}\mathrm{d}\varOmega=\int_{\varOmega}\delta\boldsymbol{u}^{\mathrm{T}}\boldsymbol{\varPhi}^{\mathrm{T}}\boldsymbol{b}\mathrm{d}\varOmega+\int_{\varGamma_t}\delta\boldsymbol{u}^{\mathrm{T}}\boldsymbol{\varPhi}^{\mathrm{T}}\bar{\boldsymbol{t}}\mathrm{d}\varGamma \tag{9-10}$$

考虑到 $\delta\boldsymbol{u}$ 的任意性，则可得小变形几何非线性自然单元法模型为

$$\boldsymbol{K}\boldsymbol{u}=\boldsymbol{F} \tag{9-11}$$

其中，$\boldsymbol{K}=\int_{\Omega}\boldsymbol{L}_2^{\mathrm{T}}\boldsymbol{D}\boldsymbol{L}_1\mathrm{d}\Omega$ 为总体刚度矩阵，$\boldsymbol{F}=\int_{\Omega}\boldsymbol{\Phi}^{\mathrm{T}}\boldsymbol{b}\mathrm{d}\Omega+\int_{\Gamma_t}\boldsymbol{\Phi}^{\mathrm{T}}\bar{\boldsymbol{t}}\mathrm{d}\Gamma$ 为等效结点力矢量。

9.1.1.2　小变形非线性几何关系

在小变形几何非线性问题中，常用的几何关系为格林应变关系，对于二维问题，格林应变可由位移 $\boldsymbol{u}$ 和 $\boldsymbol{v}$ 定义为

$$\begin{cases}\varepsilon_x=\dfrac{\partial u}{\partial x}+\dfrac{1}{2}\left[\left(\dfrac{\partial u}{\partial x}\right)^2+\left(\dfrac{\partial v}{\partial x}\right)^2\right]\\ \varepsilon_y=\dfrac{\partial v}{\partial y}+\dfrac{1}{2}\left[\left(\dfrac{\partial u}{\partial y}\right)^2+\left(\dfrac{\partial v}{\partial y}\right)^2\right]\\ \gamma_{xy}=\dfrac{\partial u}{\partial y}+\dfrac{\partial v}{\partial x}+\dfrac{\partial u}{\partial x}\dfrac{\partial u}{\partial y}+\dfrac{\partial v}{\partial x}\dfrac{\partial v}{\partial y}\end{cases} \tag{9-12}$$

用矩阵形式可写为

$$\boldsymbol{\varepsilon}=\begin{bmatrix}\dfrac{\partial u}{\partial x}+\dfrac{1}{2}\left[\left(\dfrac{\partial u}{\partial x}\right)^2+\left(\dfrac{\partial v}{\partial x}\right)^2\right]\\ \dfrac{\partial v}{\partial y}+\dfrac{1}{2}\left[\left(\dfrac{\partial u}{\partial y}\right)^2+\left(\dfrac{\partial v}{\partial y}\right)^2\right]\\ \dfrac{\partial u}{\partial y}+\dfrac{\partial v}{\partial x}+\dfrac{\partial u}{\partial x}\dfrac{\partial u}{\partial y}+\dfrac{\partial v}{\partial x}\dfrac{\partial v}{\partial y}\end{bmatrix}=\begin{bmatrix}\dfrac{\partial u}{\partial x}\\ \dfrac{\partial v}{\partial y}\\ \dfrac{\partial u}{\partial y}+\dfrac{\partial v}{\partial x}\end{bmatrix}$$

$$+\frac{1}{2}\begin{bmatrix}\dfrac{\partial u}{\partial x} & \dfrac{\partial v}{\partial x} & 0 & 0\\ 0 & 0 & \dfrac{\partial u}{\partial y} & \dfrac{\partial v}{\partial y}\\ \dfrac{\partial u}{\partial y} & \dfrac{\partial v}{\partial y} & \dfrac{\partial u}{\partial x} & \dfrac{\partial v}{\partial x}\end{bmatrix}\begin{bmatrix}\dfrac{\partial u}{\partial x}\\ \dfrac{\partial v}{\partial x}\\ \dfrac{\partial u}{\partial y}\\ \dfrac{\partial v}{\partial y}\end{bmatrix}$$

$$=\boldsymbol{B}\boldsymbol{u}+\frac{1}{2}\boldsymbol{A}\boldsymbol{G}\boldsymbol{u}=\left(\boldsymbol{B}+\frac{1}{2}\boldsymbol{A}\boldsymbol{G}\right)\boldsymbol{u} \tag{9-13}$$

式中，

$$\boldsymbol{B}=\begin{bmatrix}\phi_{1,x} & 0 & \phi_{2,x} & 0 & \cdots & \phi_{n,x} & 0\\ 0 & \phi_{1,y} & 0 & \phi_{2,y} & \cdots & 0 & \phi_{n,y}\\ \phi_{1,y} & \phi_{1,x} & \phi_{2,y} & \phi_{2,x} & \cdots & \phi_{n,y} & \phi_{n,x}\end{bmatrix}$$

$$\boldsymbol{A}=\begin{bmatrix}\dfrac{\partial u}{\partial x} & \dfrac{\partial v}{\partial x} & 0 & 0\\ 0 & 0 & \dfrac{\partial u}{\partial y} & \dfrac{\partial v}{\partial y}\\ \dfrac{\partial u}{\partial y} & \dfrac{\partial v}{\partial y} & \dfrac{\partial u}{\partial x} & \dfrac{\partial v}{\partial x}\end{bmatrix},\boldsymbol{G}=\begin{bmatrix}\phi_{1,x} & 0 & \phi_{2,x} & 0 & \cdots & \phi_{n,x} & 0\\ 0 & \phi_{1,x} & 0 & \phi_{2,x} & \cdots & 0 & \phi_{n,x}\\ \phi_{1,y} & 0 & \phi_{2,y} & 0 & \cdots & \phi_{n,y} & 0\\ 0 & \phi_{1,y} & 0 & \phi_{2,y} & \cdots & 0 & \phi_{n,y}\end{bmatrix}$$

则几何方程 (9-3) 可写成

$$\left\{\begin{array}{l}\boldsymbol{\varepsilon}=\left(\boldsymbol{B}+\dfrac{1}{2}\boldsymbol{AG}\right)\boldsymbol{u}\\ \mathrm{d}\boldsymbol{\varepsilon}=(\boldsymbol{B}+\boldsymbol{AG})\mathrm{d}\boldsymbol{u}\end{array}\right. \tag{9-14}$$

$\boldsymbol{L}_1$ 算子为

$$\boldsymbol{L}_1=\boldsymbol{B}+\frac{1}{2}\boldsymbol{AG} \tag{9-15}$$

$\boldsymbol{L}_2$ 算子为

$$\boldsymbol{L}_2=\boldsymbol{B}+\boldsymbol{AG} \tag{9-16}$$

将上述 $\boldsymbol{L}_1$ 和 $\boldsymbol{L}_2$ 算子代入式 (9-11) 中的总体刚度矩阵和等效结点力矢量的表达式中，小变形几何非线性自然单元法的求解方程仍为

$$\boldsymbol{Ku}=\boldsymbol{F} \tag{9-17}$$

但其中的总体刚度矩阵 $\boldsymbol{K}=\displaystyle\int_{\varOmega}(\boldsymbol{B}+\boldsymbol{AG})^{\mathrm{T}}\boldsymbol{D}\left(\boldsymbol{B}+\frac{1}{2}\boldsymbol{AG}\right)\mathrm{d}\varOmega$，等效结点力矢量 $\boldsymbol{F}=\displaystyle\int_{\varOmega}\boldsymbol{\varPhi}^{\mathrm{T}}\boldsymbol{b}\mathrm{d}\varOmega+\int_{\varGamma_t}\boldsymbol{\varPhi}^{\mathrm{T}}\bar{\boldsymbol{t}}\mathrm{d}\varGamma$。

9.1.1.3 求解步骤

对于式 (9-17) 所示的小变形几何非线性问题的求解方程，在计算过程中涉及矩阵 $\boldsymbol{A}$，而矩阵 $\boldsymbol{A}$ 与变形后的位移 $\boldsymbol{u}$ 有关，因此，式 (9-17) 是关于位移 $\boldsymbol{u}$ 的隐式方程，其相对于显式方程的求解更为复杂。为了能够得到相应的解答，采用如下步骤进行求解：

第一步，线性计算：

(1) 采用线弹性自然单元法计算刚度矩阵 $\boldsymbol{K}$，相应的等效结点力矢量 $\boldsymbol{F}$。

(2) 求解 $\boldsymbol{F}$ 下的位移 $\boldsymbol{u}$。

第二步，小变形几何非线性计算：

(1) 计算在位移 $\boldsymbol{u}$ 时的小变形几何非线性刚度矩阵 $\boldsymbol{K}$。

(2) 求解等效结点力矢量 $\boldsymbol{F}$ 下的位移 $\boldsymbol{u}_1$。

(3) 比较位移 $\boldsymbol{u}$ 和 $\boldsymbol{u}_1$，若二者的误差满足计算精度要求，则 $\boldsymbol{u}=\boldsymbol{u}_1$，结束本步程序的计算；否则，令 $\boldsymbol{u}=\boldsymbol{u}_1$，重复第二步。

9.1.2 大变形几何非线性问题

对于大变形问题，一般认为研究对象所发生的位移相对于其自身的几何尺度不能忽略，在此前提下，建立结构或微元体的平衡关系时必须考虑研究对象的位形变化。因此，分析中必须区分变形前和变形后的位形，在结构的位移随加载过程不断变化时，必须建立参考位形，以参考位形表征其变化过程。

9.1.2.1 几何描述

对于初始位形 $t=0$ 时刻的情况下，可以定义各点的坐标为 ${}^0\boldsymbol{x}$，t 时刻位形定义各点的坐标为 ${}^t\boldsymbol{x}$，各点的位移为 ${}^t\boldsymbol{u}$，如图 9-1 所示，则初始坐标与 t 时刻坐标的映射关系为

$$ {}^t\boldsymbol{x} = \varphi({}^0\boldsymbol{x}, t) = {}^0\boldsymbol{x} + {}^t\boldsymbol{u} = {}^0\boldsymbol{x} + \boldsymbol{u} \tag{9-18} $$

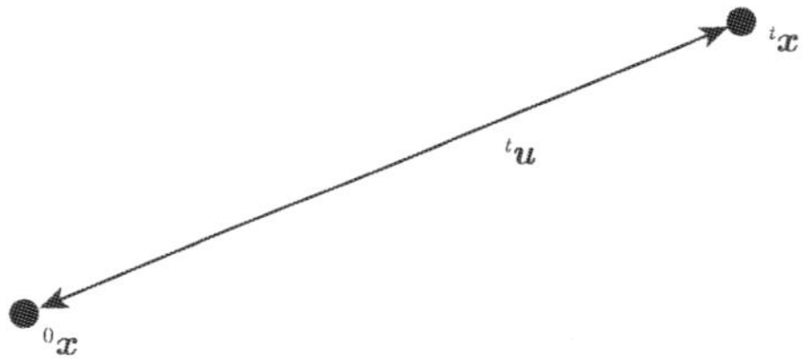

图 9-1 结点信息的变化

由于 ${}^t\boldsymbol{u}$ 相对于研究对象的位形不能忽略，因此，在计算过程中需要考虑结点信息的变化情况。

对于小变形问题，一般不需考虑结点的信息变化，故可以用初始时刻的位形进行分析，这种以初始时刻位形建立的坐标体系为 Lagrange 坐标体系。但在大变形过程中，物体在外载作用下，将处于新的平衡或运动状态，这些状态都是在物体产生变形以后发生的，因此，需要建立新的坐标体系，这种以变形后的位形建立的坐标体系称为 Euler 坐标体系。但由于边界条件等都是基于初始时刻的位形给出的，而 t 时刻的位形是一未知量，因此在应用 Euler 坐标体系建立相应方程时存在一些困难。

在实际分析中，可以采用以下两种方法进行分析，一种是以初始时刻的位形作为参考坐标系，并在增量过程中保持不变，这种描述方法称为完全的 Lagrange 描述 (简称 TLD 描述)；另一种是通过从时间 t 到 $t+\Delta t$ 的增量进行求解，以时刻 t 的位形作为参考坐标系，因为求解过程中参考位形是不断改变的，这种描述方法称为更新的 Lagrange 描述 (简称 ULD 描述)。本书主要采用基于 TLD 描述的方法进行相关分析。

对于式 (9-18) 所表示的坐标之间的映射关系是唯一的，其变形梯度张量可定

义为

$$\varphi_{i,j}=\frac{\partial^t x_i}{\partial^0 x_j}=\frac{\partial\left({}^0x_i+{}^tu_i\right)}{\partial^0 x_j}=\delta_{ij}+u_{i,j} \tag{9-19}$$

其中，δ_{ij} 为 Kronecker 符号，当 $i=j$ 时，$\delta_{ij}=1$；$i\neq j$ 时，$\delta_{ij}=0$。

以初始时刻建立的坐标系表示时刻 t 的应变为

$$\xi_{ij}=\frac{1}{2}(\varphi_{k,i}\varphi_{k,j}-\delta_{ij}) \tag{9-20}$$

将式 (9-19) 代入上式，可得

$$\xi_{ij}=\frac{1}{2}\left(u_{i,j}+u_{j,i}+u_{k,i}u_{k,j}\right) \tag{9-21}$$

这与式 (9-14) 所表示的非线性几何关系相一致，可写成

$$\begin{cases}\boldsymbol{\xi}=\boldsymbol{L}_1\boldsymbol{u}\\ \delta\boldsymbol{\xi}=\boldsymbol{L}_2\delta\boldsymbol{u}\end{cases} \tag{9-22}$$

相应地，以变形前的坐标表示的某点时刻 t 的应力 S_{ij} 为第二类 Piola-Kirchhoff 应力，其与以时刻 t 的位形建立的坐标系表示的 Cauchy 应力 σ_{ij} 的关系为

$$\sigma_{ij}=\frac{1}{J}\varphi_{i,m}S_{mn}\varphi_{n,j} \tag{9-23}$$

其中，J 为变形梯度的行列式。

$$J=\begin{vmatrix}\varphi_{1,1} & \varphi_{1,2} & \varphi_{1,3}\\ \varphi_{2,1} & \varphi_{2,2} & \varphi_{2,3}\\ \varphi_{3,1} & \varphi_{3,2} & \varphi_{3,3}\end{vmatrix}$$

对于完全弹性的材料，其应力-应变满足

$$S_{ij}=D_{ijkl}\xi_{kl} \tag{9-24}$$

以矩阵形式可写成

$$\boldsymbol{S}=\boldsymbol{D}\boldsymbol{\xi}=\boldsymbol{D}\boldsymbol{L}_1\boldsymbol{u} \tag{9-25}$$

以增量形式可写成

$$\mathrm{d}\boldsymbol{S}=\boldsymbol{D}\mathrm{d}\boldsymbol{\xi}=\boldsymbol{D}\boldsymbol{L}_2\mathrm{d}\boldsymbol{u} \tag{9-26}$$

由于一般只给初始时刻 $t=0$ 时的边界条件，对于 t 时刻的边界条件是无法给出的，为了问题的简化，假定研究对象的体积力和面荷载在变形过程中不变，即

$$\begin{cases}{}^t\boldsymbol{b}\mathrm{d}^t\varOmega={}^0\boldsymbol{b}\mathrm{d}^0\varOmega\\ {}^t\bar{\boldsymbol{t}}\mathrm{d}^t\varGamma_t={}^0\bar{\boldsymbol{t}}\mathrm{d}^0\varGamma_t\end{cases} \tag{9-27}$$

则

$$\begin{cases} {}^0\boldsymbol{b} = {}^t\boldsymbol{b}\dfrac{\mathrm{d}^t\Omega}{\mathrm{d}^0\Omega} = J^t\boldsymbol{b} \\ {}^0\bar{\boldsymbol{t}} = {}^t\bar{\boldsymbol{t}}\dfrac{\mathrm{d}^t\Gamma_t}{\mathrm{d}^0\Gamma_t} = J^t\bar{\boldsymbol{t}} \end{cases} \tag{9-28}$$

基于上述分析，在以 Euler 坐标体系表示的平衡方程和边界条件的基础上，文 [21] 给出了以初始时刻坐标系表示的 t 时刻的平衡方程为

$$(S_{jk}\varphi_{i,k})_j + b_i = 0 \tag{9-29}$$

边界条件为

$$\begin{cases} u_i = \bar{u}_i & \boldsymbol{x} \in \Gamma_u \\ S_{jk}\varphi_{i,k}n_j = \bar{t}_i & \boldsymbol{x} \in \Gamma_t \end{cases} \tag{9-30}$$

9.1.2.2　基本方程

通过上述分析，可通过 TLD 方法建立任一时刻 t 时的基本方程。假设以初始时刻的坐标体系表示的二维研究对象的研究域为 Ω，边界为 $\Gamma = \Gamma_t + \Gamma_u$($\Gamma_t$ 表示力边界，Γ_u 表示位移边界，满足 $\Gamma_t \cup \Gamma_u = \Gamma$，$\Gamma_t \cap \Gamma_u = \phi$)，则其任一时刻 t 时的静态平衡方程为式 (9-29)，边界条件为式 (9-30)，本构方程可由材料为线弹性的本构关系给出，见式 (9-24)，几何关系为式 (9-22)。

根据 t 时刻的平衡方程式 (9-29) 及边界条件式 (9-30)，同时考虑在位移边界上 $\delta\boldsymbol{u} = 0$，可得 t 时刻的等效积分形式的伽辽金方程为

$$\int_\Omega \delta u_i\left[(S_{jk}\varphi_{i,k})_{,j} + b_i\right]\mathrm{d}\Omega - \int_{\Gamma_t} \delta u_i(S_{jk}\varphi_{i,k}n_j - \bar{t})\mathrm{d}\Gamma = 0 \tag{9-31}$$

对上式进行分部积分，则有

$$\int_\Omega \delta\xi_{jk}S_{jk}\mathrm{d}\Omega = \int_\Omega \delta u_i b_i \mathrm{d}\Omega + \int_{\Gamma_t} \delta u_i \bar{t}_i \mathrm{d}\Gamma \tag{9-32}$$

将式 (9-22) 代入上式，并以矩阵形式进行表示，则有

$$\int_\Omega \delta\boldsymbol{u}^{\mathrm{T}}\boldsymbol{L}_2^{\mathrm{T}}\boldsymbol{S}\mathrm{d}\Omega = \int_\Omega \delta\boldsymbol{u}^{\mathrm{T}}\boldsymbol{\Phi}^{\mathrm{T}}\boldsymbol{b}\mathrm{d}\Omega + \int_{\Gamma_t} \delta\boldsymbol{u}^{\mathrm{T}}\boldsymbol{\Phi}^{\mathrm{T}}\bar{\boldsymbol{t}}\mathrm{d}\Gamma \tag{9-33}$$

考虑到 $\delta\boldsymbol{u}^{\mathrm{T}}$ 的任意性，上式可写成

$$\int_\Omega \boldsymbol{L}_2^{\mathrm{T}}\boldsymbol{S}\mathrm{d}\Omega = \int_\Omega \boldsymbol{\Phi}^{\mathrm{T}}\boldsymbol{b}\mathrm{d}\Omega + \int_{\Gamma_t} \boldsymbol{\Phi}^{\mathrm{T}}\bar{\boldsymbol{t}}\mathrm{d}\Gamma \tag{9-34}$$

令 $\boldsymbol{F} = \int_\Omega \boldsymbol{\Phi}^{\mathrm{T}}\boldsymbol{b}\mathrm{d}\Omega + \int_{\Gamma_t} \boldsymbol{\Phi}^{\mathrm{T}}\bar{\boldsymbol{t}}\mathrm{d}\Gamma$ 为等效结点力矢量，则上式可写成

$$\int_\Omega \boldsymbol{L}_2^{\mathrm{T}}\boldsymbol{S}\mathrm{d}\Omega = \boldsymbol{F} \tag{9-35}$$

对于上式，常采用增量形式进行分析，其增量形式为

$$\int_{\Omega}\left(\mathrm{d}\boldsymbol{L}_2^{\mathrm{T}}\boldsymbol{S}+\boldsymbol{L}_2^{\mathrm{T}}\mathrm{d}\boldsymbol{S}\right)\mathrm{d}\Omega=\mathrm{d}\boldsymbol{F} \tag{9-36}$$

由式 (9-16)，可知

$$\mathrm{d}\boldsymbol{L}_2=\mathrm{d}\left(\boldsymbol{B}+\boldsymbol{A}\boldsymbol{G}\right)=\mathrm{d}\boldsymbol{A}\boldsymbol{G} \tag{9-37}$$

而

$$\mathrm{d}\boldsymbol{A}^{\mathrm{T}}\boldsymbol{S}=\begin{bmatrix} S_{11}\boldsymbol{I} & S_{12}\boldsymbol{I}\\ \mathrm{sym} & S_{22}\boldsymbol{I}\end{bmatrix}\boldsymbol{G}\mathrm{d}\boldsymbol{u}=\boldsymbol{M}\boldsymbol{G}\mathrm{d}\boldsymbol{u} \tag{9-38}$$

其中，$\boldsymbol{M}=\begin{bmatrix} S_{11}\boldsymbol{I} & S_{12}\boldsymbol{I}\\ \mathrm{sym} & S_{22}\boldsymbol{I}\end{bmatrix}$。

代入式 (9-36)，可得

$$\int_{\Omega}\left(\boldsymbol{G}^{\mathrm{T}}\boldsymbol{M}\boldsymbol{G}\mathrm{d}\boldsymbol{u}+\boldsymbol{L}_2^{\mathrm{T}}\mathrm{d}\boldsymbol{S}\right)\mathrm{d}\Omega=\mathrm{d}\boldsymbol{F} \tag{9-39}$$

将以增量形式表示的本构关系 (式 (9-26)) 代入上式，得

$$\int_{\Omega}\left(\boldsymbol{G}^{\mathrm{T}}\boldsymbol{M}\boldsymbol{G}\mathrm{d}\boldsymbol{u}+\boldsymbol{L}_2^{\mathrm{T}}\boldsymbol{D}\boldsymbol{L}_2\mathrm{d}\boldsymbol{u}\right)\mathrm{d}\Omega=\mathrm{d}\boldsymbol{F} \tag{9-40}$$

令 $\boldsymbol{K}=\int_{\Omega}\left(\boldsymbol{G}^{\mathrm{T}}\boldsymbol{M}\boldsymbol{G}+\boldsymbol{L}_2^{\mathrm{T}}\boldsymbol{D}\boldsymbol{L}_2\right)\mathrm{d}\Omega$，则可得以增量形式表示的大变形几何非线性自然单元法求解方程为

$$\boldsymbol{K}\Delta\boldsymbol{u}=\Delta\boldsymbol{F} \tag{9-41}$$

9.1.2.3 求解步骤

对于以式 (9-41) 表示的平衡方程，其矩阵 $\boldsymbol{K}$ 与位移 $\boldsymbol{u}$ 有关，因此式 (9-41) 为一非线性方程组，其求解方法相对于线性方程组较为复杂，具体采用的求解步骤为：

第一步，线性求解

以线弹性方法建立平衡方程，计算相应的总体刚度矩阵 $\boldsymbol{K}$，等效结点力 $\Delta\boldsymbol{F}$，计算对应的位移增量 $\Delta\boldsymbol{u}_0$、应力 $\boldsymbol{S}$。

第二步，非线性求解

(1) 根据 $\boldsymbol{u}=\boldsymbol{u}_0+\Delta\boldsymbol{u}_0$、$\boldsymbol{S}$ 计算对应的总体刚度矩阵 $\boldsymbol{K}$。

(2) 通过式 (9-41)，得到新的位移增量 $\Delta\boldsymbol{u}_1$、应力 $\boldsymbol{S}$ 等。

(3) 比较位移增量 $\Delta\boldsymbol{u}_0$ 和 $\Delta\boldsymbol{u}_1$，若二者的偏差满足精度要求，则令 $\boldsymbol{u}_0=\boldsymbol{u}_0+\Delta\boldsymbol{u}_1$，结束本步计算，否则，令 $\Delta\boldsymbol{u}_0=\Delta\boldsymbol{u}_1$，重复 (1)~(3) 步。

9.2　几何-材料双重非线性分析的自然单元法

本节研究的几何-材料双重非线性问题建立在小变形假定的基础上，因此可以用变形前的位形建立相关方程。

9.2.1　基本方程

设平面问题的求解域为 Ω，边界为 $\Gamma=\Gamma_t+\Gamma_u(\Gamma_u$ 、Γ_t 分别为位移边界和应力边界，满足 $\Gamma_u\cup\Gamma_t=\Gamma$，$\Gamma_u\cap\Gamma_t=\phi)$，则其静态平衡方程和边界条件同式 (9-4) 和式 (9-6)。

根据平衡方程及应力边界条件，可得等效积分形式的伽辽金方程为

$$\int_{\Omega}\delta u_i(\sigma_{ij,j}+b_i)\mathrm{d}\Omega-\int_{\Gamma_t}\delta u_i(\sigma_{ij}n_j-\bar{t}_i)\mathrm{d}\Gamma=0 \tag{9-42}$$

对上式进行分部积分，则有

$$\int_{\Omega}(\delta\varepsilon_{ij}\sigma_{ij})\mathrm{d}\Omega=\int_{\Omega}\delta u_i b_i\mathrm{d}\Omega+\int_{\Gamma_t}\delta u_i\bar{t}_i\mathrm{d}\Gamma \tag{9-43}$$

为便于进行数值计算，可将上式改写成矩阵形式：

$$\int_{\Omega}\delta\boldsymbol{\varepsilon}^{\mathrm{T}}\boldsymbol{\sigma}\mathrm{d}\Omega=\int_{\Omega}\delta\boldsymbol{u}^{\mathrm{T}}\boldsymbol{\Phi}^{\mathrm{T}}\boldsymbol{b}\mathrm{d}\Omega+\int_{\Gamma_t}\delta\boldsymbol{u}^{\mathrm{T}}\boldsymbol{\Phi}^{\mathrm{T}}\bar{\boldsymbol{t}}\mathrm{d}\Gamma \tag{9-44}$$

假定其小变形情况下的应变与位移之间的非线性几何方程同式 (9-14)，即

$$\begin{cases}\boldsymbol{\varepsilon}=\left(\boldsymbol{B}+\dfrac{1}{2}\boldsymbol{AG}\right)\boldsymbol{u}\\ \mathrm{d}\boldsymbol{\varepsilon}=(\boldsymbol{B}+\boldsymbol{AG})\mathrm{d}\boldsymbol{u}\end{cases} \tag{9-45}$$

本构关系为

$$\mathrm{d}\boldsymbol{\sigma}=\boldsymbol{D}(\boldsymbol{\sigma})\mathrm{d}\boldsymbol{\varepsilon}=\boldsymbol{D}(\boldsymbol{\sigma})(\boldsymbol{B}+\boldsymbol{AG})\mathrm{d}\boldsymbol{u} \tag{9-46}$$

$$\boldsymbol{\sigma}=\boldsymbol{\sigma}_0+\boldsymbol{D}(\boldsymbol{\sigma})\left(\boldsymbol{B}+\frac{1}{2}\boldsymbol{AG}\right)(\boldsymbol{u}-\boldsymbol{u}_0) \tag{9-47}$$

将上述方程代入式 (9-44)，可得

$$\int_{\Omega}\delta\boldsymbol{u}^{\mathrm{T}}(\boldsymbol{B}+\boldsymbol{AG})^{\mathrm{T}}\left[\boldsymbol{\sigma}_0+\boldsymbol{D}(\boldsymbol{\sigma})\left(\boldsymbol{B}+\frac{1}{2}\boldsymbol{AG}\right)\mathrm{d}\boldsymbol{u}\right]\mathrm{d}\Omega=\int_{\Omega}\delta\boldsymbol{u}^{\mathrm{T}}\boldsymbol{\Phi}^{\mathrm{T}}\boldsymbol{b}\mathrm{d}\Omega+\int_{\Gamma_t}\delta\boldsymbol{u}^{\mathrm{T}}\boldsymbol{\Phi}^{\mathrm{T}}\bar{\boldsymbol{t}}\mathrm{d}\Gamma \tag{9-48}$$

对于应力 $\boldsymbol{\sigma}_0$，有

$$\int_{\Omega}\delta\boldsymbol{u}^{\mathrm{T}}(\boldsymbol{B}+\boldsymbol{A}_0\boldsymbol{G})^{\mathrm{T}}\boldsymbol{\sigma}_0\mathrm{d}\Omega=\int_{\Omega}\delta\boldsymbol{u}^{\mathrm{T}}\boldsymbol{\Phi}^{\mathrm{T}}\boldsymbol{b}\mathrm{d}\Omega+\int_{\Gamma_t}\delta\boldsymbol{u}^{\mathrm{T}}\boldsymbol{\Phi}^{\mathrm{T}}\bar{\boldsymbol{t}}_0\mathrm{d}\Gamma \tag{9-49}$$

两式相减有

$$\int_{\Omega}\delta\boldsymbol{u}^{\mathrm{T}}(\boldsymbol{B}+\boldsymbol{AG})^{\mathrm{T}}\boldsymbol{D}(\boldsymbol{\sigma})\left(\boldsymbol{B}+\frac{1}{2}\boldsymbol{AG}\right)\mathrm{d}\boldsymbol{u}\mathrm{d}\Omega+\int_{\Omega}\delta\boldsymbol{u}^{\mathrm{T}}\boldsymbol{G}^{\mathrm{T}}(\boldsymbol{A}-\boldsymbol{A}_0)^{\mathrm{T}}\boldsymbol{\sigma}_0\mathrm{d}\Omega$$
$$=\int_{\Gamma_t}\delta\boldsymbol{u}^{\mathrm{T}}\boldsymbol{\Phi}^{\mathrm{T}}(\bar{\boldsymbol{t}}-\bar{\boldsymbol{t}}_0)\mathrm{d}\Gamma \tag{9-50}$$

其中，$\boldsymbol{A}_0$ 为 $\boldsymbol{u}_0$ 对应的 $\boldsymbol{A}$。

$$\begin{aligned}\boldsymbol{A}-\boldsymbol{A}_0&=\begin{bmatrix}\dfrac{\partial u}{\partial x} & \dfrac{\partial v}{\partial x} & 0 & 0\\ 0 & 0 & \dfrac{\partial u}{\partial y} & \dfrac{\partial v}{\partial y}\\ \dfrac{\partial u}{\partial y} & \dfrac{\partial v}{\partial y} & \dfrac{\partial u}{\partial x} & \dfrac{\partial v}{\partial x}\end{bmatrix}-\begin{bmatrix}\dfrac{\partial u_0}{\partial x} & \dfrac{\partial v_0}{\partial x} & 0 & 0\\ 0 & 0 & \dfrac{\partial u_0}{\partial y} & \dfrac{\partial v_0}{\partial y}\\ \dfrac{\partial u_0}{\partial y} & \dfrac{\partial v_0}{\partial y} & \dfrac{\partial u_0}{\partial x} & \dfrac{\partial v_0}{\partial x}\end{bmatrix}\\
&=\begin{bmatrix}\dfrac{\partial(u-u_0)}{\partial x} & \dfrac{\partial(v-v_0)}{\partial x} & 0 & 0\\ 0 & 0 & \dfrac{\partial(u-u_0)}{\partial y} & \dfrac{\partial(v-v_0)}{\partial y}\\ \dfrac{\partial(u-u_0)}{\partial y} & \dfrac{\partial(v-v_0)}{\partial y} & \dfrac{\partial(u-u_0)}{\partial x} & \dfrac{\partial(v-v_0)}{\partial x}\end{bmatrix}\\
&=\boldsymbol{A}(\Delta\boldsymbol{u})\end{aligned}$$

考虑到 $\delta\boldsymbol{u}$ 的任意性，则可得小变形几何-材料双重非线性自然单元法模型为

$$\boldsymbol{K}\Delta\boldsymbol{u}=\Delta\boldsymbol{F}-\boldsymbol{SF} \tag{9-51}$$

其中，$\boldsymbol{K}=\int_{\Omega}(\boldsymbol{B}+\boldsymbol{AG})^{\mathrm{T}}\boldsymbol{D}(\boldsymbol{\sigma})(\boldsymbol{B}+\frac{1}{2}\boldsymbol{AG})\mathrm{d}\Omega$ 为总体刚度矩阵，$\Delta\boldsymbol{F}=\int_{\Gamma_t}\boldsymbol{\Phi}^{\mathrm{T}}(\bar{\boldsymbol{t}}-\bar{\boldsymbol{t}}_0)\mathrm{d}\Gamma$ 为等效结点力增量矩阵，$\boldsymbol{SF}=\int_{\Omega}\boldsymbol{G}^{\mathrm{T}}[\boldsymbol{A}(\Delta\boldsymbol{u})]^{\mathrm{T}}\boldsymbol{\sigma}_0\mathrm{d}\Omega$。

9.2.2 求解步骤

对于几何-材料双重非线性问题的求解方程 (9-51)，采用如下的计算方案：

(1) 给出边界力增量，计算等效结点力增量矩阵 $\Delta\boldsymbol{F}$。

(2) 根据各计算点的初始应力 $\boldsymbol{\sigma}_0$ 给出对应的切线弹性模量 E_{t0}。

(3) 根据各计算点的切线弹性模量 E_{t0} 及位移 $\boldsymbol{u}$ 计算总体刚度矩阵 $\boldsymbol{K}$，通过式 (9-51)、式 (9-47) 求得位移增量 $\Delta\boldsymbol{u}$、位移 $\boldsymbol{u}_1$ 和应力 $\boldsymbol{\sigma}$。

(4) 根据各点的切线弹性模量 E_{t0} 及位移 $\boldsymbol{u}_1$ 计算总体刚度矩阵 $\boldsymbol{K}$。

(5) 根据位移 $\boldsymbol{u}_1$ 及应力 $\boldsymbol{\sigma}_0$ 计算 $\boldsymbol{SF}$，通过式 (9-51)、式 (9-47) 求得位移增量 $\Delta\boldsymbol{u}$、位移 $\boldsymbol{u}_2$ 和应力 $\boldsymbol{\sigma}$。

(6) 若位移 $\boldsymbol{u}_1$ 与 $\boldsymbol{u}_2$ 相差不大，继续下面的步骤，否则，令 $\boldsymbol{u}_1 = \boldsymbol{u}_2$，重复步骤 (4)~(6)。

(7) 通过应力 $\boldsymbol{\sigma}$ 给出切线弹性模量 E_t，若 E_t 与 E_{t0} 相差不大，则令 $\boldsymbol{\sigma}_0 = \boldsymbol{\sigma}$，$\boldsymbol{u} = \boldsymbol{u}_2$，重复步骤 (1)~(7)，直到全部边界荷载增加完毕，否则，先判断边界力增量的大小，当边界力增量较大时，边界力增量减半，再重复步骤 (1)~(7)；当边界力增量很小时，令 $\boldsymbol{\sigma}_0 = \boldsymbol{\sigma}$，边界力增量恢复为初始边界力增量，重复步骤 (1)~(7)。

9.3 数值算例

9.3.1 几何非线性分析

9.3.1.1 计算模型

图 9-2(a) 所示一受均布载荷作用的悬臂梁，利用自然单元法对其进行求解，载荷保持垂直方向，即不依赖于变形。梁的基本参数：长度 $L = 10\text{cm}$，高度 $H = 1\text{cm}$，厚度为 1cm，材料为线弹性，$E = 1.2 \times 10^4\text{N/cm}^2$，$\mu = 0.2$。分别采用 105 结点和 205 结点布置方案，如图 9-2(b)、(c) 所示。

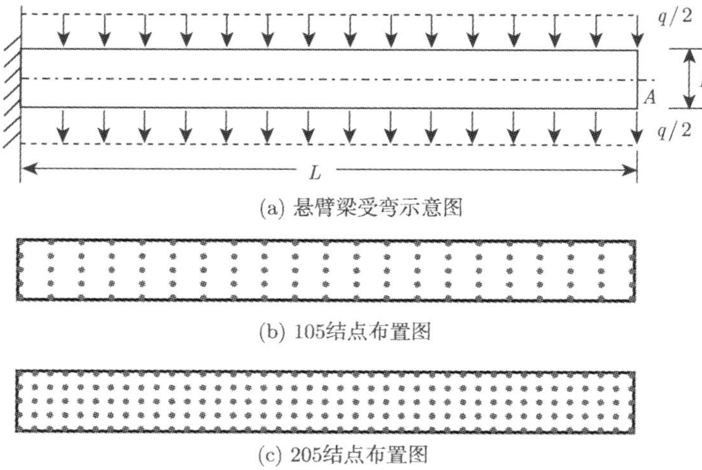

(a) 悬臂梁受弯示意图

(b) 105结点布置图

(c) 205结点布置图

图 9-2　悬臂梁的几何非线性分析模型

9.3.1.2 小变形分析

采用小变形几何非线性自然单元法对上述模型进行计算，计算结果见表 9-1 和图 9-3，与有限元 (FEM) 解、文 [22] 的计算结果相比，可见本书的计算结果与文献中给出的无网格 EFG 解和 ANSYS 解吻合较好。

表 9-1 端点 A 的挠度的 NEM 解、FEM 解和 EFG 解 (单位：mm)

压力q/(N/cm)	NEM 解		FEM 解		EFG 解 [22]	ANSYS 解 [22]
	105 结点	205 结点	105 结点	205 结点		
0	0	0	0	0	0	0
100	11.462 77	12.160 43	8.694	10.337	12.334	12.557
200	22.269 86	23.544 46	17.111	20.201	24.423	24.570
300	31.961 63	33.631 31	25.013	29.227	35.799	35.753
400	40.349 45	42.240 64	32.242	37.224	42.250	42.267
600	53.371 32	55.334 48	44.480	50.108	55.207	55.224
800	62.455 49	64.269 13	53.921	59.447	63.499	63.501
1000	68.914 11	70.525 35	7 61.147	66.223	68.128	68.021

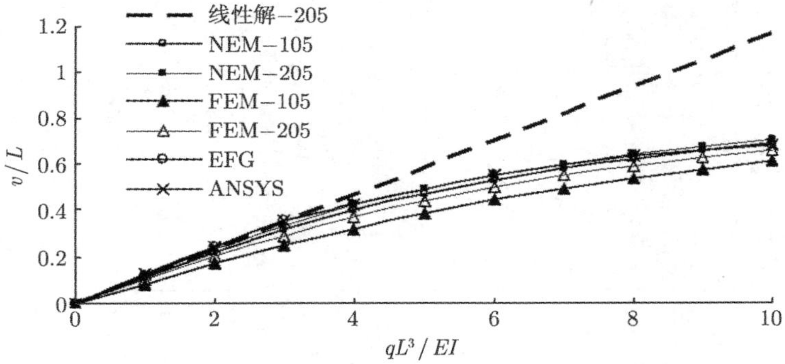

图 9-3 端点 A 的挠度计算结果

9.3.1.3 大变形分析

采用大变形几何非线性自然单元法对上述问题进行计算，计算结果见表 9-2 和图 9-4。图 9-4 中还将大变形几何非线性的结果与小变形几何非线性的计算结果进行了比较，从图中所示结果可以看出，205 结点自然单元法和有限元法的大变形几何非线性结果与小变形几何非线性的结果的偏差很小，这主要是由于该问题的变形不是很大，从而使得两种计算模型所得结果偏差较小。

表 9-2 端点 A 的挠度的 NEM 解和 FEM 解 (单位：mm)

压力q/(N/cm)	NEM 解		FEM 解	
	105 结点	205 结点	105 结点	205 结点
0	0	0	0	0
100	11.462 77	12.160 43	8.6938 38	10.337 48
200	22.269 67	23.544 17	17.110 81	20.201 55
300	31.960 19	33.629 03	25.012 24	29.226 72
400	40.351 88	42.244 96	32.240 84	37.227 48

续表

压力q/(N/cm)	NEM 解		FEM 解	
	105 结点	205 结点	105 结点	205 结点
500	47.438 19	49.419 78	38.733 92	44.1609
600	53.390 16	55.349 1	44.473 82	50.084 13
700	58.343 93	60.271 17	49.512 43	55.141 45
800	62.475	64.311 85	53.928 47	59.452 18
900	65.9656	67.644 93	57.762 16	63.099 28
1000	68.872 67	70.519 14	61.162 35	66.233 55

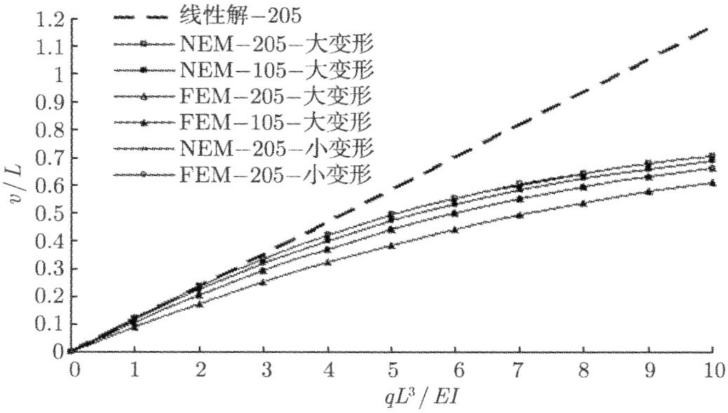

图 9-4　端点 A 的挠度计算结果

9.3.2　几何-材料双重非线性分析

9.3.2.1　计算模型

图 9-5(a) 是一受均布载荷作用的悬臂梁，利用自然单元法对其进行求解，载荷保持水平方向。梁的基本参数: 长度 $L = 100\text{mm}$，高度 $H = 10\text{mm}$，结点布置方案见图 9-5 (b)。

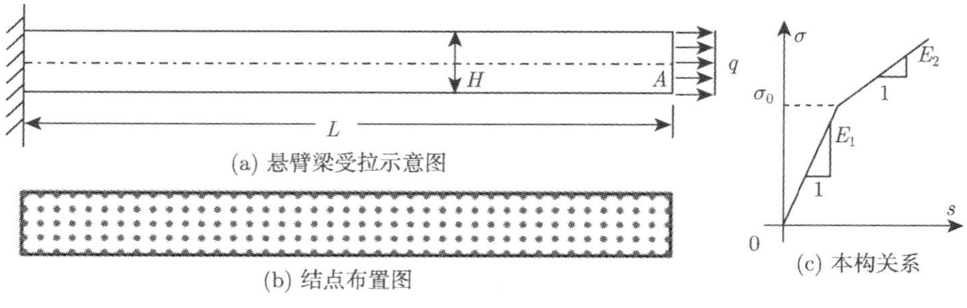

图 9-5　悬臂梁的计算模型

9.3.2.2 材料非线性计算结果与分析

对于上述问题，假定满足线性几何关系，材料的本构关系如图 9-5(c) 所示，其中材料参数为：$E_1 = 1.5\times10^6\text{N/mm}^2$，$E_2 = 0.6\times10^6\text{N/mm}^2$，$\mu = 0.2$，$\sigma_0 = 0.3\,\text{MPa}$，采用 Von Mises 准则。

采用材料非线性自然单元法对上述问题进行计算，计算得到的梁端部中点 A 点的水平位移与荷载的关系曲线如图 9-6 所示。从图中结果可见，当荷载 $q <$ 275N/mm 或 $q >$ 350N/mm 时，其荷载-位移曲线为一直线，根据其荷载-位移关系可计算得到对应的切线弹模分别为 $E = 1.5\times10^6\text{N/mm}^2 = E_1$ 和 $E = 0.6\times10^6\text{N/mm}^2 = E_2$，当荷载 $275\text{N/mm} \leqslant q \leqslant 350\text{N/mm}$ 时，其荷载位移曲线为一曲线，根据其荷载-位移关系计算所得切线弹模 $E_1 < E < E_2$，表明在此阶段，局部点的极限应力大于屈服极限，进入屈服阶段，且随着荷载的增加，进入屈服阶段的区域在增加。

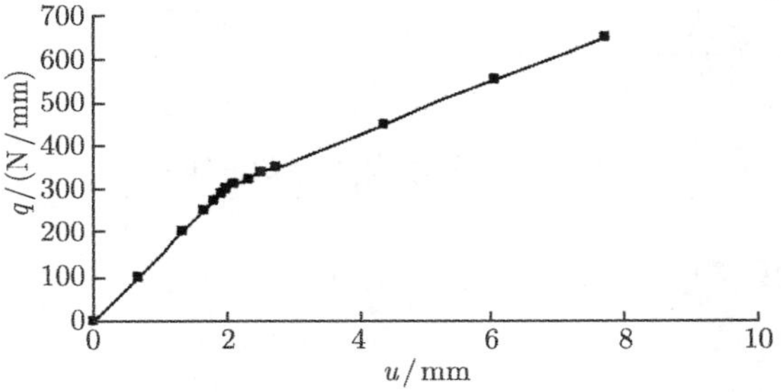

图 9-6 A 点水平位移-荷载曲线

9.3.2.3 几何-材料双重非线性计算结果与分析

对 9.3.2.1 节所述问题在采用材料非线性分析的同时，考虑小变形几何非线性效应进行求解。材料的本构关系仍如图 9-5 (c) 所示，其中材料参数为：$E_1 = 1.5\times10^6\text{N/mm}^2$，$E_2 = 0.6\times10^6\text{N/mm}^2$，$\mu = 0.2$，$\sigma_0 = 0.5\text{MPa}$，采用 Von Mises 准则。计算结果见图 9-7，为便于比较分析，图 9-7 中还列出了线性解、几何非线性解和材料非线性解。其中的线性解和几何非线性解均为弹性模量 $E = 1.5\times10^6\text{N/mm}^2$，泊松比 $\mu = 0.2$ 的计算结果。

从图中给出的计算结果可以看出，荷载 q 在 0~490N/mm 时，线性解与材料非线性解是重合的，这表明材料在此荷载作用下各点的切线弹性模量均为 $E = 1.5\times10^6\text{N/mm}^2$。当荷载 q 在 490~534N/mm 时，材料非线性解是一段曲线，通过计算可知，此阶段材料的切线弹性模量从 $1.5\times10^6\text{N/mm}^2$ 逐渐减小，直到最后为 $0.6\times10^6\text{N/mm}^2$，即在此阶段，材料部分区域的屈服应力开始大于屈服极限。在荷

载 q 在 534~1005N/mm 时，材料非线性解仍是一直线，此时计算所得的切线弹性模量为 0.6×10^6N/mm^2，即材料的所有区域的屈服应力均大于屈服极限。几何非线性解为一曲线，其相对于线性解，在相同的荷载作用下，其位移相对要小一些。在荷载 q 在 0~490N/mm 时，几何-材料双重非线性解与几何非线性解完全吻合，这表明在此阶段两者的材料参数完全相同，但在其后通过荷载-位移曲线计算的切线弹性模量相对于几何非线性计算的切线弹性模量在减少，这主要是因为材料的部分区域的屈服应力开始大于屈服极限。

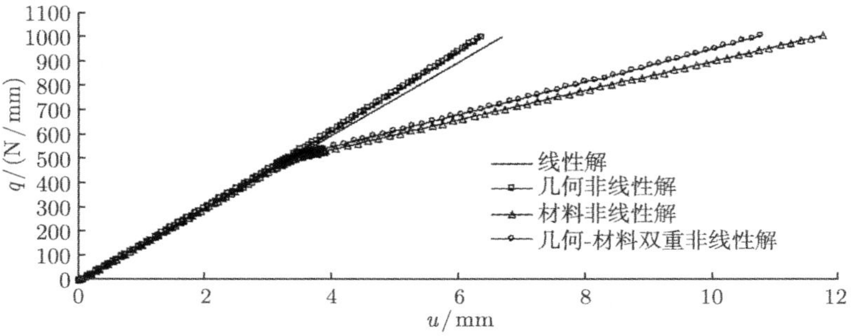

图 9-7 A 点水平位移-荷载曲线

9.3.3 重力坝受自重和水压作用的非线性分析

9.3.3.1 计算模型

图 9-8 是重力坝连同地基的结构剖面图。结点布置及积分背景网格见图 9-9。假定坝体和坝基由同一种材料构成，不考虑材料在张、压情况下的模量差异，相关的计算参数为：上游水位高 90m，材料的弹性模量为 40GPa，泊松比为 0.17，重度 26.52kN/m^3。

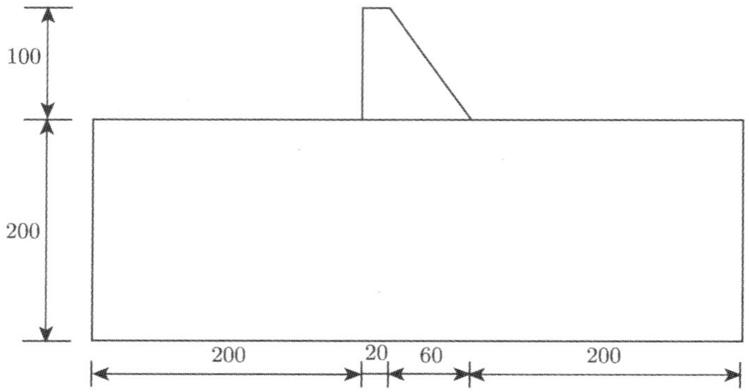

图 9-8 重力坝连同地基的模型 (单位: m)

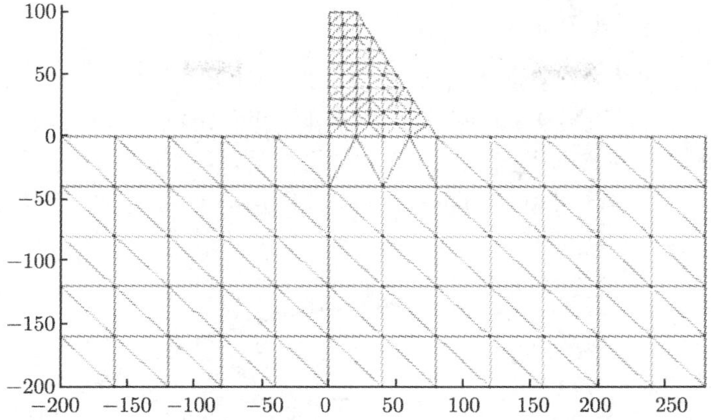

图 9-9 坝体坝基的积分背景网格

9.3.3.2 小变形几何非线性分析

对上述模型采用小变形几何非线性方法进行计算，得到上游坝面相关点的水平位移和竖向位移，如图 9-10、图 9-11 所示。为便于比较分析，也将对应的线性解列于图中。由图中结果可见，小变形非线性解与线性解的偏差均很小，这主要是由于该问题所涉及的重力坝自身的变形很小。

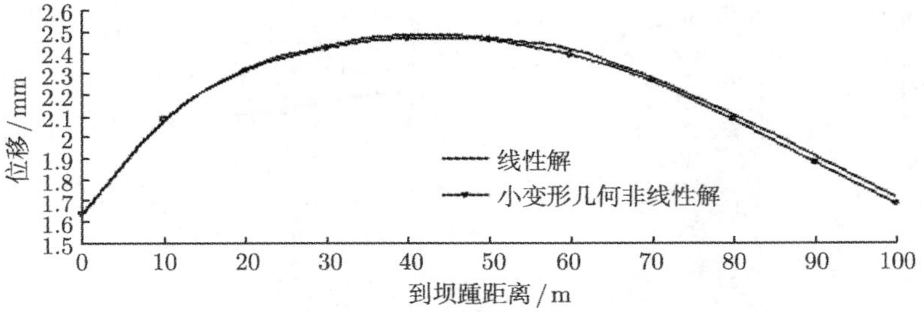

图 9-10 上游坝面的水平位移

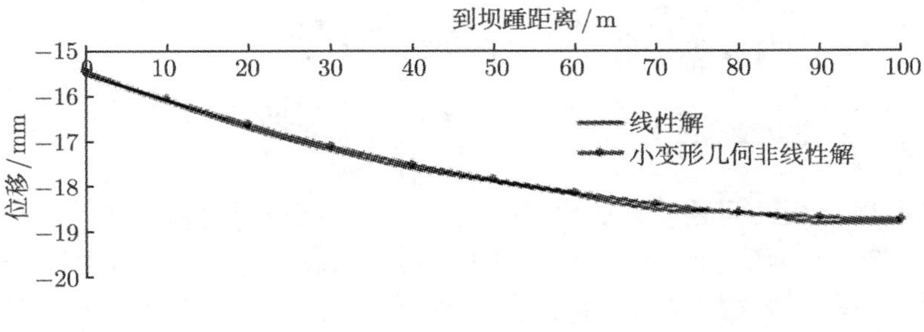

图 9-11 上游坝面的竖向位移

9.3.3.3　大变形几何非线性分析

对上述模型采用大变形几何非线性方法进行计算，得到上游坝面相关点的水平位移和竖向位移，如图 9-12、图 9-13 所示。为便于比较分析，也将对应的线性解和小变形几何非线性解列于图中。由图中结果可见，大变形非线性解、小变形非线性解与线性解的偏差均很小，这也是由于该问题所涉及的重力坝变形很小所致。

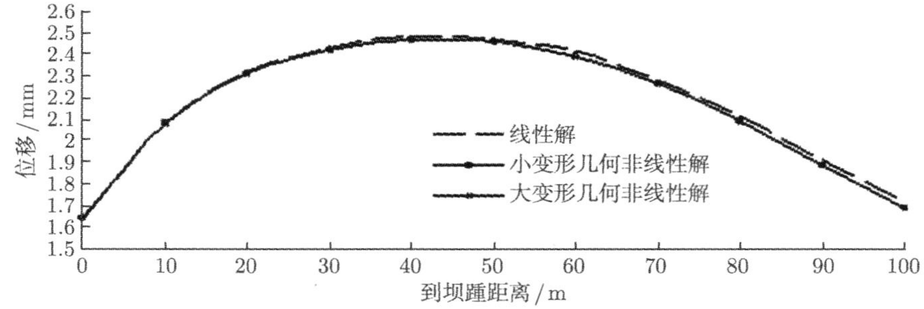

图 9-12　上游坝面的水平位移

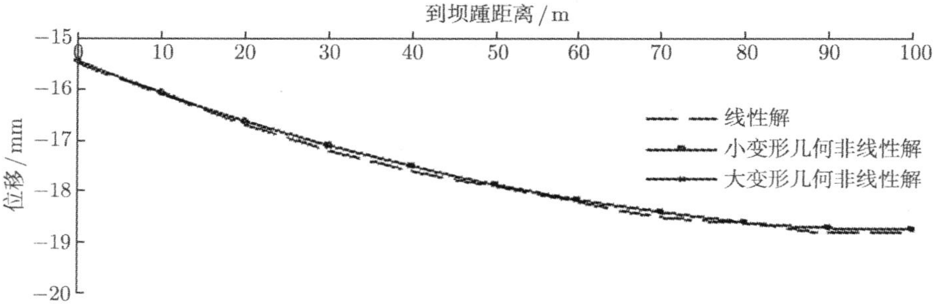

图 9-13　上游坝面的竖向位移

9.4　本 章 小 结

本章主要将自然单元法应用于几何非线性、材料非线性以及几何-材料双重非线性问题的分析。

对于几何非线性问题，分别考虑小变形几何非线性问题和大变形几何非线性问题，在小变形几何非线性分析中，采用伽辽金方法建立了小变形几何非线性问题的自然单元法求解方程，考虑格林应变关系，给出了具体的求解方法和计算格式。在大变形几何非线性分析中，考虑变形过程中的位形变化，推导了基于 TLD 描述方法的相关方程，并通过伽辽金方法建立了相应的自然单元法模型，给出了相应的求解方法。

在上述研究的基础上，对基于小变形基础上的材料-几何双重非线性问题进行了分析和研究，建立了相应的自然单元法模型。

通过典型算例的计算，表明本章所建立的各类非线性问题的自然单元法模型的正确性和有效性。最后，应用几何非线性自然单元法对重力坝受水压和自重荷载作用的问题进行了计算分析，显示了非线性自然单元法在实际工程应用的可行性。

参 考 文 献

[1] Fallah N A, Bailey C, Cross M, et al. Comparison of finite element and finite volume methods application in geometrically nonlinear stress analysis[J]. Applied Mathematical Modelling, 2000, 24(7):439-455.

[2] Arciniega R A, Reddy J N. Tensor-based finite element formulation for geometrically nonlinear analysis of shell structures[J]. Computer Methods in Applied Mechanics and Engineering, 2007, 196(4):1048-1073.

[3] Cui X Y, Liu G R, Li G Y, et al. A smoothed finite element method (SFEM) for linear and geometrically nonlinear analysis of plates and shells[J]. Computer Modeling in Engineering and Sciences, 2008, 28(2):109-126.

[4] 秦剑, 黄克服, 张清东. 几何非线性样条有限元法 [J]. 工程力学, 2011,28(增刊 1):1-4.

[5] 杜宇. 四边形面积坐标方法在平面几何非线性分析中的应用研究 [D]. 北京: 清华大学, 2007.

[6] 胡德安. 求解几何非线性问题的无单元迦辽金法 [D]. 长沙: 湖南大学, 2003.

[7] 龙述尧, 胡德安, 熊渊博. 用无单元伽辽金法求解几何非线性问题 [J]. 工程力学, 2005, 22(3):68-71, 57.

[8] 聂旭涛, 范大鹏, 陈峰军. 无网格法在几何非线性力学中的应用 [J]. 机械强度, 2007, 29(3):437-441.

[9] Wen P H, Hon Y C. Geometrically nonlinear analysis of Reissner-Mindlin plate by meshless computation[J]. Computer Modeling in Engineering & Sciences, 2007, 21(3):177-191.

[10] 杜婉莹, 张军利. 伽辽金最小二乘无网格法在几何非线性问题中的应用 [J]. 宝鸡文理学院学报 (自然科学版), 2007, 27(3):194-197.

[11] Han Z D, Rajendran A M, Atluri S N. Meshless Local Petrov-Galerkin (MLPG) approaches for solving nonlinear problems with large deformations and rotations[J]. Computer Modeling in Engineering and Sciences, 2005, 10(1):1-12.

[12] 张希. 无网格局部彼得洛夫伽辽金法在大变形问题中的应用 [D]. 北京: 清华大学, 2006.

[13] Desikan V, Sethuraman R. Analysis of material nonlinear problems using pseudo-elastic finite element method[J]. Journal of Pressure Vessel Technology, 2000, 122(4):457-461.

[14] 华天瑞, 肖锡玉. 材料非线性问题的摄动边界元解 [J]. 国防科技大学学报, 1984, 1:27-35.
[15] 张溪常, 卓家寿. 三维材料非线性问题的分区混合元法 [J]. 计算结构力学及其应用, 1988, 5(2):9-15.
[16] 段克让, 廖建三. 局部坐标有限分析法解材料非线性结构问题 [J]. 固体力学学报, 1991, 12(4):337-345.
[17] 闫相桥, 李文芳. 关于材料非线性有限元法的有效性 [J]. 哈尔滨工业大学学报, 1996, 28(1):137-142.
[18] 李卧东, 王元汉, 谭国焕. 无网格法在弹塑性问题中的应用 [J]. 固体力学学报, 2001, 22(4):361-367.
[19] 杨成祥. 材料非线性模型的进化识别方法研究 [D]. 沈阳: 东北大学, 2001.
[20] 卓家寿, 黄丹. 工程材料的本构演绎 [M]. 北京: 科学出版社, 2009.
[21] 卓家寿, 邵国建, 武清玺. 力学建模导论 [M]. 北京: 科学出版社, 2007.
[22] 赵光明, 宋顺成. 几何非线性分析的无网格伽辽金算法 [J]. 计算力学学报, 2006, 2(4): 487-491.

第 10 章　动力学问题的自然单元法

现代结构动力学的相关理论起源于 20 世纪 30 年代，1932 年，Biot [1-3] 首次介绍了与地震反应谱相关的概念，Newmark 等 [4-8] 对结构动力学相关的计算方法进行了研究，并提出了 Newmark 直接积分方法。实际工程中，动力学问题的研究对象是一个系统，它可以是一个部件、一台机器甚至一个完整的工程结构等。将外界对系统的作用称为激励或输入，将研究对象在激励作用下产生的动态行为称为响应或输出。动力学分析的基本任务就是研究系统的激励、响应和系统三者之间的相互关系。从计算分析的观点来看，只要知道其中二者就可得到第三者，从这层意义上，动力学问题可归纳为：①已知系统和激励，求响应 [9-14]；②已知激励和响应，求系统 [15]；③已知系统和响应，求激励 [16-18]。其中第一种类型的问题是工程中最常见的，在系统和激励已知的情况下分析系统的响应，对系统的动力响应具有预估的作用，能够为结构的设计提供依据，是动力学中的正问题。后两种类型的问题是在已知响应的情况下进行分析，属于动力学中的反问题。

对于动力学问题常用的分析方法有试验和数值模拟方法。试验方法为数值模拟方法提供了可靠的参数，同时试验方法可以用来验证数值模拟方法的正确与否。但试验方法成本较高、模拟形式单一、内容简单，而数值方法正好可以弥补这些不足之处。本章主要是将自然单元法应用到结构动力学问题中，建立动力学问题的自然单元法模型，对自然单元法应用于结构动力学领域中的相关问题进行分析和研究。

10.1　动力问题的基本方程与自然单元法模型

结构动力学问题的数值分析，最关键的工作是建立数学模型和对建立的数学模型进行求解。对于动力学数学模型，其涉及的参数与静态模型相比，增加了惯性力和阻尼力等，只要存在加速度，惯性力就会存在，其对动力学模型的特征值等起到关键作用，因此惯性力是动力学模型中必不可少的一项重要内容。对于阻尼力，由于各种结构的阻尼不同，有些很小，可以近似不计，有时在模型识别时可以不考虑阻尼作用，因此动力学问题建立的模型可分为无阻尼模型和考虑阻尼的模型。

10.1.1　无阻尼情形

虽然在动态运动过程中阻尼的作用是不可避免的，但因为大多数结构的阻尼比较小，在要求不高的情况下，忽略阻尼作用能使分析大大简化，也能得到满足一定精度要求的结果。因此，建立无阻尼情况下的动力模型对于动态问题的研究依然具有重要的意义和价值。

10.1.1.1　基本方程

与静态问题相比，动态问题中由于加速度的存在，使得质点在运动的过程中产生惯性力，根据牛顿第二定律，其大小为质量与加速度的乘积，即

$$\boldsymbol{F}^a = m\frac{\partial^2 \boldsymbol{u}}{\partial t^2} = m\ddot{\boldsymbol{u}} \tag{10-1}$$

因此，在不考虑阻尼力等的作用时，单位体积研究对象上的平衡方程为

$$\begin{cases} \sigma_{ij,j} + b_i = \rho\ddot{u}_i \\ \varepsilon_{ij} = (u_{i,j} + u_{j,i})/2 \qquad i = 1, 2, 3 \\ \sigma_{ij} = D_{ijkl}\varepsilon_{kl} \end{cases} \tag{10-2}$$

其中，ρ 为质量密度。

对于任意一线弹性动力问题，假设其研究域为 Ω，边界为 $\Gamma = \Gamma_t + \Gamma_u$($\Gamma_t$ 表示力边界，Γ_u 表示位移边界，满足 $\Gamma_u \cup \Gamma_t = \Gamma$，$\Gamma_u \cap \Gamma_t = \phi$)，则研究域内任意一点 $\boldsymbol{x}$，应满足平衡方程、几何方程、本构方程 (式 (10-2))，同时还应满足边界条件和初始条件

$$\begin{cases} u_i(t) = \bar{u}_i(t) \qquad \boldsymbol{x} \in \Gamma_u \\ \sigma_{ij}(t)n_j = \bar{t}_i(t) \qquad \boldsymbol{x} \in \Gamma_t \end{cases} \tag{10-3}$$

$$\begin{cases} u(t_0) = u_0 \\ \dot{u}(t_0) = \dot{u}_0 \end{cases} \tag{10-4}$$

10.1.1.2　无阻尼动态自然单元法求解方程

采用伽辽金方法，将试探函数和检验函数取自同一函数空间，即

$$v = \delta u, \quad \bar{v} = \delta u \tag{10-5}$$

考虑位移边界上 $\delta\boldsymbol{u} = \boldsymbol{0}$ 时，可得伽辽金方程为

$$\int_\Omega \delta u_i(\sigma_{ij,j} + b_i - \rho\ddot{u}_i)\mathrm{d}\Omega - \int_{\Gamma_t} \delta u_i(\sigma_{ij}n_j - \bar{t}_i)\mathrm{d}\Gamma = 0 \tag{10-6}$$

通过对上式进行分部积分，可得等效积分弱形式为

$$\int_\Omega \delta u_i\rho\ddot{u}_i\mathrm{d}\Omega + \int_\Omega \delta\varepsilon_{ij}\sigma_{ij}\mathrm{d}\Omega = \int_\Omega \delta u_i b_i\mathrm{d}\Omega + \int_{\Gamma_t} \delta u_i\bar{t}_i\mathrm{d}\Gamma \tag{10-7}$$

将近似函数代入式 (10-7)，可得

$$\int_{\Omega}\delta\sum_{I=1}^{n}\phi_I(\boldsymbol{x})u_{iI}\rho\sum_{J=1}^{n}\phi_J(\boldsymbol{x})\ddot{u}_{iJ}\mathrm{d}\Omega$$

$$+\int_{\Omega}\delta\frac{1}{2}\left(\sum_{I=1}^{n}\phi_{I,j}(\boldsymbol{x})u_{iI}+\sum_{I=1}^{n}\phi_{I,i}(x)u_{jI}\right)D_{ijkl}\frac{1}{2}\left(\sum_{J=1}^{n}\phi_{J,l}(\boldsymbol{x})u_{kJ}+\sum_{J=1}^{n}\phi_{J,k}(\boldsymbol{x})u_{lJ}\right)\mathrm{d}\Omega$$

$$=\int_{\Omega}\sum_{I=1}^{n}\phi_I(\boldsymbol{x})\delta u_{iI}b_i\mathrm{d}\Omega+\int_{\Gamma_t}\sum_{I=1}^{n}\phi_I(\boldsymbol{x})\delta u_{iI}\bar{t}_i\mathrm{d}\Gamma \tag{10-8}$$

上式可用矩阵形式写成

$$\int_{\Omega}\delta\boldsymbol{u}^{\mathrm{T}}\boldsymbol{\Phi}^{\mathrm{T}}\boldsymbol{\rho}\boldsymbol{\Phi}\ddot{\boldsymbol{u}}\mathrm{d}\Omega+\int_{\Omega}\delta\boldsymbol{u}^{\mathrm{T}}\boldsymbol{B}_I^{\mathrm{T}}\boldsymbol{D}\boldsymbol{B}_J\boldsymbol{u}\mathrm{d}\Omega=\int_{\Omega}\delta\boldsymbol{u}^{\mathrm{T}}\boldsymbol{\Phi}^{\mathrm{T}}\boldsymbol{b}\mathrm{d}\Omega+\int_{\Gamma_t}\delta\boldsymbol{u}^{\mathrm{T}}\boldsymbol{\Phi}^{\mathrm{T}}\bar{\boldsymbol{t}}\mathrm{d}\Gamma \tag{10-9}$$

考虑到结点位移变化 $\delta\boldsymbol{u}$ 的任意性，可得离散系统方程为

$$\boldsymbol{M}\ddot{\boldsymbol{u}}+\boldsymbol{K}\boldsymbol{u}=\boldsymbol{F} \tag{10-10}$$

其中，$\boldsymbol{M}$ 为质量矩阵，$\boldsymbol{M}_{IJ}=\left(\int_{\Omega}\rho\phi_I\phi_J\mathrm{d}\Omega\right)\boldsymbol{I}$，$\boldsymbol{K}$ 为总体刚度矩阵，$\boldsymbol{F}$ 为等效结点力矢量，$\boldsymbol{B}_I$ 为应变矩阵，$\boldsymbol{D}$ 为各向同性线弹性材料的弹性矩阵。

10.1.2 考虑阻尼效应

阻尼是结构动力分析的基本参数之一，对结构动力分析结果的可靠性和精度有一定的影响。同时阻尼又是一个十分复杂的问题，目前公认可靠的结论是常规结构的振型阻尼比常常处于某一范围，我国规范规定一般钢结构为 0.01，混凝土结构为 0.05。

10.1.2.1 基本方程

结构在动力作用过程中，由于摩擦等耗能作用使得结构的动力作用变缓，将这样的作用称为阻尼作用。一般假定阻尼与速度成正比例，即

$$\boldsymbol{F}^v=cV\frac{\partial\boldsymbol{u}}{\partial t}=cV\dot{\boldsymbol{u}} \tag{10-11}$$

其中，c 为系统阻尼系数，V 为体积。

因此，在考虑阻尼作用时，单位体积研究对象上的平衡方程为

$$\sigma_{ij,j}+b_i=\rho\ddot{u}_i+c\dot{u}_i,\quad i=1,2,3 \tag{10-12}$$

对于任意一线弹性问题，假设其研究域为 Ω，边界为 $\Gamma=\Gamma_t+\Gamma_u$(Γ_t 表示力边界，Γ_u 表示位移边界，满足 $\Gamma_u\cup\Gamma_t=\Gamma$，$\Gamma_u\cap\Gamma_t=\phi$)，则研究域内任意一点 $\boldsymbol{x}$，应满足平衡方程、几何方程、本构方程 (式 (10-2))、边界条件 (式 (10-3)) 和初始条件 (式 (10-4))。

10.1.2.2 *考虑阻尼效应的动态自然单元法求解方程*

与不考虑阻尼作用时相比，考虑阻尼作用时的伽辽金方程应为

$$\int_{\Omega}\delta u_i(\sigma_{ij,j}+b_i-\rho\ddot{u}_i-c\dot{u}_i)\mathrm{d}\Omega-\int_{\Gamma_t}\delta u_i(\sigma_{ij}n_j-\bar{t})\mathrm{d}\Gamma=0 \tag{10-13}$$

通过对上式进行分部积分，可得等效积分弱形式为

$$\int_{\Omega}\delta u_i\rho\ddot{u}_i\mathrm{d}\Omega+\int_{\Omega}\delta u_i c\dot{u}_i\mathrm{d}\Omega+\int_{\Omega}\delta\varepsilon_{ij}\sigma_{kl}\mathrm{d}\Omega=\int_{\Omega}\delta u_i b_i\mathrm{d}\Omega+\int_{\Gamma_t}\delta u_i\bar{t}_i\mathrm{d}\Gamma \tag{10-14}$$

将第 2 章所建立的近似函数代入式 (10-14)，可得

$$\begin{aligned}&\int_{\Omega}\delta\sum_{I=1}^{n}\phi_I(\boldsymbol{x})u_{iI}\rho\sum_{J=1}^{n}\phi_J(\boldsymbol{x})\ddot{u}_{iJ}\mathrm{d}\Omega+\int_{\Omega}\delta\sum_{I=1}^{n}\phi_I(\boldsymbol{x})u_{iI}c\sum_{J=1}^{n}\phi_J(\boldsymbol{x})\dot{u}_{iJ}\mathrm{d}\Omega\\&+\int_{\Omega}\delta\frac{1}{2}\left(\sum_{I=1}^{n}\phi_{I,j}(\boldsymbol{x})u_{iI}+\sum_{I=1}^{n}\phi_{I,i}(\boldsymbol{x})u_{jI}\right)D_{ijkl}\frac{1}{2}\left(\sum_{J=1}^{n}\phi_{J,l}(\boldsymbol{x})u_{kJ}+\sum_{J=1}^{n}\phi_{J,k}(\boldsymbol{x})u_{lJ}\right)\mathrm{d}\Omega\\=&\int_{\Omega}\sum_{I=1}^{n}\phi_I(\boldsymbol{x})\delta u_{iI}b_i\mathrm{d}\Omega+\int_{\Gamma_t}\sum_{I=1}^{n}\phi_I(\boldsymbol{x})\delta u_{iI}\bar{t}_i\mathrm{d}\Gamma\end{aligned} \tag{10-15}$$

上式可用矩阵形式写成

$$\begin{aligned}&\int_{\Omega}\delta\boldsymbol{u}^{\mathrm{T}}\boldsymbol{\Phi}^{\mathrm{T}}\boldsymbol{\rho}\boldsymbol{\Phi}\ddot{\boldsymbol{u}}\mathrm{d}\Omega+\int_{\Omega}\delta\boldsymbol{u}^{\mathrm{T}}\boldsymbol{\Phi}^{\mathrm{T}}\boldsymbol{c}\boldsymbol{\Phi}\dot{\boldsymbol{u}}\mathrm{d}\Omega+\int_{\Omega}\delta\boldsymbol{u}^{\mathrm{T}}\boldsymbol{B}_I^{\mathrm{T}}\boldsymbol{D}\boldsymbol{B}_J\boldsymbol{u}\mathrm{d}\Omega\\&=\int_{\Omega}\delta\boldsymbol{u}^{\mathrm{T}}\boldsymbol{\Phi}^{\mathrm{T}}\boldsymbol{b}\mathrm{d}\Omega+\int_{\Gamma_t}\delta\boldsymbol{u}^{\mathrm{T}}\boldsymbol{\Phi}^{\mathrm{T}}\bar{\boldsymbol{t}}\mathrm{d}\Gamma\end{aligned} \tag{10-16}$$

考虑到结点位移变化 $\delta\boldsymbol{u}$ 的任意性，可得离散系统方程为

$$\boldsymbol{M}\ddot{\boldsymbol{u}}+\boldsymbol{C}\dot{\boldsymbol{u}}+\boldsymbol{K}\boldsymbol{u}=\boldsymbol{F} \tag{10-17}$$

其中，$\boldsymbol{C}$ 为阻尼矩阵，$\boldsymbol{C}_{IJ}=\left(\int_{\Omega}c\phi_I\phi_J\mathrm{d}\Omega\right)\boldsymbol{I}$，$\boldsymbol{M}$ 为质量矩阵，$\boldsymbol{K}$ 为总体刚度矩阵，$\boldsymbol{F}$ 为动力荷载等效结点力矢量。

10.1.3 两种模型的比较

式 (10-10)、式 (10-17) 分别给出了无阻尼动态自然单元法求解方程和考虑阻尼效应的动态自然单元法求解方程，从建模过程可以看出，考虑阻尼作用的模型比不考虑阻尼作用的模型多了一项阻尼力的作用 $\boldsymbol{C}\dot{\boldsymbol{u}}$，若假设阻尼系数 $c=0$，则将考虑阻尼作用的模型变为不考虑阻尼作用的模型，即不考虑阻尼作用的模型是考虑阻尼作用模型的一种特殊情况。

对于式 (10-10)、式 (10-17)，其左边为位移、速度、加速度的表达式，右边为动力荷载等效结点力。若动力荷载等效结点力为 0，则式 (10-10)、式 (10-17) 分别为

$$\boldsymbol{M}\ddot{\boldsymbol{u}}+\boldsymbol{K}\boldsymbol{u}=\boldsymbol{0} \tag{10-18}$$

$$\boldsymbol{M}\ddot{\boldsymbol{u}}+\boldsymbol{C}\dot{\boldsymbol{u}}+\boldsymbol{K}\boldsymbol{u}=\boldsymbol{0} \tag{10-19}$$

这种与外载无关的结构动力学问题称为自由振动，式 (10-18) 为无阻尼自由振动的控制方程，式 (10-19) 为有阻尼自由振动的控制方程。与之对应，将式 (10-10)、式 (10-17) 等与外载有关的动力学问题，称为受迫振动，其中，式 (10-10) 为无阻尼受迫振动控制方程，式 (10-17) 为有阻尼受迫振动的控制方程。

10.2　方程的求解

对于前面建立的各种模型，有振型叠加法和直接积分法两种基本解法。

振型叠加法是利用振型分解和振型正交性的原理将运动微分方程解耦，分别计算出每一振型的作用效应，然后再将各振型的作用效应叠加，以求得系统总的响应。振型叠加法是一种应用比较广泛且行之有效的方法，但也存在一些不足之处：①首先必须求解系统的动力特性，当系统的自由度很大时，求解系统的动力特性不是一件非常容易的事；②要实现运动微分方程的完全解耦，只有在无阻尼作用或阻尼矩阵 $\boldsymbol{C}$ 是比例阻尼矩阵等情况下才有可能进行相关的运算，而在一般的情况下很难进行相关的运算；③该方法只适用于线性系统，对于非线性动力学方程很难适用。

直接积分法是对运动微分方程逐步地进行数值积分，特别是当运动微分方程不能由积分得到精确解时，就必须采用数值积分方法求出近似解。直接积分法的主要特点是直接将动力方程在时域上离散，对时间作近似的插值，化为差分格式，然后根据初始条件，利用不同的离散插值处理，就可推导出不同的直接积分公式。

通过前面的分析可知，无阻尼模型是考虑阻尼作用模型的一种特殊情况，即当阻尼系数 $c=0$ 时，考虑阻尼作用的模型就成了无阻尼模型。因此，仅需对考虑阻尼作用的模型进行分析。

式 (10-17) 给出了考虑阻尼作用的动态自然单元法模型，其中涉及的参数主要有质量矩阵 $\boldsymbol{M}$、阻尼矩阵 $\boldsymbol{C}$、刚度矩阵 $\boldsymbol{K}$、等效结点力矢量 $\boldsymbol{F}$、位移矩阵 $\boldsymbol{u}$、速度矩阵 $\dot{\boldsymbol{u}}$ 以及加速度矩阵 $\ddot{\boldsymbol{u}}$。对于任意一时刻 t，该模型为

$$\boldsymbol{M}\ddot{\boldsymbol{u}}_t+\boldsymbol{C}\dot{\boldsymbol{u}}_t+\boldsymbol{K}\boldsymbol{u}_t=\boldsymbol{F}(t) \tag{10-20}$$

对于其中的位移矩阵 $\boldsymbol{u}$、速度矩阵 $\dot{\boldsymbol{u}}$ 以及加速度矩阵 $\ddot{\boldsymbol{u}}$ 可由运动学的关系给予表达，即在运动学中，质点的运动关系有

$$\begin{cases} \dot{\boldsymbol{u}} = \dfrac{\partial \boldsymbol{u}}{\partial t} \\ \ddot{\boldsymbol{u}} = \dfrac{\partial \dot{\boldsymbol{u}}}{\partial t} = \dfrac{\partial^2 \boldsymbol{u}}{\partial t^2} \end{cases} \tag{10-21}$$

若取微小时间 Δt，则上式可近似写成

$$\begin{cases} \dot{\boldsymbol{u}} \approx \dfrac{\Delta \boldsymbol{u}}{\Delta t} \\ \ddot{\boldsymbol{u}} \approx \dfrac{\Delta \dot{\boldsymbol{u}}}{\Delta t} \end{cases} \tag{10-22}$$

目前常用的各种动力学直接积分求解方法均是基于上述方程，通过各种变换进行分析和研究，常用的直接积分法有中心差分法、Newmark 法和 Wilson-θ 法等。

10.2.1 中心差分法

在中心差分法中，根据点的运动关系，任意一点 $t+\Delta t$ 时刻的速度、加速度可由 $t-\Delta t$、t 和 $t+\Delta t$ 时刻的位移表示为

$$\dot{\boldsymbol{u}}_t = \frac{1}{\Delta t}(\boldsymbol{u}_{t+\Delta t} - \boldsymbol{u}_t) = \frac{1}{\Delta t}(\boldsymbol{u}_t - \boldsymbol{u}_{t-\Delta t}) = \frac{1}{2\Delta t}(\boldsymbol{u}_{t+\Delta t} - \boldsymbol{u}_{t-\Delta t}) \tag{10-23}$$

$$\ddot{\boldsymbol{u}}_t = \frac{1}{\Delta t^2}(\boldsymbol{u}_{t+\Delta t} - 2\boldsymbol{u}_t + \boldsymbol{u}_{t-\Delta t}) \tag{10-24}$$

将式 (10-23)、式 (10-24) 代入式 (10-20)，可得 t 时刻的动力平衡方程为

$$\boldsymbol{M}\frac{1}{\Delta t^2}(\boldsymbol{u}_{t+\Delta t} - 2\boldsymbol{u}_t + \boldsymbol{u}_{t-\Delta t}) + \boldsymbol{C}\frac{1}{2\Delta t}(\boldsymbol{u}_{t+\Delta t} - \boldsymbol{u}_{t-\Delta t}) + \boldsymbol{K}\boldsymbol{u}_t = \boldsymbol{F}(t) \tag{10-25}$$

对上式进行整理，可得

$$\left(\frac{\boldsymbol{M}}{\Delta t^2} + \boldsymbol{C}\frac{1}{2\Delta t}\right)\boldsymbol{u}_{t+\Delta t} = \boldsymbol{F}(t) + \left(\frac{2\boldsymbol{M}}{\Delta t^2} - \boldsymbol{K}\right)\boldsymbol{u}_t + \left(\frac{\boldsymbol{C}}{2\Delta t} - \frac{\boldsymbol{M}}{\Delta t^2}\right)\boldsymbol{u}_{t-\Delta t} \tag{10-26}$$

通过对上式进行分析可知，当 $\boldsymbol{u}_{t-\Delta t}$ 和 $\boldsymbol{u}_t$ 已知时，则可得到 $t+\Delta t$ 时刻的位移 $\boldsymbol{u}_{t+\Delta t}$，即该式是基于离散时间点上的解的递推公式，又称为逐步积分法。需要指出的是，此算法涉及一个起步问题，即当 $t=0$ 时，为了计算 $\boldsymbol{u}_{\Delta t}$，除了已知的初始条件 $\boldsymbol{u}_0$ 外，还需知道 $\boldsymbol{u}_{-\Delta t}$，所以必须先解决这个起步问题。通过质点的运动几何方程，可以近似地得到

$$\boldsymbol{u}_{-\Delta t} = \boldsymbol{u}_0 - \Delta t\dot{\boldsymbol{u}}_0 + \frac{\Delta t^2}{2}\ddot{\boldsymbol{u}}_0 \tag{10-27}$$

上式中，$\boldsymbol{u}_0$ 和 $\dot{\boldsymbol{u}}_0$ 可由初始条件给出，而初始时刻的加速度 $\ddot{\boldsymbol{u}}_0$ 则可以利用 $t=0$ 时的运动方程 (式 (10-20)) 得到。

通过上述分析，可将中心差分法的计算步骤归结为：

第一步，初始计算

(1) 形成总体刚度矩阵 $\boldsymbol{K}$、质量矩阵 $\boldsymbol{M}$、阻尼矩阵 $\boldsymbol{C}$ 等。

(2) 根据初始条件 $\boldsymbol{u}_0$、$\dot{\boldsymbol{u}}_0$，通过式 (10-20) 计算初始加速度 $\ddot{\boldsymbol{u}}_0$。

(3) 选择时间步长 Δt，并计算 $\boldsymbol{u}_{-\Delta t}$。

第二步，对于每一时间步长的计算

(1) 根据边界条件，计算时间 t 的等效结点力 $\boldsymbol{F}(t)$。

(2) 根据式 (10-26) 计算 $t+\Delta t$ 时刻的位移 $\boldsymbol{u}_{t+\Delta t}$，并可通过式 (10-23)、式 (10-24) 得到 t 时刻的速度 $\dot{\boldsymbol{u}}_t$、加速度 $\ddot{\boldsymbol{u}}_t$。

10.2.2 Newmark 法

Newmark 法给出的位移、速度、加速度的关系为

$$\dot{\boldsymbol{u}}_{t+\Delta t}=\dot{\boldsymbol{u}}_t+\Delta t[(1-\gamma)\ddot{\boldsymbol{u}}_t+\gamma\ddot{\boldsymbol{u}}_{t+\Delta t}] \tag{10-28}$$

$$\boldsymbol{u}_{t+\Delta t}=\boldsymbol{u}_t+\Delta t\dot{\boldsymbol{u}}_t+\frac{(\Delta t)^2}{2}[(1-2\beta)\ddot{\boldsymbol{u}}_t+2\beta\ddot{\boldsymbol{u}}_{t+\Delta t}] \tag{10-29}$$

其中，γ 为控制数值阻尼参数、β 为控制时间步长中加速度的变化。所选用的参数 γ 和 β 与计算结果的稳定性及精度有关。$\gamma=1/2$、$\beta=0$ 为等加速度法，$\gamma=1/2$、$\beta=1/4$ 为平均加速度法，$\gamma=1/2$、$\beta=1/6$ 为线性加速度法。

通过对上式进行分析，可得 $t+\Delta t$ 时刻的加速度 $\ddot{\boldsymbol{u}}_{t+\Delta t}$、速度 $\dot{\boldsymbol{u}}_{t+\Delta t}$ 分别为

$$\ddot{\boldsymbol{u}}_{t+\Delta t}=\frac{1}{\beta(\Delta t)^2}(\boldsymbol{u}_{t+\Delta t}-\boldsymbol{u}_t)-\frac{1}{\beta\Delta t}\dot{\boldsymbol{u}}_t-\frac{1-2\beta}{2\beta}\ddot{\boldsymbol{u}}_t \tag{10-30}$$

$$\dot{\boldsymbol{u}}_{t+\Delta t}=\frac{\gamma}{\beta\Delta t}(\boldsymbol{u}_{t+\Delta t}-\boldsymbol{u}_t)+\left(1-\frac{\gamma}{\beta}\right)\dot{\boldsymbol{u}}_t+\Delta t\left(1-\frac{\gamma}{2\beta}\right)\ddot{\boldsymbol{u}}_t \tag{10-31}$$

将式 (10-30)、式 (10-31) 代入式 (10-20)，可得 $t+\Delta t$ 时刻的动力平衡方程为

$$\begin{aligned}&\boldsymbol{M}\left[\frac{1}{\beta(\Delta t)^2}(\boldsymbol{u}_{t+\Delta t}-\boldsymbol{u}_t)-\frac{1}{\beta\Delta t}\dot{\boldsymbol{u}}_t-\frac{1-2\beta}{2\beta}\ddot{\boldsymbol{u}}_t\right]\\&+\boldsymbol{C}\left[\frac{\gamma}{\beta\Delta t}(\boldsymbol{u}_{t+\Delta t}-\boldsymbol{u}_t)+\left(1-\frac{\gamma}{\beta}\right)\dot{\boldsymbol{u}}_t+\Delta t\left(1-\frac{\gamma}{2\beta}\right)\ddot{\boldsymbol{u}}_t\right]+\boldsymbol{K}\boldsymbol{u}_{t+\Delta t}\\=&\boldsymbol{F}(t+\Delta t)\end{aligned} \tag{10-32}$$

对上式进行整理，可得

$$\left[\frac{\boldsymbol{M}}{\beta}(\Delta t)^2+\frac{\gamma}{\beta\Delta t}\boldsymbol{C}+\boldsymbol{K}\right]\boldsymbol{u}_{t+\Delta t}=\boldsymbol{F}(t+\Delta t)+\left[\frac{\boldsymbol{M}}{\beta(\Delta t)^2}+\frac{\gamma}{\beta\Delta t}\boldsymbol{C}\right]\boldsymbol{u}_t$$
$$+\left[\frac{\boldsymbol{M}}{\beta\Delta t}-(1-\frac{\gamma}{\beta})C\right]\dot{\boldsymbol{u}}_t+\left[\frac{1-2\beta}{2\beta}\boldsymbol{M}-\Delta t(1-\frac{\gamma}{2\beta})\boldsymbol{C}\right]\ddot{\boldsymbol{u}}_t \tag{10-33}$$

通过对上式进行分析可知，当 $\boldsymbol{u}_t$、$\dot{\boldsymbol{u}}_t$ 和 $\ddot{\boldsymbol{u}}_t$ 已知时，则可得到 $t+\Delta t$ 时刻的位移 $\boldsymbol{u}_{t+\Delta t}$。对于初始时刻，$\boldsymbol{u}_0$ 和 $\dot{\boldsymbol{u}}_0$ 可由初始条件给出，初始时刻的加速度 $\ddot{\boldsymbol{u}}_0$ 可以利用 $t=0$ 时的运动方程 (式 (10-20)) 得到。

通过上述分析，可将 Newmark 法的计算步骤归结为：

第一步，初始计算

(1) 形成总体刚度矩阵 $\boldsymbol{K}$、质量矩阵 $\boldsymbol{M}$、阻尼矩阵 $\boldsymbol{C}$ 等。

(2) 根据初始条件 $\boldsymbol{u}_0$、$\dot{\boldsymbol{u}}_0$，通过式 (10-20) 计算初始加速度 $\ddot{\boldsymbol{u}}_0$。

(3) 选择时间步长 Δt 以及计算参数 γ 和 β。

第二步，对于每一时间步长的计算

(1) 根据边界条件，计算时间 t 的等效结点力 $\boldsymbol{F}(t)$。

(2) 根据式 (10-33) 计算时间 $t+\Delta t$ 时刻的位移 $\boldsymbol{u}_{t+\Delta t}$。

(3) 根据式 (10-31)、式 (10-30) 计算时间 $t+\Delta t$ 时刻的速度 $\dot{\boldsymbol{u}}_{t+\Delta t}$、加速度 $\ddot{\boldsymbol{u}}_{t+\Delta t}$。

10.2.3 Wilson-θ 法

Wilson-θ 法给出的位移、速度、加速度的关系为

$$\dot{\boldsymbol{u}}_{t+\theta\Delta t}=\dot{\boldsymbol{u}}_t+\frac{\theta\Delta t}{2}(\ddot{\boldsymbol{u}}_t+\ddot{\boldsymbol{u}}_{t+\theta\Delta t}) \tag{10-34}$$

$$\boldsymbol{u}_{t+\theta\Delta t}=\boldsymbol{u}_t+\theta\Delta t\dot{\boldsymbol{u}}_t+\frac{(\theta\Delta t)^2}{6}(2\ddot{\boldsymbol{u}}_t+\ddot{\boldsymbol{u}}_{t+\theta\Delta t}) \tag{10-35}$$

其中，$\theta\geqslant 1$。

通过式 (10-35)，可得 $t+\theta\Delta t$ 时刻的加速度为

$$\ddot{\boldsymbol{u}}_{t+\theta\Delta t}=\frac{6}{(\theta\Delta t)^2}(\boldsymbol{u}_{t+\theta\Delta t}-\boldsymbol{u}_t)-\frac{6}{\theta\Delta t}\dot{\boldsymbol{u}}_t-2\ddot{\boldsymbol{u}}_t \tag{10-36}$$

代入式 (10-34)，可得 $t+\theta\Delta t$ 时刻的速度为

$$\dot{\boldsymbol{u}}_{t+\theta\Delta t}=\frac{3}{\theta\Delta t}(\boldsymbol{u}_{t+\theta\Delta t}-\boldsymbol{u}_t)-2\dot{\boldsymbol{u}}_t-\frac{\theta\Delta t}{2}\ddot{\boldsymbol{u}}_t \tag{10-37}$$

将式 (10-36)、式 (10-37) 代入式 (10-20)，可得 $t+\theta\Delta t$ 时刻的动力平衡方程为

$$\boldsymbol{M}\left[\frac{6}{(\theta\Delta t)^2}\left(\boldsymbol{u}_{t+\theta\Delta t}-\boldsymbol{u}_t\right)-\frac{6}{\theta\Delta t}\dot{\boldsymbol{u}}_t-2\ddot{\boldsymbol{u}}_t\right]+\boldsymbol{C}\left[\frac{3}{\theta\Delta t}\left(\boldsymbol{u}_{t+\theta\Delta t}-\boldsymbol{u}_t\right)-2\dot{\boldsymbol{u}}_t\right.$$
$$\left.-\frac{\theta\Delta t}{2}\ddot{\boldsymbol{u}}_t\right]+\boldsymbol{K}\boldsymbol{u}_{t+\theta\Delta t}=\boldsymbol{F}(t+\theta\Delta t) \tag{10-38}$$

对上式进行整理，可得

$$\left[\frac{6\boldsymbol{M}}{(\theta\Delta t)^2}+\frac{3\boldsymbol{C}}{\theta\Delta t}+\boldsymbol{K}\right]\boldsymbol{u}_{t+\theta\Delta t}$$
$$=\boldsymbol{F}(t+\theta\Delta t)+\left[\frac{6\boldsymbol{M}}{(\theta\Delta t)^2}+\frac{3\boldsymbol{C}}{\theta\Delta t}\right]\boldsymbol{u}_t+\left[\frac{6\boldsymbol{M}}{\theta\Delta t}+2\boldsymbol{C}\right]\dot{\boldsymbol{u}}_t+\left[2\boldsymbol{M}+\frac{\theta\Delta t}{2}\boldsymbol{C}\right]\ddot{\boldsymbol{u}}_t \tag{10-39}$$

通过对上式进行分析可知，当 $\boldsymbol{u}_t$、$\dot{\boldsymbol{u}}_t$ 和 $\ddot{\boldsymbol{u}}_t$ 已知时，则可得到 $t+\theta\Delta t$ 时刻的位移 $\boldsymbol{u}_{t+\theta\Delta t}$。对于初始时刻，$\boldsymbol{u}_0$ 和 $\dot{\boldsymbol{u}}_0$ 可由初始条件给出，而初始时刻的加速度 $\ddot{\boldsymbol{u}}_0$ 则可以利用 $t=0$ 时的运动方程 (式 (10-20)) 得到。

通过上述分析，可将 Wilson-θ 法的计算步骤归结为：

第一步，初始计算

(1) 形成总体刚度矩阵 $\boldsymbol{K}$、质量矩阵 $\boldsymbol{M}$、阻尼矩阵 $\boldsymbol{C}$ 等。

(2) 根据初始条件 $\boldsymbol{u}_0$、$\dot{\boldsymbol{u}}_0$，通过式 (10-20) 计算初始加速度 $\ddot{\boldsymbol{u}}_0$。

(3) 选择时间步长 Δt 以及计算参数 θ。

第二步，对于每一时间步长的计算

(1) 根据边界条件，计算时间 t 的等效结点力 $\boldsymbol{F}(t)$。

(2) 根据式 (10-39) 计算时间 $t+\theta\Delta t$ 时刻的位移 $\boldsymbol{u}_{t+\theta\Delta t}$。

(3) 根据式 (10-36)、式 (10-37) 计算时间 $t+\theta\Delta t$ 时刻的速度 $\dot{\boldsymbol{u}}_{t+\theta\Delta t}$、加速度 $\ddot{\boldsymbol{u}}_{t+\theta\Delta t}$。

10.2.4 三种方法的比较和分析

直接积分方法除了上述三种常用的方法外，还有 Houbolt 法、HHT-α 法、Collocation 法等，在此不再一一列举。

中心差分法直接用位移表示速度和加速度，即采用位移的微分得到速度、加速度，这使得最后的动力学模型中不涉及速度、加速度，仅涉及位移，即为显式的积分方法，而 Newmark 法和 Wilson-θ 法以速度、加速度表示位移，通过加速度、速度的积分得到位移，这使得最后的动力学模型中涉及速度、加速度、位移等，其在计算下一步之前不仅需要先得到这一步的位移，而且还需要得到这一步的速度、加速度，即为隐式的积分方法。

中心差分法在初始计算时需要知道前两步的位移，即 $\boldsymbol{u}_0$ 和 $\boldsymbol{u}_{-\Delta t}$，$\boldsymbol{u}_0$ 为初始位移，而 $\boldsymbol{u}_{-\Delta t}$ 仅能通过初始条件近似计算得到。而 Newmark 法和 Wilson-θ 法在初始计算时仅需要初始位移、速度、加速度，但其在每一步的计算过程中均需计算速度、加速度，为下一步的计算做准备。

Newmark 法和 Wilson-θ 法在计算的过程中均涉及一个参数的选取问题，其中 Newmark 法涉及 γ 和 β 两个参数，Wilson-θ 法涉及 θ 一个参数。通过比较式 (10-30)、式 (10-31) 和式 (10-36)、式 (10-37)，可以发现，当 $\gamma = 1/2$ 和 $\beta = 1/6$ 时，Newmark 法退化为 $\theta = 1$ 的 Wilson-θ 法。

Newmark 指出，当 $\gamma \geqslant 0.5$ 和 $\beta \geqslant 0.25(0.5+\gamma)^2$ 时，Newmark 法是无条件稳定的。Wilson 通过研究证明，当 $\theta \geqslant 1.37$ 时，Wilson-θ 法是无条件稳定的，通常取 $\theta = 1.4$。

Wilson-θ 法中的 $\theta \geqslant 1$，因此 Wilson-θ 法在选取与 Newmark 法相同的时间步 Δt 进行计算时，其计算的时间步 $\theta\Delta t$ 将不小于 Newmark 法的时间步 Δt。

10.3　算例分析

10.3.1　悬臂梁受突加荷载作用

10.3.1.1　计算模型

考虑一单位宽度的悬臂梁，其左端固定，几何尺寸如图 10-1 所示。材料参数为：弹性模量 $E = 30\text{MPa}$，泊松比 $\mu = 0.3$，密度 $\rho = 2.4\times10^3\text{kg/m}^3$，不计阻尼的影响。悬臂梁的受力情况为：在 $t = 0^+$ 时，在梁的右端作用一突加荷载，随后荷载值保持不变。

为了体现各种方向的突然加载作用效应，分别分析了三种情况，如图 10-1 所示。

(a) 水平荷载，$P_x(t) = 2000\text{N/m}^2, t \geqslant 0^+$；

(b) 竖向荷载，$P_y(t) = 200\text{N/m}^2, t \geqslant 0^+$；

(c) 双向荷载，$P(t) = 2000\text{i} - 200\text{j N/m}^2, t \geqslant 0^+$。

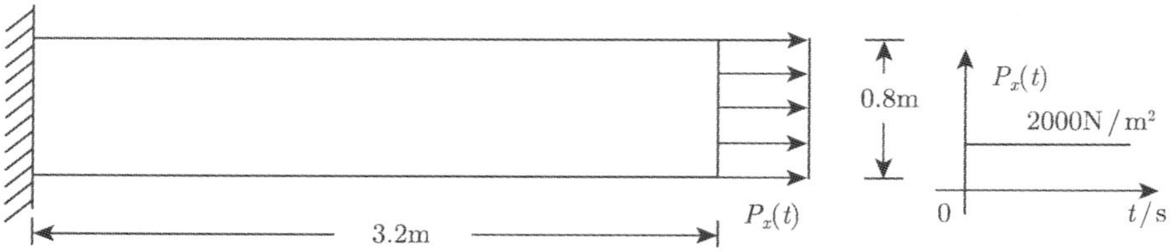

(a) 水平荷载

(b) 竖向荷载

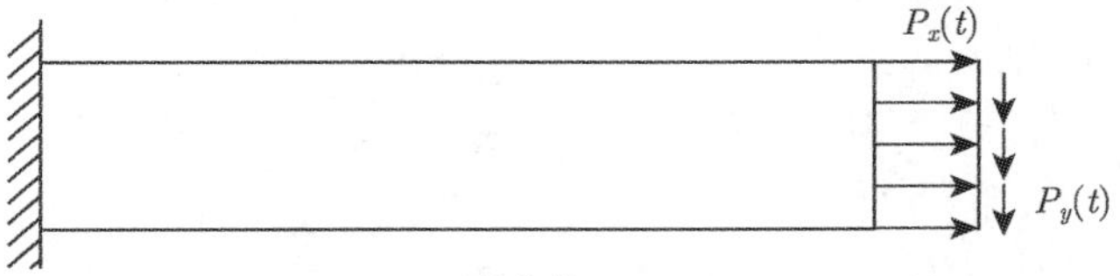

(c) 双向荷载

图 10-1 悬臂梁受力示意图

为了分析结点数对计算结果的影响，分别采用 85 结点和 27 结点对该梁进行规则布置，见图 10-2。本算例给出的计算成果包括：自由端 A 点的位移随时间的变化关系、梁的中央 B 点位移和应力随时间的变化关系，以及固定端 C 点的应力随时间的变化关系等。

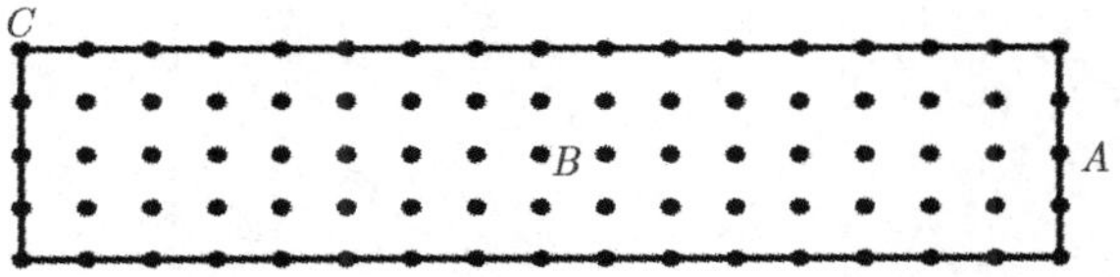

85 结点

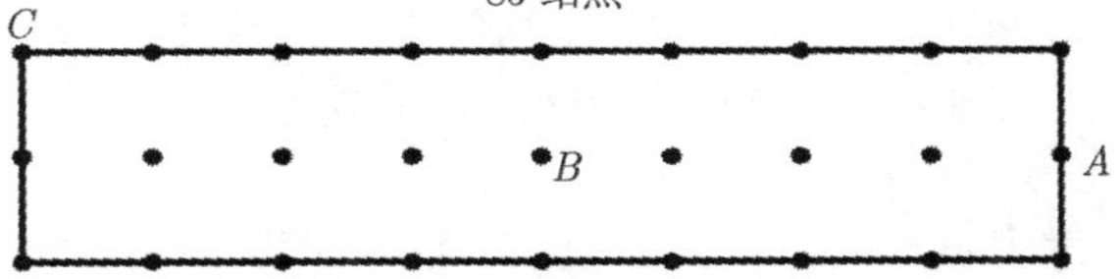

27 结点

图 10-2 85 结点、27 结点布置图

10.3.1.2 中心差分法、Newmark 法和 Wilson-θ 法的计算结果比较

分别采用基于中心差分法、$\gamma = 1/2$、$\beta = 1/6$ 时的 Newmark 法、$\gamma = 1/2$、$\beta = 1/3$ 时的 Newmark 法、$\theta = 1$ 时的 Wilson-θ 法、$\theta = 1.4$ 时的 Wilson-θ 法对应的动态自然单元法，计算了悬臂梁在端部受水平突加荷载作用的动态响应 (情况 (a))。采用 85 结点布置，时间步长分别选取 $\Delta t = 0.01\text{s}$、$\Delta t = 0.001\text{s}$ 和 $\Delta t = 0.0001\text{s}$，总时间为 $t = 0.15\text{s}$。计算给出了各种方法得到的模型中 A 点和 B 点的水平位移随时间的变化关系，如图 10-3 所示。

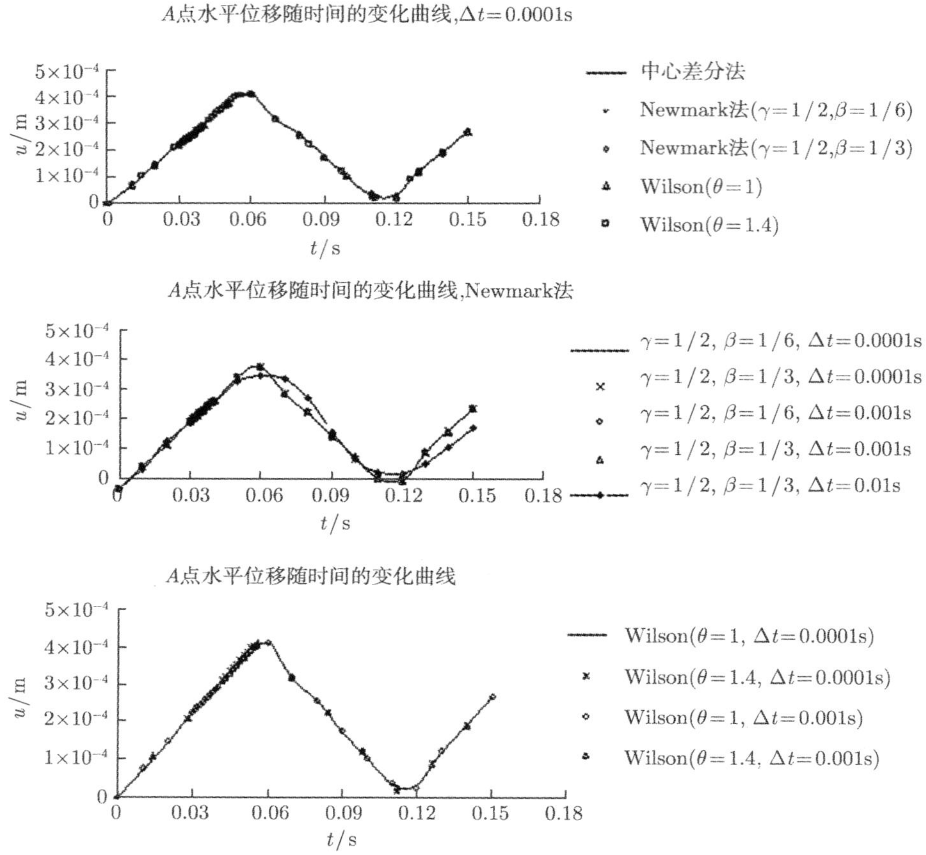

图 10-3　情况 (a) 中 A 点的水平位移

在具体计算中发现，当时间步长取 $\Delta t = 0.01\text{s}$ 和 $\Delta t = 0.001\text{s}$ 时，基于中心差分法的计算结果不收敛，当时间步长取 $\Delta t = 0.01\text{s}$ 时，基于 $\gamma = 1/2$、$\beta = 1/3$ 的 Newmark 法、$\theta = 1$ 的 Wilson-θ 法的计算结果不收敛。由此可见，虽然中心差分法为显式的积分方法，但其在时间步长的选取上比其他方法的要求更高，这使得其计算效率明显降低。$\gamma = 1/2$、$\beta = 1/3$ 的 Newmark 法在时间步长的选取上要求相对低一些。

从图 10-3、图 10-4 的计算结果可以看出，除了基于 $\gamma = 1/2$、$\beta = 1/3$ 的 Newmark 法在时间步长为 $\Delta t = 0.01\text{s}$ 计算所得的结果外，基于其他方法计算所得的结果均比较吻合。由此可见，虽然 $\gamma = 1/2$、$\beta = 1/3$ 的 Newmark 法在时间步长的选取上要求相对低一些，但由于其时间步长取得太大，所得结果的计算精度会受到较大影响。

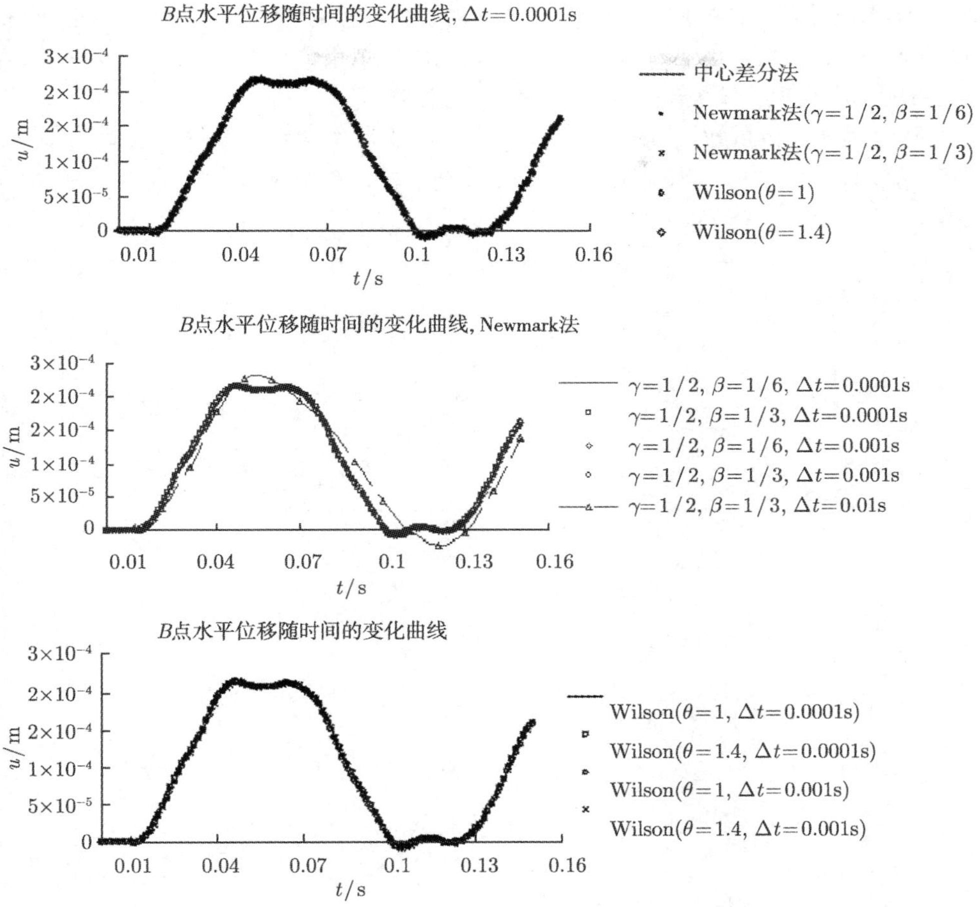

图 10-4 情况 (a) 中 B 点的水平位移

10.3.1.3 基于 Newmark 法的不同时间步长的计算结果比较

从上述分析可知，$\gamma = 1/2$、$\beta = 1/3$ 的 Newmark 法在时间步长的选择上相对要求低一些，故此处采用基于 $\gamma = 1/2$、$\beta = 1/3$ 的 Newmark 法对应的自然单元法进行数值计算。采用 85 结点布置，时间步长分别选取 $\Delta t = 0.01\text{s}$、$\Delta t = 0.001\text{s}$ 和 $\Delta t = 0.0001\text{s}$ 进行相关计算，总时间 $t = 0.15\text{s}$。

图 10-5、图 10-6 分别给出了各种时间步长下，基于 $\gamma=1/2$、$\beta=1/3$ 的 Newmark 法的动态自然单元法计算所得的结果。从图中所示的情况 (a) 中 A 点和 B 点的水平位移随时间的变化关系可见，步长为 $\Delta t = 0.001\text{s}$ 和 $\Delta t = 0.0001\text{s}$ 的计算结果基本完全吻合，步长 $\Delta t = 0.01\text{s}$ 时的计算结果略有偏差，步长为 $\Delta t = 0.001\text{s}$ 和

$\Delta t=0.0001$s 计算所得的周期为0.117s，A 点的最大位移为 4.12×10^{-4} m，B 点的最大位移为 2.14×10^{-4} m，而 $\Delta t=0.01$s 计算所得的对应结果分别为 0.12s、3.18×10^{-4}m、2.29×10^{-4}m，偏差分别为 2.56%、−7.52%、7.01%。

通过上述分析可知，当时间步长足够小时，其计算精度不受时间步长的影响；当时间步长比较大时，其计算结果略有一些偏差；当时间步长太大时，计算不收敛。

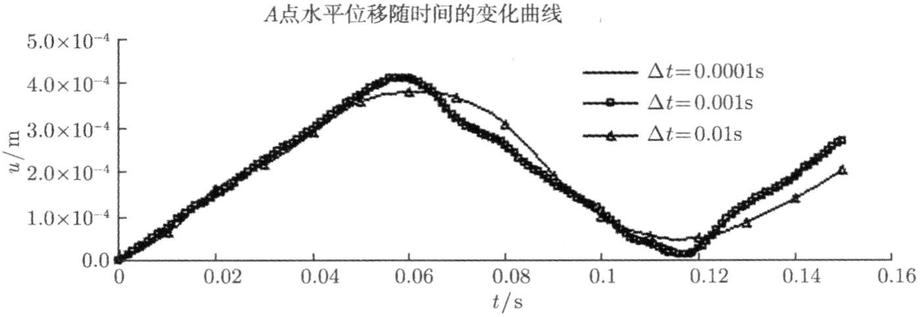

图 10-5 情况 (a) 中 A 点的水平位移

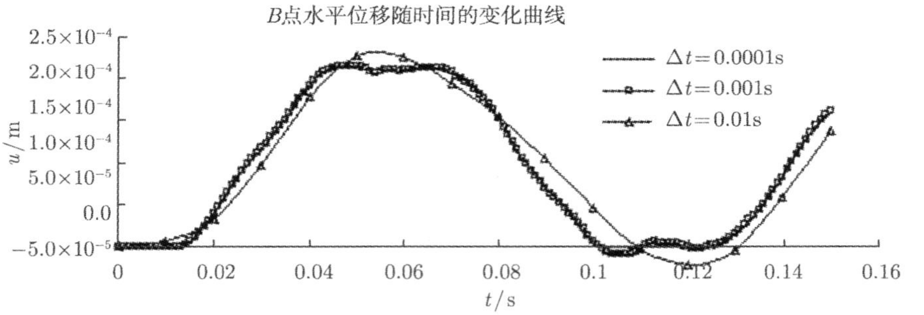

图 10-6 情况 (a) 中 B 点的水平位移

10.3.1.4 基于 Newmark 法的不同结点布置的计算结果比较

为了比较不同的结点布置对自然单元法计算结果的影响，分别采用 85 结点和 27 结点规则布置 (见图 10-2) 两种方案。运用基于 $\gamma = 1/2$、$\beta = 1/3$ 的 Newmark 法对应的自然单元法进行数值计算，并对情况 (a) 中 A 点和 B 点的水平位移、情况 (b) 中 A 点和 B 点的竖向位移进行分析。时间步长为：情况 (a)，$\Delta t = 0.001$s，总时间 $t = 0.15$s；情况 (b)，$\Delta t = 0.001$s，总时间 $t = 0.8$s。

图 10-7、图 10-8 分别给出了情况 (a) 中 A 点、B 点的水平位移，由图中结果可见，基于 27 结点的自然单元法和基于 85 结点的自然单元法的计算结果吻合得较好。

对于情况 (b)，Hurty 等 [19] 给出了经典的周期估计方法

$$T = \frac{2\pi}{1.875^2}\sqrt{\frac{12\rho l^4}{Eh^2}} = 0.7088\text{s} \tag{10-40}$$

最大位移为

$$u_{\max} = 2\frac{phl^3}{3EI} = 0.0027\text{m} \tag{10-41}$$

依据式 (10-40)、式 (10-41)，A 点的竖向位移随时间的变化关系可近似为

$$u(t) = \frac{1}{2}\left[1 - \cos\left(\frac{2\pi}{T}t\right)\right]u_{\max} \tag{10-42}$$

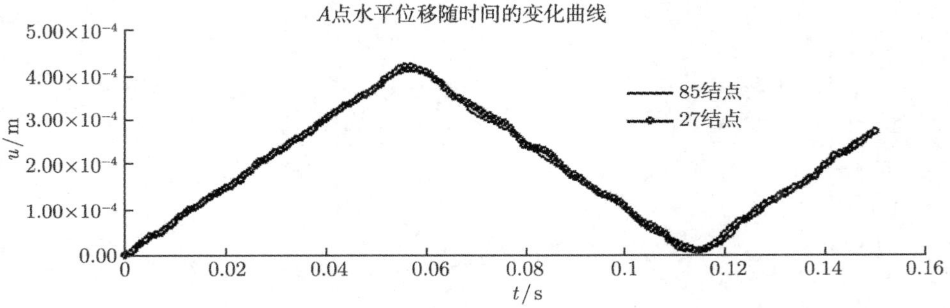

图 10-7 情况 (a) 中 A 点的水平位移

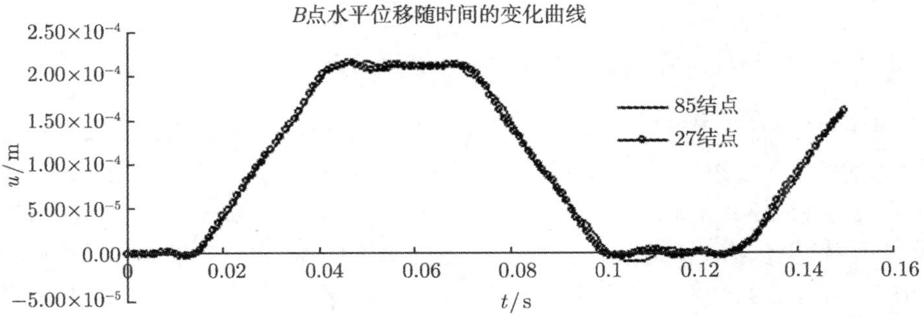

图 10-8 情况 (a) 中 B 点的水平位移

图 10-9、图 10-10 分别给出了情况 (b) 中 A 点、B 点的竖向位移，从图中所示计算结果可以看出，基于 27 结点的自然单元法和基于 85 结点自然单元法的计算结果存在微小的偏差。

由图 10-9 可知，85 结点的自然单元法结果无论是周期还是最大位移均比解析解略大，27 结点自然单元法的解略偏小，但两种方法计算所得结果均与解析解比较接近，由此可见两种模型的计算结果均比较合理。

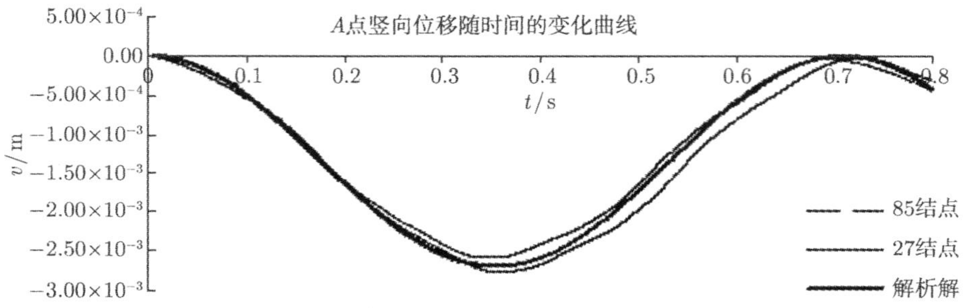

图 10-9　情况 (b) 中 A 点的竖向位移

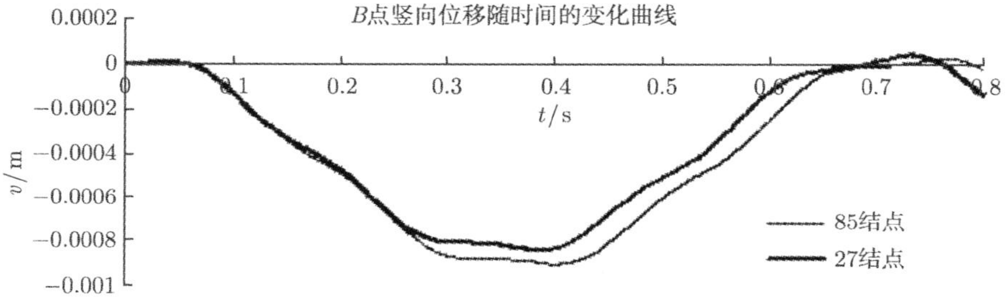

图 10-10　情况 (b) 中 B 点的竖向位移

10.3.1.5　三种突加荷载作用下的计算结果与分析

分别运用自然单元法和有限元法对悬臂梁在三种突加荷载作用下的动力响应进行计算分析。采用 85 结点的布置方案，积分方法为 $\gamma=1/2$、$\beta=1/3$ 的 Newmark 法，时间步长为 $\Delta t=0.001\text{s}$，总时间为：情况 (a)，$t=0.15\text{s}$；情况 (b)、(c)，$t=0.8\text{s}$。给出的计算结果包括：情况 (a)，A 点、B 点的水平位移，B 点、C 点的水平应力；情况 (b)，A 点、B 点的竖向位移，B 点、C 点的水平应力；情况 (c)，A 点、B 点的水平、竖向位移。

图 10-11、图 10-12、图 10-13、图 10-14 分别给出了基于 $\gamma=1/2$、$\beta=1/3$ 的 Newmark 法，采用动态自然单元法和有限元法得到的情况 (a) 中 A 点、B 点的水平位移以及 B 点、C 点的水平应力随时间变化的关系曲线。从图中结果可见，两种方法给出的结果吻合较好。计算所得时间周期 $T=0.117\text{s}$，A 点的最大水平位移为 4.15×10^{-4} m，B 点的最大水平位移为 2.15×10^{-4} m，B 点的最大水平应力为 5005.65N/m^2，C 点的最大水平应力为 4890.87N/m^2。

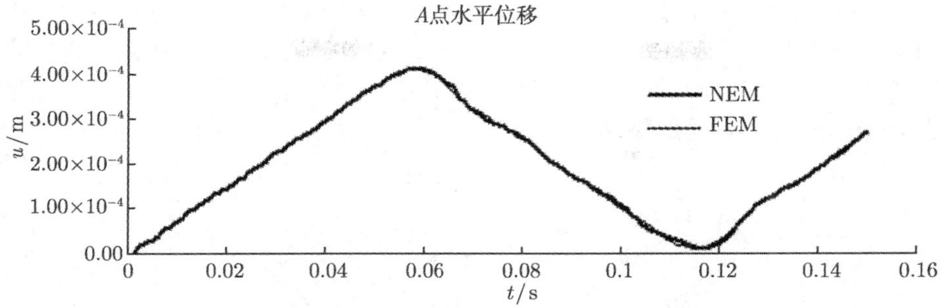

图 10-11 情况 (a) 的 A 点水平位移

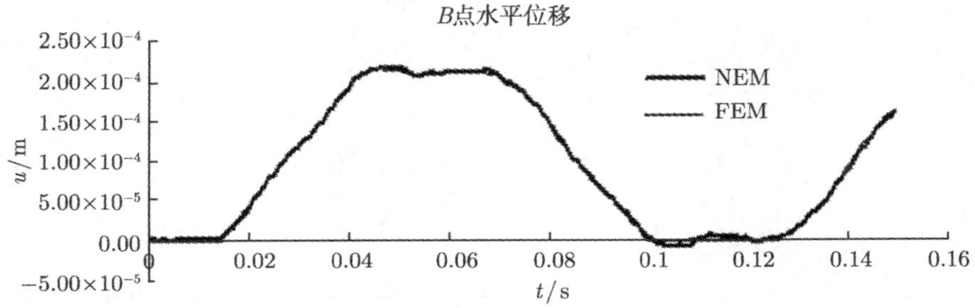

图 10-12 情况 (a) 的 B 点水平位移

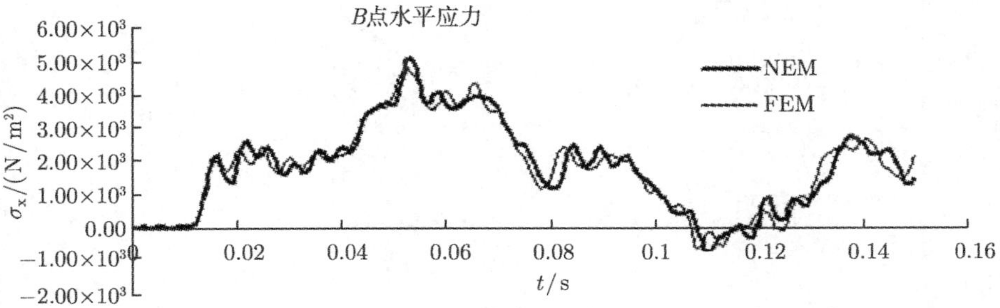

图 10-13 情况 (a) 的 B 点水平应力

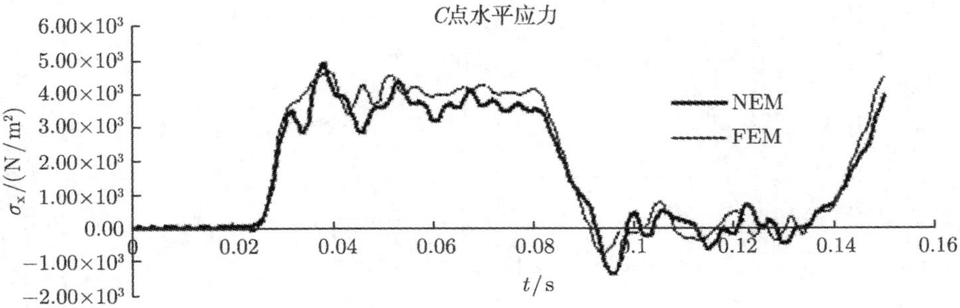

图 10-14 情况 (a) 的 C 点水平应力

图 10-15、图 10-16、图 10-17、图 10-18 分别给出了基于 $\gamma=1/2$、$\beta=1/3$ 的 Newmark 法，采用动态自然单元法和有限元法得到的情况 (b) 中 A 点、B 点的竖向位移以及 B 点、C 点的水平应力随时间变化的关系曲线。图 10-15 中还同时给出了 Hurty[19] 等得到的解析解。

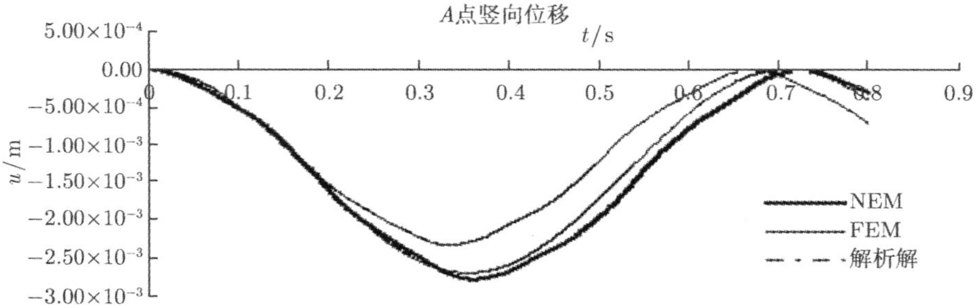

图 10-15　情况 (b) 的 A 点竖向位移

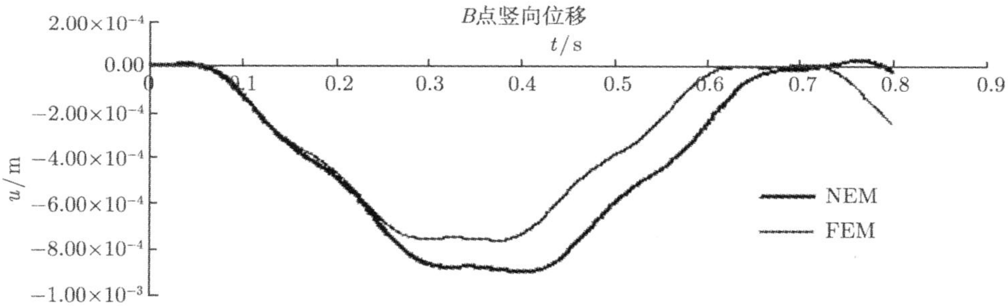

图 10-16　情况 (b) 的 B 点竖向位移

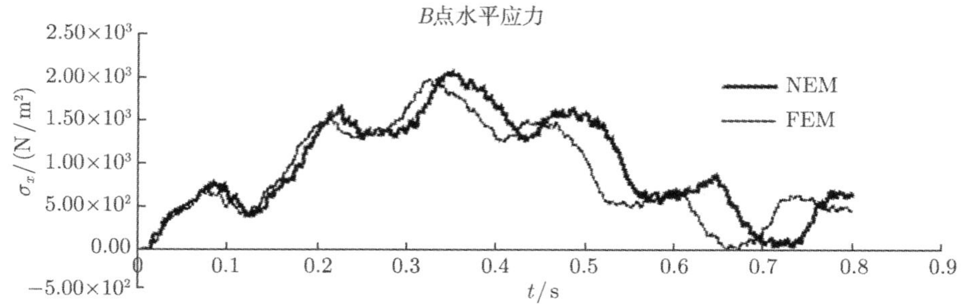

图 10-17　情况 (b) 的 B 点水平应力

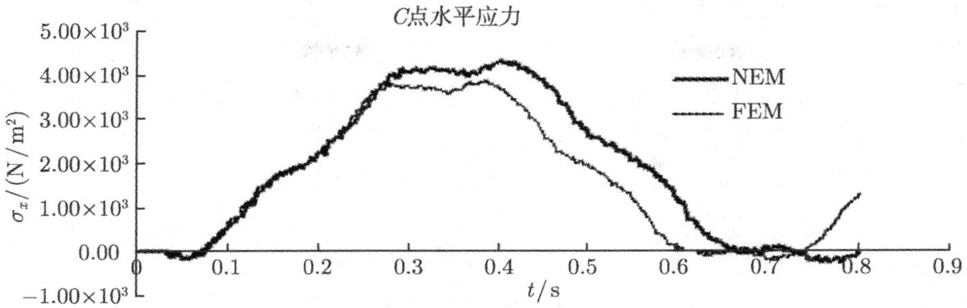

图 10-18 情况 (b) 的 C 点水平应力

从图中给出的计算结果可以看出，自然单元法和有限元法计算所得结果存在一定的偏差。就情况 (b) 中 A 点竖向位移而言，自然单元法的结果优于有限元法。计算所得时间周期分别为：自然单元法为 $T = 0.73\text{s}$，有限元法为 $T = 0.67\text{s}$，解析解为 $T = 0.7088\text{s}$；A 点的最大竖向位移为：自然单元法为 -2.76×10^{-3} m，有限元法为 -2.34×10^{-3} m，解析解为 -2.7×10^{-3} m；B 点的最大竖向位移为：自然单元法为 -9.04×10^{-4} m，有限元法为 $-7.52 \times 10^{-4}\text{m}$；$B$ 点的最大水平应力为：自然单元法为 2061.27N/m^2，有限元法为 1947.36N/m^2；C 点的最大水平应力为：自然单元法为 4304.10N/m^2，有限元法为 3808.99N/m^2。

图 10-19、图 10-20、图 10-21、图 10-22 分别给出了基于 $\gamma = 1/2$、$\beta = 1/3$ 的

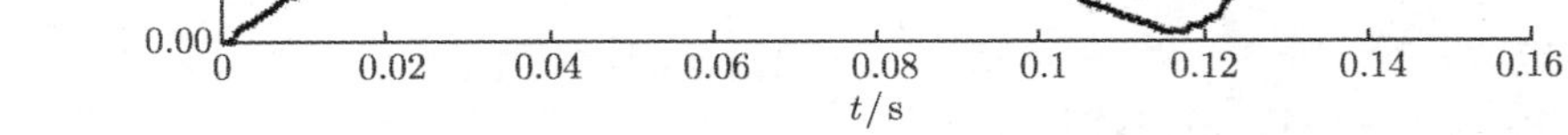

图 10-19 情况 (c) 的 A 点水平位移

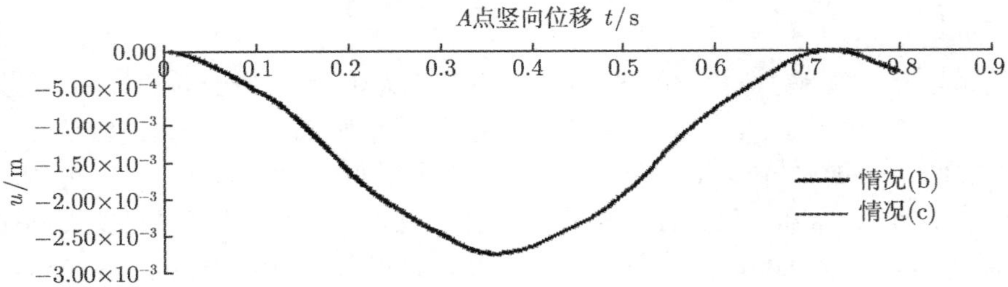

图 10-20 情况 (c) 的 A 点竖向位移

Newmark 法，采用动态自然单元法求得的情况 (c) 中 A 点、B 点的水平和竖向位移，并与情况 (a)、(b) 中对应的问题进行了比较。通过比较发现，A 点的水平位移与情况 (a) 中 A 点的水平位移完全重合，A 点的竖向位移与情况 (b) 中 A 点的竖向位移完全重合，B 点的水平位移与情况 (a) 中 B 点的水平位移完全重合，B 点的竖向位移与情况 (b) 中 B 点的竖向位移完全重合。

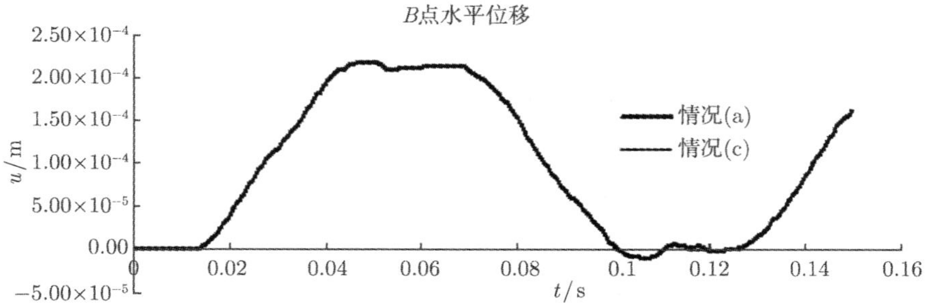

图 10-21 情况 (c) 的 B 点水平位移

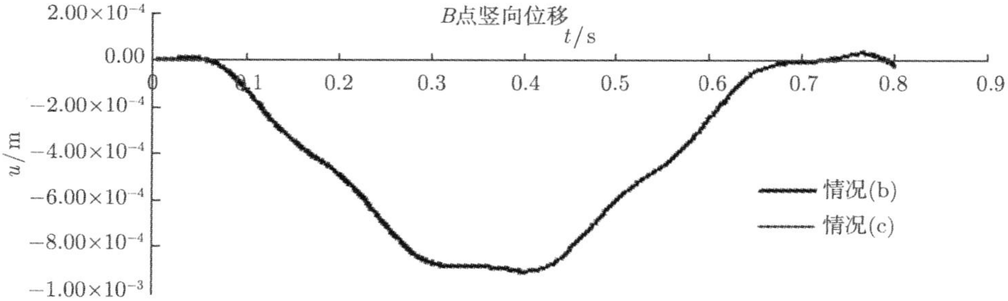

图 10-22 情况 (c) 的 B 点竖向位移

10.3.2 悬臂梁受冲击荷载的作用

10.3.2.1 计算模型

考虑与上一算例完全相同的悬臂梁，弹性模量为 $E=30\text{MPa}$，泊松比为 $\mu=0.3$，密度为 $\rho = 2.4 \times 10^3\text{kg/m}^3$，阻尼不计。悬臂梁的受力特征为：初始时刻静止，从 $t = 0^+\text{s}$ 到 $t = 0.1\text{s}$ 在悬臂梁右端受 $F = 1000\text{N}$ 的冲击力作用，如图 10-23 所示。采用 $\gamma = 1/2$、$\beta = 1/3$ 的 Newmark 法和有限元法进行计算，计算时间步长分别取 $\Delta t = 0.01\text{s}$ 和 $\Delta t = 0.001\text{s}$，总时间为 $t = 0.9\text{s}$。结点布置采用 85 结点规则布置方案，见图 10-23。

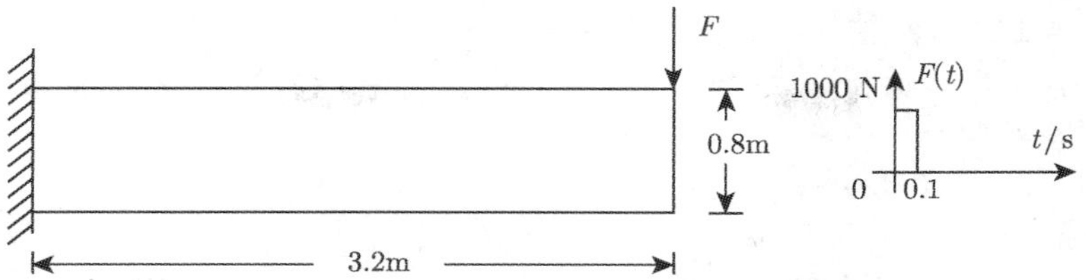

图 10-23 悬臂梁受冲击荷载作用

10.3.2.2 计算结果与分析

图 10-24 给出了 A 点的竖向位移随时间的变化关系曲线。从图中结果可见，无论是自然单元法的计算结果还是有限单元法的计算结果，$\Delta t = 0.001\text{s}$ 的计算结果与 $\Delta t = 0.01\text{s}$ 的计算结果吻合较好。自然单元法所得的时间周期和最大位移分别为：$\Delta t = 0.001\text{s}$ 时，周期 $T = 0.777\text{s}$，最大位移 $v = 0.728\text{mm}$；$\Delta t = 0.01\text{s}$ 时，周期 $T = 0.79\text{s}$，最大位移 $v = 0.735\text{mm}$。与此相应的有限单元法得到的时间周期和最大位移分别为：$\Delta t = 0.001\text{s}$ 时，周期 $T = 0.722\text{s}$，最大位移 $v = 0.663\text{mm}$；$\Delta t = 0.01\text{s}$ 时，周期 $T = 0.73\text{s}$，最大位移 $v = 0.658\text{mm}$。时间步长 $\Delta t = 0.001\text{s}$ 与时间步长 $\Delta t = 0.01\text{s}$ 计算结果的偏差分别为：自然单元法，周期的相对偏差为 1.65%，最大位移的相对偏差为 0.95%；而与此相应的有限单元法的相对偏差分别为 1.10%、0.75%。由此可见时间步长取 $\Delta t = 0.001\text{s}$ 和取 $\Delta t = 0.01\text{s}$ 得到的结果差异不大。

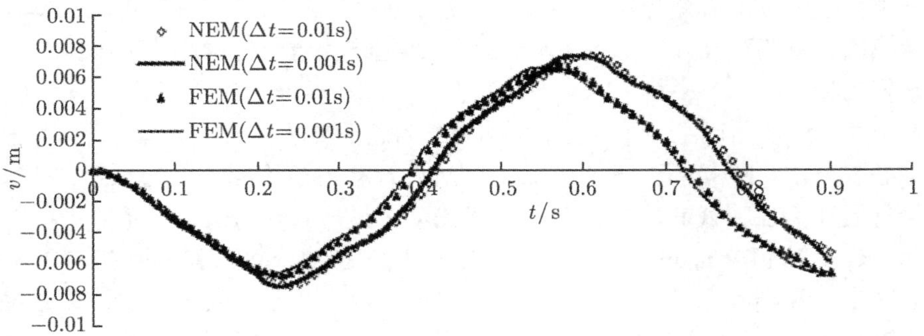

图 10-24 A 点的竖向位移

图 10-25 给出了 C 点的水平应力随时间的变化关系。从图中可见，C 点的最大拉应力为：$\Delta t = 0.001\text{s}$ 时，自然单元法计算所得的最大拉应力为 13 255.15N/m^2，有限单元法所得的最大拉应力为 12 673.45N/m^2；$\Delta t = 0.01\text{s}$ 时，自然单元法计算所得的最大拉应力为 12 327.38N/m^2，有限单元法所得的最大拉应力为 11 908.38N/m^2。C 点的最大压应力为：$\Delta t = 0.001\text{s}$ 时，自然单元法计算所得的最大压应力为 −12 841.43N/m^2，有限单元法所得的最大压应力为 −12 381.51N/m^2；

$\Delta t = 0.01\text{s}$ 时，自然单元法计算所得的最大压应力为 $-12\ 290.42\text{N/m}^2$，有限单元法所得的最大压应力为 $-11\ 830.37\text{N/m}^2$。总体来看，自然单元法与有限单元法所得结果具有较好的一致性。

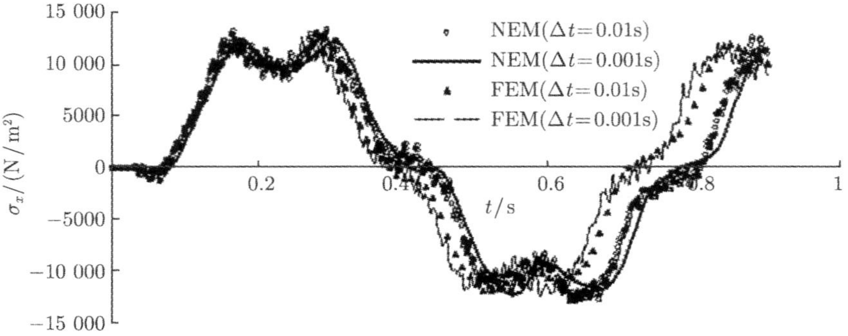

图 10-25 C 点的水平应力

10.4 本 章 小 结

对于动力学问题的数值分析，最关键的工作是建立数学模型和对建立的数学模型进行求解。本章首先基于伽辽金方法分别建立了无阻尼和考虑阻尼的自然单元法模型，阐述了中心差分法、Newmark 法、Wilson-θ 法等三种常用的求解动力学数学模型的直接积分方法，分别给出了这三种直接积分方法的计算格式，分析比较了它们的特点。

在上述工作的基础上，研制了结构动力学问题的自然单元法计算程序，可分别采用中心差分法、Newmark 法、Wilson-θ 法进行动力学控制方程的求解。计算分析了悬臂梁在突加荷载和冲击荷载作用下的动力效应，分别研究了基于中心差分法、Newmark 法和 Wilson-θ 法等直接积分方法的动态自然单元法的实施方案，探讨了时间步长和结点布置方案等对计算结果的影响，并与有限元法的计算结果进行了比较，指出自然单元法的计算精度一般要优于有限元法，展示了动态自然单元法求解结构动力学问题的有效性。

参 考 文 献

[1] Biot M A. Transient Oscillations in Elastic Systems[D]. California California Institute of Technology, 1932.

[2] Biot M A. Theory of elastic systems vibrating under transient impulse with an application to earthquake-proof buildings[J]. Proceedings of the National Academy of Sciences

of the United States of America, 1933, 19(2):262.
[3] Biot M A. Theory of vibration of buildings during earthquake[J]. ZAMM-Journal of Applied Mathematics and Mechanics, 1934, 14(4):213-223.
[4] Newmark N M, Siess C P, Viest I M. Tests and analysis of composite beams with incomplete interaction[J]. Proceedings of the Society of Experimental Stress Analysis, 1951, 9(1):75-92.
[5] Newmark N M. A method of computation for structural dynamics[J]. Journal of the Engineering Mechanics Division ASCE, 1959, 85(7):67-94.
[6] Blume J A, Newmark N M, Corning L H. Design of Multistory Reinforced Concrete Buildings for Earthquake Motions[M]. Portland: Portland Cement Association, 1961.
[7] Newmark N M. Effects of earthquakes on dams and embankments[J]. Geotechnique, 1965, 15(2):139-160.
[8] Newmark N M, Rosenblueth E. Fundamentals of Earthquake Engineering[M]. New Jersey: Prentice-Hall, 1971.
[9] 王福军, 黎耀军, Han K, 等. 一种用于结构动态过程数值模拟的广义有限元法 [J]. 中国科学 G 辑, 2006, 36(4):427-436.
[10] 汪梦甫. 无条件稳定的更新精细积分方法 [J]. 固体力学学报, 2006, 27(3):311-314.
[11] 汪梦甫, 周锡元. 结构动力方程的高斯精细时程积分法 [J]. 工程力学, 2004，21(4)：13-15.
[12] 汪梦甫, 周锡元. 结构动力方程的更新精细积分方法 [J]. 力学学报, 2004，36(2):191-195.
[13] 钟万勰. 结构动力方程的精细时程积分法 [J]. 大连理工大学学报, 1994，34(2):131-136.
[14] 张安平, 王轲. 动力学有限元模型的模糊评估 [J]. 南京航空航天大学学报, 2006，38(3):367-372.
[15] 高跃飞, 姜节胜, 张永强, 等. 利用 Taylor 变换的结构动力学边界条件识别 [J]. 机械科学与技术, 2005，24(2):155-158.
[16] 秦远田, 张方. 具有连续分布梁模型动载荷的识别技术研究 [J]. 振动与冲击, 2005, 24(2): 126-128, 133.
[17] 秦远田. 动载荷识别应用技术研究 [D]. 南京: 南京航空航天大学, 2007.
[18] Bartlett F D, Flannelly W D. Modal verification of force determination for measuring vibration loads[J]. Journal of the American Helicopter Society, 1979, 19(4):10-18.
[19] Hurty W C, Rubinstein M F. Dynamics of Structures[M]. New York Prentice-Hall, 1964.

第 11 章　基于区间分析理论的自然单元法研究

一般而言，对于各种问题的分析是建立在物理参数为确定值的基础之上。但由于测试、计量、制造工艺等问题，研究对象的参数往往具有一定的不确定性，如几何尺度的不确定性、材料特性的不确定性、时间计量的不确定性等。如果将这些不确定性因素作为确定性信息来处理，得到的结果与实际情况相比往往具有一定的偏差，存在一定的不合理性。为了使得分析结果更具有科学性和合理性，人们采用随机理论、模糊集理论和区间分析方法等各种理论方法来分析不确定性问题。用随机理论或模糊集理论求解问题时，需要知道不确定性参数的概率密度函数或隶属函数，而实际应用过程中这些函数往往难以确定，常通过人为方式取舍。区间分析方法为解决不确定性问题提供了一种新的途径。采用区间分析方法时，不确定量采用区间数描述，认为不确定量是某区间范围内大小未知的一确定值。区间分析方法只需要知道不确定性参数的上、下界限，得到的计算结果为包含真实参数解在内的一区间值，这样就为更准确地估计和评价所得结果提供了科学依据。

区间分析方法的理论及应用研究已经具有一定的历史，其最初是由 Moore 于 1966 年提出，其专著*Interval Analysis*为区间分析方法的研究和应用奠定了理论基础 [1]，随后大量的学者和研究人员从事相关的理论和应用研究。目前关于区间的概念及其运算规则相关的文献非常多，如文献 [2,4] 等对区间运算的概念进行了详细介绍。Harter[5] 对以区间集合表示的代数方程进行了分析和研究。Candau 等 [6] 使用极坐标形式定义了一个比较复杂的区间模型，并对其中的相关问题进行了研究。

区间分析方法在工程中的应用主要是基于区间分析方法与有限单元法相结合形成的区间有限元法 [7,10]，区间有限元法已被应用到结构工程、岩土工程等具有不确定性问题的工程领域 [11,23]。关于区间方法与其他数值方法相结合的方法目前还很少，本书尝试将区间分析方法与自然单元法相结合，建立区间自然单元法，以丰富自然单元法的内容和拓宽其应用领域。

11.1　区间参数的表达

11.1.1　区间参数的定义

实数集 **R** 中一不确定数 x，已知其满足 $\underline{x} \leqslant x \leqslant \bar{x}$，则此不确定数 x 可表示为

$$X = [\underline{x}, \bar{x}] = \{x \in \mathbf{R} \,|\, \underline{x} \leqslant x \leqslant \bar{x}\} \tag{11-1}$$

则称 x 为区间变量，X 为区间变量 x 所在的区间。$\underline{x},\bar{x}\in\mathbf{R}$，且 $\underline{x}\leqslant\bar{x}$，$\bar{x},\underline{x}$ 分别称为区间 $[\underline{x},\bar{x}]$ 的上、下界限。

如果式 (11-1) 中，区间变量 x 既可取其上界限，又可取其下界限的情况，定义为闭区间。若区间变量 x 既不可取其上界限，且不可取其下界限的，则将此定义为开区间，即

$$X=(\underline{x},\bar{x})=\{x\in\mathbf{R}\,|\underline{x}<x<\bar{x}\}\tag{11-2}$$

若式 (11-1) 中，区间变量 x 可取其上界限，但不可取其下界限的情况，或不可取其上界限，但可取其下界限的情况，定义为半开半闭区间，即

$$X=(\underline{x},\bar{x}]=\{x\in\mathbf{R}\,|\underline{x}<x\leqslant\bar{x}\}\tag{11-3}$$

或

$$X=[\underline{x},\bar{x})=\{x\in\mathbf{R}\,|\underline{x}\leqslant x<\bar{x}\}\tag{11-4}$$

对于式 (11-1)，若 $\underline{x}=-\bar{x}$，则称区间 X 为对称区间；若 $\underline{x}=0$，$\bar{x}=1$，则称区间 X 为 $[0,1]$ 区间；若 $\underline{x}=\bar{x}=x$，则称区间 X 为点区间。

11.1.2 区间参数的表示方式

为了使得区间数与确定数之间有所区别，根据区间的英文单词 interval，在区间参数的右上角加上大写字母 I 以示区别。如式 (11-1) 中 X 为一区间参数 $[\underline{x},\bar{x}]$，为了与确定数 X 有所区别，可将区间数 X 写成 X^I。

在自然单元法的计算和分析中，涉及的物理量主要有位移 $\boldsymbol{u}$、应力 $\boldsymbol{\sigma}$、应变 $\boldsymbol{\varepsilon}$、弹性模量 E、泊松比 μ、刚度矩阵 $\boldsymbol{K}$、荷载 $\boldsymbol{F}$ 等，对于平面问题，为了将区间参数与确定参数的表达进行区别，将上述区间参数分别表示为

区间位移 $\boldsymbol{u}^I=\begin{bmatrix}u^I & v^I\end{bmatrix}^{\mathrm{T}}=\begin{bmatrix}[\underline{u},\bar{u}] & [\underline{v},\bar{v}]\end{bmatrix}^{\mathrm{T}}$；

区间应力 $\boldsymbol{\sigma}^I=\begin{bmatrix}\sigma_x^I & \sigma_y^I & \tau_{xy}^I\end{bmatrix}^{\mathrm{T}}=\begin{bmatrix}[\underline{\sigma}_x,\bar{\sigma}_x] & [\underline{\sigma}_y,\bar{\sigma}_y] & [\underline{\tau}_{xy},\bar{\tau}_{xy}]\end{bmatrix}^{\mathrm{T}}$；

区间应变 $\boldsymbol{\varepsilon}^I=\begin{bmatrix}\varepsilon_x^I & \varepsilon_y^I & \gamma_{xy}^I\end{bmatrix}^{\mathrm{T}}=\begin{bmatrix}[\underline{\varepsilon}_x,\bar{\varepsilon}_x] & [\underline{\varepsilon}_y,\bar{\varepsilon}_y] & [\underline{\gamma}_{xy},\bar{\gamma}_{xy}]\end{bmatrix}^{\mathrm{T}}$；

区间弹性模量 $E^I=[\underline{E},\bar{E}]$；

区间泊松比 $\mu^I=[\underline{\mu},\bar{\mu}]$；

区间刚度矩阵 $\boldsymbol{K}^I=[K_{ij}^I]$，$K_{ij}^I=[\underline{K}_{ij},\bar{K}_{ij}]$；

区间荷载 $\boldsymbol{F}^I=\begin{bmatrix}F_x^I & F_y^I\end{bmatrix}^{\mathrm{T}}=\begin{bmatrix}[\underline{F}_x,\bar{F}_x] & [\underline{F}_y,\bar{F}_y]\end{bmatrix}^{\mathrm{T}}$。

11.2 区间分析的基本理论

11.2.1 区间运算及其代数性质

对于任意给定的两个区间数 $X^I[\ \underline{x},\bar{x}\ ]$，$Y^I[\ \underline{y},\bar{y}\ ]$，一任意确定实数 a，其基

本运算规则为

$$a + X^I = [a + \underline{x}, a + \bar{x}] \tag{11-5}$$

$$a \cdot X^I = \begin{cases} [a \cdot \underline{x}, a \cdot \bar{x}] & a > 0 \\ 0 & a = 0 \\ [a \cdot \bar{x}, a \cdot \underline{x}] & a < 0 \end{cases} \tag{11-6}$$

$$1/X^I = \begin{cases} [1/\bar{x}, 1/\underline{x}] & 0 \notin X^I \\ (-\infty, 1/\underline{x}] \cup [1/\bar{x}, +\infty) & 0 \in X^I \end{cases} \tag{11-7}$$

$$X^I + Y^I = [\underline{x} + \underline{y}, \bar{x} + \bar{y}] \tag{11-8}$$

$$X^I \cdot Y^I = [\min(\underline{x}\underline{y}, \underline{x}\bar{y}, \bar{x}\underline{y}, \bar{x}\bar{y}), \max(\underline{x}\underline{y}, \underline{x}\bar{y}, \bar{x}\underline{y}, \bar{x}\bar{y})] \tag{11-9}$$

令 $x_m = (\bar{x} + \underline{x})/2$，$x_r = (\bar{x} - \underline{x})/2$，则 $\underline{x} = x_m - x_r$，$\bar{x} = x_m + x_r$，

$$X^I = [\underline{x}, \bar{x}] = [x_m - x_r, x_m + x_r] = [x_m, x_m] + [-x_r, x_r] = x_m + x_r \cdot [-1, 1] \tag{11-10}$$

其中，x_m、x_r 为两个确定的数，分别为区间的中点和半径。$[-1,1]$ 为一对称区间，即任意一个区间可表示为一个实数加上一个实数与对称区间 $[-1,1]$ 的积。

令 $x_l = \underline{x}$，$x_w = \bar{x} - \underline{x}$，则 $\underline{x} = x_l$，$\bar{x} = \underline{x} + x_w = x_l + x_w$，根据式 (11-8)，可得

$$X^I = [\underline{x}, \bar{x}] = [x_l, x_l + x_w] = [x_l, x_l] + [0, x_w] = x_l + x_w \cdot [0, 1] \tag{11-11}$$

其中，x_l、x_w 为两个确定的数，分别为区间的下界限和宽度，即任意一个区间可表示为一个确定数加上一个确定数与 $[0,1]$ 区间的积。

若 $x \neq 0$，根据式 (11-6) 可得

$$X^I = [\underline{x}, \bar{x}] = \begin{cases} \underline{x} \cdot [1, \bar{x}/\underline{x}] & \underline{x} > 0 \\ \underline{x} \cdot [\bar{x}/\underline{x}, 1] & \underline{x} < 0 \end{cases} \tag{11-12}$$

令式 (11-8) 中 $X^I = -Y^I = [-\bar{y}, -\underline{y}]$，则由式 (11-8) 可得

$$X^I + Y^I = [-\bar{y} + \underline{y}, -\underline{y} + \bar{y}] = (-\underline{y} + \bar{y}) \cdot [-1, 1] \tag{11-13}$$

在 $\underline{y} \neq \bar{y}$ 时，使得 $-Y^I + Y^I$ 并不为一确定数，为一对称区间数，而实际中，不管确定数还是区间数，同一个数的相减结果均为 $0 \in X^I + Y^I = (-\underline{y} + \bar{y}) \cdot [-1, 1]$，这相当于将区间 $[0,0]$ 扩张为区间 $(-\underline{y} + \bar{y}) \cdot [-1, 1]$，这就是区间分析中常见的区间扩张问题。

11.2.2 区间扩张问题及其处理方法

11.2.2.1 区间扩张问题

对于式 (11-13) 中所产生的区间扩张问题，在以区间为变量的函数中是很常见的，如

$$F(X^I)=\frac{X^{I2}-1}{X^I} \tag{11-14}$$

此多项式在区间 $[2,3]$ 上的值域为 $[1,4]$。

若将式 (11-14) 作一简单变换，为

$$F(X^I)=\frac{X^{I2}-1}{X^I}=X^I-\frac{1}{X^I} \tag{11-15}$$

则多项式在区间 $[2,3]$ 上的值域为 $[3/2,8/3]\subset[1,4]$，这与函数 $f(x)=\dfrac{x^2-1}{x}$ 在变量 $[2,3]$ 上的值域相对应。由此可见，在区间运算之前，通过对区间方程的适当处理可以解决区间扩张问题。

经分析可知，出现上述区间扩张问题的原因主要有：

(1) 与函数表达式的形式和区间运算的复杂程度有关。不同的表达式得到不同的区间扩张的过估计值，这是由区间包含特性和区间的次分配律直接导致的结果，并且参与运算的区间量越多，区间运算的次数越多，过估计现象就越严重。

(2) 与区间运算的前提假设有关。区间运算认为，参与运算的量是相互独立的，它们独自在区间取值内变化，没有相互影响。因此，表达式中同一个量的区间数表示在区间扩张的区间运算过程中被认为相互独立。

11.2.2.2 处理方法

自区间分析方法问世以来，区间扩张问题的处理就一直受到关注，现对常用的几种区间扩张问题处理方法进行简要介绍。

1) 函数处理法

通过区间扩张原因的分析，可知区间运算的复杂程度影响到区间的扩张过估计值。如果在区间计算前先将函数表达式作一些处理，即先将函数表达式看成是确定数的函数表达式，进行加减乘除等运算，尽量减少同一量在表达式中出现的次数，使得区间计算的次数降低，从而可降低区间扩张的过估计值，如将式 (11-14) 处理成式 (11-15)，然后再进行区间计算。

2) 区间分解法

将原区间数表示成一些小区间的并，依次计算在每一个小区间上对应的值，然后取其并，计算结果会趋于精确。因为取无限小区间时，就如同计算点区间数的值一样，结果自然趋于精确。

对于区间值函数 $F(X)$ 和实值函数 $f(x)$，$x \in X$，$X=[a,b]$，将区间数 X 分成 N 个子区间 X_i

$$X_i = \left[a + \frac{(i-1)(b-a)}{N}, a + \frac{i(b-a)}{N}\right] \qquad i = 1, 2, \cdots, N \tag{11-16}$$

随着 N 值的增大直到无穷，这时对于任意 $x \in X$，均可以有 X_i 与之相对应，使 $x \to X_i$。这样最终 $\{f(x), x \in X\} \to F(X)$，从而可解决区间的扩张问题。

3) 子区间摄动法

对于区间值函数 $F(X) = F(X_1, X_2, \cdots, X_n)$，对其参数进行一阶泰勒展开得

$$F(X) = F(X_{1m}, X_{2m}, \cdots, X_{nm}) + \sum_{i=1}^{n} \left.\frac{\partial F}{\partial X_i}\right|_{X_m} X_{ir} \cdot [-1, 1] \tag{11-17}$$

其中，X_i 为区间变量；X_{im} 为区间变量 X_i 的中点；X_{ir} 为区间变量 X_i 的半径。

当各区间变量的半径足够小时，可忽略高次项，从而可将区间值函数 $F(X)$ 化成每一个参数仅仅出现一次的情况，近似解决区间的扩张问题。

4) 区间截断法

考虑到区间运算的过估计问题与区间运算的复杂程度有关，可采用区间截断法来提高区间计算结果的精度。其基本思想为，设 $X = [\underline{x}, \bar{x}]$ 和 $Y = [\underline{y}, \bar{y}]$ 是 $Z = F(X, Y)$ 的两个区间量，X_m, Y_m 分别是区间 X, Y 的中点，$Z = [\underline{z}, \bar{z}]$ 是由 X, Y 经区间运算得到的结果区间，Z_m 由 X_m, Y_m 求得，当 Z_m 接近于 0 时，不使用截断法，而当 Z_m 离 0 较远时，采用下面公式计算 $\underline{z}, \bar{z}$ 与 Z_m 的相对偏差

$$\Delta_1 = \left|\frac{\underline{z} - Z_m}{Z_m}\right|, \Delta_2 = \left|\frac{\bar{z} - Z_m}{Z_m}\right| \tag{11-18}$$

得到总的相对偏差 $\Delta = \Delta_1 + \Delta_2$，一般来说，对于保守设计总是希望 Δ 大于真实值。假设相应量的最大相对偏差为 $2t$，那么可以用以下截断区间 $[\underline{d}, \bar{d}]$ 表示 Z 的取值区间：

(1) 当 $\Delta_1 \leqslant t, \Delta_2 \leqslant t$ 时，$\underline{d} = \underline{z}, \bar{d} = \bar{z}$；

(2) 当 $\Delta_1 > t, \Delta_2 > t$ 时，$\underline{d} = Z_m + t(\underline{z} - Z_m), \bar{d} = Z_m + t(\bar{z} - Z_m)$；

(3) 当 $\Delta_1 \leqslant t, \Delta_2 > t$ 时，$\underline{d} = \underline{z}, \bar{d} = Z_m + t(\bar{z} - Z_m)$；

(4) 当 $\Delta_1 > t, \Delta_2 \leqslant t$ 时，$\underline{d} = Z_m + t(\underline{z} - Z_m), \bar{d} = \bar{z}$。

在上述方法中，t 必须取小于 1 的实数，否则截断得到的区间可能比原来的区间更宽；另外，当 $\Delta_1 = t$ 时，$\underline{d}$ 不能自行退化到 $\underline{z}$，当 $\Delta_2 = t$ 时，$\bar{d}$ 不能自行退化到 $\bar{z}$。

区间截断法可以较好地处理区间扩张中的过估计问题，但是截断准则不容易确定，计算结果受准则影响较大，给实际工程计算带来一定的困难。

11.2.3 区间向量与区间矩阵

对于一 n 维列向量 $\boldsymbol{X}^I=[X_1^I\,X_2^I\cdots X_n^I]^{\mathrm{T}}$，其任一元素 X_i^I 均为区间变量 $X_i^I=[\underline{x}_i,\bar{x}_i]$，则可定义向量 $\boldsymbol{X}^I$ 为区间向量。

由式 (11-10)，可得任一元素 X_i^I 可表示为

$$X_i^I=[\underline{x}_i,\bar{x}_i]=\frac{\underline{x}_i+\bar{x}_i}{2}+\frac{\bar{x}_i-\underline{x}_i}{2}\cdot[-1,1] \tag{11-19}$$

令 $x_{im}=\dfrac{\underline{x}_i+\bar{x}_i}{2}$ 为区间变量 X_i^I 的中点，$x_{ir}=\dfrac{\bar{x}_i-\underline{x}_i}{2}$ 为区间变量 X_i^I 的半径，则有

$$X_i^I=[\underline{x}_i,\bar{x}_i]=x_{im}+x_{ir}\cdot[-1,1] \tag{11-20}$$

$$\begin{aligned}
\boldsymbol{X}^I&=\begin{bmatrix} X_1^I & X_2^I & \cdots & X_n^I\end{bmatrix}^{\mathrm{T}}\\
&=\begin{bmatrix} x_{1m}+x_{1r}\cdot[-1,1] x_{2m}+x_{2r}\cdot[-1,1] & \cdots & x_{nm}+x_{nr}\cdot[-1,1]\end{bmatrix}^{\mathrm{T}}\\
&=\begin{bmatrix} x_{1m} & x_{2m} & \cdots & x_{nm}\end{bmatrix}^{\mathrm{T}}+\begin{bmatrix} x_{1r}\cdot[-1,1] & x_{2r}\cdot[-1,1] & \cdots & x_{nr}\cdot[-1,1]\end{bmatrix}^{\mathrm{T}}\\
&=\begin{bmatrix} x_{1m} & x_{2m} & \cdots & x_{nm}\end{bmatrix}^{\mathrm{T}}+[-1,1]\cdot\begin{bmatrix} x_{1r} & x_{2r} & \cdots & x_{nr}\end{bmatrix}^{\mathrm{T}}
\end{aligned} \tag{11-21}$$

令 $\boldsymbol{X}_m=[x_{1m}\,x_{2m}\cdots x_{nm}]^{\mathrm{T}}$ 为向量 $\boldsymbol{X}^I$ 的中点向量，$\boldsymbol{X}_r=[x_{1r}\,x_{2r}\cdots x_{nr}]^{\mathrm{T}}$ 为向量 $\boldsymbol{X}^I$ 的半径向量，则式 (11-21) 可写成

$$\boldsymbol{X}^I=\boldsymbol{X}_m+[-1,1]\cdot\boldsymbol{X}_r \tag{11-22}$$

对于一个 $n\times l$ 行列式 $\boldsymbol{X}_{n\times l}^I$，其任一元素 X_{ij}^I 均为区间变量 $X_{ij}^I=[\underline{x}_{ij},\bar{x}_{ij}]$，则可定义行列式为区间行列式。当 $n=l$ 时，区间行列式 $\boldsymbol{X}^I$ 为区间矩阵。

区间行列式 $\boldsymbol{X}_{n\times l}^I$ 可看成由 l 个 n 维列向量组成，根据式 (11-22)，区间行列式 $\boldsymbol{X}_{n\times l}^I$ 可写成

$$\boldsymbol{X}^I=\boldsymbol{X}_m+[-1,1]\cdot\boldsymbol{X}_r \tag{11-23}$$

其中，$\boldsymbol{X}_m$ 为区间行列式 $\boldsymbol{X}_{n\times l}^I$ 的中点行列式，$\boldsymbol{X}_m=\begin{bmatrix} x_{11m} & x_{12m} & \cdots & x_{1lm}\\ x_{21m} & x_{22m} & \cdots & x_{2lm}\\ \vdots & \vdots & & \vdots\\ x_{n1m} & x_{n2m} & \cdots & x_{nlm}\end{bmatrix}$；

$\boldsymbol{X}_r$ 为区间行列式 $\boldsymbol{X}_{n\times l}^I$ 的半径行列式，$\boldsymbol{X}_r=\begin{bmatrix} x_{11r} & x_{12r} & \cdots & x_{1lr}\\ x_{21r} & x_{22r} & \cdots & x_{2lr}\\ \vdots & \vdots & & \vdots\\ x_{n1r} & x_{n2r} & \cdots & x_{nlr}\end{bmatrix}$；$\boldsymbol{x}_{ijm}=\dfrac{\underline{x}_{ij}+\bar{x}_{ij}}{2}$ 为区间变量 X_{ij}^I 的中点，$x_{ijr}=\dfrac{\bar{x}_{ij}-\underline{x}_{ij}}{2}$ 为区间变量 X_{ij}^I 的半径。

11.3　区间自然单元法模型

本书前面所分析和研究的各种自然单元法模型均是建立在参数为确定值的基础之上。对于区间问题，由于各种不确定性因素，得到的各种确定参数只是介于某一区间的一个值，运用区间值来进行运算才能够更好地反映实际情况。通常认为工程结构的力学分析所涉及的区间问题主要包括以下三个方面：

(1) 由于加工制作工艺及材料本身的不足，材料的参数不是某一确定值，而是介于某一区间的不确定值；

(2) 由于测量精度的不足，研究对象的几何尺度不是一确定值，而是介于某一区间的不确定值；

(3) 由于边界条件的复杂性，研究对象简化所确定的边界条件不是一确定量，而是介于某一区间的不确定量。

在本书的第 2 章，已经基于确定参数，建立了线弹性静态自然单元法模型，其基本公式为

$$\boldsymbol{K}\boldsymbol{u}=\boldsymbol{F} \tag{11-24}$$

其中，$\boldsymbol{K}$ 为总体刚度矩阵，子矩阵 $\boldsymbol{K}_{IJ}=\int_{\Omega}B_I^{\mathrm{T}}\boldsymbol{D}\boldsymbol{B}_J\mathrm{d}\Omega$；$\boldsymbol{F}$ 为荷载列阵，由等效结点荷载列阵 F_I 组成，$\boldsymbol{F}_I=\int_{\Gamma_t}\phi_I\bar{\boldsymbol{t}}\mathrm{d}\Gamma+\int_{\Omega}\phi_I\boldsymbol{b}\mathrm{d}\Omega$；$\boldsymbol{B}_I$ 为应变矩阵，$\boldsymbol{B}_I=\begin{bmatrix}\phi_{I,x} & 0 & 0\\ 0 & \phi_{I,y} & 0\\ 0 & 0 & \phi_{I,z}\\ \phi_{I,y} & \phi_{I,x} & 0\\ 0 & \phi_{I,z} & \phi_{I,y}\\ \phi_{I,z} & 0 & \phi_{I,x}\end{bmatrix}$；$\phi_I$ 为形函数，$\phi_I(\boldsymbol{x})=\dfrac{\kappa_{xI}}{\kappa_x}$；$\phi_{I,k}$ 为形函数对坐标 x_k 的导数，$\phi_{I,k}(\boldsymbol{x})=\dfrac{\kappa_{xl,k}(\boldsymbol{x})\kappa_x-\kappa_{xI}(\boldsymbol{x})\kappa_{x,k}}{[\kappa_x]^2}$；$\kappa$ 为 Lebesgue 测度；$\boldsymbol{D}$ 为各向同性线弹性材料的弹性矩阵。

通过对上述线弹性静态自然单元法模型的分析，可知其涉及的区间问题主要有：

(1) 由材料区间参数所建立的各向同性线弹性材料的区间弹性矩阵 $\boldsymbol{D}^I$；

(2) 由荷载条件的区间值 (区间面力 $\bar{\boldsymbol{t}}^I$ 和区间体力 $\boldsymbol{b}^I$) 所建立的区间等效结点荷载列阵 $\boldsymbol{F}^I$；

(3) 由区间几何参数所引起的区间积分区域 Ω^I、Γ^I、区间形函数 ϕ_I^I 及其导数 ϕ_{I,x_i}^I 等。

11.3.1　材料区间参数

在线弹性静态自然单元法模型中，认为材料的参数为确定量，即认为材料的弹性模量 E 和泊松比 μ 为确定值。但对于实际工程问题，由于材料的复杂性和测试的困难，材料的弹性模量 E 和泊松比 μ 往往难以给出一个确定值，但通过一定的试验和经验积累，可以确定其为某一区间值，即区间弹性模量 $E^I=[\underline{E},\bar{E}]$ 和区间泊松比 $\mu^I=[\underline{\mu},\bar{\mu}]$，由区间弹性模量和区间泊松比可得到各向同性线弹性材料的区间弹性矩阵 $\boldsymbol{D}^I$ 为

$$\boldsymbol{D}^I=\begin{bmatrix} D_1'^I & D_2'^I & D_2'^I & 0 & 0 & 0 \\ & D_1'^I & D_2'^I & 0 & 0 & 0 \\ & & D_1'^I & 0 & 0 & 0 \\ & & & D_3'^I & 0 & 0 \\ & \text{sym} & & & D_3'^I & 0 \\ & & & & & D_3'^I \end{bmatrix} \tag{11-25}$$

其中，$D_1'^I=\dfrac{E^I(1-\mu^I)}{(1-2\mu^I)(1+\mu^I)}=\dfrac{E^I}{3+2\mu^I-\dfrac{2}{1-\mu^I}}$；$D_2'^I=\dfrac{E^I\mu^I}{(1-2\mu^I)(1+\mu^I)}=\dfrac{E^I}{\dfrac{1}{\mu^I}-1-2\mu^I}$；$D_3'^I=(D_1'-D_2')/2=\dfrac{E^I}{2(1+\mu^I)}$。

由于区间矩阵 $\boldsymbol{D}^I$ 中各元素所涉及的区间弹性模量 E^I 只有一次，在将数字 0 看成 $E^I\cdot 0$ 时，可将矩阵 $\boldsymbol{D}^I$ 中各元素写成 $D_{ij}^I\cdot E^I$，其中 D_{ij}^I 与弹性模量 E^I 无关，故可将式 (11-25) 改写成

$$\boldsymbol{D}^I=E^I\cdot\begin{bmatrix} D_1^I & D_2^I & D_2^I & 0 & 0 & 0 \\ & D_1^I & D_2^I & 0 & 0 & 0 \\ & & D_1^I & 0 & 0 & 0 \\ & & & D_3^I & 0 & 0 \\ & \text{sym} & & & D_3^I & 0 \\ & & & & & D_3^I \end{bmatrix} \tag{11-26}$$

其中，$D_1^I=\dfrac{1}{3+2\mu^I-\dfrac{2}{1-\mu^I}}$；$D_2^I=\dfrac{1}{\dfrac{1}{\mu^I}-1-2\mu^I}$；$D_3^I=\dfrac{1}{2(1+\mu^I)}$。

若式 (11-26) 只考虑泊松比 μ 一个区间参数，弹性模量 E 为一确定值，即式 (11-26) 中 E^I 为确定值，可写成

$$\boldsymbol{D}^I = E \cdot \begin{bmatrix} D_1^I & D_2^I & D_2^I & 0 & 0 & 0 \\ & D_1^I & D_2^I & 0 & 0 & 0 \\ & & D_1^I & 0 & 0 & 0 \\ & & & D_3^I & 0 & 0 \\ & \text{sym} & & & D_3^I & 0 \\ & & & & & D_3^I \end{bmatrix} \tag{11-27}$$

令 $\boldsymbol{D}_\mu^I = \begin{bmatrix} D_1^I & D_2^I & D_2^I & 0 & 0 & 0 \\ & D_1^I & D_2^I & 0 & 0 & 0 \\ & & D_1^I & 0 & 0 & 0 \\ & & & D_3^I & 0 & 0 \\ & \text{sym} & & & D_3^I & 0 \\ & & & & & D_3^I \end{bmatrix}$, 则

$$\boldsymbol{D}^I = E \cdot \boldsymbol{D}_\mu^I \tag{11-28}$$

若式 (11-26) 只考虑弹性模量 E 一个区间参数，泊松比 μ 为一确定值，即式 (11-26) 中 D_1^I、D_2^I、D_3^I 均为确定值，其可写成

$$\boldsymbol{D}^I = E^I \cdot \begin{bmatrix} D_1 & D_2 & D_2 & 0 & 0 & 0 \\ & D_1 & D_2 & 0 & 0 & 0 \\ & & D_1 & 0 & 0 & 0 \\ & & & D_3 & 0 & 0 \\ & \text{sym} & & & D_3 & 0 \\ & & & & & D_3 \end{bmatrix} \tag{11-29}$$

区间弹性模量 E^I 可根据式 (11-12) 改写为

$$E^I = [\underline{E}, \bar{E}] = \underline{E} \cdot [1, \bar{E}/\underline{E}] \tag{11-30}$$

则式 (11-29) 可写成

$$\boldsymbol{D}^I = E^I \cdot \begin{bmatrix} D_1 & D_2 & D_2 & 0 & 0 & 0 \\ & D_1 & D_2 & 0 & 0 & 0 \\ & & D_1 & 0 & 0 & 0 \\ & & & D_3 & 0 & 0 \\ & \text{sym} & & & D_3 & 0 \\ & & & & & D_3 \end{bmatrix}$$

$$
\begin{aligned}
&= [1, \bar{E}/\underline{E}] \cdot E \cdot \begin{bmatrix} D_1 & D_2 & D_2 & 0 & 0 & 0 \\ & D_1 & D_2 & 0 & 0 & 0 \\ & & D_1 & 0 & 0 & 0 \\ & & & D_3 & 0 & 0 \\ & \text{sym} & & & D_3 & 0 \\ & & & & & D_3 \end{bmatrix} \\
&= [1, \bar{E}/\underline{E}] \cdot \underline{\boldsymbol{D}}
\end{aligned} \tag{11-31}
$$

其中，$\underline{\boldsymbol{D}}$ 为与弹性模量 $\underline{E}$ 对应的各向同性线弹性材料的弹性矩阵。

代入式 (11-24)，可得只考虑弹性模量一个区间值的自然单元法求解方程

$$
[1, \bar{E}/\underline{E}] \cdot \underline{\boldsymbol{K}} \boldsymbol{u}^I = \boldsymbol{F} \tag{11-32}
$$

其中，$\bar{E}/\underline{E} \geqslant 1$，对于等号的情形即为确定值问题，则区间 $[1, \bar{E}/\underline{E}]$ 为一个两端均为正实数的区间，上式可写成

$$
\boldsymbol{u}^I = [\underline{E}/\bar{E}, 1] \cdot \underline{\boldsymbol{K}}^{-1} \boldsymbol{F} \tag{11-33}
$$

若令 $\underline{\boldsymbol{u}} = \underline{\boldsymbol{K}}^{-1} \boldsymbol{F}$ 为与弹性模量 $\underline{E}$ 对应的位移，则与区间弹性模量 $E^I = [\underline{E}, \bar{E}]$ 对应的位移 $\boldsymbol{u}^I$ 为

$$
\boldsymbol{u}^I = [\underline{E}/\bar{E}, 1] \cdot \underline{\boldsymbol{u}} \tag{11-34}
$$

若式 (11-26) 中弹性模量 E 和泊松比 μ 均为区间参数，则根据式 (11-30)，可将式 (11-26) 写成

$$
\boldsymbol{D}^I = \underline{E} \cdot [1, \bar{E}/\underline{E}] \cdot \boldsymbol{D}_\mu^I \tag{11-35}
$$

11.3.2 区间荷载

在线弹性静态自然单元法模型中，认为研究对象受到的面力 $\boldsymbol{t}$ 和体力 $\boldsymbol{b}$ 为某一具体的确定量。但由于受力的复杂性等，面力和体力不一定是确定量，而是介于某一区间的确定量。通过具体分析，可将面力 $\boldsymbol{t}$ 和体力 $\boldsymbol{b}$ 确定在一区间范围内，即 $\boldsymbol{t}^I = [\underline{\boldsymbol{t}}, \bar{\boldsymbol{t}}]$，$\boldsymbol{b}^I = [\underline{\boldsymbol{b}}, \bar{\boldsymbol{b}}]$，从而可得等效结点荷载列阵区间矢量

$$
\boldsymbol{F}_I^I = \int_{\Gamma_t} \phi_I \boldsymbol{t}^I \mathrm{d}\Gamma + \int_{\Omega} \phi_I \boldsymbol{b}^I \mathrm{d}\Omega \tag{11-36}
$$

由于在自然单元法的分析和研究中，涉及面力和体力仅有等效结点荷载。因此，只需分析上式，并将该式代入相关方程即可进行问题的求解。

11.3.3　区间几何参数

由于自然单元法形函数的计算涉及自然邻点插值的概念，因此在基于一般坐标系基础上建立的区间几何参数问题，在自然邻点坐标中将引起自然邻点的改变。如图 11-1，在状态 (a) 时结点 1 的自然邻点有点 2、点 3、点 4，但随着几何尺寸沿水平方向发生变化后，角 α 由锐角变成了钝角，根据 Delaunay 三角网的性质可知，该 Delaunay 三角网将发生变化，变成状态 (c)，即结点 1 的自然邻点只有点 2、点 4，点 3 不是结点 1 的自然邻点。

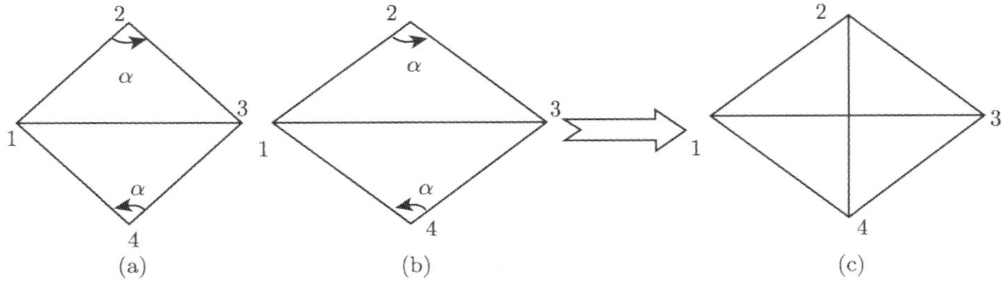

图 11-1　平面四点几何尺寸沿水平方向变化示意图

为了避免上述问题的发生，即在分析的过程中，保持各点的自然邻点不变。通过对图 11-1 的分析可知，若研究域沿各个方向发生相同的变化，则其变化前后的图形保持相似关系，如图 11-2 所示，则 Delaunay 三角网将不会发生变化，各点的自然邻点将保持不变。

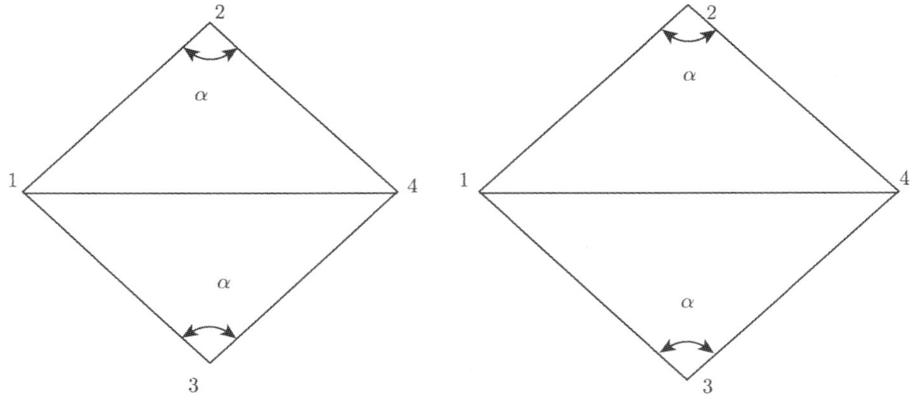

图 11-2　平面四结点随几何尺寸沿任意方向相同变化示意图

设 $\mathbf{R}^n$ 空间一研究对象，其内任一结点 p 的坐标为 $x_p = c \cdot \underline{x}_p$，$c \in [1, c_m]$ ($\underline{x}_p$ 为点 p 的坐标值的下限，$c_m \cdot \underline{x}_p$ 为其上限)，任意两结点之间的欧几里得距离 $d = c \cdot \underline{d}$，则任意一插值点 $\boldsymbol{x}$ 关于结点 I 的二阶 Voronoi 单胞的 Lebesgue 测度

$$\kappa_{xI} = c^n \cdot \underline{\kappa}_{xI} \tag{11-37}$$

关于任一方向 x_k 的导数为

$$\kappa_{xI,k} = \frac{\partial \kappa_{xI}}{\partial x_k} = \frac{\partial(c^n \cdot \underline{\kappa}_{xI})}{\partial c \cdot x_k} = c^{n-1} \cdot \underline{\kappa}_{xI,k} \tag{11-38}$$

则由 Sibson 插值法可知

$$\phi_I(\boldsymbol{x}) = \frac{\kappa_{xI}}{\kappa_x} = \frac{c^n \cdot \underline{\kappa}_{xI}}{c^n \cdot \underline{\kappa}_x} = \frac{\underline{\kappa}_{xI}}{\underline{\kappa}_x} = \underline{\phi_I}(\boldsymbol{x}) \tag{11-39}$$

关于任一方向 x_k 的导数为

$$\begin{aligned}\phi_{I,k}(\boldsymbol{x}) &= \frac{\kappa_{xI,k}\kappa_x - \kappa_{xI}\kappa_{x,k}}{[\kappa_x]^2} \\ &= \frac{c^{n-1}\underline{\kappa}_{xI,j} \cdot c^n \underline{\kappa}_x - c^n \underline{\kappa}_{xI} \cdot c^{n-1}\underline{\kappa}_{x,j}}{[c^n \underline{\kappa}_x]^2} \\ &= \frac{\underline{\kappa}_{xI,j}\underline{\kappa}_x - \underline{\kappa}_{xI}\underline{\kappa}_{x,j}}{c \cdot [\underline{\kappa}_x]^2} \\ &= \frac{1}{c}\phi_{I,k}(\boldsymbol{x})\end{aligned} \tag{11-40}$$

将式 (11-39)、式 (11-40) 代入式 (11-24)，可得应变矩阵为

$$\boldsymbol{B}_I = \frac{1}{c}\underline{\boldsymbol{B}}_I \tag{11-41}$$

总体刚度矩阵子阵为

$$\boldsymbol{K}_{IJ} = \int_{\Omega} \boldsymbol{B}_I^{\mathrm{T}} \boldsymbol{D} \boldsymbol{B}_J \mathrm{d}\Omega = \int_{c^n \underline{\Omega}} \frac{1}{c} \cdot \underline{\boldsymbol{B}}_I^{\mathrm{T}} \boldsymbol{D} \cdot \frac{1}{c} \cdot \underline{\boldsymbol{B}}_J \mathrm{d}\Omega = c^{n-2} \int_{\underline{\Omega}} \underline{\boldsymbol{B}} I^{\mathrm{T}} \boldsymbol{D} \underline{\boldsymbol{B}}_J \mathrm{d}\Omega = c^{n-2} \underline{\boldsymbol{K}}_{IJ} \tag{11-42}$$

等效结点荷载矢量为

$$\begin{aligned}\boldsymbol{F}_I &= \int_{\Gamma_t} \phi_I \bar{\boldsymbol{t}} \mathrm{d}\Gamma + \int_{\Omega} \phi_I \boldsymbol{b} \mathrm{d}\Omega \\ &= \int_{c^{n-1}\underline{\Gamma}_t} \phi_I \bar{\boldsymbol{t}} \mathrm{d}\Gamma + \int_{c^n \underline{\Omega}} \phi_I \boldsymbol{b} \mathrm{d}\Omega \\ &= c^{n-1} \int_{\underline{\Gamma}_t} \phi_I \bar{\boldsymbol{t}} \mathrm{d}\Gamma + c^n \int_{\underline{\Omega}} \phi_I \boldsymbol{b} \mathrm{d}\Omega\end{aligned} \tag{11-43}$$

令 $\boldsymbol{F}_{It} = \int_{\Gamma_t} \phi_I \bar{\boldsymbol{t}} \mathrm{d}\Gamma = c^{n-1} \int_{\underline{\Gamma}_t} \phi_I \bar{\boldsymbol{t}} \mathrm{d}\Gamma = c^{n-1} \cdot \underline{\boldsymbol{F}}_{It}$ 为与边界力对应的等效结点荷载矢量，$\boldsymbol{F}_{IV} = \int_{\Omega} \phi_I \boldsymbol{b} \mathrm{d}\Omega = c^n \int_{\underline{\Omega}} \phi_I \boldsymbol{b} \mathrm{d}\Omega = c^n \cdot \underline{\boldsymbol{F}}_{IV}$ 为与体积力对应的等效结点荷载矢量，代入式 (11-43)，可得

$$\boldsymbol{F}_I = \boldsymbol{F}_{It} + \boldsymbol{F}_{IV} = c^{n-1} \cdot \underline{\boldsymbol{F}}_{It} + c^n \cdot \underline{\boldsymbol{F}}_{IV} \tag{11-44}$$

代入式 (11-24)，可得

$$\begin{cases} \underline{\boldsymbol{K}}\boldsymbol{u}_1 = c \cdot \underline{\boldsymbol{F}}_{It} \\ \underline{\boldsymbol{K}}\boldsymbol{u}_2 = c^2 \cdot \underline{\boldsymbol{F}}_{IV} \\ \boldsymbol{u} = \boldsymbol{u}_1 + \boldsymbol{u}_2 \end{cases} \tag{11-45}$$

依据上述分析，当研究对象沿任意方向的变化相同时，形成的区间自然单元法求解方程为

$$\begin{cases} \underline{\boldsymbol{K}}\boldsymbol{u}_1^I = [1, c] \cdot \underline{\boldsymbol{F}}_{It} \\ \underline{\boldsymbol{K}}\boldsymbol{u}_2^I = \left[1, c^2\right] \cdot \underline{\boldsymbol{F}}_{IV} \\ \boldsymbol{u}^I = \boldsymbol{u}_1^I + \boldsymbol{u}_2^I \end{cases} \tag{11-46}$$

11.3.4 区间自然单元法求解方程

通过对上述各区间参数的分析，可将材料参数、荷载条件、几何参数发生区间变化对应的线弹性静态区间自然单元法求解方程统一写为

$$\boldsymbol{K}^I \boldsymbol{u}^I = \boldsymbol{F}^I \tag{11-47}$$

其中，$\boldsymbol{K}^I$ 为区间总体刚度矩阵；$\boldsymbol{F}^I$ 为载荷列阵区间向量，可通过前面的分析根据具体情况给出；$\boldsymbol{u}^I$ 为位移区间向量。

11.4 区间方程组的解法

考察确定参数构成的线性方程组

$$\boldsymbol{AX} = \boldsymbol{B} \tag{11-48}$$

其中, $\boldsymbol{B}$、$\boldsymbol{X}$ 是 n 阶列向量；$\boldsymbol{A}$ 是 $n \times n$ 阶矩阵。

当 $\boldsymbol{A}$ 非奇异时，则式 (11-48) 有唯一的解 $\boldsymbol{X} = \boldsymbol{A}^{-1}\boldsymbol{B}$。

当矩阵 $\boldsymbol{A}$ 为区间矩阵 $\boldsymbol{A}^I$ 或向量 $\boldsymbol{B}$ 为区间向量 $\boldsymbol{B}^I$ 时，则对式 (11-48) 的求解变成了解区间线性方程组

$$\boldsymbol{A}^I \boldsymbol{X}^I = \boldsymbol{B}^I \tag{11-49}$$

对于一些简单的区间方程组，如只考虑弹性模量一个区间值，则可通过简单的处理即得到其解，见式 (11-34)。但对于一些复杂的区间方程组，由于区间参数的计算方法相对于确定参数的计算方法而言具有一定的复杂性，以及区间运算中存在扩张问题等原因，区间参数线性方程组的解法同普通线性方程组的解法有很大的差别。目前常用的区间线性方程组的解法有直接法、迭代法等，在运用上述方法

进行求解时，可结合区间扩张方法中相关的方法进行处理，使得计算的结果区间扩张小。

此外，由于式 (11-48) 所涉及的区间总体刚度矩阵是由区间几何参数引起的，具有一定的相关性，因此可采用泛灰数解法进行相关的求解 [24]。现将泛灰数的概念及运算规则进行简要介绍。

对于任意一泛灰数 $\forall g = (x, [[\underline{\mu}(x), \bar{\mu}(x)]])$，称 x 为泛灰数 g 的观测部，$[[\underline{\mu}(x), \bar{\mu}(x)]]$ 为 g 的信息部，在观测部和信息部确定之后，可以转化成一个区间数，即

$$\forall g = (x, [[\underline{\mu}(x), \bar{\mu}(x)]]) \triangleq [x\underline{\mu}(x), x\bar{\mu}(x)] \tag{11-50}$$

由此可知泛灰数与区间数之间的关系。

任意两个泛灰数 $\forall g_i = (x_i, [\![\underline{\mu}_i, \bar{\mu}_i]\!])i = 1, 2$，其加法运算规则为

$$g_1 + g_2 = \left(x_1 + x_2, \left[\left[\frac{x_1\underline{\mu}_1 + x_2\underline{\mu}_2}{x_1 + x_2}, \frac{x_1\bar{\mu}_1 + x_2\bar{\mu}_2}{x_1 + x_2}\right]\right]\right) \tag{11-51}$$

减法运算规则为

$$g_1 - g_2 = \left(x_1 - x_2, \left[\left[\frac{x_1\underline{\mu}_1 - x_2\underline{\mu}_2}{x_1 - x_2}, \frac{x_1\bar{\mu}_1 - x_2\bar{\mu}_2}{x_1 - x_2}\right]\right]\right) \tag{11-52}$$

乘法运算规则为

$$g_1 \cdot g_2 = \left(x_1 \cdot x_2, \left[\left[\underline{\mu}_1 \cdot \underline{\mu}_2, \bar{\mu}_1 \cdot \bar{\mu}_2\right]\right]\right) \tag{11-53}$$

除法运算规则为

$$g_1/g_2 = \left(x_1/x_2, \left[\left[\underline{\mu}_1/\underline{\mu}_2, \bar{\mu}_1/\bar{\mu}_2\right]\right]\right) \tag{11-54}$$

由此可知，虽然泛灰数和区间数可以相互转化，但其运算规则却不同，泛灰数的运算法则具有相关性，这与因区间几何参数引起的区间总体刚度矩阵的运算相对应，在涉及参数的相关性计算时，采用泛灰数的运算规则。

11.5 算例分析

11.5.1 悬臂梁受拉伸荷载作用

11.5.1.1 计算模型

图 11-3(a) 为一单位厚度悬臂梁，左端固定，右端受均布拉荷载 q 作用，其尺寸为 $L \times H$。结点布置采用 63 结点均匀布置；见图 11-3(b)。

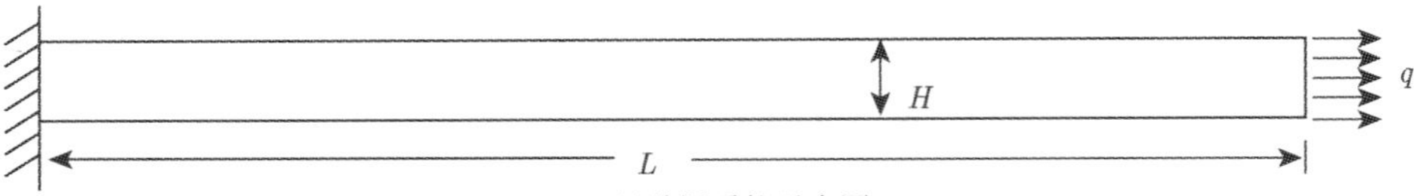

(a) 悬臂梁受拉示意图

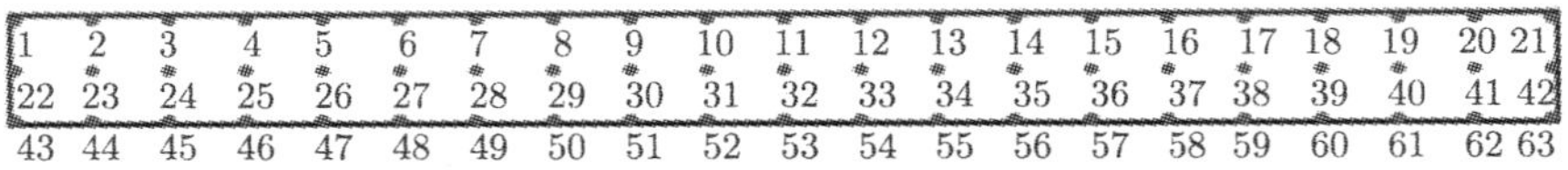

(b) 63结点布置图

图 11-3　悬臂梁水平受拉示意图及结点布置图

11.5.1.2　方案一 (只考虑弹性模量一个区间参数)

长度 $L = 10\text{cm}$，高度 $H = 1\text{cm}$，均布荷载 $q = 10\text{N/cm}$，弹性模量为 $E^I = [0.1, 0.15]\text{GPa}$，泊松比为 0.2。

根据式 (11-33)，可知

$$\boldsymbol{u}^I = [\underline{E}/\bar{E}, 1] \cdot \underline{\boldsymbol{K}}^{-1}\boldsymbol{F} = [0.1/0.15, 1] \cdot \underline{\boldsymbol{K}}^{-1}\boldsymbol{F} = [2/3, 1] \cdot \underline{\boldsymbol{K}}^{-1}\boldsymbol{F} \tag{11-55}$$

结点 21、点 42、点 63 的水平位移见表 11-1，从表中结果可见，基于区间自然单元法得到的结果与分别采用 $E = 0.1\text{GPa}$ 和 $E = 0.15\text{GPa}$ 的自然单元法计算得到的结果相吻合。

表 11-1　给定结点的水平位移　　　　(单位：cm)

点号	区间自然单元法	自然单元法	
	$E^I = [0.1, 0.15]\text{GPa}$	$E = 0.1\text{GPa}$	$E = 0.15\text{GPa}$
21	$[6.66\times10^{-5}, 0.999\times10^{-4}]$	0.999×10^{-4}	0.666×10^{-4}
42	$[6.66\times10^{-5}, 0.999\times10^{-4}]$	0.999×10^{-4}	0.666×10^{-4}
63	$[6.66\times10^{-5}, 0.999\times10^{-4}]$	0.999×10^{-4}	0.666×10^{-4}

11.5.1.3　方案二 (只考虑泊松比一个区间参数)

长度 $L = 10\text{cm}$，高度 $H = 1\text{cm}$，均布荷载 $q = 10\text{N/cm}$, 弹性模量为 $E = 0.1\text{GPa}$，泊松比为 [0.2, 0.22]。式 (11-27) 给出了相应的求解方法。通过区间自然单元法得到结点 21、点 42、点 63 的水平位移见表 11-2，表中结果表明，基于区间自然单元法得到的结果与分别采用泊松比为 $\mu = 0.2$ 和泊松比为 $\mu = 0.22$ 的自然单元法计算得到的结果相吻合。

表 11-2 给定结点的水平位移 (单位：cm)

点号	区间自然单元法	自然单元法	
	$\mu^I=[0.2,0.22]$	$\mu=0.2$	$\mu=0.22$
21	$[0.9989\times10^{-4},0.9990\times10^{-4}]$	0.999×10^{-4}	0.999×10^{-4}
42	$[0.9990\times10^{-4},0.9992\times10^{-4}]$	0.999×10^{-4}	0.999×10^{-4}
63	$[0.9989\times10^{-4},0.9993\times10^{-4}]$	0.999×10^{-4}	0.999×10^{-4}

11.5.1.4 方案三 (只考虑均布荷载一个区间参数)

长度 $L=10\text{cm}$，高度 $H=1\text{cm}$，均布荷载 $q^I=[10,11]\text{N/cm}$, 弹性模量为 $E=0.1\text{GPa}$，泊松比为 0.2。

根据式 (11-36)，可知区间等效结点力矢量，

$$\boldsymbol{F}_I^I=\int_{\Gamma_t}\phi_I\boldsymbol{t}^I\mathrm{d}\Gamma=[1,1.1]\cdot\int_{\Gamma_t}\phi_I\underline{\boldsymbol{t}}\mathrm{d}\Gamma=[1,1.1]\cdot\underline{\boldsymbol{F}}_I \tag{11-56}$$

代入式 (11-47)，可得

$$\boldsymbol{u}^I=\boldsymbol{K}^{-1}\boldsymbol{F}^I=[1,1.1]\cdot\boldsymbol{K}^{-1}\underline{\boldsymbol{F}} \tag{11-57}$$

结点 21、点 42、点 63 的水平位移见表 11-3，从表中给出的计算结果可以看出，基于区间自然单元法得到的结果与分别采用 $q=10\text{N/cm}$ 和 $q=11\text{N/cm}$ 的自然单元法计算得到的结果相吻合。

表 11-3 给定结点的水平位移 (单位：cm)

点号	区间自然单元法	自然单元法	
	$q^I=[10,11]\text{N/cm}$	$q=10\text{N/cm}$	$q=11\text{N/cm}$
21	$[0.999\times10^{-4},\ 1.10\times10^{-4}]$	0.999×10^{-4}	0.110×10^{-3}
42	$[0.999\times10^{-4},\ 1.10\times10^{-4}]$	0.999×10^{-4}	0.110×10^{-3}
63	$[0.999\times10^{-4},\ 1.10\times10^{-4}]$	0.999×10^{-4}	0.110×10^{-3}

11.5.1.5 方案四 (只考虑几何参数一个区间参数)

长度 $L^I=[10,11]\text{cm}$，高度 $H^I=[1,1.1]\text{cm}$，均布荷载 $q=10\text{N/cm}$，弹性模量 $E=0.1\text{GPa}$，泊松比为 0.2。式 (11-46) 给出了相应的计算模型。表 11-4 给出了结点 21、点 42、点 63 的水平位移，从表中计算结果可见，基于区间自然单元法得到的结果与分别采用 $L=10\text{cm}$、$H=1\text{cm}$ 和 $L=11\text{cm}$、$H=1.1\text{cm}$ 的自然单元法计算得到的结果相吻合。

表 11-4　给定结点的水平位移　　(单位：cm)

点号	区间自然单元法	自然单元法	
	$L^I=[10,11]$cm　$H^I=[1,1.1]$cm	$L=10$cm $H=1$cm	$L=11$ cm $H=1.1$ cm
21	$[0.9990\times10^{-4},0.1099\times10^{-3}]$	0.999×10^{-4}	0.110×10^{-3}
42	$[0.9991\times10^{-4},0.1099\times10^{-3}]$	0.999×10^{-4}	0.110×10^{-3}
63	$[0.9991\times10^{-4},0.1099\times10^{-3}]$	0.999×10^{-4}	0.110×10^{-3}

11.5.1.6　方案五 (同时考虑多个区间参数)

长度 $L^I=[10,11]$ cm，高度 $H^I=[1,1.1]$ cm，均布荷载 $q^I=[10,11]$ N / cm，弹性模量 $E^I=[0.1,0.15]$ GPa，泊松比为 [0.2, 0.22]。通过区间自然单元法得到结点 21、点 42、点 63 的水平位移见表 11-5。表中给出的计算结果表明，基于区间自然单元法得到的结果与分别采用对应参数自然单元法计算得到的结果相一致。

表 11-5　给定结点的水平位移　　(单位：cm)

点号				21	42	63
区间自然单元法				$[0.6659\times10^{-4}$, $0.1209\times10^{-3}]$	$[0.6660\times10^{-4}$, $0.1209\times10^{-3}]$	$[0.6659\times10^{-4}$, $0.1209\times10^{-3}]$
自然单元法	$E=0.1$GPa $\mu=0.2$	$L=10$cm $H=1$cm	$q=10$N/cm	0.999×10^{-4}	0.999×10^{-4}	0.999×10^{-4}
			$q=11$N/cm	0.110×10^{-3}	0.110×10^{-3}	0.110×10^{-3}
		$L=11$cm $H=1.1$ cm	$q=10$N/cm	0.110×10^{-3}	0.110×10^{-3}	0.110×10^{-3}
			$q=11$N/cm	0.121×10^{-3}	0.121×10^{-3}	0.121×10^{-3}
	$E=0.15$GPa $\mu=0.2$	$L=10$cm $H=1$cm	$q=10$N/cm	0.666×10^{-4}	0.666×10^{-4}	0.666×10^{-4}
			$q=11$N/cm	0.733×10^{-4}	0.733×10^{-4}	0.733×10^{-4}
		$L=11$cm $H=1.1$cm	$q=10$N/cm	0.733×10^{-4}	0.733×10^{-4}	0.733×10^{-4}
			$q=11$N/cm	0.806×10^{-4}	0.806×10^{-4}	0.806×10^{-4}
	$E=0.1$GPa $\mu=0.22$	$L=10$cm $H=1$cm	$q=10$N/cm	0.999×10^{-4}	0.999×10^{-4}	0.999×10^{-4}
			$q=11$N/cm	0.110×10^{-3}	0.110×10^{-3}	0.110×10^{-3}
		$L=11$cm $H=1.1$cm	$q=10$N/cm	0.110×10^{-3}	0.110×10^{-3}	0.110×10^{-3}
			$q=11$N/cm	0.121×10^{-3}	0.121×10^{-3}	0.121×10^{-3}
	$E=0.15$GPa $\mu=0.22$	$L=10$cm $H=1$cm	$q=10$N/cm	0.666×10^{-4}	0.666×10^{-4}	0.666×10^{-4}
			$q=11$N/cm	0.733×10^{-4}	0.733×10^{-4}	0.733×10^{-4}
		$L=11$cm $H=1.1$cm	$q=10$N/cm	0.733×10^{-4}	0.733×10^{-4}	0.733×10^{-4}
			$q=11$N/cm	0.806×10^{-4}	0.806×10^{-4}	0.806×10^{-4}

11.5.2　悬臂梁在顶面和底面受均布荷载作用

11.5.2.1　计算模型

图 11-4(a) 所示为一单位厚度悬臂梁，左端固定，在顶面和底面受均布荷载 q 作用，其尺寸为 $L\times H$。结点布置采用 63 结点均匀布置方案，如图 11-4 (b) 所示。

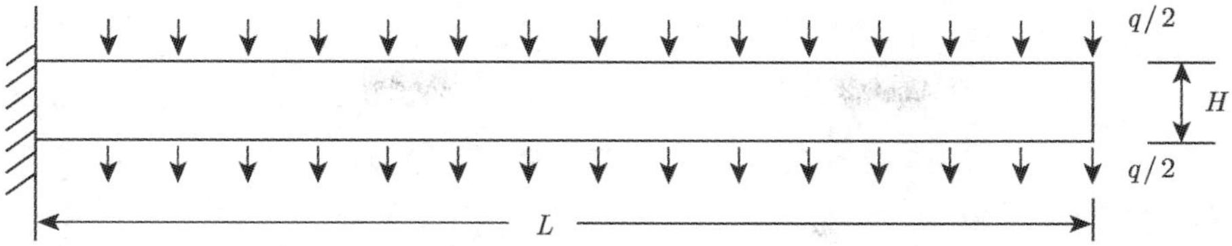

(a) 悬臂梁受弯示意图

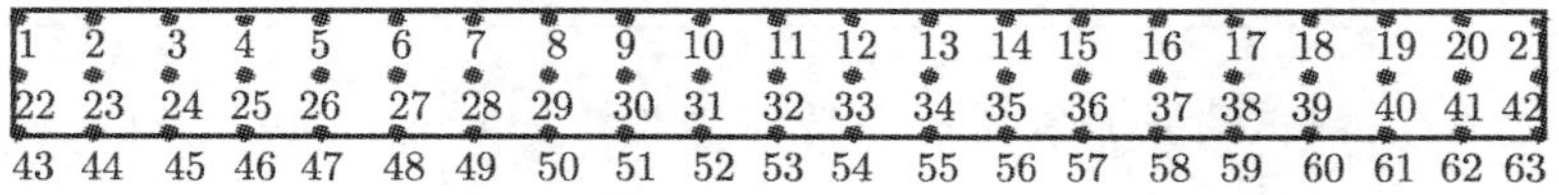

(b) 63结点布置图

图 11-4 悬臂梁受均布荷载作用及结点布置图

11.5.2.2 方案一 (只考虑弹性模量一个区间参数)

长度 $L = 10\text{cm}$，高度 $H = 1\text{cm}$，均布荷载 $q = 10\text{N/cm}$, 弹性模量为 $E^I = [0.1, 0.15]\text{GPa}$，泊松比为 0.2。式 (11-55) 给出了相应的计算模型，计算结果见表 11-6，从表中给出的计算结果可以看出，基于区间自然单元法得到的结果与分别采用 $E = 0.1\text{GPa}$ 和 $E = 0.15\text{GPa}$ 的自然单元法计算得到的结果吻合得很好。

表 11-6 给定结点的水平位移 (单位：cm)

点号	区间自然单元法	自然单元法	
	$E^I = [0.1, 0.15]\text{GPa}$	$E = 0.1\text{GPa}$	$E = 0.15\text{GPa}$
22	[0.00, 0.00]	0.000	0.000
23	$[-6.29\times10^{-4}, -4.19\times10^{-4}]$	-0.629×10^{-3}	-0.419×10^{-3}
24	$[-2.67\times10^{-3}, -1.78\times10^{-3}]$	-0.267×10^{-2}	-0.178×10^{-2}
25	$[-5.82\times10^{-3}, -3.88\times10^{-3}]$	-0.582×10^{-2}	-0.388×10^{-2}
26	$[-9.98\times10^{-3}, -6.65\times10^{-3}]$	-0.998×10^{-2}	-0.665×10^{-2}
27	$[-1.50\times10^{-2}, -1.00\times10^{-2}]$	-0.150×10^{-1}	-0.100×10^{-1}
28	$[-2.09\times10^{-2}, -1.39\times10^{-2}]$	-0.209×10^{-1}	-0.139×10^{-1}
29	$[-2.74\times10^{-2}, -1.83\times10^{-2}]$	-0.274×10^{-1}	-0.183×10^{-1}
30	$[-3.45\times10^{-2}, -2.30\times10^{-2}]$	-0.345×10^{-1}	-0.230×10^{-1}
31	$[-4.21\times10^{-2},-2.81\times10^{-2}]$	-0.421×10^{-1}	-0.281×10^{-1}
32	$[-5.01\times10^{-2}, -3.34\times10^{-2}]$	-0.501×10^{-1}	-0.334×10^{-1}
33	$[-5.85\times10^{-2}, -3.90\times10^{-2}]$	-0.585×10^{-1}	-0.390×10^{-1}
34	$[-6.71\times10^{-2}, -4.47\times10^{-2}]$	-0.671×10^{-1}	-0.448×10^{-1}
35	$[-7.60\times10^{-2}, -5.07\times10^{-2}]$	-0.760×10^{-1}	-0.507×10^{-1}
36	$[-8.51\times10^{-2}, -5.67\times10^{-2}]$	-0.851×10^{-1}	-0.567×10^{-1}
37	$[-9.42\times10^{-2}, -6.28\times10^{-2}]$	-0.942×10^{-1}	-0.628×10^{-1}
38	$[-1.03\times10^{-1}, -6.87\times10^{-2}]$	-0.103	-0.690×10^{-1}

续表

点号	区间自然单元法	自然单元法	
	$E^I=[0.1,0.15]$GPa	$E=0.1$GPa	$E=0.15$GPa
39	[-1.13×10^{-1}, -7.53×10^{-2}]	−0.113	-0.752×10^{-1}
40	[-1.22×10^{-1}, -8.13×10^{-2}]	−0.122	-0.814×10^{-1}
41	[-1.31×10^{-1}, -8.73×10^{-2}]	−0.131	-0.876×10^{-1}
42	[-1.41×10^{-1}, -9.40×10^{-2}]	−0.141	-0.938×10^{-1}

11.5.2.3　方案二 (只考虑泊松比一个区间参数)

长度 $L=10$cm，高度 $H=1$cm，均布荷载 $q=10$N/cm, 弹性模量为 $E=0.1$GPa，泊松比为 [0.2, 0.22]。式 (11-27) 给出了相应的求解方法，计算结果见表 11-7，从表中结果可见，基于区间自然单元法得到的结果与分别采用泊松比为 $\mu=0.2$ 和泊松比为 $\mu=0.22$ 的自然单元法计算得到的结果相吻合。

表 11-7　给定结点的竖向位移　　(单位：cm)

点号	区间自然单元法	自然单元法	
	$\mu^I=[0.2,0.22]$	$\mu=0.2$	$\mu=0.22$
22	[0.00,0.00]	0.00	0.00
23	[-6.29×10^{-4},-6.21×10^{-4}]	-0.629×10^{-3}	-6.21×10^{-4}
24	[-2.67×10^{-3},-2.66×10^{-3}]	-0.267×10^{-2}	-2.66×10^{-3}
25	[-5.83×10^{-3},-5.81×10^{-3}]	-0.582×10^{-2}	-5.81×10^{-3}
26	[-1.00×10^{-2},-9.96×10^{-3}]	-0.998×10^{-2}	-9.96×10^{-3}
27	[-1.51×10^{-2},-1.50×10^{-2}]	-0.150×10^{-1}	-1.50×10^{-2}
28	[-2.09×10^{-2},-2.08×10^{-2}]	-0.209×10^{-1}	-2.08×10^{-2}
29	[-2.74×10^{-2},-2.74×10^{-2}]	$-0.274\times10^{-1}1$	-2.73×10^{-2}
30	[-3.46×10^{-2},-3.44×10^{-2}]	-0.345×10^{-1}	-3.44×10^{-2}
31	[-4.22×10^{-2},-4.20×10^{-2}]	-0.421×10^{-1}	-4.20×10^{-2}
32	[-5.02×10^{-2},-5.01×10^{-2}]	-0.501×10^{-1}	-5.01×10^{-2}
33	[-5.86×10^{-2},-5.84×10^{-2}]	-0.585×10^{-1}	-5.84×10^{-2}
34	[-6.73×10^{-2},-6.71×10^{-2}]	-0.671×10^{-1}	-6.70×10^{-2}
35	[-7.62×10^{-2},-7.59×10^{-2}]	-0.760×10^{-1}	-7.59×10^{-2}
36	[-8.52×10^{-2},-8.49×10^{-2}]	-0.851×10^{-1}	-8.49×10^{-2}
37	[-9.44×10^{-2},-9.41×10^{-2}]	-0.942×10^{-1}	-9.41×10^{-2}
38	[-1.04×10^{-1},-1.03×10^{-1}]	−0.103	-1.03×10^{-1}
39	[-1.13×10^{-1},-1.13×10^{-1}]	−0.113	-1.13×10^{-1}
40	[-1.22×10^{-1},-1.22×10^{-1}]	−0.122	-1.22×10^{-1}
41	[-1.32×10^{-1},-1.31×10^{-1}]	−0.131	-1.31×10^{-1}
42	[-1.41×10^{-1},-1.41×10^{-1}]	−0.141	-1.40×10^{-1}

11.5.2.4　方案三 (只考虑均布荷载一个区间参数)

长度 $L=10$ cm，高度 $H=1$ cm，均布荷载 $q^I=[10,11]$N/cm, 弹性模量

为 $E=0.1$ GPa，泊松比为 0.2。式 (11-57) 给出了相应的计算模型，计算结果见表 11-8，表中所示结果表明，基于区间自然单元法得到的结果与分别采用 $q=10\text{N/cm}$ 和 $q=11\text{N/cm}$ 的自然单元法计算得到的结果相吻合。

表 11-8 给定结点的竖向位移 (单位：cm)

点号	区间自然单元法	自然单元法	
	$q^I=[10,11]\text{N/cm}$	$q=10\text{N/cm}$	$q=11\text{N/cm}$
22	[0.00 , 0.00]	0.000	0.000
23	$[-6.92\times10^{-4}, -6.29\times10^{-4}]$	-0.629×10^{-3}	-0.691×10^{-3}
24	$[-2.94\times10^{-3}, -2.67\times10^{-3}]$	-0.267×10^{-2}	-0.293×10^{-2}
25	$[-6.40\times10^{-3}, -5.82\times10^{-3}]$	-0.582×10^{-2}	-0.640×10^{-2}
26	$[-1.10\times10^{-2}, -9.98\times10^{-3}]$	-0.998×10^{-2}	-0.110×10^{-1}
27	$[-1.65\times10^{-2}, -1.50\times10^{-2}]$	-0.150×10^{-1}	-0.165×10^{-1}
28	$[-2.30\times10^{-2}, -2.09\times10^{-2}]$	-0.209×10^{-1}	-0.230×10^{-1}
29	$[-3.01\times10^{-2}, -2.74\times10^{-2}]$	-0.274×10^{-1}	-0.301×10^{-1}
30	$[-3.80\times10^{-2}, -3.45\times10^{-2}]$	-0.345×10^{-1}	-0.379×10^{-1}
31	$[-4.63\times10^{-2}, -4.21\times10^{-2}]$	-0.421×10^{-1}	-0.463×10^{-1}
32	$[-5.51\times10^{-2}, -5.01\times10^{-2}]$	-0.501×10^{-1}	-0.551×10^{-1}
33	$[-6.44\times10^{-2}, -5.85\times10^{-2}]$	-0.585×10^{-1}	-0.643×10^{-1}
34	$[-7.38\times10^{-2}, -6.71\times10^{-2}]$	-0.671×10^{-1}	-0.739×10^{-1}
35	$[-8.36\times10^{-2}, -7.60\times10^{-2}]$	-0.760×10^{-1}	-0.836×10^{-1}
36	$[-9.36\times10^{-2}, -8.51\times10^{-2}]$	-0.851×10^{-1}	-0.936×10^{-1}
37	$[-1.04\times10^{-1}, -9.42\times10^{-2}]$	-0.942×10^{-1}	-0.104
38	$[-1.13\times10^{-1}, -1.03\times10^{-1}]$	-0.103	-0.114
39	$[-1.24\times10^{-1}, -1.13\times10^{-1}]$	-0.113	-0.124
40	$[-1.34\times10^{-1}, -1.22\times10^{-1}]$	-0.122	-0.134
41	$[-1.44\times10^{-1}, -1.31\times10^{-1}]$	-0.131	-0.145
42	$[-1.55\times10^{-1}, -1.41\times10^{-1}]$	-0.141	-0.155

11.5.2.5 方案四 (只考虑几何参数一个区间参数)

长度 $L^I=[10,11]\text{cm}$，高度 $H^I=[1,1.1]\text{cm}$，均布荷载 $q=10\text{N/cm}$，弹性模量 $E=0.1\text{GPa}$，泊松比为 0.2。式 (11-46) 给出了相应的计算模型。计算结果见，从表中给出的计算结果可见，基于区间自然单元法得到的结果与分别采用 $L=10\text{cm}$、$H=1\text{cm}$ 和 $L=11\text{cm}$、$H=1.1\text{cm}$ 的自然单元法计算得到的结果相吻合。

表 11-9 给定结点的竖向位移 (单位：cm)

点号	区间自然单元法	自然单元法	
	$L^I=[10,11]\text{cm}H^I=[1,1.1]\text{cm}$	$L=10\text{cm}H=1\text{cm}$	$L=11\text{cm}H=1.1\text{cm}$
22	[0.00,0.00]	0.00	0.00
23	$[-6.92\times10^{-4},-6.29\times10^{-4}]$	-0.629×10^{-3}	-6.91×10^{-4}

续表

点号	区间自然单元法	自然单元法	
	$L^I=[10,11]\text{cm}H^I=[1,1.1]\text{cm}$	$L=10\text{cm}H=1\text{cm}$	$L=11\text{cm}H=1.1\text{cm}$
24	$[-2.94\times10^{-3},-2.67\times10^{-3}]$	-0.267×10^{-2}	-2.93×10^{-3}
25	$[-6.41\times10^{-3},-5.82\times10^{-3}]$	-0.582×10^{-2}	-6.40×10^{-3}
26	$[-1.10\times10^{-2},-9.98\times10^{-3}]$	-0.998×10^{-2}	-1.10×10^{-2}
27	$[-1.66\times10^{-2},-1.50\times10^{-2}]$	-0.150×10^{-1}	-1.65×10^{-2}
28	$[-2.30\times10^{-2},-2.08\times10^{-2}]$	-0.209×10^{-1}	-2.30×10^{-2}
29	$[-3.02\times10^{-2},-2.74\times10^{-2}]$	-0.274×10^{-1}	-3.01×10^{-2}
30	$[-3.80\times10^{-2},-3.45\times10^{-2}]$	-0.345×10^{-1}	-3.79×10^{-2}
31	$[-4.64\times10^{-2},-4.21\times10^{-2}]$	-0.421×10^{-1}	-4.63×10^{-2}
32	$[-5.52\times10^{-2},-5.01\times10^{-2}]$	-0.501×10^{-1}	-5.51×10^{-2}
33	$[-6.45\times10^{-2},-5.85\times10^{-2}]$	-0.585×10^{-1}	-6.43×10^{-2}
34	$[-7.40\times10^{-2},-6.72\times10^{-2}]$	-0.671×10^{-1}	-7.39×10^{-2}
35	$[-8.38\times10^{-2},-7.60\times10^{-2}]$	-0.760×10^{-1}	-8.36×10^{-2}
36	$[-9.37\times10^{-2},-8.51\times10^{-2}]$	-0.851×10^{-1}	-9.36×10^{-2}
37	$[-1.04\times10^{-1},-9.42\times10^{-2}]$	-0.942×10^{-1}	-1.04×10^{-1}
38	$[-1.14\times10^{-1},-1.03\times10^{-1}]$	-0.103	-1.14×10^{-1}
39	$[-1.24\times10^{-1},-1.13\times10^{-1}]$	-0.113	-1.24×10^{-1}
40	$[-1.35\times10^{-1},-1.22\times10^{-1}]$	-0.122	-1.34×10^{-1}
41	$[-1.45\times10^{-1},-1.31\times10^{-1}]$	-0.131	-1.45×10^{-1}
42	$[-1.55\times10^{-1},-1.41\times10^{-1}]$	-0.141	-1.55×10^{-1}

11.5.3 重力坝受水压和自重荷载作用的区间分析

11.5.3.1 计算模型

图 11-5 为一重力坝与地基的结构剖面图，大坝受上游水压和坝体自重作用，上游水位高 90 m，坝体材料的重度为 26.52kN/m^3，重力坝与地基的积分背景网格如图 11-6 所示。

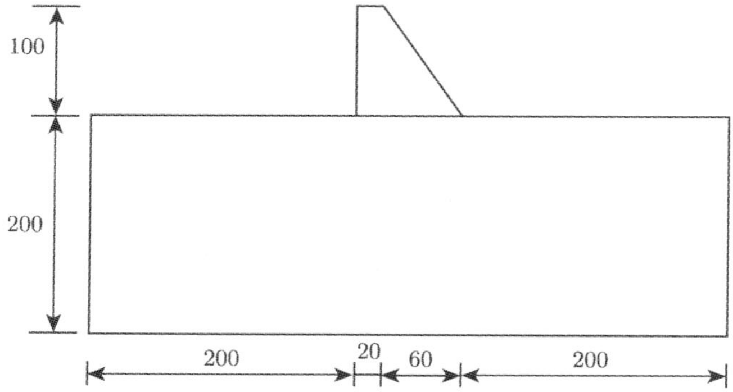

图 11-5　重力坝与地基的模型 (单位：m)

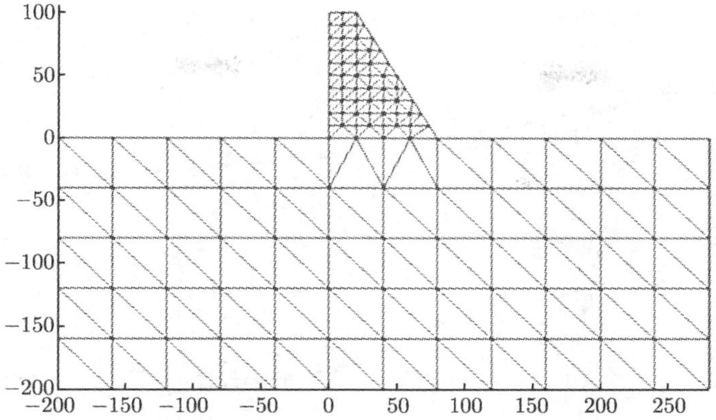

图 11-6 重力坝与地基的积分背景网格

11.5.3.2 材料参数为区间参数

为简单起见，认为坝体和坝基由同一种材料构成，同时不考虑材料在拉、压情况下模量不同的效应，弹性模量为 [30,40]GPa，泊松比为 [0.17,0.2]。

通过区间自然单元法和对应参数的自然单元法分别对上述模型进行了计算分析，图 11-7、图 11-8 分别给出了迎水坝面上指定点的水平位移和竖向位移。从图中所示结果可以看出，区间自然单元法的计算结果与对应参数的自然单元法的计算结果具有较好的一致性和相关性。由此可见，区间自然单元法在实际应用中具有一定的可行性和合理性。

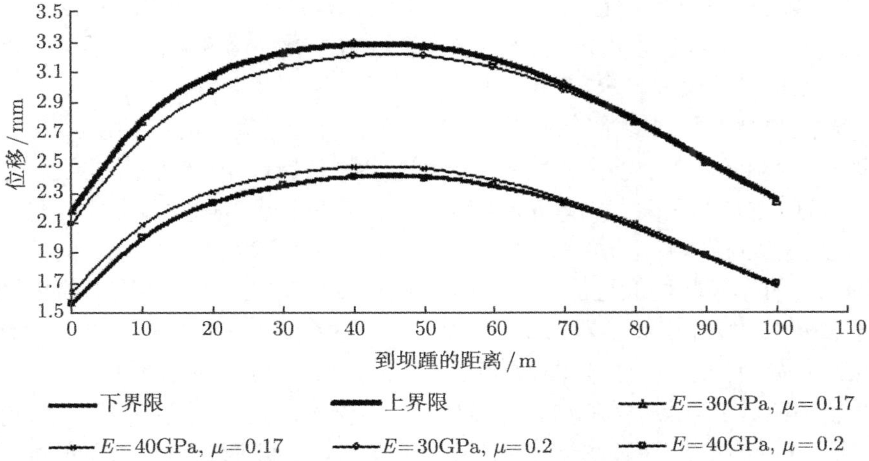

图 11-7 指定点的水平位移

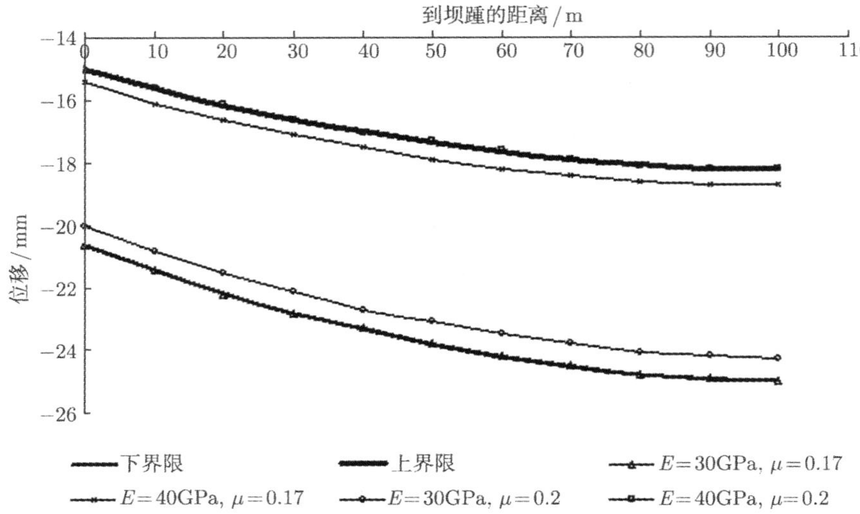

图 11-8　指定点的竖向位移

11.6　本 章 小 结

区间分析方法作为研究不确定性问题的一种有效方法，其在参数不确定时采用一区间值进行表示，这不仅使得参数的选取方便，而且使选取的参数更直观、合理。为了能够将区间分析方法与自然单元法相结合，本章阐述了区间分析方法的基本概念及其运算规则，并对其运算中的扩张问题进行了探讨，在此基础之上，从线弹性自然单元法基本模型出发，分析了模型建立中涉及的各项参数，并分别研究了其涉及区间值时的模型问题。

本章主要针对材料参数、荷载以及几何参数等为区间值的三种情况进行了分析和研究。材料参数主要涉及材料的弹性模量和泊松比，其中当仅仅考虑弹性模量为区间值时，建立的区间自然单元法模型可以简化为一个区间数乘上原模型；荷载主要考虑了面力和体力为区间参数时的情况；对于几何参数为区间值的问题，由于自然单元法的形函数构造是建立在自然邻点坐标基础之上，因此在进行相关分析时须考虑坐标的变化引起自然邻点的改变，为了不改变各点的自然邻点，探讨和分析了几何参数沿任意方向变化均相同时的情况，并建立了相应的模型。

由于区间数的计算与确定数的计算存在一定的差异性，本章介绍了区间方程组的解法，并针对有些参数在计算过程中的相关性，介绍了泛灰数与区间数的关系和泛灰数的运算规则。

本章还运用区间自然单元法计算了涉及区间参数的悬臂梁拉伸和弯曲问题，获得了较好的计算效果，验证了本章所建立的区间自然单元法的有效性。并将区间自然单元法应用于重力坝受水压和自重作用的问题，在考虑材料参数为区间参数的情况下进行了计算分析，结果表明，区间自然单元法在实际应用中具有一定的可行性，计算成果具有合理性。

参 考 文 献

[1] Moore R E. Interval Analysis[M]. New Jersey: Prentice-Hall, 1966.
[2] 苏静波, 邵国建. 基于区间分析的工程结构不确定性研究现状与展望 [J]. 力学进展, 2005, 35(3):338-344.
[3] Alefeld G, Herzberger J. Introduction to Interval Computations[M]. New York: Academic Press, 1983.
[4] Rokne J G. Interval arithmetic and interval analysis: an introduction[J]. Studies in Fuzziness and Soft Computing, 2001, 70:1-22.
[5] Harter D D. An abstract mathematical system of interval sets[D]. North Dakota State: North Dakota State University, 1992.
[6] Candau Y, Raissi T, Ramdani N, et al. Complex interval arithmetic using polar form[J]. Reliable Computing, 2006, 12(1):1-20.
[7] Le K. Adaptive robust control for interval discrete linear systems[D]. New York: Polytechnic University, 1997.
[8] 郭书祥, 张陵. 时滞区间系统稳定性分析的鲁棒可靠性方法 [J]. 山东大学学报 (工学版), 2005, 35(3):55-57, 62.
[9] Van de Wijdeven J J M, Donkers M C F, Bosgra O H. Iterative learning control for uncertain systems: noncausal finite time interval robust control design[J]. International Journal of Robust and Nonlinear Control, 2011, 21:1645-1666.
[10] 郭书祥, 吕震宙. 区间运算和静力区间有限元 [J]. 应用数学和力学, 2001, 22(12):1249-1254.
[11] 喻和平. 区间分析理论及其在边坡工程中的应用 [D]. 南京: 河海大学, 2006.
[12] 喻和平. 区间有限元在岩土工程中的应用 [J]. 湖南交通科技, 2006, 32(1):4-5, 120.
[13] 喻和平, 徐卫亚. 区间有限元在边坡稳定分析中的应用 [J]. 水利水电技术, 2005, 36(6):33-35.
[14] 喻和平, 徐卫亚. 用区间有限元计算边坡荷载组合效应 [J]. 岩土力学, 2006, 27(6):899-902.
[15] 邱天. 区间分析在边坡工程中的应用 [D]. 南京: 河海大学, 2006.
[16] 孙海龙. 结构可靠性分析区间模型的若干问题研究 [D]. 南京: 南京航空航天大学, 2007.
[17] 吴莹. 地下结构可靠性的区间分析方法 [D]. 北京: 北京交通大学, 2007.
[18] 夏炜洋, 何川, 汪洋. 隧道衬砌随机分析的区间有限元法 [J]. 岩土力学, 2008, 29(10):2877-2881.

[19] 郭书祥, 吕震宙. 区间有限元静力控制方程的一种迭代解法 [J]. 西北工业大学学报, 2002, 20(1):20-23.

[20] 邵国建, 苏静波. 区间有限元方法及其在抗滑稳定性分析中的应用 [J]. 应用数学和力学, 2007, 28(4):471-478.

[21] 苏静波. 工程结构不确定性区间分析方法及其应用研究 [D]. 南京: 河海大学, 2006.

[22] 能肖文. 基于区间数学的有限元方法及其工程应用研究 [D]. 南京: 河海大学, 2005.

[23] 刘世君, 高德军, 蒋中明, 等. 区间有限元控制方程的求解方法 [J]. 三峡大学学报 (自然科学版), 2004, 26(3):237-240, 260.

[24] 王清印. 泛灰集与泛灰数的代数运算 [J]. 华中理工大学学报, 1992, 20(4):151-156.

名 词 索 引